普通高等教育土木工程专业系列教材

建筑给水排水工程

主　编　余亚琴

副主编　耿德晔

科 学 出 版 社

北 京

内 容 简 介

建筑给水排水工程是建筑工程的组成部分之一。本书紧扣新标准、新规范、新技术，全面系统地介绍了建筑给水排水工程的基础知识、设计方法和设计要求。本书的主要内容包括建筑内部给水系统、建筑消防给水系统、建筑内部排水系统、建筑雨水排水系统、建筑内部热水系统、居住小区给水排水系统、建筑给水排水工程 BIM 设计、建筑中水系统、建筑小区雨水利用系统、游泳池给水排水系统、建筑与小区集中饮水供应。在内容设计上注重学以致用，通过引入真实的设计案例，将基本理论阐述与工程应用紧密结合，提高学生将课堂知识转化为实际工作中的技能。

本书可作为给排水科学与工程专业、建筑环境与设备工程专业及其他相关专业本科生教材，也可作为从事建筑给水排水工程设计人员及参加注册公用设备工程师（给水排水）执业资格考试人员的参考用书。

图书在版编目（CIP）数据

建筑给水排水工程 / 余亚琴主编. —北京：科学出版社，2024.8
普通高等教育土木工程专业系列教材
ISBN 978-7-03-076332-7

Ⅰ. ①建… Ⅱ. ①余… Ⅲ. ①建筑-给水工程-高等学校-教材
②建筑-排水工程-高等学校-教材 Ⅳ. ①TU82

中国国家版本馆 CIP 数据核字（2023）第 169680 号

责任编辑：万瑞达 张雅薇 / 责任校对：王万红
责任印制：吕春珉 / 封面设计：东方人华

科 学 出 版 社 出版
北京东黄城根北街 16 号
邮政编码：100717
http://www.sciencep.com
三河市骏杰印刷有限公司印刷
科学出版社发行 各地新华书店经销

*

2024 年 8 月第 一 版 开本：787×1092 1/16
2024 年 8 月第一次印刷 印张：20
字数：475 000
定价：69.00 元
（如有印装质量问题，我社负责调换）
销售部电话 010-62136230 编辑部电话 010-62138978-2046

前　言

党的二十大强调，要"坚持把发展经济的着力点放在实体经济上"，"推进工业、建筑、交通等领域清洁低碳转型"。建筑业是重要的实体经济，为经济社会发展提供重要支撑。而建筑给水排水工程是建筑设备中非常重要的一个组成部分，关系着人们的居住品质，与社会的环境保护、水资源的合理利用、可持续性发展紧密相连。

"建筑给水排水工程"课程是高等学校给排水科学与工程专业的主要专业课程之一。本书根据《高等学校给排水科学与工程本科指导性专业规范》对"建筑给水排水工程"课程教学的基本要求、公用设备工程师（给水排水）执业资格要求编写。本书编写时除了参考相关教材，还参照了现行给水排水工程相关规范和标准，旨在反映近年来建筑给水排水工程的理论研究成果、最新技术发展和实践要求。

本书符合给排水科学与工程专业人才培养目标和教学要求。内容紧扣最新标准，介绍建筑给水排水工程新理论、新技术及其相关工程案例，注重工程性和实用性，旨在培养学生解决复杂建筑给水排水工程问题的能力。

本书第 1～3 章由盐城工学院余亚琴编写；第 4、5 章由江苏中森建筑设计有限公司耿德晔编写；第 6 章由辽宁省城乡建设规划设计院有限责任公司张颖、东北石油大学崔红梅编写；第 7、8 章由盐城工学院方学友、苏瑛编写；第 9 章由盐城工学院甄树聪、周友新编写；第 10 章由盐城市建筑设计研究院有限公司刘译中编写；第 11 章由中铁四局集团第二工程有限公司毛龙编写。全书统稿由余亚琴、耿德晔完成。本书由盐城工学院教材基金资助出版，在编写过程中得到江苏中森建筑设计有限公司、中铁四局集团第二工程有限公司和盐城市建筑设计研究院有限公司的大力支持，在此一并表示感谢。

由于编者水平有限，书中难免存在不足之处，敬请读者批评指正。

编　者
2023 年 8 月

目　　录

第1章　建筑内部给水系统 ……………………………………………………………… 1

1.1　建筑内部给水系统分类及组成 ……………………………………………… 1

　　1.1.1　分类 ……………………………………………………………………… 1

　　1.1.2　组成 ……………………………………………………………………… 1

1.2　管道材料、给水附件及设备 ………………………………………………… 2

　　1.2.1　管道材料 ………………………………………………………………… 2

　　1.2.2　给水控制附件 …………………………………………………………… 4

　　1.2.3　配水设施 ………………………………………………………………… 9

　　1.2.4　水表 ……………………………………………………………………… 10

　　1.2.5　增压和贮水设备 ………………………………………………………… 12

1.3　给水管道敷设与水质防护 …………………………………………………… 16

　　1.3.1　给水管道敷设 …………………………………………………………… 16

　　1.3.2　给水水质防护 …………………………………………………………… 18

1.4　给水系统供水压力、用水量与给水方式 …………………………………… 20

　　1.4.1　给水系统所需水压 ……………………………………………………… 20

　　1.4.2　用水量 …………………………………………………………………… 21

　　1.4.3　给水方式及适用条件 …………………………………………………… 23

　　1.4.4　高层建筑生活给水系统的给水方式 …………………………………… 25

1.5　给水系统计算 ………………………………………………………………… 27

　　1.5.1　给水设计秒流量 ………………………………………………………… 27

　　1.5.2　给水管网水力计算 ……………………………………………………… 33

　　1.5.3　增压和贮水设备计算 …………………………………………………… 36

1.6　建筑给水工程设计案例 ……………………………………………………… 40

本章习题 …………………………………………………………………………… 49

第2章　建筑消防给水系统 ……………………………………………………………… 51

2.1　建筑消防概述 ………………………………………………………………… 51

　　2.1.1　建筑分类 ………………………………………………………………… 51

　　2.1.2　建筑火灾 ………………………………………………………………… 51

　　2.1.3　建筑消防系统 …………………………………………………………… 52

2.2　消火栓给水系统 ……………………………………………………………… 52

　　2.2.1　室内消火栓系统设置的原则 …………………………………………… 53

　　2.2.2　室内消火栓系统的组成及布置要求 …………………………………… 54

　　2.2.3　室内消火栓给水系统计算 ……………………………………………… 65

2.3　自动喷水灭火给水系统 ··· 70
　　2.3.1　自动灭火系统的设置场所及火灾等级划分 ································· 70
　　2.3.2　自动喷水灭火系统的类型 ·· 72
　　2.3.3　自动喷水灭火系统组件及设置要求 ·· 77
　　2.3.4　自动喷水灭火系统的设计 ·· 85
2.4　其他灭火系统设施简介 ··· 90
　　2.4.1　水喷雾灭火系统 ··· 90
　　2.4.2　气体灭火系统 ·· 92
2.5　建筑消防工程设计案例 ··· 95
　　2.5.1　室内消火栓给水系统 ··· 95
　　2.5.2　自动喷水灭火系统 ·· 101
本章习题 ·· 104

第3章　建筑内部排水系统 ··· 106
3.1　排水系统的分类、体制 ··· 106
　　3.1.1　排水系统分类 ··· 106
　　3.1.2　排水系统体制 ··· 106
3.2　排水系统组成及要求 ··· 107
　　3.2.1　卫生器具 ·· 108
　　3.2.2　存水弯与水封、地漏 ··· 108
　　3.2.3　清通设备 ·· 110
　　3.2.4　通气管系统 ··· 113
　　3.2.5　污废水提升设备 ··· 117
　　3.2.6　局部污水处理设施 ·· 119
3.3　排水管道系统中的水气流动规律 ··· 126
　　3.3.1　建筑生活排水特点 ·· 126
　　3.3.2　横管内水流状态 ··· 126
　　3.3.3　立管内水流状态 ··· 128
3.4　管道材料、布置与敷设 ·· 129
　　3.4.1　管道材料 ·· 129
　　3.4.2　管道布置与敷设 ··· 129
　　3.4.3　同层排水 ·· 134
3.5　排水系统计算 ··· 134
　　3.5.1　排水设计流量 ··· 134
　　3.5.2　排水管网水力计算 ·· 137
3.6　建筑排水工程设计案例 ·· 140
本章习题 ·· 143

第 4 章　建筑雨水排水系统 ·· 145

　4.1　屋面雨水排水设计原则及排水方式 ··· 145

　　　4.1.1　外排水雨水系统 ··· 145

　　　4.1.2　内排水雨水系统 ··· 146

　4.2　屋面雨水排水管道的设计流态及雨水斗 ··································· 147

　　　4.2.1　屋面雨水排水管道的设计流态 ······················ 147

　　　4.2.2　雨水斗 ··· 148

　4.3　雨水管道系统内水气流动规律 ··· 150

　　　4.3.1　重力流屋面雨水排水系统 ······················ 150

　　　4.3.2　满管压力流屋面雨水排水系统 ··················· 152

　4.4　屋面雨水系统计算 ·· 153

　　　4.4.1　屋面雨水设计流量 ··· 153

　　　4.4.2　雨水溢流设施 ··· 155

　　　4.4.3　外排水雨水系统设计及计算 ······················ 157

　　　4.4.4　重力流雨水系统设计及计算 ······················ 158

　　　4.4.5　满管及计算 ··· 159

　4.5　管道材料及其布置与敷设 ··· 161

　　　4.5.1　屋面雨水排水管材 ··· 161

　　　4.5.2　雨水排水管道的布置与敷设 ······················ 161

　4.6　建筑雨水工程设计案例 ··· 162

　本章习题 ·· 164

第 5 章　建筑内部热水系统 ·· 165

　5.1　热水供应系统分类、组成及供水方式 ···································· 165

　　　5.1.1　热水供应系统分类 ··· 165

　　　5.1.2　热水供应系统组成 ··· 166

　　　5.1.3　供水方式 ··· 167

　5.2　热水供应系统的热源与加（贮）热设备 ································ 172

　　　5.2.1　热源 ··· 172

　　　5.2.2　水加（贮）热设备的类型、特点及适用条件 ··· 173

　　　5.2.3　水加热器的选择 ··· 177

　5.3　热水供应系统管道布置、附件与保温 ···································· 178

　　　5.3.1　热水供应系统的管材、管道布置及伸缩补偿 ··· 178

　　　5.3.2　热水供应系统的附件 ·· 180

　　　5.3.3　热水供应系统保温 ··· 186

　5.4　热水供应系统计算 ·· 187

　　　5.4.1　热水用水定额、水温和水质 ······················ 187

　　　5.4.2　设计小时耗热量、热水量 ······················ 191

　　　5.4.3　设计小时供热量、热媒耗量 ······················ 194

　　　　5.4.4　加热设备的加热面积 ··196

　　　　5.4.5　加热设备的贮热容积 ··198

　　　　5.4.6　热媒管网水力计算 ···199

　　　　5.4.7　第二循环管网水力计算 ···201

　　5.5　太阳能热水供应系统与热泵热水供应系统 ··203

　　　　5.5.1　太阳能热水供应系统 ···203

　　　　5.5.2　热泵热水供应系统 ···207

　　5.6　建筑热水工程设计案例 ··210

　　本章习题 ···214

第6章　居住小区给水排水系统 ··217

　　6.1　居住小区给水系统 ···217

　　　　6.1.1　居住小区给水水源 ···217

　　　　6.1.2　居住小区给水系统的供水方式 ···217

　　　　6.1.3　居住小区设计用水量 ···218

　　　　6.1.4　居住小区给水系统的水力计算 ···219

　　　　6.1.5　管材、管道附件及其敷设 ···221

　　6.2　居住小区排水系统 ···223

　　　　6.2.1　居住小区生活排水系统 ···223

　　　　6.2.2　居住小区雨水排水系统 ···225

　　本章习题 ···229

第7章　建筑给水排水工程 BIM 设计 ···230

　　7.1　BIM 技术简介 ···230

　　　　7.1.1　BIM 技术概念 ··230

　　　　7.1.2　BIM 技术的特性 ···230

　　　　7.1.3　BIM 相关软件 ··231

　　7.2　Revit 软件简介 ···232

　　　　7.2.1　Revit 软件的基本概念 ··232

　　　　7.2.2　Revit 软件界面简介 ··233

　　7.3　建筑给水排水工程 BIM 设计 ···235

　　　　7.3.1　建筑给水排水工程 BIM 设计准备工作 ···235

　　　　7.3.2　建筑生活给水系统 BIM 设计 ···236

　　　　7.3.3　建筑排水系统 BIM 设计 ···238

　　　　7.3.4　建筑消防给水系统 BIM 设计 ···240

　　本章习题 ···241

第8章　建筑中水系统 ··242

　　8.1　中水系统的分类、组成与形式 ···242

　　　　8.1.1　中水系统的分类 ··242

　　　　8.1.2　中水系统的组成 ··242

　　　8.1.3　中水系统的形式 ·· 243

　8.2　中水原水、供水的水质及选择 ·· 246

　　　8.2.1　中水原水的水质及选择 ·· 246

　　　8.2.2　中水的水质 ··· 248

　8.3　水量计算与水量平衡 ·· 248

　　　8.3.1　水量计算 ·· 248

　　　8.3.2　水量平衡 ·· 250

　8.4　原水收集系统与供水系统 ·· 252

　　　8.4.1　原水收集系统 ·· 252

　　　8.4.2　中水供水系统 ·· 253

　8.5　中水处理工艺流程及设施 ·· 254

　　　8.5.1　中水处理工艺流程 ·· 254

　　　8.5.2　中水处理设施 ·· 255

　8.6　中水处理站设计 ·· 257

　　　8.6.1　中水处理站选址 ·· 257

　　　8.6.2　中水处理站设置要求 ·· 257

　本章习题 ··· 258

第9章　建筑小区雨水利用系统 ··· 259

　9.1　系统型式及选用 ·· 259

　　　9.1.1　系统型式 ·· 259

　　　9.1.2　系统选用 ·· 259

　9.2　雨水入渗、收集回用与调蓄排放系统 ·· 260

　　　9.2.1　雨水入渗系统 ·· 260

　　　9.2.2　雨水收集回用系统 ·· 264

　　　9.2.3　雨水调蓄排放系统 ·· 267

　9.3　雨水水质、处理与回用 ·· 268

　　　9.3.1　雨水水质 ·· 268

　　　9.3.2　雨水处理 ·· 268

　　　9.3.3　雨水回用供水系统 ·· 269

　9.4　雨水利用系统的用水量与降雨量 ·· 269

　　　9.4.1　雨水利用系统的用水量 ·· 269

　　　9.4.2　降雨量 ··· 269

　9.5　雨水利用系统计算 ··· 270

　本章习题 ··· 274

第10章　游泳池给水排水系统 ·· 275

　10.1　水质与水温 ·· 275

　10.2　游泳池循环净化给水系统与池水循环方式 ································· 277

　　　10.2.1　游泳池循环净化给水系统 ·· 277

　　10.2.2　池水循环方式 ………………………………………………………… 278

　10.3　池水循环系统设计 ……………………………………………………………… 280

　　10.3.1　充水与补水 …………………………………………………………… 280

　　10.3.2　设计负荷 ……………………………………………………………… 281

　　10.3.3　循环周期与循环流量 ………………………………………………… 281

　　10.3.4　循环水泵与管道 ……………………………………………………… 283

　　10.3.5　均衡水池、平衡水池与补水水箱 …………………………………… 284

　　10.3.6　给水口、回水口和泄水口 …………………………………………… 287

　10.4　池水净化、消毒与水质平衡 …………………………………………………… 289

　　10.4.1　池水净化 ……………………………………………………………… 289

　　10.4.2　池水消毒 ……………………………………………………………… 292

　　10.4.3　水质平衡 ……………………………………………………………… 294

　10.5　排水系统 ………………………………………………………………………… 295

　本章习题 ……………………………………………………………………………… 297

第11章　建筑与小区集中饮水供应 …………………………………………………… 298

　11.1　管道直饮水系统 ………………………………………………………………… 298

　　11.1.1　系统选择与供水方式 ………………………………………………… 298

　　11.1.2　水质和饮水定额 ……………………………………………………… 300

　　11.1.3　管道直饮水配水管道的瞬时高峰用水量 …………………………… 301

　　11.1.4　直饮水系统计算 ……………………………………………………… 303

　　11.1.5　直饮水水处理 ………………………………………………………… 304

　　11.1.6　材质及管道布置敷设 ………………………………………………… 306

　11.2　开水供应系统 …………………………………………………………………… 307

　　11.2.1　供水方式 ……………………………………………………………… 307

　　11.2.2　开水器及管道设计要求 ……………………………………………… 307

　本章习题 ……………………………………………………………………………… 309

参考文献 ………………………………………………………………………………… 310

第1章

建筑内部给水系统

1.1 建筑内部给水系统分类及组成

1.1.1 分类

建筑内部给水系统将室外给水管网的水引入室内，经配水管网送至生活给水系统、生产给水系统、消防给水系统的用水点，同时满足用水点对水量、水压和水质要求。建筑内部给水系统根据供水用途不同，可分为以下三类基本系统（表1-1）。

表1-1 建筑内部给水系统分类

根据供水用途分类	定义		水质标准
生活给水系统	供民用住宅、公共建筑以及工业、企业建筑内饮用、烹调、盥洗、洗涤、冲厕、清洗地面等		
	生活饮用水系统	供人们日常生活中饮用、烹饪、洗漱、洗涤、沐浴等	《生活饮用水卫生标准》（GB 5749—2022）
	管道直饮水系统	供直接饮用、烹饪等	《饮用净水水质标准》（CJ/T 94—2005）
	生活杂用水系统	供冲厕、绿化、洗车或冲洗路面等	《城市污水再生利用 城市杂用水水质》（GB/T 18920—2020）
生产给水系统	满足生产工艺要求设置的用水系统，包括供给生产设备冷却、原料和产品洗涤，以及各类产品制造过程		不同工艺、不同用途，水质要求不一样；其水质可高于或低于《生活饮用水卫生标准》（GB 5749—2022）
消防给水系统	供消防灭火设施用水，包括消火栓、自动喷淋系统等		《城市污水再生利用 城市杂用水水质》（GB/T 18920—2020）中消防用水要求

注：建筑内部给水系统可根据具体情况给予合并共用，如生活—生产给水系统、生活—消防给水系统、生产—消防给水系统等。

1.1.2 组成

建筑内部给水系统一般由引入管、水表节点、给水管道、给水附件、增压和贮水设备组成（图1-1、表1-2）。

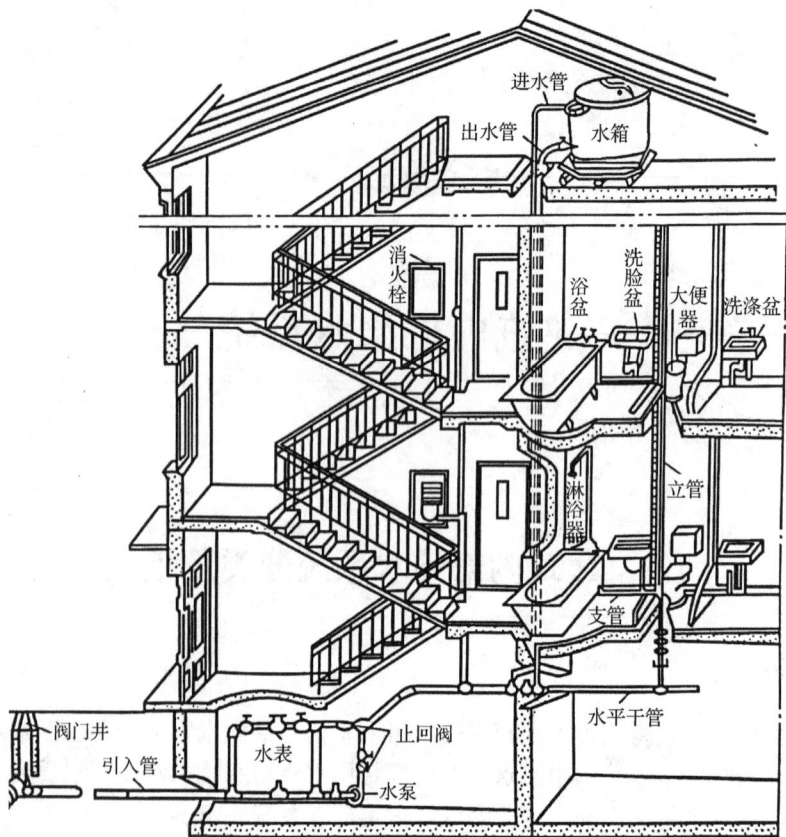

图 1-1　建筑内部给水系统组成

表 1-2　建筑内部给水系统组成及定义

序号	组成部分	定义
1	引入管	由小区给水接户管引入建筑物的管段
2	水表节点	安装在引入管上的水表及其前后设置的阀门和泄水装置的总称
3	给水管道	包括建筑引入管、水平干管、立管、支管等
4	给水附件	给水管道系统中调节水量、水压、控制水流方向，以及关断水流，便于管道、仪表和设备检修的各类阀门和设备，可分为给水控制附件及配水设施
5	增压和贮水设备	包括增压设备和贮水设备，如水泵、水池（箱）等

1.2　管道材料、给水附件及设备

1.2.1　管道材料

给水系统采用的管材品种很多，有薄壁不锈钢管、薄壁铜管、塑料管、纤维增强塑料管，以及衬（涂）塑钢管、铝合金衬塑管等复合管。

1. 管材选取原则

（1）给水管材选择的总原则

给水系统采用的管材应符合国家现行有关产品标准的要求。管材的工作压力不得大于产品标准公称压力或标称的允许工作压力。

（2）室外给水管道选择的原则

1）室外明敷给水管道一般不宜采用铝塑复合管、给水塑料管。

2）小区室外埋地给水管道管材应具有耐腐蚀和能承受相应地面荷载的能力，可采用塑料给水管、有衬里的铸铁给水管、经可靠防腐处理的钢管等。

（3）室内给水管道选择的原则

1）室内的给水管道应选用耐腐蚀和安装、连接方便、可靠的管材，可采用不锈钢管、铜管、塑料给水管、金属塑料复合管及经防腐处理的钢管。高层建筑给水立管不宜采用塑料管，推荐采用金属管或金属塑料复合管。

2）敷设在垫层或墙体管槽内的给水管宜采用塑料管材、金属与塑料复合管材或耐腐蚀的金属管材，并且外径不宜大于 25mm。

3）给水泵房内及输水干管宜采用法兰连接的建筑给水钢塑复合管和给水钢塑复合压力管。

2. 给水管材防护

（1）防腐（金属管）

建筑给水管道（金属管）防腐措施见表 1-3。

表 1-3　建筑给水管道（金属管）防腐措施

金属管道安装方式	防腐措施
明装	①热镀锌钢管：刷银粉 2 道或调和漆 2 道；②铜管：刷防护漆；③球墨铸铁管：外壁采用喷涂沥青和喷锌防腐；内壁采用内衬水泥砂浆防腐
埋地	① 铸铁管：宜在管外壁刷冷底子油 1 道、石油沥青 2 道； ② 钢管（含热镀锌钢管）：宜在外壁刷冷底子油 1 道、石油沥青 2 道外加保护层（当土壤腐蚀性能较强时可采用加强级或特加强防腐措施）； ③ 钢塑复合管：外壁防腐同普通钢管（外壁有塑料层除外）； ④ 薄壁不锈钢：管外壁或管沟应采用防腐措施，当管外壁为薄壁不锈钢材料时，应防止管材与水泥直接接触（管外加防腐套管或外缚防腐胶带）； ⑤ 薄壁铜管：宜采用塑覆铜管

（2）防冻、防结露

1）在室外明设的给水管道，应避免受阳光直接照射，塑料给水管还应有有效保护措施；在结冻地区应做绝热层，绝热层的外壳应密封防渗。

2）敷设在有可能结冻的房间、地下室及管井、管沟等处的给水管道应采取防冻措施。

3）当给水管道结露会影响环境，引起装饰层、物品等受到损害时，给水管道应做防结露绝热层，防结露绝热层的计算和构造，可按现行国家标准《设备及管道绝热技术通则》（GB/T 4272—2008）执行。

（3）防漏

1）给水管道穿越下列部位或接管时，应设置防水套管：

① 穿越地下室或地下构筑物的外墙处；

② 穿越屋面处；

③ 穿越钢筋混凝土水池（箱）的壁板或底板连接管道时。

2）明设的给水立管穿越楼板时，应采取防水措施。管道穿过墙壁和楼板时，应设置金属或塑料套管。安装在楼板内的套管，其顶部应高出装饰地面 20mm；安装在卫生间及厨房内的套管，其顶部应高出装饰地面 50mm，底部应与楼板底面相平；安装在墙壁内的套管，其两端应与饰面相平。穿过楼板的套管与管道之间缝隙宜用阻燃密实材料填实，且端面应光滑。管道的接口不得设在套管内。

（4）防振

当管道中水流速度过大，启闭水嘴、阀门时易出现水击现象，引起管道、附件的振动。这样不但会损坏管道附件造成漏水，还会产生噪声。为防止损坏管道、避免产生噪声，应采取以下措施：在设计给水系统时应控制管内的水流速度；尽量减少使用电磁阀或速闭型水栓；住宅建筑进户管的阀门后宜装设家用可曲挠橡胶接头进行隔振；可在管道支架、吊架内衬垫减振材料，以减少噪声的传播。

1.2.2 给水控制附件

给水控制附件基本设计要求：室内给水管道上的各种阀门，宜装设在便于检修和便于操作的位置。给水管道上使用的各类阀门的材质，应耐腐蚀和耐压。根据管径大小和所承受压力的等级及使用温度，可采用全铜、全不锈钢、铁壳铜芯和全塑阀门等。

1. 阀门

（1）阀门设置的位置

1）室外给水管道的下列部位应设置阀门：从城镇给水管道的引入管段上；小区室外环状管网的节点处（应按分隔要求设置）；环状管（宜设置分段阀门）；从小区给水干管上接出的支管起端或接户管起端。

2）室内给水管道的下列部位应设置阀门：从给水干管上接出的支管起端；入户管、水表前和各分支立管；室内给水管道向住户、公用卫生间等接出的配水管起端；水池（箱）、加压泵房、水加热器、减压阀、倒流防止器等处（应按安装要求配置）。

（2）阀门的选择

给水管道上使用的阀门（图 1-2）应根据使用要求按下列原则选型：需调节流量、水压时，宜采用调节阀、截止阀；要求水流阻力小的部位宜采用闸板阀、球阀、半球阀；安装空间小的场所，宜采用蝶阀、球阀；水流需双向流动的管段上，不得使用截止阀；口径大于或等于 $DN150$ 的水泵，出水管上可采用多功能水泵控制阀。

（a）闸板阀　　　　（b）蝶阀　　　　（c）截止阀

图 1-2　阀门

2. 止回阀

止回阀是可以阻止管道中水的反向流动的装置（图 1-3）。

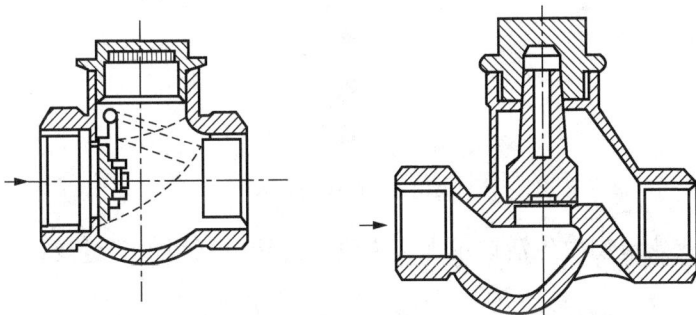

图 1-3　止回阀

（1）止回阀设置的位置

给水管道的下列管段上应设置止回阀（如果管道上装有倒流防止器，可不再设置止回阀）：

1）直接从城镇给水管网接入小区或建筑物的引入管上。

2）密闭的水加热器或用水设备的进水管上。

3）每台水泵的出水管上。

（2）止回阀选型的原则

止回阀选型应根据止回阀安装部位、阀前水压、关闭后的密闭性能要求和关闭时引发的水锤等因素确定，并应符合下列规定：阀前水压小时，宜采用阻力低的球式止回阀和梭式止回阀；关闭后密闭性能要求严密时，宜选用有关闭弹簧的软密封止回阀；要求削弱关闭水锤时，宜选用弹簧复位的速闭止回阀或后阶段有缓闭功能的止回阀；止回阀安装方向和位置，应能保证阀瓣在重力或弹簧力作用下自行关闭；管网最小压力或水箱最低水位应满足开启止回阀压力，可选用旋启式止回阀等开启压力低的止回阀。

3. 倒流防止器

倒流防止器是既可防止水反向流动，又可防止倒流污染的装置（图 1-4）。

（1）倒流防止器设置的位置

1）从生活饮用水管道上直接供下列用水管道时，应在这些用水管道的下列部位设置倒流防止器（从市政给水管网上）：

① 从城镇给水管网的不同管段引出两路及两路以上至小区或建筑物，且与城镇给水管形成连通管网的引入管上；

② 从城镇生活给水管网直接抽水的生活供水加压设备进水管上；

③ 利用城镇给水管网直接连接且小区引入管无防回流设施时，向气压水罐、热水锅炉、热水机组、水加热器等有压容器或密闭容器注水的进水管上。

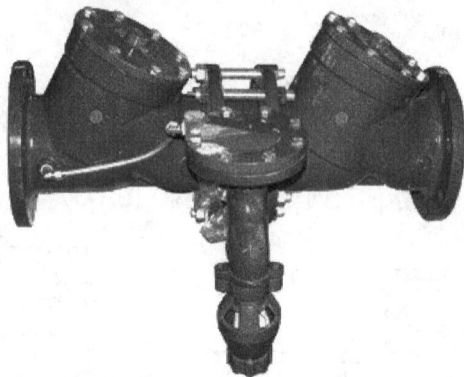

图 1-4　倒流防止器

2）从小区或建筑物内生活饮用水管道系统上接下列用水管道或设备时应设置倒流防止器：

① 单独接出消防用水管道时，在消防用水管道的起端；

② 从生活用水与消防用水合用贮水池中抽水的消防水泵出水管上。

3）生活饮用水管道系统上连接下列含有有害健康物质等有毒有害场所或设备时，必须设置倒流防止设施：

① 贮存池（罐）、装置、设备的连接管上；

② 化工剂罐区、化工车间、三级及三级以上的生物安全实验室除了在生活给水管道上设倒流防止器，还应在其引入管上设置有空气间隙的水箱，设置位置应在防护区外（区域场所与设备节点双重防护）。

（2）倒流防止器设置位置要求

倒流防止器设置位置应符合下列规定：应安装在便于维护、不会结冻的场所；不应装在有腐蚀性和污染的环境；具有排水功能的倒流防止器不得安装在泄水阀排水口及可能被淹没的场所；排水口不得直接接至排水管，应采用间接排水。倒流防止器与止回阀设置位置见表 1-4。

4. 安全阀

安全阀是为避免给水管网、密闭水箱（罐）等超压破坏的保安器材（图 1-5）。

安全阀用于管网、有压容器的保护，安全阀前、后不得设置阀门。泄压口应连接管道，并将泄压水（气）引至安全地点排放。

表 1-4 倒流防止器与止回阀设置位置

类别	倒流防止器设置位置		止回阀设置位置
从市政给水管网接入	从市政给水管网不同管段接出的引入管大于等于2路，且成环状时		从市政管网直接接入小区或建筑引入管上
	小区引入管无防回流设施，向热水锅炉、水加热器等有压或密闭容器注水的进水管上		密闭的水加热器或用水设备的进水管上
	直接抽水的生活供水加压设备的进水管上		
从小区或建筑物内生活给水管网	从生活水池抽水的消防水泵出水管上		每台水泵的出水管上
	单独接出的消防给水管道的起端		
生活饮用水管道系统上接有毒有害场所用水	贮存池（罐）、装置、设备的连接管上；化工剂罐区、化工车间、实验楼（医药、病理、生化）等引入管上设倒流防止设施、设置空气间隙		

5. 减压阀

减压阀是用于给水管网的压力高于配水点允许最高使用压力的减压装置（图1-6）。

减压阀的设置应符合下列要求：减压阀的公称直径宜与其相连管道管径一致；减压阀前应设阀门和过滤器；需要拆卸阀体才能检修的减压阀，应设管道伸缩器或软接头，支管减压阀可设置管道活接头；检修时阀后水会倒流时，阀后应设阀门；干管减压阀节点处的前后应装设压力表，支管减压阀节点后应装设压力表；比例式减压阀、立式可调式减压阀宜垂直安装，其他可调式减压阀应水平安装；设置减压阀的部位，应便于管道过滤器的排污和减压阀的检修，地面宜有排水设施。

6. 真空破坏器

真空破坏器是一种可导入大气压消除给水管道内水流因虹吸而倒流的装置（图1-7）。

图 1-5 安全阀　　　　　　图 1-6 减压阀　　　　　图 1-7 真空破坏器

（1）真空破坏器设置的位置

从小区或建筑物内生活饮用水管道上直接引出下列用水管道时，应在这些用水管道的以下位置设置真空破坏器等防回流污染的设施：

1）当游泳池、水上游乐池、按摩池、水景池、循环冷却水集水池等的充水或补水管道出口与溢流水位之间的空气间隙小于出口管径2.5倍时，设置在其充水或补水管上。

2）不含有化学药剂的绿地等喷灌系统，当洒水喷头为地下式或自动升降式时，设置在其管道起端。

3）消防软管卷盘、轻便消防水龙。

4）出口接软管的冲洗水嘴（阀）、补水水嘴（不含淋浴用的花洒）与给水管道连接处（注，需采用软管型真空破坏器）。

（2）真空破坏器设置位置的要求

1）不应装在有腐蚀性和污染的环境中。

2）大气型真空破坏器应直接安装于配水支管的最高点。

3）真空破坏器的进气口应向下。进气口下沿的位置高出最高用水点或最高溢流水位的垂直高度，压力型不得小于300mm；大气型不得小于150mm。

7. 液位控制装置

按照进水方式不同，水塔、水池、水箱的液位可以通过液位控制装置来实现，包括设置液位控制阀或者控制水泵启停两种方式。液位控制阀是用于控制贮水设备水位的附件，有浮球阀、液压水位控制阀。

水塔、水池、水箱等构筑物进水管的液位控制装置（图1-8）应符合下列要求：

1）当利用城镇给水管网压力直接进水时，应设置自动水位控制阀，控制阀直径应与进水管管径相同；当采用直接作用式浮球阀时不宜少于两个，且进水管标高应一致。

2）当水箱采用水泵加压进水时，应设置水箱水位自动控制水泵开、停的装置；当一组水泵供给多个水箱进水时，在进水管上宜装设电讯号控制阀，由水位监控设备实现自动控制。

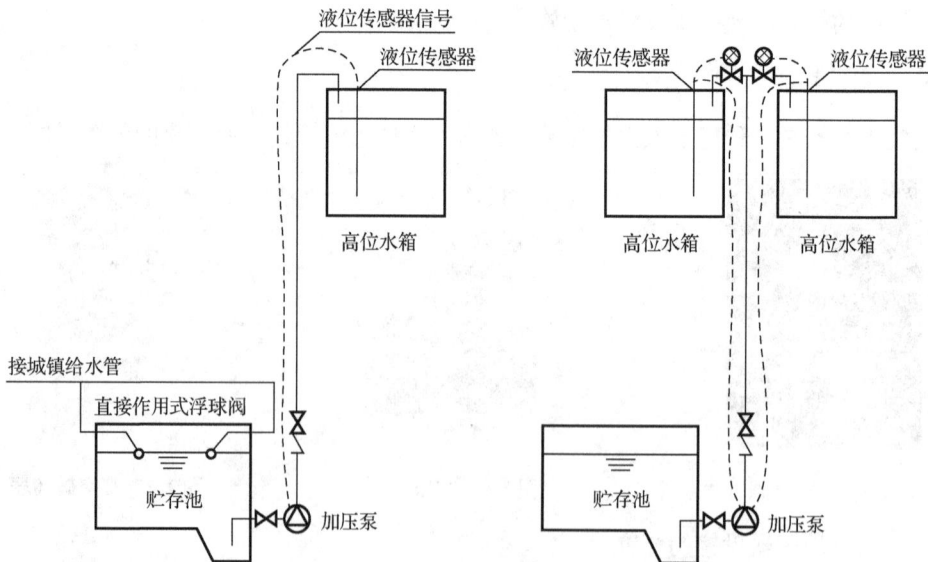

图1-8　水塔、水池、水箱等构筑物的液位控制装置设置要求

8. 过滤器

过滤器是用于过滤管道中水的杂质、保护过滤器后面的仪表和设备的装置（图1-9）。给水管道的下列部位应设置过滤器：减压阀、持压泄压阀、倒流防止器、自动水位控

制阀、温度调节阀等阀件前；水加热器的进水管上、换热装置的循环冷却水进水管上。过滤器的滤网应采用耐腐蚀材料，滤网网孔尺寸应按使用要求确定。

9. 排气装置

给水管道设置排气装置时应符合下列要求：间歇性使用的给水管网，其管网末端和最高点应设置自动排气阀（图 1-10）；给水管网有明显起伏积聚空气的管段，宜在该段的峰点设置自动排气阀或手动排气阀；给水加压装置直接供水时，其配水管网的最高点应设置自动排气阀；减压阀后管网最高处宜设置自动排气阀。

图 1-9　过滤器

图 1-10　自动排气阀

1.2.3　配水设施

配水设施即用水设施，生活给水系统配水设施主要指给水配件或配水嘴。卫生器具设置要求：卫生器具的给水额定流量、当量、连接管公称管径和工作压力应按表 1-5 确定。卫生器具和配件应符合现行行业标准《节水型生活用水器具》（CJ/T 164—2014）的规定。公共场所的卫生间洗手盆应采用感应式水嘴或延时自闭式水嘴等限流节水装置。公共场所的卫生间的小便器应采用感应式冲洗阀或延时自闭式冲洗阀。公共场所的卫生间的坐式大便器宜采用设有大、小便分档的冲洗水箱，蹲式大便器应采用感应式冲洗阀、延时自闭式冲洗阀等。

表 1-5　卫生器具的给水额定流量、当量、连接管公称管径和工作压力

序号	给水配件名称		额定流量/（L/s）	当量	连接管公称管径/mm	工作压力/MPa
1	洗涤盆、拖布盆、盥洗槽	单阀水嘴	0.15～0.20	0.75～1.00	15	0.100
		单阀水嘴	0.30～0.40	1.5～2.00	20	
		混合水嘴	0.15～0.20（0.14）	0.75～1.00（0.70）	15	
2	洗脸盆	单阀水嘴	0.15	0.75	15	0.100
		混合水嘴	0.15（0.10）	0.75（0.50）	15	
3	洗手盆	感应水嘴	0.10	0.50	15	0.100
		混合水嘴	0.15（0.10）	0.75（0.5）	15	
4	浴盆	单阀水嘴	0.20	1.00	15	0.100
		混合水嘴（含带淋浴转换器）	0.24（0.20）	1.2（1.0）	15	

续表

序号	给水配件名称		额定流量/（L/s）	当量	连接管公称管径/mm	工作压力/MPa
5	淋浴器	混合阀	0.15（0.10）	0.75（0.50）	15	0.100～0.200
6	坐便器	冲洗水箱浮球阀	0.10	0.50	15	0.050
		延时自闭式冲洗阀	1.20	6.00	25	0.100～0.150
7	小便器	手动或自动自闭式冲洗阀	0.10	0.50	15	0.050
		自动冲洗水箱进水阀	0.10	0.50		0.020
8	小便槽穿孔冲洗管（每米长）		0.05	0.25	15～20	0.015
9	净身盆冲洗水嘴		0.10（0.07）	0.50（0.35）	15	0.100
10	医院倒便器		0.20	1.00	15	0.100
11	实验室化验水嘴（鹅颈）	单联	0.07	0.35	15	0.020
		双联	0.15	0.75		
		三联	0.20	1.00		
12	饮水器喷嘴		0.05	0.25	15	0.050
13	洒水栓		0.40	2.00	20	0.050～0.100
			0.70	3.50	25	
14	室内地面冲洗水嘴		0.20	1.00	15	0.100
15	家用洗衣机水嘴		0.20	1.00	15	0.100

注：查卫生器具当量时，①表中括弧内的数值系在有热水供应时，单独计算冷水或热水时使用；②当浴盆上附设淋浴器时，或混合水嘴有淋浴器转换开关时，其额定流量和当量只计水嘴，不计淋浴器。但水压应按淋浴器计。

1.2.4　水表

水表是用来计量用水量的仪表。水表的主要特性参数包括过载流量、常用流量、最小流量、分界流量、始动流量、流量范围等。

过载流量：水表在规定误差内使用的上限流量。水表只能在短时间通过过载流量，否则水表会损坏。

常用流量：水表在规定误差内允许长期工作的流量，其数值为过载流量的 1/2。

最小流量：水表在规定误差内使用的下限流量，其数值为常用流量的函数。

分界流量：水表误差限改变时的流量，其数值为常用流量的函数。

始动流量：水表开始连续指示时的流量，此时水表不计示值误差。水平螺翼式水表没有始动流量。

流量范围：由最小流量和过载流量所限定的范围，在此范围内水表的示值不得产生超过最大允许误差的误差，该范围由分界流速分割为高区和低区两个区。

1. 水表的类型

1）旋翼式水表（图 1-11）：翼轮轴与水流方向垂直，水流阻力大，多为小口径水表，适用于小流量的测量。

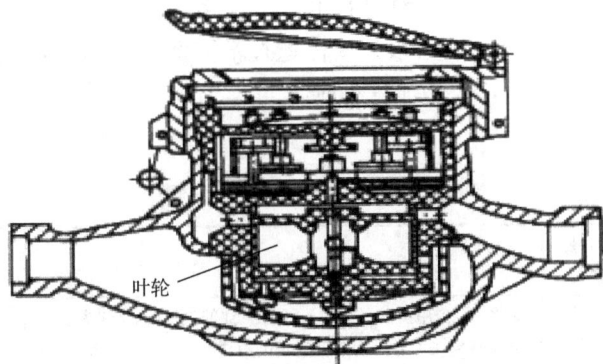

图 1-11　旋翼式水表

2）螺翼式水表（图 1-12）：旋转轴与水流方向平行，水流阻力较小，多为大口径水表，适用于大流量的测量，具有口径大、压损小的特点。

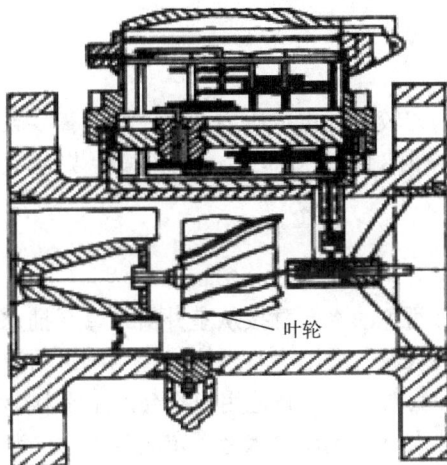

图 1-12　螺翼式水表

3）复式水表：复式水表由大小两个水表并联组成，总流量为两个水表流量之和。通过水表的流量变化幅度很大时应采用复式水表。

2. 水表设置的场所

1）在建筑物的引入管、住宅的入户管、公用建筑物内按用途和管理要求需计量水量的水管，以及根据水平衡测试的要求进行分级计量的管段和根据分区计量管理需计量的管段应设置水表。

2）住宅的分户水表宜相对集中读数，且宜设置于户外；设在户内的水表，宜采用远传水表或 IC 卡水表等智能化水表。

3）水表应装设在观察方便、不冻结、不被任何液体或杂质所淹没及不易受损处。

3. 水表口径设计要求

水表口径的确定应符合以下规定：用水量均匀的生活给水系统的水表应以给水设计流

量选定水表的常用流量；用水量不均匀的生活给水系统的水表应以给水设计流量选定水表的过载流量；在消防时除生活用水外尚需通过消防流量的水表，应以生活用水的设计流量叠加消防流量进行校核，校核流量不应大于水表的过载流量。表 1-6 为水表口径确定汇总表。

表 1-6　水表口径确定汇总表

建筑物分类	选择水表口径的要求	举例	备注
用水均匀型	以给水设计流量选定水表的常用流量	宿舍（设公用盥洗卫生间）、工业企业的生活间、公共浴室、职工（学生）食堂或营业餐馆的厨房、体育场馆、剧院、普通理化实验室等	在消防时，除了生活用水尚需通过消防流量的水表，还应以生活用水的设计流量叠加消防流量进行校核，校核流量不应大于水表的过载流量
用水分散型	以给水设计流量选定水表的过载流量	住宅、宿舍（居室内设卫生间）、旅馆、宾馆、酒店式公寓、门诊部、诊疗所、医院、疗养院、幼儿园、养老院、办公楼、商场、图书馆、书店、客运站、航站楼、会展中心、教学楼、公共厕所等	

1.2.5　增压和贮水设备

当城镇市政给水管网压力较低、供水压力不足时，常需要设置增压设备和贮水设备。增压设备主要有水泵、叠压供水设备、气压给水设备等。贮水设备主要有低位贮水池、中间转输水箱、高位水箱等。

1. 水泵

水泵装置的抽水方式有两种：水泵直接从室外给水管网抽水（又称叠压供水）和水泵从低位贮水池抽水。叠压供水设备适用于室外给水管网满足用户流量要求，但不能满足水压要求且叠压供水设备运行后对管网的其他用户不会产生不利影响的地区。当用水量较大，城市管网不能供水泵直接抽水时，应设贮水池。市政管网中的水先进入贮水池，再由水泵从贮水池中抽水。这种抽水方式的优点是不会因大量抽水而影响市政管网的正常供水，同时由于贮水池有一定的贮水容积，供水安全可靠；其缺点是水泵不能利用市政管网的水压，消耗的电能较多。

（1）水泵设计要求——水泵选型

1）选择生活给水系统的加压水泵，应遵守下列规定：

① 水泵效率应符合现行国家标准《清水离心泵能效限定值及节能评价值》（GB 19762—2007）的规定；

② 水泵的 Q-H 特性曲线应是随着流量的增大，扬程逐渐下降的曲线；

③ 应根据管网水力计算进行选泵，水泵应在其高效区内运行；

④ 生活加压给水系统的水泵机组应设备用泵，备用泵的供水能力不应小于最大一台运行水泵的供水能力，水泵宜自动切换、交替运行；

⑤ 水泵噪声和振动应符合国家现行的有关标准的规定。

2）生活给水系统采用变频调速泵组供水时，还应符合下列规定：

① 工作水泵的数量应根据系统设计流量和水泵高效区段流量的变化曲线经计算确定；

② 变频调速泵组在额定转速时的工作点，应位于水泵高效区的末端；

③ 变频调速泵组宜配置气压罐；

④ 对于生活给水系统供水压力要求稳定的场所，且其工作水泵大于或等于 2 台时，配置变频器的水泵数量不宜少于 2 台；

⑤ 变频调速泵组电源应可靠，满足连续、安全运行的要求。

（2）水泵设计要求——水泵吸水

1）水泵宜采用自灌式吸水，并应符合下列规定：

① 每台水泵宜设置单独从水池吸水的吸水管；

② 吸水管内的流速宜采用 1.0～1.2m/s；

③ 吸水管口宜设置喇叭口。喇叭口宜向下，低于水池最低水位不宜小于 0.3m，当达不到此要求时，应采取防止空气被吸入的措施；

④ 吸水管喇叭口至池底的净距不应小于 80%吸水管管径，且不应小于 0.1m；吸水管喇叭口边缘与池壁的净距不宜小于 1.5 倍吸水管管径；

⑤ 吸水管与吸水管之间的净距不宜小于 3.5 倍吸水管管径（管径以相邻两者的平均值计）；

⑥ 当水池水位不能满足水泵自灌至启动水位时，应设置防止水泵空载启动的保护措施。

2）当每台水泵单独从水池（箱）吸水有困难时，可采用单独从吸水总管上自灌式吸水，吸水总管应符合下列规定：

① 吸水总管伸入水池（箱）的引水管不宜少于 2 条，当 1 条引水管发生故障时，其余引水管应能通过全部设计流量；每条引水管上都应设阀门；水池有独立的两个及以上的分格，每格有一条引水管，可视为有两条以上引水管。

② 引水管宜设向下的喇叭口，喇叭口的设置应符合上述水泵吸水管上设置喇叭口的要求。

③ 吸水总管内的流速不应大于 1.2m/s，也不宜低于 0.8m/s，以免吸水总管过粗。

④ 水泵吸水管与吸水总管的连接，应采用管顶平接，或高出管顶连接。

3）每台自吸式水泵应设置独立从水池吸水的吸水管。水泵的允许安装高度以水池最低水位计算，且应根据当地大气压力、最高水温时的饱和蒸汽压、水泵汽蚀余量、水池最低水位和吸水管路水头损失确定，并应有安全余量。安全余量不应小于 0.3m。

（3）水泵设计要求——水泵出水

每台水泵的出水管上应装设压力表、检修阀门、止回阀或水泵多功能控制阀，必要时可在数台水泵出水汇合总管上设置水锤消除装置。自灌式吸水的水泵吸水管上应装设阀门。当水泵出水管上装设水泵多功能控制阀时，尚应设置检修阀门。

2. 泵房

（1）泵房设置的位置

民用建筑物内设置的生活给水泵房不应毗邻居住用房或在其上层或下层，水泵机组宜设在水池（箱）的侧面、下方，其运行噪声应符合现行国家标准《民用建筑隔声设计规范》（GB 50118—2010）的规定。

（2）泵房设置应采用的措施

1）建筑物内的给水泵房，应采用下列减振、防噪措施：

① 应选用低噪声水泵机组；

② 吸水管和出水管上应设置减振装置；

③ 水泵机组的基础应设置减振装置；

④ 管道支架、吊架和管道穿墙、楼板处，应采取防止固体传声措施；

⑤ 必要时，泵房的墙壁和天花板应采取隔音吸音处理。

2）水泵房应设排水设施，通风应良好，且不得结冻。

3. 气压给水设备

气压给水设备升压供水的理论依据是根据玻意耳-马里奥特定律（Boyle-Mariottelaw）。在定温条件下，一定质量气体的绝对压力和它所占的体积成反比。气压给水设备利用密闭罐中压缩空气的压力变化，调节和压送水量，在给水系统中主要起增压和水量调节的作用。

（1）气压给水设备的组成

气压给水设备由水泵机组、气压罐、管路系统、气体调节控制系统、自动控制系统组成。气压给水设备具有升压、调节、贮水、供水、蓄能和控制水泵启停的功能。

（2）适用场所

气压给水设备适用于震区、人防工程或者屋顶有特殊要求的给水系统，以及小型、简易或临时性给水系统和消防系统。

（3）气压给水设备分类

气压给水设备按输水压力稳定性可分为变压式气压给水设备和定压式气压给水设备；按罐内气、水接触方式可分为补气式气压给水设备和隔膜式气压给水设备。

4. 叠压供水设备

叠压供水是供水设备从有压的市政给水管网中直接抽水增压的供水方式。这样可以充分利用市政给水管网的水压。

（1）适用场所

叠压供水设备适用于室外给水管网满足用户流量要求，但不能满足水压要求，且叠压供水设备运行后对管网的其他用户不会产生不利影响的地区。

（2）设置叠压供水设备的条件及要求

1）应经当地供水行政主管部门及供水部门批准认可。

2）叠压供水调速机组的扬程应按吸水端城镇给水管网允许最低水压确定，同时要校核市政用水压力最大时，管网不超压；泵组最大出水量不应小于生活给水设计流量，叠压供水系统在用户正常用水情况下不得断水；当城镇给水管网用水低谷时段的水压能满足最不利用水点水压要求时，可设旁通管，由城镇给水管网直接供水。

3）叠压供水当配置气压给水设备时，应符合气压给水设备的设计要求；当配置低位水箱时，其有效容积应按给水管网不允许低水压抽水时段的用水量确定，并应采取技术措施，以保证贮水在水箱中停留时间不得超过 12h。

4）管网叠压供水设备的技术性能应符合现行国家标准《管网叠压供水设备》（CJ/T 254—

2014）的要求。

（3）不得采用叠压供水设备的场所

1）经常性停水的区域、供水管网的供水总量不能满足用水需求的区域，或供水管网管径偏小的区域。

2）供水管网可利用的水压过低的区域或供水管网压力波动幅度过大的区域。

3）采用管网叠压供水后，会对周边现有（或规划）用户用水造成严重影响的区域。

4）当地供水行政主管部门及供水部门认为不得使用的区域。

5）用水时间过于集中，瞬间用水量过大且无有效调、储等技术措施的用户（如学校、影院、剧院、体育场馆）。

6）供水保证率要求高，不允许停水的用户。

7）对健康有危害的有害有毒物质及药品等危险化学物质进行制造、加工、贮存的工厂、研究单位和仓库等用户（含医院）。

5. 生活用水贮水设备

生活用水贮水设备主要分为低位贮水池（箱）、高位水箱、中间水箱三类。相关计算见本书 1.5.3 内容。

（1）生活用水贮水设备设置要求

1）建筑物内的水池（箱）应设置在专用房间内，房间应无污染、不结冻、通风良好并应维修方便；室外设置的水池（箱）及管道应采取防冻、隔热措施。

2）建筑物内的水池（箱）不应毗邻配变电所或在其上方，不宜毗邻居住用房或在其下方。

3）当水池（箱）的有效容积大于 50m³ 时，宜分成容积基本相等、能独立运行的两格。

4）水池（箱）外壁与建筑本体结构墙面或其他池壁之间的净距，应满足施工或装配的要求，无管道的侧面净距不宜小于 0.7m；安装有管道的侧面，净距不宜小于 1.0m，且管道外壁与建筑本体墙面之间的通道宽度不宜小于 0.6m；设有人孔的池顶，顶板面与上面建筑本体板底的净空不应小于 0.8m；水箱底与房间地面板的净距，当有管道敷设时不宜小于 0.8m。

5）供水泵吸水的水池（箱）内宜设有吸水坑，吸水坑的大小和深度应满足水泵或水泵吸水管的安装要求。

6）高位水箱的设置高度（以底板面计）应满足最高层用户的用水水压要求，当达不到要求时，宜采取局部增压措施。

7）中间水箱的设置位置应根据生活给水系统竖向分区、管材和附件的承压能力、上下楼层及毗邻房间对噪声和振动要求、避难层的位置、提升泵的扬程等因素综合确定。

（2）水池（箱）相关附件设置要求

水池（箱）等构筑物应设进水管、出水管、溢流管、泄水管和信号装置，并应符合下列要求：

1）水池（箱）设置和管道布置应符合相关防止水质污染的规定。

2）进、出水管应分别设置，进、出水管上应设阀门。

3）溢流管宜采用水平喇叭口集水，喇叭口下的垂直管段长度不宜小于 4 倍溢流管管径；溢流管的管径应按能排泄水池（箱）的最大入流量确定，并宜比进水管管径大一级；

溢流管出口端应设置防护措施。

4）泄水管的管径，应按水池（箱）泄空时间和泄水受体排泄能力确定。当水池（箱）中的水不能以重力自流泄空时，应设置移动或固定的提升装置。水池（箱）泄水出路有室外雨水检查井、地下室排水沟（应间接排水）、屋面雨水天沟等，其排泄能力有大小之分，不能一概而论。一般情况下，比进水管管径小一级，但至少不应小于 50mm。当水池埋地较深，无法设置泄水管时，应采用潜水给水泵提升泄水。

5）低位贮水池应设水位监视和溢流报警装置，高位水箱和中间水箱宜设置水位监视和溢流报警装置，其信息应传至监控中心。有淹没可能的地下泵房，有的对水池的进水阀提出双重控制要求（如先导阀采用浮球阀+电磁阀）。

6）水池（箱）应设通气管，通气管的管口应设置防护措施。

水池（箱）相关附件设置要求如图 1-13 所示。

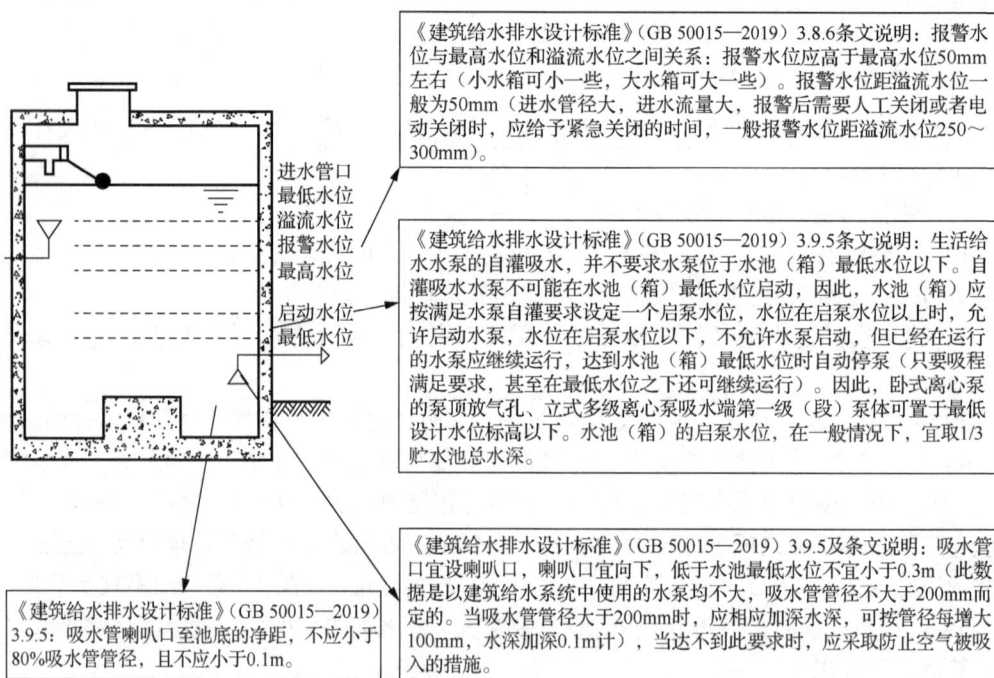

图 1-13　水池（箱）相关附件设置要求

1.3　给水管道敷设与水质防护

1.3.1　给水管道敷设

1. 建筑给水管道布置形式

1）室内生活给水管道可布置成枝状管网。

2）按水平干管的敷设位置分为上行下给式 [图 1-14（a）]、下行上给式 [图 1-14（b）]、中分式 [图 1-14（c）]。

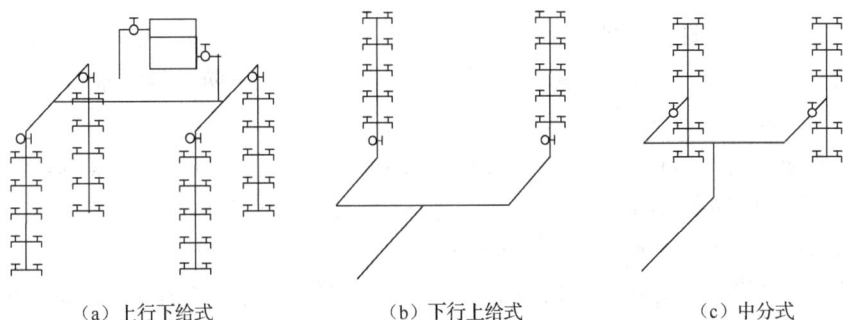

（a）上行下给式　　　　　（b）下行上给式　　　　　（c）中分式

图 1-14　建筑给水管道布置形式

① 上行下给式布置的特征及使用场所：水平配水管敷设在顶层顶棚下或吊顶之内；设有高位水箱的居住公共建筑、机械设备或地下管线较多的工业厂房多采用这种方式。

② 下行上给式布置的特征及使用场所：水平配水管敷设在低层（明装、暗装或管沟敷设）或地下室顶棚下；采用外网水压直接供水的居住建筑、公共建筑和工业建筑多采用这种方式。

③ 中分式布置的特征及使用场所：水平干管敷设在中间技术层或中间吊顶内，向上下两个方向供水；屋顶用作茶座、舞厅或设有中间技术层的高层建筑多采用这种方式。

2. 建筑给水管道敷设要求

（1）最小间距要求

1）建筑给水引入管与排水管的净距不得小于 1m。建筑物内埋地敷设的生活给水管与排水管之间的最小净距，平行埋设时不宜小于 0.50m；交叉埋设时不应小于 0.15m，且给水管应在排水管的上面。

2）管道井尺寸应根据管道数量、管径、间距、排列方式、维修条件，结合建筑平面和结构形式等确定。需进人维修的管道井，维修人员的工作通道净宽度不宜小于 0.6m。管道井应每层设外开检修门。管道井的井壁和检修门的耐火极限和管道井的竖向防火隔断应符合现行国家标准《建筑设计防火规范（2018 年版）》（GB 50016—2014）的规定。

（2）建筑给水管道设置位置

1）室内冷、热水管上、下平行敷设时，冷水管应在热水管下方。卫生器具的冷水连接管，应在热水连接管的右侧。

2）室内给水管道布置时：不得穿越变配电房、电梯机房、通信机房、大中型计算机房、计算机网络中心、音像库房等遇水会损坏设备或引发事故的房间；不得在生产设备、配电柜上方通过；不得妨碍生产操作、交通运输和建筑物的使用。

3）室内给水管道不得布置在遇水会引起燃烧、爆炸的原料、产品和设备的上面。

4）给水管道不得敷设在烟道、风道、电梯井内、排水沟内。给水管道不宜穿越橱窗、橱柜。给水管道不得穿过大便槽和小便槽，且立管距大、小便槽端部不得小于 0.5m。

5）埋地敷设的给水管道应避免布置在可能受重物压坏处。管道不得穿越生产设备基础，在特殊情况下必须穿越时，应采取有效的保护措施。

6）给水管道不宜穿越变形缝。当必须穿越时，应设置补偿管道伸缩和剪切变形的装置。

7）给水管道的伸缩补偿装置，应按直线长度、管材的线胀系数、环境温度和管内水温的变化、管道节点的允许位移量等因素经计算确定。应优先利用管道自身的折角补偿温度变形。

8）给水管道穿越人防地下室时应按现行国家标准《人民防空地下室设计规范（2023年版）》（GB 50038—2005）的要求设置防护阀门等措施。

9）需要泄空的给水管道，其横管宜设有 0.002～0.005 的坡度，坡向泄水装置［注：一般情况下给水管道为压力流没有坡度要求，此处是为了泄水（排水）而要求的］。

（3）建筑给水塑料管道布置的特殊要求

1）塑料给水管道在室内宜暗设。明设时立管应布置在不易受到撞击处，如不能避免时，应在管外加保护措施。

2）塑料给水管道布置应符合下列规定：不得布置在灶台上边缘；明设的塑料给水立管距灶台边缘不得小于 0.4m，距燃气热水器边缘不宜小于 0.2m；当不能满足上述要求时，应采取保护措施；不得与水加热器或热水炉直接连接，应有不小于 0.4m 的金属管段过渡。

（4）给水管道暗设要求

1）不得直接敷设在建筑物结构层内（可直接敷设垫层内）。

2）干管和立管应敷设在吊顶、管井、管窿内（非直埋式）；支管可敷设在吊顶、楼（地）面的垫层内或沿墙敷设在管槽内（直埋式）。

3）敷设在垫层或墙体管槽内的给水支管的外径不宜大于 25mm。给水管道不论管材是金属管还是塑料管（含复合管），均不得直接埋设在建筑结构层内。如一定要埋设时，必须在管外设置套管（这可以解决在套管内敷设和更换管道的技术问题），且要经结构工种的同意，确认埋在结构层内的套管不会降低建筑结构的安全可靠性。小管径的配水支管，可以直接埋设在楼板面的垫层内，或者非承重墙体上开凿的管槽内（当墙体材料强度低，不能开槽时，可将管道贴墙面安装后，加厚墙体）。

4）敷设在垫层或墙体管槽内的给水管管材宜采用塑料管、金属与塑料复合管或耐腐蚀的金属管材。

5）敷设在垫层或墙体管槽内的管材，不得采用可拆卸的连接方式（可拆卸的连接方式：如卡套式、卡环式）；柔性管材宜采用分水器向各卫生器具配水，中途不得有连接配件，两端接口应明露。

1.3.2 给水水质防护

从市政给水管网引入建筑物内的自来水水质一般都符合《生活饮用水卫生标准》（GB 5749—2022）的要求，但在自来水输配和蓄贮的过程中，存在建筑物内部给水系统设计、施工或维护不当等情况，就会造成水质的二次污染，从而影响饮用水的安全供应。因此建筑内部给水系统必须加强水质防护，确保供水安全。

市政给水管网中的水进入建筑内部给水系统后存在水质污染风险的主要原因有以下三个方面：输配、蓄贮的过程中，与水直接接触的管道材料、贮水池（箱）、配件等若选材不当，含有毒物质，会对水质造成污染；生活饮用水因管道内产生虹吸、背压回流而受污染，即非饮用水或其他液体流入生活给水系统；水在贮水池（箱）中停留时间过长，导致有害微生物生长繁殖，使水质变坏。

1. 生活饮用水水池（箱）设计相关措施

（1）消毒设施

生活饮用水水池（箱）应设置消毒装置，如紫外线消毒。

（2）停留时间方面

生活饮用水水池（箱）内贮水更新时间不宜超过 48h（按照平均日用水量计算贮水更新时间）。

（3）生活饮用水水池（箱）设计

1）生活饮用水水池（箱）的构造和配管应符合下列规定：

① 人孔、通气管、溢流管应有防止生物进入水池（箱）的措施；

② 进水管宜在水池（箱）的溢流水位以上接入；

③ 进出水管布置不得产生水流短路，必要时应设导流装置；

④ 不得接纳消防管道试压水、泄压水等回流水或溢流水；

⑤ 泄水管和溢流管的排水应采用间接排水；

⑥ 水池（箱）材质、衬砌材料和内壁涂料，不得影响水质。

2）生活饮用水水池（箱）进水管应符合下列规定：

① 生活饮用水水池（箱）进水管口的最低点高出溢流边缘的空气间隙不应小于进水管管径，且不应小于 25mm，不大于 150mm；

② 当进水管从最高水位以上进入水池（箱），管口为淹没出流时，应采取真空破坏器等防虹吸回流措施；

③ 不存在虹吸回流的低位生活饮用水贮水池（箱），其进水管不受以上要求限制，但进水管仍宜从最高水面以上进入水池。

3）生活饮用水水池（箱）设置的环境要求：

① 埋地式生活饮用水贮水池周围 10m 内，不得有化粪池、污水处理构筑物、渗水井、垃圾堆放点等污染源。生活饮用水水池（箱）周围 2m 内不得有污水管和污染物。

② 建筑物内的生活饮用水水池（箱）体，应采用独立结构形式，不得利用建筑物的本体结构作为水池（箱）的壁板、底板及顶盖。生活饮用水水池（箱）与消防用水水池（箱）并列设置时，应有各自独立的池（箱）壁。

③ 建筑物内的生活饮用水水池（箱）及生活给水设施，不应设置于与厕所、垃圾间、污（废）水泵房、污（废）水处理机房及其他污染源毗邻的房间内；其上层不应有上述用房及浴室、盥洗室、厨房、洗衣房和其他产生污染源的房间。

④ 建筑物内的水池（箱）应设置在专用房间内。房间应无污染、不结冻、通风良好并应维修方便；室外设置的水池（箱）及管道应采取防冻、隔热措施。

2. 防止回流污染措施

（1）给水回流污染的原因

回流污染是由于背压回流或虹吸回流对生活给水系统造成的污染。背压回流是因给水系统下游压力的变化，用水端的水压高于供水端的水压而引起的回流现象（下游是有压容器、如水罐等）。虹吸回流是给水管道内负压引起卫生器具、受水容器中的水或液体混合物倒流入生活给水系统的回流现象（下游是敞开式的，上游出现真空负压）。

（2）回流污染防治措施

1）自备水源的供水管道严禁与城镇给水管道直接连接。

2）中水、回用雨水等非生活饮用水管道严禁与生活饮用水管道连接。

3）生活饮用水不得因管道产生虹吸、背压回流而受污染。在可能产生回流污染的情况下，应采取防止回流污染产生的技术措施，一般可采用空气间隙、倒流防止器、真空破坏器等措施或装置。

4）严禁生活饮用水管道与大便器（槽）、小便斗（槽）采用非专用冲洗阀直接连接。二次供水设施管道不得与大便器（槽）、小便斗（槽）直接连接，须采用冲洗水箱或空气隔断冲洗阀。

1.4　给水系统供水压力、用水量与给水方式

1.4.1　给水系统所需水压

建筑内部给水系统应具有一定的供水压力，此压力必须能使所需要的水量输送到建筑物最不利配水点的用水设备，并保证有足够的工作压力。

建筑内部给水系统所需的供水压力（图 1-15）按公式（1-1）计算，具体计算方法见 1.5.2 相关内容。

$$H = H_1 + H_2 + H_3 + H_4 \qquad (1-1)$$

式中：H ——给水系统所需水压（kPa）；

H_1 ——室内管网中最不利配水点与引入管之间的静压差（高差）（kPa）；

H_2 ——计算管路的水头损失（沿程水头损失+局部水头损失）（kPa）；

H_3 ——计算管路中水表（建筑物引入管上）的水头损失（kPa）；

H_4 ——最不利配水点所需最低工作压力（kPa）。

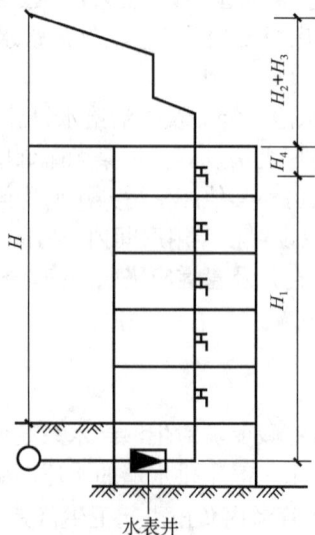

图 1-15　建筑内部给水系统所需的供水压力

在初步设计时对于层高不超过 3.5m 的民用建筑,室内给水所需压力(自室外地面算起)可以用经验法估算。1 层:$H=100\text{kPa}=10\text{mH}_2\text{O}$;2 层:$H=120\text{kPa}=12\text{mH}_2\text{O}$;3 层及以上:$H=12\text{mH}_2\text{O}+4\times(n-2)\text{mH}_2\text{O}=(4+4n)\text{mH}_2\text{O}$($n$ 为层数)。

1.4.2　用水量

建筑内部给水系统用水量是选择给水系统中水量调节、贮存设备的基本依据。建筑内部用水包括生产用水、消防用水和生活用水。这三部分用水量的计算与用水的特点有关。

生产用水量在整个生产班期间比较均匀,用水量与工艺过程、生产设备、产品性质等因素有关。生产用水量计量方法常以单位产品用水量和单位时间消耗在生产设备上的用水量计算。

消防用水具有用水量大且集中的特点,其与建筑物的使用性质、耐火等级、火灾危险程度等有关。建筑内消防用水量应按同时开启的消防设备用水量之和确定。

生活用水量在每天使用过程中具有变化大、不均匀的特点。生活用水量与建筑物卫生设备完善程度,气候情况,人们的生活习惯等因素有关。生活用水量可根据用水定额、用水单位数等参数确定。

最高日生活用水量按公式(1-2)计算:

$$Q_d = m \cdot q_d \tag{1-2}$$

式中:Q_d——最高日用水量(L/d);

　　　m——用水单位数(人或床位数等),工业企业建筑为每班人数;

　　　q_d——最高日生活用水定额[L/(人·d)]、L/(床·d)或[L/(人·班)],查表 1-7 和表 1-8。

表 1-7　住宅生活用水定额及小时变化系数

住宅类别	卫生器具设置标准	最高日用水定额/[L/(人·d)]	平均日用水定额/[L/(人·d)]	最高日小时变化系数 K_h
普通住宅	有大便器、洗脸盆、洗涤盆、洗衣机、热水器和沐浴设备	130~300	50~200	2.8~2.3
	有大便器、洗脸盆、洗涤盆、洗衣机、集中热水供应(或家用热水机组)和沐浴设备	180~320	60~230	2.5~2.0
别墅	有大便器、洗脸盆、洗涤盆、洗衣机、洒水栓,家用热水机组和沐浴设备	200~350	70~250	2.3~1.8

注:① 当地主管部门对住宅生活用水定额有具体规定时,应按当地规定执行。

② 别墅生活用水定额中含庭院绿化用水和洗车用水,不含游泳池补水。

③ 表中用水定额为全部用水量。当采用分质供水时,有直饮水系统,除由小区供水为水源外,应扣除直饮水用水定额;有杂用水系统,应扣除杂用水定额。

④ 用水定额可参照《室外给水设计标准》(GB 50013—2018)的分区、城市规模大小的不同要求来确定,缺水地区宜采用低值。

⑤ 用水设施与别墅相同或相近的住宅可按别墅的标准设计。

⑥ 住宅用水时间 T 为 24h。

最大小时用水量按公式（1-3）计算：

$$Q_\mathrm{h} = K_\mathrm{h} \cdot \frac{Q_\mathrm{d}}{T}$$

（1-3）

式中：Q_h——最大小时用水量（L/h）；

K_h——小时变化系数；

T——建筑物的用水时间（h），工业企业建筑为每班用水时间（h）。

表 1-8 公共建筑生活用水定额及小时变化系数

序号	建筑物名称		单位	生活用水定额/L		使用时数/h	小时变化系数 K_h
				最高日	平均日		
1	宿舍	居室内设卫生间	每人每日	150~200	130~160	24	3.0~2.5
		设公用盥洗卫生间		100~150	90~120		6.0~3.0
2	招待所、培训中心、普通旅馆	设公用卫生间、盥洗室	每人每日	50~100	40~80	24	3.0~2.5
		设公用卫生间、盥洗室、淋浴室		80~130	70~100		
		设公用卫生间、盥洗室、淋浴室、洗衣室		100~150	90~120		
		设单独卫生间、公用洗衣室		120~200	110~160		
3	酒店式公寓		每人每日	200~300	180~240	24	2.5~2.0
4	宾馆客房	旅客	每床位每日	250~400	220~320	24	2.5~2.0
		员工	每人每日	80~100	70~80	8~10	2.5~2.0
5	医院住院部	设公用卫生间、盥洗室	每床位每日	100~200	90~160	24	2.5~2.0
		设公用卫生间、盥洗室、淋浴室		150~250	130~200		
		设单独卫生间		250~400	220~320		
		医务人员	每人每班	150~250	130~200	8	2.0~1.5
	门诊部、诊疗所	病人	每人每次	10~15	6~12	8~12	1.5~1.2
		医务人员	每人每班	80~100	60~80	8	2.5~2.0
		疗养院、休养所住房部	每床位每日	200~300	180~240	24	2.0~1.5
6	养老院、托老所	全托	每人每日	100~150	90~120	24	2.5~2.0
		日托		50~80	40~60	10	2.0
7	幼儿园、托儿所	有住宿	每儿童每日	50~100	40~80	24	3.0~2.5
		无住宿		30~50	25~40	10	2.0
8	公共浴室	淋浴	每顾客每次	100	70~90	12	2.0~1.5
		浴盆、淋浴		120~150	120~150		
		桑拿浴（淋浴、按摩池）		150~200	130~160		
9		理发室、美容院	每顾客每次	40~100	35~80	12	2.0~1.5
10		洗衣房	每千克干衣	40~80	40~80	8	1.5~1.2
11	餐饮业	中餐酒楼	每顾客每次	40~60	35~50	10~12	1.5~1.2
		快餐店、职工及学生食堂		20~25	15~20	12~16	
		酒吧、咖啡馆、茶座、卡拉 OK 房		5~15	5~10	8~18	
12	商场	员工及顾客	每平方米营业厅面积每日	5~8	4~6	12	1.5~1.2
13	办公	坐班制办公	每人每班	30~50	25~40	8~10	1.5~1.2
		公寓式办公	每人每日	130~300	120~250	10~24	2.5~1.8
		酒店式办公		250~400	220~320	24	2.0

续表

序号	建筑物名称		单位	生活用水定额/L		使用时数/h	小时变化系数 K_h
				最高日	平均日		
14	科研楼	化学	每工作人员每日	460	370	8~10	2.0~1.5
		生物		310	250		
		物理		125	100		
		药剂调制		310	250		
15	图书馆	阅览者	每座位每次	20~30	15~25	8~10	1.2~1.5
		员工	每人每日	50	40		
16	书店	顾客	每平方米营业厅每日	3~6	3~5	8~12	1.5~1.2
		员工	每人每班	30~50	27~40		
17	教学、实验楼	中小学校	每学生每日	20~40	15~35	8~9	1.5~1.2
		高等院校		40~50	35~40		
18	电影院、剧院	观众	每观众每场	3~5	3~5	3	1.5~1.2
		演职员	每人每场	40	35	4~6	2.5~2.0
19	健身中心		每人每次	30~50	25~40	8~12	1.5~1.2
20	体育场（馆）	运动员淋浴	每人每次	30~40	25~40	4	3.0~2.0
		观众	每人每场	3	3		1.2
21	会议厅		每座位每次	6~8	6~8	4	1.5~1.2
22	会展中心（展览馆、博物馆）	观众	每平方米展厅每日	3~6	3~5	8~16	1.5~1.2
		员工	每人每班	30~50	27~40		
23	航站楼、客运站旅客		每人次	3~6	3~6	8~16	1.5~1.2
24	菜市场地面冲洗及保鲜用水		每平方米每日	10~20	8~15	8~10	2.5~2.0
25	停车库地面冲洗水		每平方米每次	2~3	2~3	6~8	1.0

注：① 中等院校、兵营等宿舍设置公用卫生间和盥洗室，当用水时段集中时，最高日小时变化系数 K_h 宜取高值 6.0~4.0；其他类型宿舍设置公用卫生间和盥洗室时，最高日小时变化系数 K_h 宜取低值 3.5~3.0。

② 除注明外，均不含员工生活用水，员工最高日用水定额为每人每班 40~60L，平均日用水定额为每人每班 30~45L。

③ 大型超市的生鲜食品区按菜市场用水取值。

④ 医疗建筑中已含有医疗用水。

⑤ 空调用水应另外计算。

⑥ 生活用水定额单位有变化（如每顾客每次），使用时间数值有变化（不全是 24h）。

1.4.3 给水方式及适用条件

建筑物内部的给水系统宜充分利用室外给水管网的水压直接供水。当室外给水管网的水压或（和）水量不足时，应根据卫生安全、经济节能的原则选用贮水调节和加压供水方案。

1. 直接给水方式

由室外给水管网直接供水是最简单、经济的给水方式（图1-16）。直接给水方式适用于室外给水管网的水量、水压在一天内均能满足用水要求的建筑。

2. 设水箱给水方式

设水箱给水方式宜在室外给水管网供水压力周期性不足时采用。采用设水箱给水方式，低峰用水时可利用室外给水管网水压直接供水并向水箱进水，水箱贮备水量；高峰用水时室外管网水压不足，则由水箱向建筑给水系统供水。

当室外给水管网水压偏高或不稳定时，为保证建筑内给水系统的良好工况或满足稳压供水的要求，也可采用设水箱给水方式（图1-17）。引入管与外网管道相连接，通过立管直接送入屋顶水箱，水箱出水管与布置在水箱下面的横干管相连。

设水箱给水方式的特点是系统简单、投资少、可充分利用外网水压；但是水箱容易二次污染，水箱容积的确定要慎重。

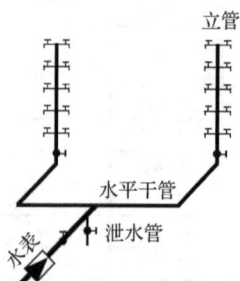

图1-16　直接给水方式

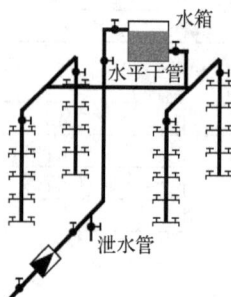

图1-17　设水箱给水方式

3. 设水泵给水方式

设水泵给水方式（图1-18）宜在室外给水管网的水压经常不足时采用。当建筑内用水量大且较均匀时，可用恒速水泵供水；当建筑内用水不均匀时，宜采用一台或多台水泵变速运行供水，以提高水泵的工作效率。如可以直接从管网抽水时采用叠压设计供水，可不设低位水池。

设水泵给水方式的特点是系统简单、供水可靠、无高位水箱，但耗能多。

4. 设水泵、水箱给水方式

水泵从室外给水管网或低位贮水池吸水，将水送到高位水箱，通过高位水箱向建筑物用水点供水（图1-19）。

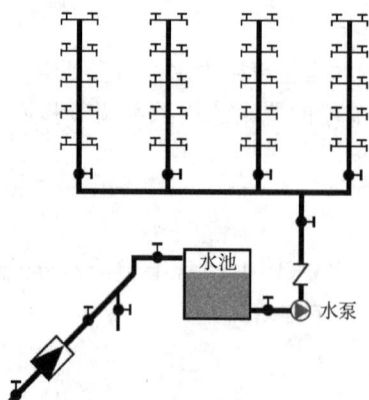

图1-18　设水泵给水方式

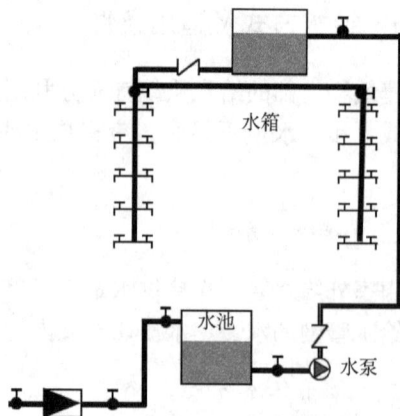

图1-19　设水泵、水箱给水方式

设水泵、水箱给水方式的优点是水泵能及时向水箱供水，可缩小水箱的容积；高位水箱有调蓄能力，水泵的出水量恒定，可采用匀速泵，其能够保持在高效区运行；供水可靠且供水压力稳定。设水泵、水箱给水方式的缺点是系统投资较大，安装和维修都比较复杂。

设水泵、水箱给水方式一般在室外给水管网水压低于或经常不能满足建筑内部给水管网所需水压，且室内用水不均匀时采用。

5. 气压给水方式

气压给水方式（图 1-20）即在给水系统中设置气压给水设备，利用该设备的气压水罐内气体的可压缩性，升压供水。气压水罐的作用相当于高位水箱，但其位置可根据需要设置在给水系统的高处或低处。

气压给水方式的特点是供水可靠、无高位水箱，但水泵效率低、耗能多。气压给水方式一般在外网水压不能满足所需水压，用水不均匀，且不宜设水箱时采用。

6. 分区给水方式

当室外给水管网的压力只能满足建筑低层供水要求时，可采用分区给水方式（图 1-21）。室外给水管网水压线以下的楼层为低区，采用室外给水管网直接供水；室外给水管网水压线以上的楼层为高区，由升压贮水设备供水。可将两区的 1 根或几根立管相连，在分区处设阀门，以备低区进水管发生故障或外网压力不足时，打开阀门由高区水箱向低区供水。

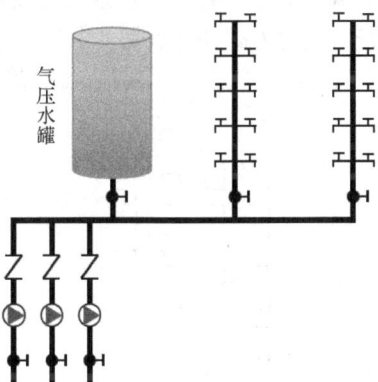

图 1-20　气压给水方式　　　　图 1-21　分区给水方式

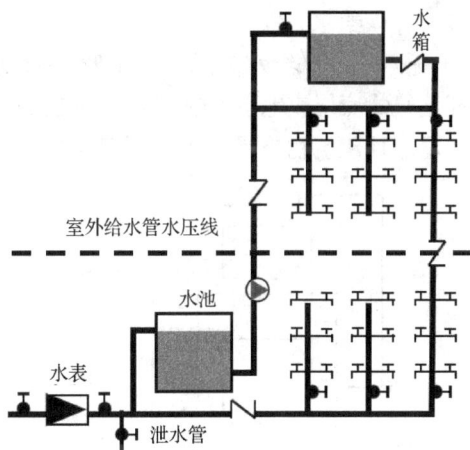

分区给水方式的特点是可以充分利用外网压力，供水安全，但投资较大、维护复杂。分区给水方式一般在室外给水管网供水压力只能满足建筑低层供水要求时采用。

1.4.4　高层建筑生活给水系统的给水方式

1. 给水方式

当建筑高度较高时，如果采用同一个给水系统供水，为了满足顶层最不利点卫生器具的水压，低层管道系统静水压力会很大，这样会造成卫生器具的流出水头过大、影响使用、水量浪费等现象；同时还会产生诸多弊端，如容易产生水锤现象，卫生器具、阀门等附件容易损坏。因此高层建筑给水系统必须竖向分区。

卫生器具给水配件承受的最大工作压力不得大于 0.6MPa。当生活给水系统分区供水时，各分区的静水压力不宜大于 0.45MPa；当设有集中热水系统时，分区静水压力不宜大于 0.55MPa；住宅入户管供水压力不应大于 0.35MPa，非住宅类居住建筑入户管供水压力不宜大于 0.35MPa，如果超过，宜设置减压措施。生活给水系统用水点处供水压力不宜大于 0.20MPa，并应满足卫生器具工作压力的要求。

高层建筑竖向分区给水方式有串联给水方式、并联给水方式和减压给水方式。

（1）串联给水方式

各区均设水泵和水箱，上区的水泵从下区的高位水箱（也称为中间转输水箱，既是下区的高位水箱，又是上区水泵的转输水箱）抽水（图 1-22）。这种供水方式优点是各区的水泵的扬程可以按照本区需求确定，使用效率高、能源消耗较小、水泵压力均衡、水泵扬程较小；不需要设置高压泵和高压给水管道，设备和管道简单，投资较少。缺点是水泵分散布置，维护不方便；水泵、水箱占据楼层的使用面积较大；水泵所在的楼层振动的噪声干扰较大，需要采取防振动、防噪声、防漏水措施；供水不可靠，如果下区水泵发生故障，其上区供水也会受到影响。串联给水方式适用于有中间设备层的建筑物。

串联分区给水方式可以设中间水箱，也可不设中间水箱。不设水箱时，各区水泵采用调速泵直接从下区给水管道上抽水。采用串联分区给水方式时，可以设管道倒流防止器防止水压回流。

（2）并联给水方式

1）无水箱并联给水方式（图 1-23）。无水箱并联给水方式是将各区的水泵等设备集中设置在建筑物底层或地下室中，各区都是独立的供水系统。这种方式的优点是供水安全可靠，便于管理，且建筑物不设水箱，不存在二次污染；缺点是存在高压水泵和高压给水管道。

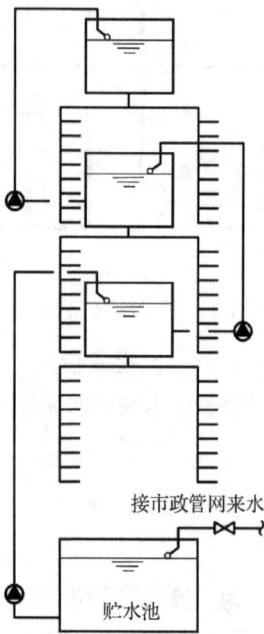

接市政管网来水	
贮水池	贮水池
图 1-22　串联给水方式	图 1-23　无水箱并联给水方式

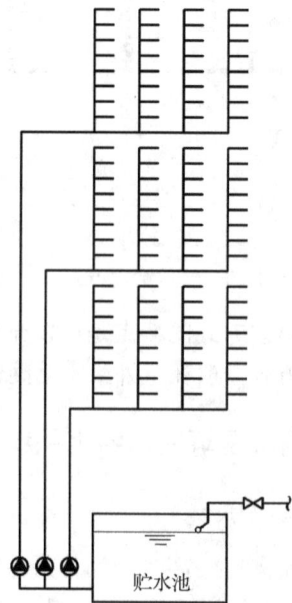

2）设水箱并联给水方式（图 1-24）。各区独立设置水泵和水箱，各区水泵独立向本区的高位水箱供水，水泵集中设在建筑物底层或地下室。这种供水方式的优点是各区独立运行，互不干扰，供水可靠；水泵集中布置，便于维护。这种供水方式的缺点是设有高压水泵和高给水压管道；水箱占用楼层的使用面积。

（3）减压给水方式

减压给水方式是将建筑物各区所有的用水量采用水泵直接加压送到建筑屋顶高位水箱，然后再由此水箱依次向下区减压供水，也可以通过各区的减压水箱（图 1-25）或减压阀减压供水（图 1-26）。

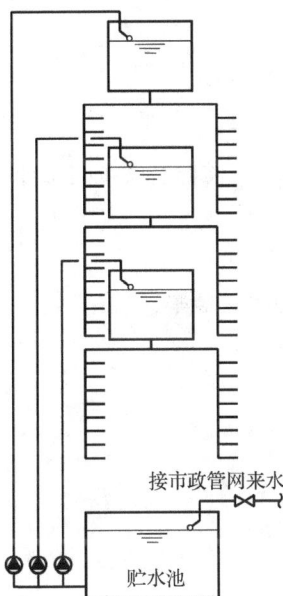

图 1-24　设水箱并联给水方式　　图 1-25　设水箱的减压供水　　图 1-26　设减压阀的减压供水

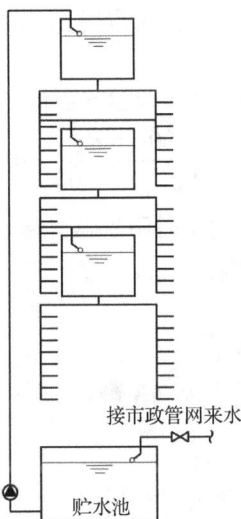

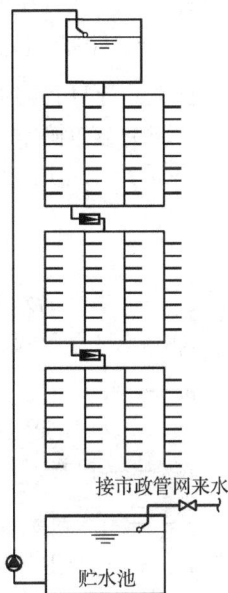

减压给水方式的优点是水泵的台数比较少、管道简单、投资较省、设备集中管理、维护管理简单。减压给水方式的缺点是下区供水受到上区供水限制；所有的水都要经过水泵提升到屋顶水箱再减压供水，存在能源消耗浪费的现象，而且屋顶水箱体积较大对建筑结构抗震不利。

2. 竖向分区给水方式确定

竖向分区给水方式按照以下原则确定：建筑高度不超过 100m 的建筑，宜采用垂直分区并联供水或分区减压的供水方式；建筑高度超过 100m 的建筑，宜采用垂直串联供水方式。

1.5　给水系统计算

1.5.1　给水设计秒流量

建筑内的生活用水量在 1 昼夜、1 小时里都是不均匀的。为了保证用水，生活给水管道的设计流量应按建筑物内卫生器具最不利情况组合出流时的最大瞬时流量确定。目前，我国住宅类建筑物采用概率法计算给水设计秒流量；用水分散型公共建筑采用平方根法计算给水设计秒流量；用水密集型公共建筑物采用百分数法计算给水设计秒流量。

1. 住宅建筑给水管道设计秒流量（概率法）

（1）计算公式

住宅生活给水管道设计秒流量按公式（1-4）计算：

$$q_{\mathrm{g}} = 0.2UN_{\mathrm{g}} \tag{1-4}$$

式中：q_{g}——计算管路的设计秒流量（L/s）；

N_{g}——计算管段的卫生器具给水当量总数，查表1-5；

U——计算管路的卫生器具给水当量同时出流概率（%）。

（2）相关参数确定

1）生活给水管道的最大用水时卫生器具给水当量平均出流概率 U_0 按照公式（1-5）计算：

$$U_0 = \frac{100q_{\mathrm{L}}mK_{\mathrm{h}}}{0.2N_{\mathrm{g}}T \cdot 3600} \times 100\% \tag{1-5}$$

式中：U_0——生活给水管道的最大用水时卫生器具给水当量平均出流概率（%）；

q_{L}——最高用水日的用水定额（L/人·d），按表1-7选用；

m——每户用水人数；

K_{h}——小时变化系数，按表1-7取用；

N_{g}——每户设置的卫生器具给水当量数；

T——用水时数（h）；

0.2——一个卫生器具给水当量的额定流量（L/s）。

给水干管有两条或两条以上具有不同最大用水时卫生器具给水当量平均出流概率的给水支管时，该管段的最大用水时卫生器具给水当量平均出流概率应按公式（1-6）计算：

$$\bar{U}_0 = \frac{\sum U_{0i}N_{gi}}{\sum N_{gi}} \tag{1-6}$$

式中：$\bar{U}_0$——给水干管的卫生器具给水当量平均出流概率（%）；

U_{0i}——支管的最大用水时卫生器具给水当量平均出流概率（%）；

N_{gi}——相应支管的卫生器具给水当量总数。

式（1-6）只适用于各支管的最大用水时发生在同一时段的给水管道。对最大用水时并不发生在同一时段的给水管道，应将设计秒流量小的支管的平均用水时平均秒流量与设计秒流量大的支管的设计秒流量叠加成干管的设计秒流量。

2）计算管路的卫生器具给水当量同时出流概率 U 按公式（1-7）计算：

$$U = 100\frac{1 + \alpha_{\mathrm{c}}(N_{\mathrm{g}} - 1)^{0.49}}{\sqrt{N_{\mathrm{g}}}} \times 100\% \tag{1-7}$$

式中：U——计算管段的卫生器具给水当量同时出流概率（%）；

α_{c}——对应于不同 U_0 的系数，取值见表1-9（可用内插法求 α_{c}）；

N_{g}——计算管段的卫生器具给水当量总数。

表 1-9　U_0、α_c 值对应表

U_0 /%	α_c	U_0 /%	α_c
1.0	0.00323	4.0	0.02816
1.5	0.00697	4.5	0.03263
2.0	0.01097	5.0	0.03715
2.5	0.01512	6.0	0.04629
3.0	0.01939	7.0	0.05555
3.5	0.02374	8.0	0.06489

在计算出 U_0 和 N_g 后，根据《建筑给水排水设计标准》（GB 50015—2019）附录 C "给水管段设计秒流量计算"可直接查出 q_g。该表可用内插法。当计算管段的卫生器具给水当量总数超过附录 C 中的最大值时，其设计秒流量应取最大时用水量。

【例 1-1】　某住宅楼共 12 层，每层有住户 8 户（A 户型和 B 户型各 4 户），其中 A 户型的卫生器具当量数为 8，B 户型的卫生器具当量数为 6。市政管网给水压力为 0.18～0.25MPa，若每户以 4 人计，最高日生活用水定额取 220L/（人·d），小时变化系数为 2.6。求在充分利用市政给水压力供水的前提下，该住宅楼直供区域的给水干管设计秒流量应为多少？

【解】　市政管网提供的最低水压为 0.18MPa，即 18mH₂O，因此，由 4(n+1)=18 可解得 n=3.5，市政管网水压满足 1～3 层水压要求，即 1～3 层为市政管网直供区域。选用概率法求住宅楼直供区域的给水管道设计秒流量。

1）A 户型的最大用水时卫生器具给水当量平均出流概率：

$$U_0 = \frac{100q_L mK_h}{0.2 \cdot N_{g1} \cdot T \cdot 3600} \times 100\% = \frac{100 \times 220 \times 4 \times 2.6}{0.2 \times 8 \times 24 \times 3600} \times 100\% = 1.66\%$$

B 户型的最大用水时卫生器具给水当量平均出流概率：

$$U_0 = \frac{100q_L mK_h}{0.2 \cdot N_{g2} \cdot T \cdot 3600} \times 100\% = \frac{100 \times 220 \times 4 \times 2.6}{0.2 \times 6 \times 24 \times 3600} \times 100\% = 2.21\%$$

住宅 1～3 层的所有 A、B 户型住户均共用给水干管，给水干管的最大用水时卫生器具给水当量平均出流概率：

$$\bar{U}_0 = \frac{\sum U_{0i} N_{gi}}{\sum N_{gi}} = \frac{(8 \times 1.66 + 6 \times 2.21) \times 3 \times 4}{(8+6) \times 3 \times 4}\% = 1.90\%$$

2）根据所求得的最大用水时卫生器具给水当量平均出流概率查表 1-9，用内插法求得 α_c 为 0.01017；市政管网直供的给水干管的卫生器具给水当量总数为

$$3 \times 4 \times (8+6) = 168$$

3）直供给水干管的卫生器具给水当量的同时出流概率：

$$U = 100\frac{1+\alpha_c(N_g-1)^{0.49}}{\sqrt{N_g}} \times 100\% = 100 \times \frac{1+0.01017 \times (168-1)^{0.49}}{\sqrt{168}} \times 100\% = 8.7\%$$

4）该直供给水干管的设计秒流量：

$$q_g = 0.2UN_g = 0.2 \times 0.087 \times 168 = 2.92 \text{（L/s）}$$

注：求出最大用水时卫生器具给水当量平均出流概率以及直供区域内的卫生器具总当

量后，也可通过查《建筑给水排水设计标准》（GB 50015—2019）附录 C 的方式直接得到相应的设计秒流量，若采用查表法，须进行双内插法方能得到最终结果。

2. 用水分散型公共建筑给水管道设计秒流量（平方根法）

宿舍（居室内设卫生间）、旅馆、宾馆、酒店式公寓、门诊部、诊疗所、医院、疗养院、幼儿园、养老院、办公楼、商场、图书馆、书店、客运站、航站楼、会展中心、教学楼、公共厕所等建筑的生活给水设计秒流量，应按公式（1-8）计算：

$$q_g = 0.2\alpha\sqrt{N_g} \tag{1-8}$$

式中：α——根据建筑物用途确定的系数，取值查表 1-10（其他符号同前）。

表 1-10　根据建筑物用途而定的系数（α）值

建筑物名称	α
幼儿园、托儿所、养老院	1.2
门诊部、诊疗所	1.4
办公楼、商场	1.5
图书馆	1.6
书店	1.7
教学楼	1.8
医院、疗养院、休养所	2.0
酒店式公寓	2.2
宿舍（居室内设卫生间）、旅馆、招待所、宾馆	2.5
客运站、航站楼、会展中心、公共厕所	3.0

使用公式（1-8）时注意以下几点：

1）如果计算值小于该管段上一个最大卫生器具给水额定流量时，应采用一个最大的卫生器具给水额定流量作为设计秒流量。

2）如果计算值大于该管段上按卫生器具给水额定流量累加所得流量值时，应按卫生器具给水额定流量累加所得流量值采用。

3）有大便器延时自闭冲洗阀的给水管段，大便器延时自闭冲洗阀的给水当量均以 0.5 计，计算得到的 q_g 附加 1.20L/s 的流量后为该管段的给水设计秒流量。

4）综合性建筑的 α 值应按公式（1-9）加权平均计算：

$$\alpha = \frac{\alpha_1 N_{g1} + \alpha_2 N_{g2} + \cdots + \alpha_n N_{gn}}{N_{g1} + N_{g2} + \cdots + N_{gn}} \tag{1-9}$$

式中：α——综合性建筑中的秒流量系数；

$\alpha_1, \alpha_2, \cdots, \alpha_n$——对应各类建筑物性质的系数；

$N_{g1}, N_{g2}, \cdots, N_{gn}$——对应各类建筑物卫生器具的给水当量数。

【例 1-2】　某宾馆集中供应冷水、热水，客房卫生间设洗脸盆、浴盆及大便器各一套，其中洗脸盆、浴盆均安装混合水嘴，大便器带低水箱冲洗，则各客房卫生间冷水进水管的设计秒流量应为多少？

【解】 宾馆为用水分散型建筑，其客房卫生间冷水进水管设计秒流量采用公式（1-8）计算，宾馆的 α 值为 2.5，客房卫生间冷水进水管的设计秒流量为

$$q_g = 0.2\alpha\sqrt{N_g} = 0.2 \times 2.5 \times \sqrt{0.5 + 1.0 + 0.5} = 0.71 \ (\text{L/s})$$

校核：卫生器具冷水给水额定流量的累加值为 $\sum q = 0.2 + 0.1 + 0.1 = 0.40 (\text{L/s}) < 0.71 \ (\text{L/s})$。因此，各客房卫生间冷水进水管的设计秒流量为 0.4L/s。

3. 用水密集型公共建筑给水管道设计秒流量（百分数法）

宿舍（设公用盥洗卫生间）、工业企业的生活间、公共浴室、职工（学生）食堂或营业餐馆的厨房、体育场馆、剧院、普通理化实验室等建筑的生活给水管道的设计秒流量，应按公式（1-10）计算：

$$q_g = \sum q_0 \cdot n_0 \cdot b \tag{1-10}$$

式中： q_g ——计算管段的给水设计秒流量（L/s）；

q_0 ——同类型一个卫生器具的给水额定流量（L/s），查表 1-5；

n_0 ——同类型卫生器具数（个）；

b ——同类型卫生器具的同时给水百分数（%），查表 1-11~表 1-13。

表 1-11 宿舍（设公用盥洗卫生间）、工业企业生活间、公共浴室、影剧院、
体育场馆等卫生器具同时给水百分数

卫生器具名称	宿舍（设公用盥洗室卫生间）	工业企业生活间	公共浴室	影剧院	体育场馆
洗涤盆（池）	—	33	15	15	15
洗手盆	—	50	50	50	70（50）
洗脸盆、盥洗槽水嘴	5~100	60~100	60~100	50	80
浴盆	—	—	50	—	—
无间隔沐浴器	20~100	100	100	—	100
有间隔沐浴器	5~80	80	60~80	（60~80）	（60~100）
大便器冲洗水箱	5~70	30	20	50（20）	70（20）
大便槽自动冲洗水箱	100	100	—	100	100
大便器自闭式冲洗阀	1~2	2	2	10（2）	5（2）
小便器自闭式冲洗阀	2~10	10	10	50（10）	70（10）
小便器（槽）自动冲洗水箱	—	100	100	100	100
净身盆	—	33	—	—	—
饮水器	—	30~60	30	30	30
小卖部洗涤盆	—	—	50	50	50

注：① 表中括号内的数值系电影院、剧院的化妆间，体育场馆的运动员休息室使用；

② 健身中心的卫生间，可采用本表体育场馆运动员休息室的同时给水百分数。

表 1-12 职工食堂、营业餐馆厨房设备同时给水百分数

厨房设备名称	同时给水百分数
洗涤盆（池）	70
煮锅	60
生产性洗涤机	40
器皿洗涤机	90
开水器	50
蒸汽发生器	100
灶台水嘴	30

注：职工或学生食堂的洗碗台水嘴，按 100%同时给水，但不与厨房用水叠加，即取洗碗台和厨房两者之间的较大值作为给水管道的设计秒流量。

表 1-13 实验室化验水嘴同时给水百分数

化验水嘴名称	同时给水百分数	
	科研教学实验室	生产实验室
单联化验水嘴	20	30
双联或三联化验水嘴	30	50

使用公式（1-10）进行给水秒流量的计算应注意以下几点：

1）当计算值小于管段上一个最大卫生器具给水额定流量时，应采用一个最大的卫生器具给水额定流量作为设计秒流量。

2）大便器自闭式冲洗阀应单列计算，当单列计算值小于 1.2L/s 时，以 1.2L/s 计；大于 1.2L/s 时，以计算值计，即按公式（1-11）计算：

$$q_g = \sum q_0 \cdot n_0 \cdot b + \max\{1.2, 1.2 \cdot n_{0大便器自闭式冲洗阀} \cdot b_{大便器自闭式冲洗阀}\} \qquad (1-11)$$

【例 1-3】 某车间内卫生间设有 6 个大便器（设延时自闭式冲洗阀）、3 个小便器（设自闭式冲洗阀）、4 个洗手盆（设感应嘴），则该卫生间给水总管的设计流量为多少？

【解】 1）车间内卫生间为用水密集型建筑，其给水总管的设计流量应采用 $q_g = \sum q_0 n_0 b$ 计算；

2）大便器单列计算：$\sum q_0' n_0' b' = 1.20 \times 6 \times 2\% = 0.144 < 1.2$ （L/s），取 1.2L/s；

3）车间内卫生间给水总管设计流量为

$$q_g = \sum q_0 n_0 b + \sum q_0' n_0' b' = (0.1 \times 3 \times 10\% + 0.1 \times 4 \times 50\%) + 1.20 = 1.43 \text{ （L/s）}$$

4. 综合体建筑或同一建筑不同功能部分的生活给水干管的设计秒流量

1）当不同建筑或功能部分的用水高峰出现在同一时段时，生活给水干管的设计秒流量应采用各建筑或不同功能部分的设计秒流量的叠加值。

2）当不同建筑或功能部分的用水高峰出现在不同时段时，生活给水干管的设计秒流量应采用高峰时用水量最大的主要建筑或功能部分的设计秒流量与其余部分的平均时给水流量的叠加值。

5. 建筑给水引入管设计流量

建筑物的给水引入管的设计流量分以下三种情况：

1）当建筑物内的生活用水全部由室外管网直接供水时，应取建筑物内的生活用水设计秒流量。

2）当建筑物内的生活用水全部自行加压供给时，引入管的设计流量应为贮水调节池的设计补水量；设计补水量不宜大于建筑物最高日最大时用水量，且不得小于建筑物最高日平均时用水量。

3）当建筑物内的生活用水既有室外管网直接供水，又有自行加压供水时，应按上述 1）和 2）的方法分别计算各自的设计流，最后将两者叠加作为引入管的设计流量。

【例 1-4】　居住人数为 1000 人的集体宿舍（设有独立卫生间）给水系统如图 1-27 所示。最高日用水定额为 100L/（人·d），小时变化系数 K_h 为 2，BC 管段供低区 500 人用水（用水卫生器具当量总数 N=49）；水泵加压供高区 500 人用水（用水卫生器具当量总数 N_g=49）。则引入管管段 AB 的最小设计流量应为多少？

【解】　根据题意可知，该集体宿舍按用水分散型建筑考虑。低区直供部分 BC 管段的设计秒流量应采用 $q_g = 0.2\alpha\sqrt{N_g}$，即

$$q_{gB-C} = 0.2\alpha\sqrt{N_g} = 0.2 \times 2.5 \times \sqrt{49} = 3.5 \text{（L/s）}$$

高区低位贮水池的补水流量不宜大于其供水区域的最高日最大时流量，且不得小于供水区域的最高日平均时流量，题目中要求的是引入管 AB 管段的最小设计流量，因此高区低位贮水池设计补水流量以高区的最高日平均时流量计，即

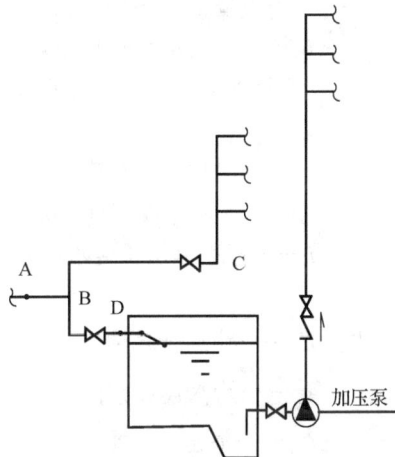

图 1-27　例 1-4 示意图

$$q_{gB-D} = \frac{500 \times 100}{24 \times 3600} = 0.58 \text{（L/s）}$$

该给水引入管的设计流量应为

$$q_{gA-B} = q_{gB-C} + q_{gB-D} = 3.5 + 0.58 = 4.08 \text{（L/s）}$$

1.5.2　给水管网水力计算

给水管网水力计算的目的是通过计算管段设计流量合理确定管径、系统的水头损失及水压，再根据水量、水压选择设备和设施。

1. 确定给水管段管径

在求得各管段的设计秒流量后，根据流量公式（1-12）和公式（1-13）即可求定管径：

$$q_g = \frac{\pi D_i^2}{4} \cdot V \tag{1-12}$$

$$D_i = \sqrt{\frac{4q_g}{\pi V}} \tag{1-13}$$

式中：q_g ——计算管段的设计秒流量（m^3/s）；

D_i ——计算管段的管内径（m）；

V ——管道中的水流速（m/s），见表 1-14。

表 1-14　生活给水管道的流速

公称直径/mm	15～20	25～40	50～70	≥80
水流流速/（m/s）	≤1.0	≤1.2	≤1.5	≤1.8

2. 确定给水系统所需压力

建筑物给水所需要的水压按照公式（1-1）计算。

（1）给水管道水头损失

给水管道水头损失包括沿程水头损失和局部水头损失。

1）沿程水头损失。沿程水头损失可按公式（1-14）计算：

$$h_f = i \cdot L \qquad (1\text{-}14)$$

式中：h_f ——沿程水头损失（kPa）；

L ——管道计算长度（m）；

i ——管道单位长度水头损失（kPa/m），按公式（1-15）计算：

$$i = 105C_h^{-1.85} d_j^{-4.87} q_g^{1.85} \qquad (1\text{-}15)$$

式中：d_j ——管道计算内径（m）；

q_g ——给水设计秒流量（m^3/s）；

C_h ——海澄-威廉系数，各种塑料管、内衬（涂）塑管 $C_h = 140$；铜管、不锈钢管 $C_h = 130$；内衬水泥、树脂的铸铁管 $C_h = 130$；普通钢管、铸铁管 $C_h = 100$。

工程设计中，在求得管段的设计秒流量后，再根据流速（控制在允许范围内）直接查相关给水管道水力计算表就可以确定管径和单位长度的水头损失值。

2）局部水头损失。

① 理论公式法。计算公式为

$$h_j = \sum \zeta \frac{v^2}{2g} \times 10 \qquad (1\text{-}16)$$

式中：h_j ——管段局部水头损失之和（kPa）；

ζ ——管段局部阻力系数；

v ——沿水流方向局部管件下游的流速（m/s）；

g ——重力加速度（m/s^2）。

② 经验计算法。由于给水管网中局部管件（如弯头、三通等）较多，管件构造不同，其 ζ 值也不相同，详细计算较为烦琐。因此，在实际工程中给水管网的局部水头损失也可按管（配）件当量长度计算或按管网沿程水头损失百分数估算。

管（配）件当量长度的含义：管（配）件产生的局部水头损失大小与同管径某一长度产生的沿程水头损失相等，则该长度即管（配）件的当量长度。阀门和螺纹管件的摩阻损失当量长度见表 1-15。

表 1-15　阀门和螺纹管件的摩阻损失当量长度

管件内径/ mm	各种管件的折算管道长度/m						
	90° 标准弯头	45° 标准弯头	标准三通90° 转角流	三通直向流	闸板阀	球阀	角阀
9.5	0.3	0.2	0.5	0.1	0.1	2.4	1.2
12.7	0.6	0.4	0.9	0.2	0.1	4.6	2.4
19.1	0.8	0.5	1.2	0.2	0.2	6.1	3.6
25.4	0.9	0.5	1.5	0.3	0.2	7.6	4.6
31.8	1.2	0.7	1.8	0.4	0.2	10.6	5.5
38.1	1.5	0.9	2.1	0.5	0.3	13.7	6.7
50.8	2.1	1.2	3.0	0.6	0.3	16.7	8.5
63.5	2.4	1.5	3.6	0.8	0.5	19.8	10.3
76.2	3.0	1.8	4.6	0.9	0.6	24.3	12.2
101.6	4.3	2.4	6.4	1.2	0.8	38.0	16.7
127.0	5.2	3.0	7.6	1.5	1.0	42.6	21.3
152.4	6.1	3.6	9.1	1.8	1.2	50.2	24.3

注：本表的螺纹接口是指管件无凹口的螺纹（连接点内径有突变）。如果管件为凹口螺纹，或等径焊接，折算补偿长度取表中一半。

当管道的管（配）件当量长度资料不足时，可根据下列管件的连接状况，按管网的沿程水头损失的百分数取值。

管（配）件内径与管道内径一致，采用三通分水时，取 25%～30%；采用分水器分水时，取 15%～20%。管（配）件内径略大于管道内径，采用三通分水时，取 50%～60%；采用分水器分水时，取 30%～35%。管（配）件内径略小于管道内径，管（配）件的插口插入管口内连接，采用三通分水时，取 70%～80%；采用分水器分水时，取 35%～40%。

（2）水表的局部水头损失

水表的局部水头损失计算公式为

$$h_{d}=\frac{q_{g}^{2}}{K_{b}} \tag{1-17}$$

式中：h_{d}——水表的水头损失（kPa）；

　　　q_{g}——计算管段的给水设计流量（m³/h）；

　　　K_{b}——水表的特性系数，一般由生产厂家提供，也可按公式（1-18）和公式（1-19）计算。

旋翼式水表 K_{b} 采用公式（1-18）计算：

$$K_{b}=\frac{Q_{max}^{2}}{100} \tag{1-18}$$

螺翼式水表 K_{b} 采用公式（1-19）计算：

$$K_{b}=\frac{Q_{max}^{2}}{10} \tag{1-19}$$

式中：Q_{max}——水表的过载流量（m³/h）。

水表的水头损失，应按选用产品所定的压力损失值计算，在未确定具体产品时可按下列情况取用：住宅的入户管上的水表，宜取 10kPa。建筑物或小区引入管上的水表，在生活用水工况时，宜取 30kPa；在校核消防工况时，宜取 50kPa。

3. 建筑给水管网水力计算步骤

首先根据建筑物平面布置图和初定的给水方式，绘制给水管道平面布置图和给水管道轴测图，然后按照下列步骤进行水力计算：

1) 根据轴测图选择最不利配水点，确定最不利计算管路。

2) 以流量变化处为节点，进行节点编号，划分计算管段，并将计算管段的长度列于水力计算表中。

3) 根据建筑物的类型选用合适的设计秒流量计算公式，计算各管段的设计秒流量。

4) 根据管段的设计秒流量，查相应的水力计算表，确定管段的管径和水头损失。

5) 确定最不利管路的沿程水头损失和局部水头损失，选择水表，计算水表的水头损失。

6) 确定给水管道所需的压力，并校核初定给水方式是否合适。如采用直接给水方式，市政给水管网的水压要大于所需的压力；如果采用加压给水方式，确定加压设备。

1.5.3 增压和贮水设备计算

1. 低位贮水池（箱）

当市政给水管网的流量不能满足要求时，应在地下室或室外泵房附近设置低位贮水池（箱），用来调节贮存水量。

低位贮水池（箱）的容积可按公式法和经验法确定。

1) 公式法。贮水池（箱）为贮存和调节水量的构筑物，其有效容积与进水和水泵运行工作情况有关，可按公式（1-20）和公式（1-21）确定。

$$V_z = q_b T_b - q_j T_b \tag{1-20}$$

且满足

$$q_j T_t \geqslant (q_b - q_j) T_b \tag{1-21}$$

式中：V_z ——水池有效容积（m³）；

q_b ——水泵出水量（m³/h）；

T_b ——水泵运行时间（h）；

q_j ——水池进水量（m³/h）；

T_t ——水泵运行间隔时间（h）。

2) 经验法。

① 当资料不足时，建筑物内生活用水低位贮水池（箱）的有效容积宜按建筑物最高日用水量的 20%～25%确定；小区生活用贮水池有效容积，可按小区最高日生活用水量的 15%～20%确定。

② 无调节要求的加压给水系统，可设置吸水井，吸水井的有效容积不应小于水泵 3min 的设计流量（吸水井也可理解为无容积调节要求的水池）。

2. 水泵

当市政给水管网中水压不能满足建筑物用水水压要求时，常需要设置水泵来增加水流的压力。在建筑物内部的给水系统中一般采用离心泵。选择水泵首先需要确定水泵的流量和扬程。

（1）水泵的流量

当采用水泵、水箱联合供水（水泵后有水箱调节装置）时，水泵的流量不应小于系统最大小时用水量；当采用水泵直接供水（水泵后无水箱调节装置）时，水泵的流量应满足系统设计秒流量。

（2）水泵的扬程

利用水泵进口与出口处的压力差求水泵扬程，如公式（1-22）所示。

$$H_b \geqslant H_{出口} - H_{入口} \tag{1-22}$$

式中：H_b——水泵扬程（kPa）；

$\qquad$ $H_{出口}$——水泵出水口处的压力（kPa）；

$\qquad$ $H_{入口}$——水泵吸水入口处的压力（kPa）。

1）水泵从水池直接吸水，扬程应满足系统最不利用水点所需的水压，可按公式（1-23）计算：

$$H_b \geqslant H_0 + \sum h + \Delta H \tag{1-23}$$

式中：H_b——水泵扬程（kPa）；

$\qquad$ H_0——最不利用水点所需的水压（kPa）；

$\qquad$ $\sum h$——计算管路沿程和局部水头损失之和（kPa）；

$\qquad$ ΔH——最不利用水点与水池最低水位间的静水压（kPa）。

2）水泵从市政管网直接吸水，扬程应满足系统最不利用水点所需的水压，可按公式（1-24）计算：

$$H_b \geqslant H_0 + \sum h + \Delta H - H_{市政最低压力} \tag{1-24}$$

式中：H_b——水泵扬程（kPa）；

$\qquad$ H_0——最不利用水点所需的水压（kPa）；

$\qquad$ $\sum h$——计算管路沿程和局部水头损失之和（kPa）；

$\qquad$ ΔH——最不利用水点与水泵吸水管（市政管）水平中心线的静水压（kPa）。

3. 高位水箱

（1）容积

1）采用水泵与高位水箱联合供水，水泵自动启动时，高位水箱的有效容积可按公式（1-25）计算：

$$V_g = C \cdot \frac{q_b}{4n} \tag{1-25}$$

式中：V_g——高位水箱有效容积（m³）；

$\qquad$ q_b——水泵出水量（m³/h）；

$\qquad$ C——安全系数，可在 1.25～2.00 内选用；

$\qquad$ n——水泵 1h 内启动次数（次/h），一般选用 4～8 次/h。

水泵与高位水箱联合供水，水泵联动提升进水的高位水箱的生活用水调节容积，不宜小于最大用水时水量的 50%。

2）由城镇给水管网夜间直接进水的高位水箱，其有效容积宜按公式（1-26）计算：

$$V_g = Q_m \cdot T \qquad (1-26)$$

式中：V_g——高位水箱有效容积（m³）；

Q_m——由水箱供水的最大连续平均小时用水量（m³/h）；

T——需由水箱供水的最大连续时间（h）。

（2）设置高度

高位水箱的设置高度（以底板面计）应满足最高层用户的用水水压要求，可按公式（1-27）计算：

$$h \geqslant H_2 + H_4 \qquad (1-27)$$

式中：h——水箱最低水位至最不利用水点位置高度所需的静水压（kPa）；

H_2——水箱出水口至最不利用水点计算管路的总水头损失（kPa）；

H_4——最不利用水点所需最低工作压力（kPa）。

当高位水箱的设置高度达不到要求时，应采取增压措施。

4. 中途转输水箱

1）生活用水中途转输水箱（即为中途转输专用）的转输调节容积宜取转输水泵 5～10min 的流量。

2）中间水箱（兼有中途转输水箱、低区高位水箱双重作用）的有效容积宜取转输水泵 3～5min 的流量再叠加低区最大时用水量的 50%。

【例 1-5】 某 26 层高级宾馆，2 层及 2 层以下利用市政水压直接供水；3～26 层分三区供水（其中：低区 3～10 层，中区 11～18 层，高区 19～26 层），3～26 层冷水供水方式如图 1-28 所示。图中减压水箱 1、2 的有效容积按其出水管设计流量 5min 的出水量设计，3～26 层卫生热水供水方式同冷水。则图中管段 AB 设计流量 Q_{AB} 应为多少？

注：①3～26 层平面布置均相同，每层均设 35 间客房（其中：单人间 5 间，标准双人间 25 间，三人间 5 间），每间客房均带卫生间；②客房卫生间均布置坐便器（带水箱）、浴盆及洗脸盆各一个（套）；③用水定额按 350L/（床·d）计，小时变化系数取 2.5；④其他用水不计。

【解】 该高级宾馆采用分区供水，其中屋顶水箱通过管段 AB 供应减压水箱 1、2 的进水，即间接供应宾馆低区和中区生活用水。由于减压水箱 1、2 的有效容积按出水管设计流量 5min

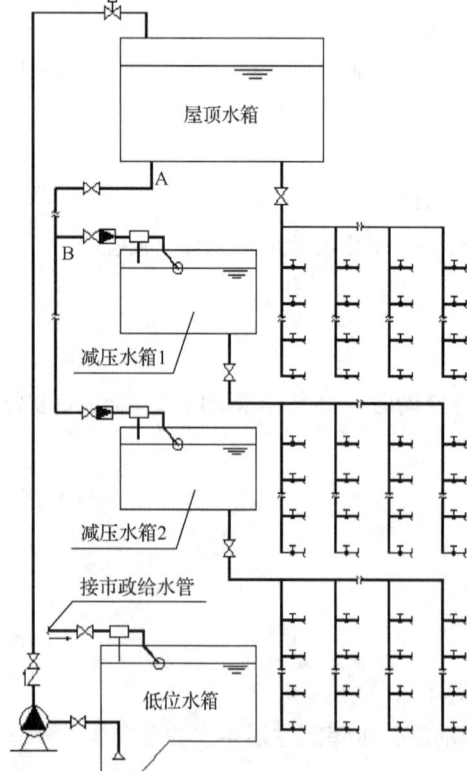

图 1-28 例 1-5 示意图

的出水量设计，因此减压水箱 1、2 均不具备水量调节功能。管段 AB 的设计流量应为该宾馆低区、中区生活用水的设计秒流量。

1）宾馆为用水分散型建筑，该宾馆的 α 值为 2.5。

2）管段 AB 的设计流量应为宾馆低区、中区生活用水的设计秒流量，则管段 AB 的设计流量为

$$q_{AB} = 0.2\alpha\sqrt{N_g} = 0.2 \times 2.5 \times \sqrt{16 \times 35 \times (0.5 + 1 + 0.5)} = 16.73\,(\text{L/s}) = 60.23\,(\text{m}^3/\text{h})$$

5. 气压给水设备

（1）水泵（或泵组）的流量和扬程

1）水泵（或泵组）的流量。水泵（或泵组）的流量（气压罐内的平均压力所对应的水泵扬程的流量）不应小于给水系统最大小时用水量的 1.2 倍，即按公式（1-28）计算：

$$Q_b = 1.2Q_h \tag{1-28}$$

式中：Q_b ——气压给水设备中水泵的流量（m^3/h）；

　　　Q_h ——给水系统最大小时用水量（m^3/h）。

2）水泵（或泵组）的扬程。水泵（或泵组）的扬程应按公式（1-29）计算：

$$H_b = \frac{P_1 + P_2}{2} \tag{1-29}$$

式中：H_b ——气压给水设备中水泵的扬程（MPa）；

　　　P_1 ——气压水罐内最低压力（相对压力），（MPa）；

　　　P_2 ——气压水罐内最高压力（相对压力），（MPa）。

气压水罐内最低工作压力应满足给水系统管网中最不利点所需压力；气压水罐内最高工作压力应不得使管网中最大水压处配水点的水压大于 0.55MPa。

（2）容积

1）气压水罐的总容积按公式（1-30）计算：

$$V_q = \frac{\beta V_{q1}}{1 - \alpha_b} \tag{1-30}$$

式中：V_q ——气压水罐的总容积（m^3）；

　　　β ——容积系数，其值反映了罐内不起水量调节作用的附加容积的大小，隔膜式气压水罐取 1.05；

　　　V_{q1} ——气压水罐的水容积（m^3），应大于或等于调节容量；

　　　α_b ——气压水罐内最低工作压力与最高工作压力之比（以绝对压力计），宜采用 0.65～0.85。

2）气压水罐的调节容积按公式（1-31）计算：

$$V_{q2} = \alpha_a \frac{q_b}{4n_q} \tag{1-31}$$

式中：V_{q2} ——气压水罐的调节容积（m^3）；

　　　α_a ——安全系数，宜取值 1.0～1.3；

　　　q_b ——水泵（或泵组）的流量（m^3/h）；

　　　n_q ——水泵在 1h 内启动次数，宜采用 6～8 次。

1.6 建筑给水工程设计案例

设计基础资料：某宾馆，地下 1 层，地上 14 层。地下 1 层为设备、停车库等用房，层高 4.5m；裙楼为地上 1～4 层，为宾馆的公共用房，1～3 层层高为 4.2m，4 层层高为 3.9m。首层室内外设计高差为 1.08m。主楼 5～13 层为客房标准层，层高 3.4m；14 层为水箱间，层高为 3.9m，建筑物的剖面图如图 1-29 所示。地下室给水排水平面及标准层管道布置如图 1-30 和图 1-31 所示。该建筑物 1～4 层每层配有 1 间公共卫生间，1 层西侧设有员工卫生间，5～13 层每层有 12 间标间，2 个单间，每间配有独立卫生间。卫生间给水排水大样图如图 1-32 所示。

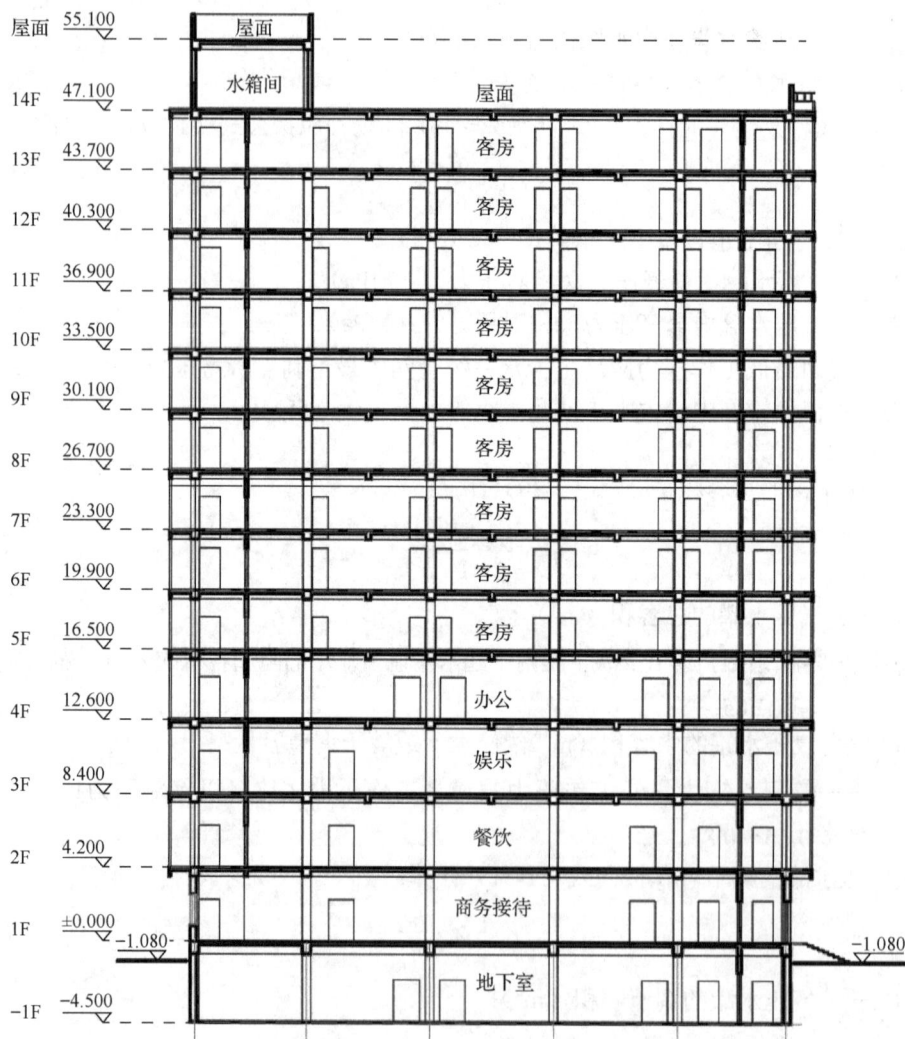

图 1-29 建筑剖面图

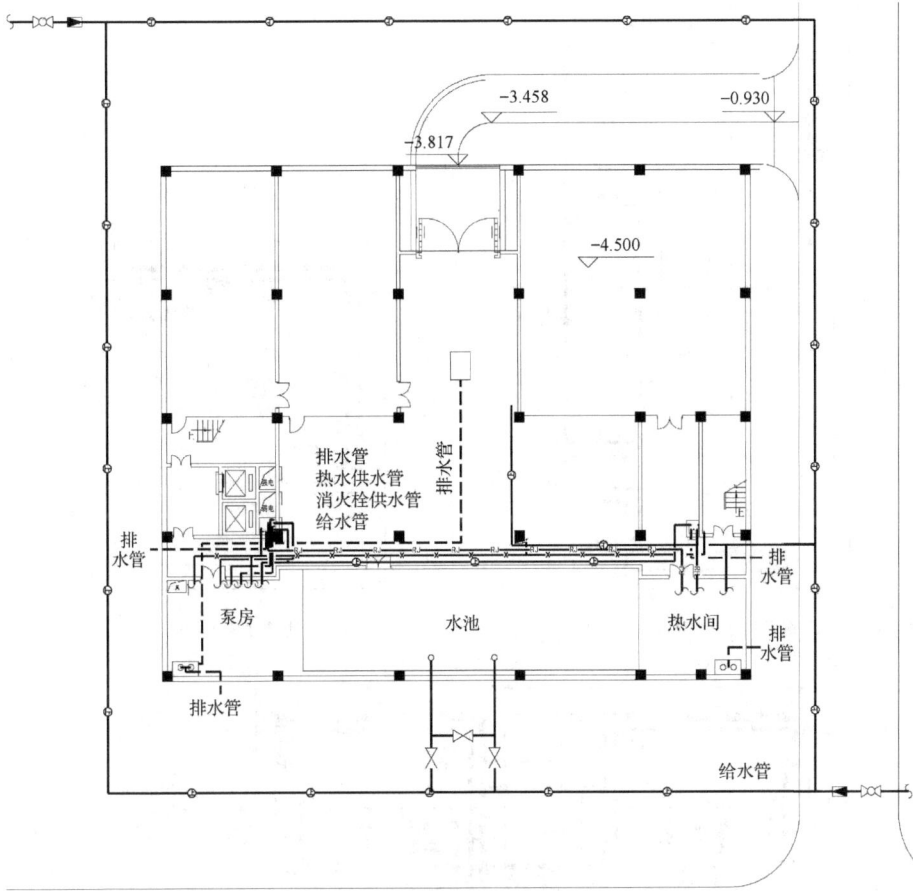

图 1-30 地下室给水排水平面

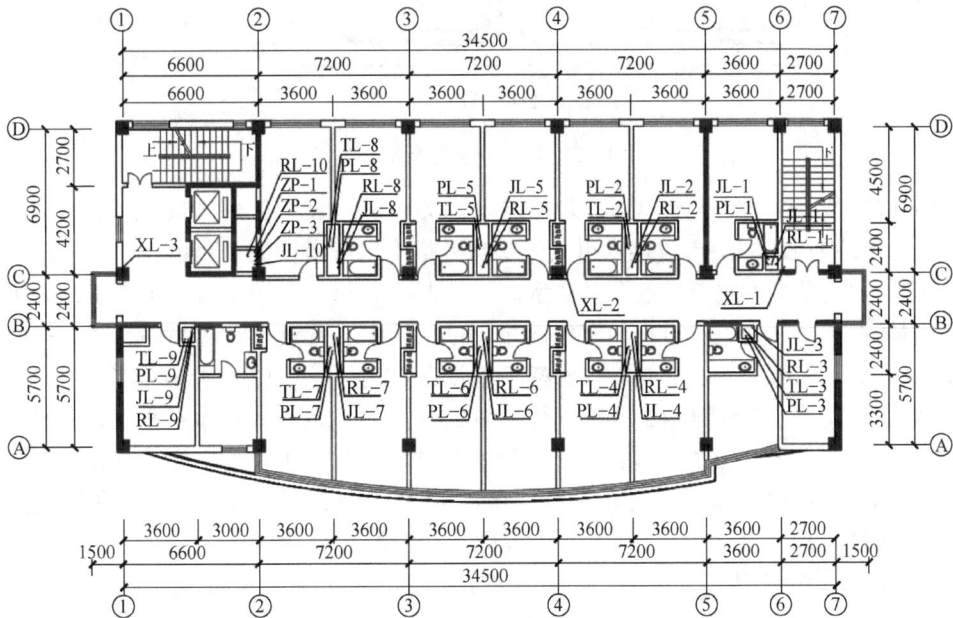

图 1-31 标准层管道布置

（a）公共卫生间大样图（1~4层）

（b）员工卫生间大样图（1层）

（c）卫生间大样图（5~13层）

图例
给水管
RJ 热水管
排水管

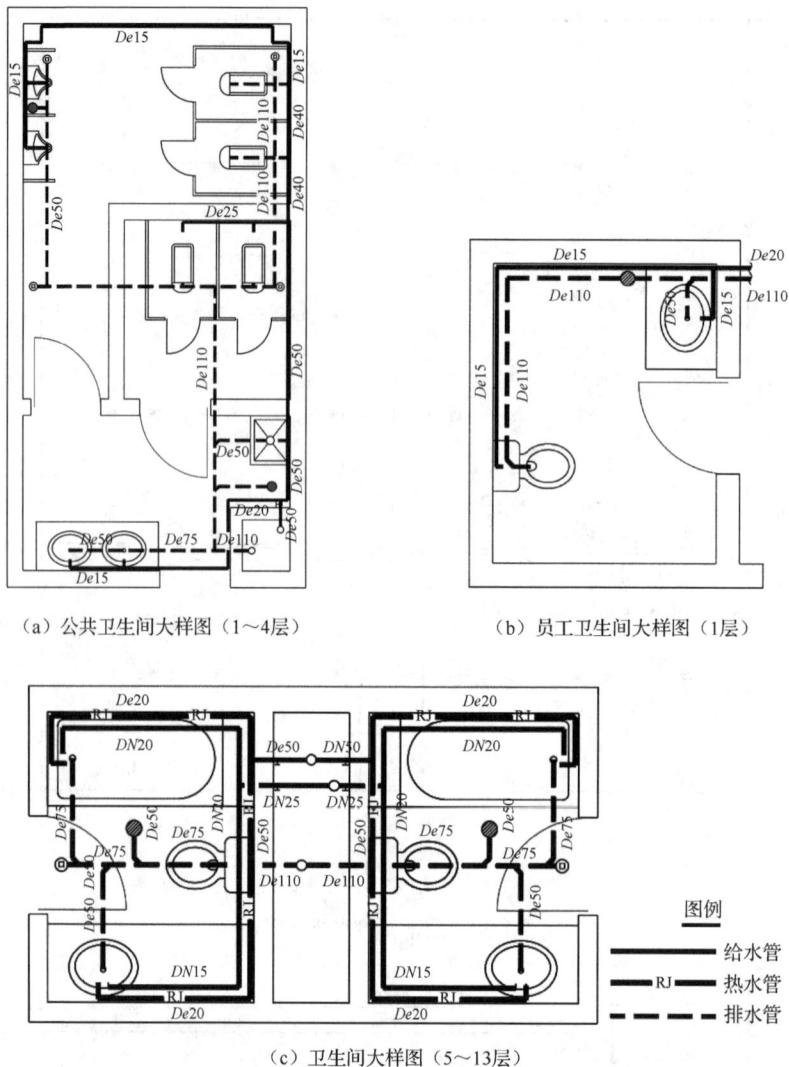

图 1-32 卫生间给水排水大样图

室外市政给水管网为环状供水，供水管径为 DN300；设有 2 根建筑给水引入管，标高为-1.5m，管径为 DN80，市政供水引入管接口处供水水压最低为 0.3MPa。

该建筑物的供水方式拟采取分区供水。1~4 层为低区，采用市政给水直供，采用下行上给水的供水方式，横干管设在地下室的吊顶中，给水立管设在管道井中。高区采用水泵水箱联合供水，采用上行下给式，供水横干管设在 13 层的吊顶内，立管布置在管道井中。

该建筑为宾馆，床位数为 234 床，员工为 25 人，根据《建筑给水排水设计标准》（GB 50015—2019）中"表 3.2.2 公共建筑生活用水定额及小时变化系数"旅客最高日生活用水定额取 300L/（人·d），最高日小时变化系数应取 2.3，使用时数 T 为 24h；员工最高日生活用水定额 90L/（人·d），最高日小时变化系数应取 2.3，使用时数 T 为 9h。

该建筑为宾馆，应用 $q_g=0.2\alpha\sqrt{N_g}$ 计算管段的设计秒流量，α 取 2.5，运用此公式时应校核。

1. 室内给水管网的水力计算

（1）低区生活给水管网水力计算

低区生活给水管网的水力计算主要任务为计算出各管道的设计秒流量，确定管径，并校核该市政管网压力能否满足供水要求。该建筑物给水管材采用塑料管，因此查《给水排水设计手册：第 1 册 常用资料》中塑料管给水的水力计算表来确认。

低区的给水管网水力计算见图 1-33，最不利计算管路是 0～10，其水力计算结果见表 1-16。

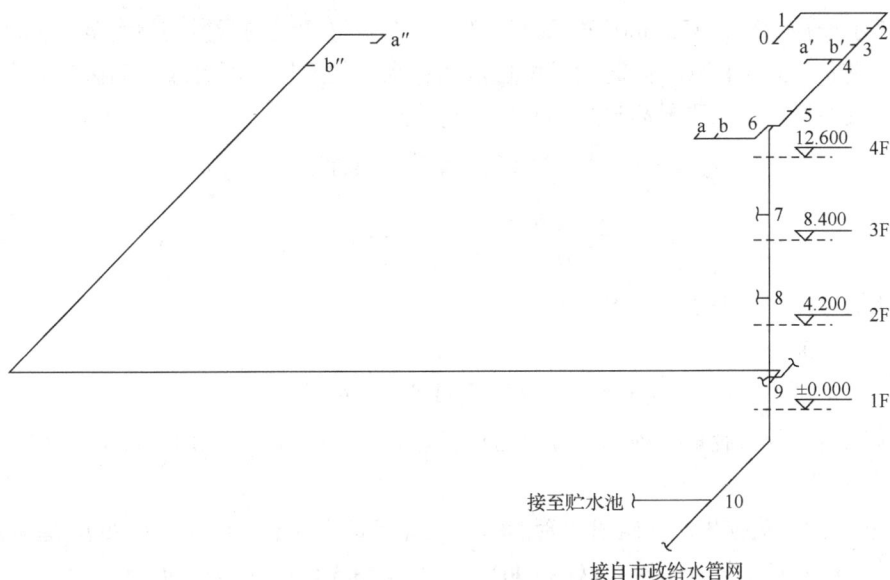

图 1-33 低区的给水管网水力计算

表 1-16 低区的给水管路水力计算结果

顺序编号	管段编号		卫生器具当量	卫生器具名称数量、当量					当量总数	设计秒流量 q/	DN/	流速 V/	单位水头损失 i/	管长/m	沿程水头损失
	自	至	当量 (n/N)	坐便器 0.5	洗脸盆 0.75	洗涤盆 0.75	大便器 0.5	小便器 0.5	ΣN	(L/s)	mm	(m/s)	(kPa/m)		h=i·L/kPa
1	2		3	4	5	6	7	8	9	10	11	12	13	14	15
1	0	1	(n/N)					1/0.5	0.5	0.1	15	0.5	0.28	0.8	0.22
2	1	2	(n/N)					2/1.0	1	0.2	15	0.99	0.94	4.7	4.42
3	2	3	(n/N)				1/0.5	2/1.0	1.5	1.81	40	1.09	0.31	0.9	0.28
4	3	4	(n/N)				2/1.0	2/1.0	2	1.91	40	1.15	0.34	0.8	0.27
5	4	5	(n/N)				4/2.0	2/1.0	3	2.07	50	0.79	0.13	2.7	0.35
6	5	6	(n/N)			1/0.75	4/2.0	2/1.0	3.75	2.17	50	0.82	0.14	1.2	0.17
7	6	7	(n/N)		2/1.50	1/0.75	4/2.0	2/1.0	5.25	2.35	50	0.89	0.16	3.9	0.62
8	7	8	(n/N)		4/3	2/1.5	8/4	4/2	10.5	2.82	50	1.07	0.22	4.2	0.92
9	8	9	(n/N)		6/4.5	3/2.25	12/6	6/3	15.75	3.18	50	1.21	0.27	4.2	1.13
10	9	10	(n/N)	1/0.5	9/6.75	4/3	16/8	8/4	22.25	3.57	50	1.36	0.34	16.7	5.68

1）沿程水头损失。由最不利管路计算表 1-16 可得沿程水头损失 H_y 为 14.06kPa。

2）局部水头损失。本设计中，管段的局部水头损失按沿程损失的 30%确定，通过计算可以得出局部水头损失 $\sum H_j$ 为

$$\sum H_j = 30\% \times 14.06 = 4.22 \text{（kPa）}$$

3）引入管的水头损失。在该建筑设计中，通过 $DN80$ 引入管将市政管网用水引入建筑内，在进入建筑后，一根直接给低区供水，另一根连接高区的低位贮水生活水池。根据《建筑给水排水设计标准》（GB 50015—2019）3.7.4：与低区相连的管段的流量等于低区的设计秒流量，则 $q_1 = 3.57(\text{L/s})$。高区为低位贮水池补水管的流量，不宜大于高区最高日最大时用水量，且不得小于高区最高日平均时用水量。

$$\overline{Q_h} = \frac{Q_d}{T} = \frac{300 \times 234}{24} = 2925 \text{（L/h）} = 0.82 \text{（L/s）}$$

$$Q_h = \frac{Q_d}{T} \times K_h = \frac{300 \times 234}{24} \times 2.3 = 6727.5 \text{（L/h）} = 1.87 \text{（L/s）}$$

因此低位贮水池补水管的设计流量 q_2 取 1.85L/s。

则引入管的总流量为

$$q = q_1 + q_2 = 3.57 + 1.85 = 5.42 \text{（L/s）}$$

建筑物引入管管径取 $DN80$，查水力计算表 $v = 0.98\text{m/s}$，$i = 0.12\text{kPa/m}$，引入管管长 3m，则水头损失为 0.36kPa。

4）水表的水头损失。建筑引入管的给水设计流量为 5.42L/s（19.5m³/h），管径 $DN80$。根据《建筑给水排水设计标准》（GB 50015—2019）3.5.19：该建筑为宾馆，属于用水不均匀型建筑物，应以给水设计流量选定水表的过载流量。所以选旋翼式水表 LXS-80（口径为 80）的过载流量为 80m³/h，常用流量为 40m³/h，K_b 为 64。

水表的水头损失：

$$H_d = \frac{q_g^2}{K_b} = \frac{19.5^2}{64} = 5.94 \text{（kPa）}$$

5）低区引入管起点至最不利点位置高度所需的静水压：

$H_1 = 12.6 + 0.8 - (-1.5) = 14.9(\text{mH}_2\text{O}) = 149 \text{（kPa）}$（其中 0.8m 为最不利点配水嘴距室内地坪的高度）。

6）最不利点卫生器具为小便器，其工作压力为 50kPa。

7）低区给水系统所需压力为

$$H = 149 + (14.06 + 4.22 + 0.36) + 5.94 + 50 = 223.58 \text{（kPa）}$$

市政管网供水压力为 300kPa，高于低区给水系统所需压力，满足要求。

（2）高区给水管网水力计算

高区给水管网水力计算见图 1-34。

高区最不利管路水力计算成果见表 1-17。给水立管 JL-9 水力计算结果见表 1-18（JL-1、JL-3 水力计算结果同 JL-9）；给水立管 JL-2 水力计算结果见表 1-19。

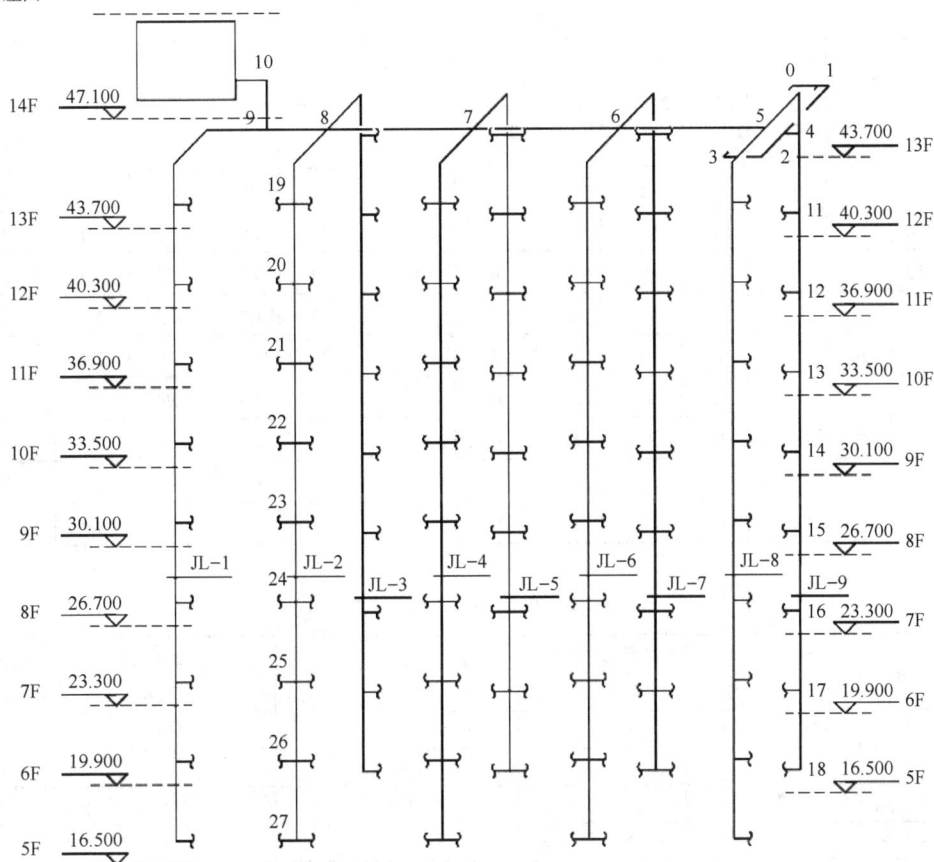

图 1-34　高区给水管网水力计算

表 1-17　高区最不利管路水力计算结果

顺序编号	管段编号		卫生器具当量	卫生器具名称数量、当量			当量总数	设计秒流量 q/	DN/	流速 V/	单位水头损失 i/	管长/m	沿程水头损失 h=i·L/	备注
	自	至	(n/N)	坐便器	洗脸盆	浴盆	ΣN	(L/s)	mm	(m/s)	(kPa/m)		kPa	
				0.5	0.5	1								
1	2		3	4	5	6	9	10	11	12	13	14	15	16
1	0	1	(n/N)	1/0.5			0.5	0.1	15	0.50	0.28	0.86	0.24	
2	1	2	(n/N)	1/0.5		1/1	1.5	0.3	20	0.79	0.42	2.82	1.18	最不利计算管路为 0-1-2-4-5-6-7-8-9-10，2-3 不计入
3	2	3	(n/N)		1/0.5		0.5	0.1	15	0.50	0.28	1.06	0.30	
4	2	4	(n/N)	1/0.5	1/0.5	1/1	2	0.4	20	1.05	0.70	0.26	0.18	
5	4	5	(n/N)	9/4.5	9/4.5	9/9	18	2.12	50	0.81	0.13	3.4	0.44	
6	5	6	(n/N)	18/9	18/9	18/18	36	3	50	1.14	0.25	6.7	1.68	
7	6	7	(n/N)	54/27	54/27	54/54	108	5.2	70	1.35	0.27	7.2	1.94	
8	7	8	(n/N)	90/45	90/45	90/90	180	6.71	80	1.21	0.17	7.2	1.22	
9	8	9	(n/N)	117/58.5	117/58.5	117/117	234	7.65	80	1.38	0.22	3.82	0.84	
10	9	10	(n/N)	126/63	126/63	126/126	252	7.94	80	1.43	0.24	5.78	1.39	

表 1-18　立管 JL-9 水力计算结果

顺序编号	管段编号		卫生器具当量	卫生器具名称数量、当量			当量总数	设计秒流量 q/(L/s)	DN/mm	流速 V/(m/s)	单位水头损失 i/(kPa/m)	管长/m	沿程水头损失 $h=i \cdot L$/kPa
	自	至	当量	坐便器	洗脸盆	浴盆	ΣN						
			(n/N)	0.5	0.5	1							
1	2		3	4	5	6	9	10	11	12	13	14	15
1	18	17	(n/N)	1/0.5	1/0.5	1/1	2	0.4	25	0.61	0.19	3.4	0.65
2	17	16	(n/N)	2/1	2/1	2/2	4	0.8	32	0.79	0.23	3.4	0.78
3	16	15	(n/N)	3/1.5	3/1.5	3/3	6	1.2	32	1.18	0.48	3.4	1.63
4	15	14	(n/N)	4/2	4/2	4/4	8	1.41	40	0.85	0.20	3.4	0.68
5	14	13	(n/N)	5/2.5	5/2.5	5/5	10	1.58	40	0.95	0.24	3.4	0.82
6	13	12	(n/N)	6/3	6/3	6/6	12	1.73	40	1.04	0.28	3.4	0.95
7	12	11	(n/N)	7/3.5	7/3.5	7/7	14	1.87	40	1.12	0.32	3.4	1.09
8	11	4	(n/N)	8/4	8/4	8/8	16	2	40	1.2	0.36	3.4	1.22

表 1-19　立管 JL-2 水力计算结果

序编号	管段编号		卫生器具当量	卫生器具名称数量、当量			当量总数	设计秒流量 q/(L/s)	DN/mm	流速 V/(m/s)	单位水头损失 i/(kPa/m)	管长/m	沿程水头损失 $h=i \cdot L$/kPa
	自	至	当量	坐便器	洗脸盆	浴盆	ΣN						
			(n/N)	0.5	0.5	1							
1	2		3	4	5	6	9	10	11	12	13	14	15
1	27	26	(n/N)	2/1	2/1	2/2	4	0.8	32	0.79	0.23	3.4	0.78
2	26	25	(n/N)	4/2	4/2	4/4	8	1.41	40	0.85	0.20	3.4	0.68
3	25	24	(n/N)	6/3	6/3	6/6	12	1.73	40	1.04	0.28	3.4	0.95
4	24	23	(n/N)	8/4	8/4	8/8	16	2	40	1.2	0.36	3.4	1.22
5	23	22	(n/N)	10/5	10/5	10/10	20	2.24	50	0.85	0.15	3.4	0.51
6	22	21	(n/N)	12/6	12/6	12/12	24	2.45	50	0.93	0.17	3.4	0.58
7	21	20	(n/N)	14/7	14/7	14/14	28	2.65	50	1	0.18	3.4	0.61
8	20	19	(n/N)	16/8	16/8	16/16	32	2.83	50	1.07	0.22	3.4	0.75
9	19	8	(n/N)	18/9	18/9	18/18	36	3	50	1.14	0.25	4.7	1.18

2. 高区给水设备计算与选择

高区采用水泵、水箱供水方式，给水范围为 5~13 层，首先由设在地下设备层的水泵将地下贮水池中的水加压至高区高位水箱，再由高位水箱供水至高区各用水设备。故计算内容应包括确定水箱安装高度和计算水泵所需扬程两部分。

（1）校核水箱安装高度

水箱安装高度应满足要求：

$$H_z \geqslant H_2 + H_4$$

式中：H_z ——水箱最低液位至最不利配水点的静压强（kPa）；

H_2 ——管路沿程水头损失和局部水头损失（kPa）；

H_4 ——最不利配水点所需的流出水头（kPa）。

已知高位水箱最低液面标高为 48m，而高区最不利配水点坐便器的位置标高为 44m，因此有 $H_z = 48 - 44 = 4（m）= 40$（kPa）。

高区最不利计算管路 0-1-2-4-5-6-7-8-9-10，沿程水头损失由水力计算表 1-17 可知为 9.11kPa，高区管网局部水头损失按沿程水头损失的 30% 计，则有 $H_2 = 1.30 \times 9.11 = 11.84$（kPa）。

高区最不利配水点为坐便器，所需流出水头 $H_4 = 50$ kPa。

$$H_2 + H_4 = 11.84 + 50 = 61.84（kPa）$$

则 $H_z < H_2 + H_4$，高区水箱安装高度不满足要求，要设增压设施。

根据流量 7.94L/s，扬程 21.84kPa，选择稳压泵，型号：IS80-65-125，2 台，其中 1 台备用。

（2）高区生活水泵的计算与选择

建筑物内采用高位水箱调节生活给水系统时，根据《建筑给水排水设计标准》（GB 50015—2019）3.9.2：水泵的供水能力不应小于所供区域的最大时用水量。高区最大时用水量 $Q_h = 1.87$ L/s，该建筑高区水泵的设计流量 2.5L/s=9m³/h。

水泵的吸水管和出水管采用钢塑复合管，查给水钢管（水煤气管）水力计算表，高区生活水泵水力计算见表 1-20。

表 1-20　高区生活水泵水力计算

管段	流量/（L/s）	管径/mm	流速 V/（m/s）	单阻/kPa	管长/m	水头损失/kPa
吸水管侧	2.5	70	0.71	0.23	1.5	0.35
压水管侧	2.5	70	0.71	0.23	57.5	13.23
合计 ∑h						13.58

水泵扬程应满足下式要求：

$$H_b \geq H_1 + H_2 + H_4$$

式中：H_b——水泵所需扬程（kPa）；

H_1——贮水池最低水位至水箱进水口所需静水压（kPa）；

H_2——水泵吸水管路和压水管路总水头损失（kPa）；

H_4——水箱进水流出水头（kPa）。

已知高区水箱进水管标高为 50.5m，贮水池最低水位标高为-4.0m，因此有 H_1=50.5+4.0=54.5（m）=545（kPa）。

由水力计算表 1-20 可知，$H_2 = 1.3 \times 13.58 = 17.65$（kPa）（局部水头损失为沿程水头损失的 30%）。

水箱的进水流出水头按 $H_4 = 20$ kPa。

则 $H_b \geq 545 + 17.65 + 20 = 582.65$（kPa）。

根据流量 $Q_b = 9$m³/h，扬程 $H_b = 60$m，选得水泵 50DL12-12.5×5（$H = 55 \sim 67.5$m，$Q = 9 \sim 18$m³/h，$N = 5.5$kW）。

2 台，1 用 1 备。

3. 水箱、贮水池的设置

高区水箱为独立的生活水箱，只贮存生活调节水量，供水水量的调节容积，根据《建筑给水排水设计标准》（GB 50015—2019）3.8.4：不宜小于供水服务区域楼层最大时用水量的 50%。

$$0.5 \times Q_h = 0.5 \times \frac{Q_d}{T} \times K_h = 0.5 \times \frac{300 \times 234}{24} \times 2.3 = 3363.75 \text{（L）} = 3.36 \text{（m}^3\text{）}$$，该建筑物高位水箱有效容积取 5m^3，水箱尺寸为 2m（长）×2m（宽）×1.5m（高），总容积 $V = 6$ m^3，设置在 14 层水箱间内。

根据《建筑给水排水设计标准》（GB 50015—2019）3.8.3：低位贮水池有效容积宜按所供区域的最高日用水量的 20%～25%确定。

$$0.25 \times Q_d = 0.25 \times 300 \times 234 = 17550 \text{（L）} = 17.55 \text{（m}^3\text{）}$$，取 20m^3。低位贮水池尺寸为 5m（长）×4m（宽）×1.5m（高），总容积 $V = 30$ m^3，设置在地下室内。

该建筑物的给水系统原理图如图 1-35 所示。

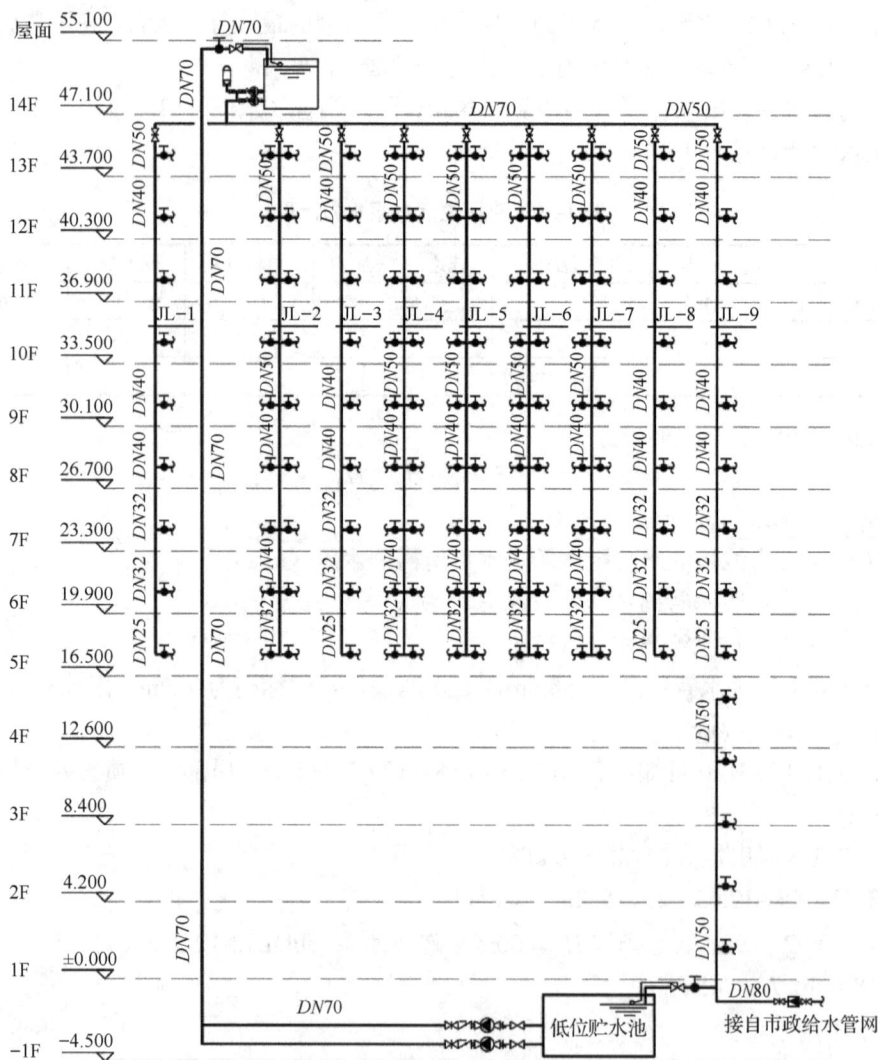

图 1-35　给水系统原理图

本 章 习 题

1. 高层建筑竖向分区的目的是什么？依据是什么？

2. 水箱、水池的进水管、出水管、溢流管、泄水管的管径如何确定？它们相互间有哪些关系？

3. 某高层建筑共 12 层，6 层以上为旅馆，每层有 20 间标准客房，每间客房卫生间含有混合水嘴洗脸盆 1 个，低水箱坐便器 1 套，混合阀淋浴器 1 套，生活热水由设于卫生间内的电热水器提供，卫生间给水入户支管设置可调式减压阀减压，阀后压力为 0.15MPa，则客房卫生间给水入户管道的设计流量、热水器出水口设计流量分别为多少？

4. 某普通综合楼1~3层由市政管网直接供水，4~13层由贮水箱加变频调速泵组供水，减压阀分区。1 层为展览中心，2 层、3 层为图书馆，4~13 层均为相关办公楼层，每层办公人数 80 人，每天一班，工作时间 8h。每层均设男、女卫生间各 1 个。男卫生间设置感应水嘴洗手盆 3 个，自动自闭式冲洗阀小便器 4 个，延时自闭式冲洗阀大便器 4 个；女卫生间设置感应水嘴洗手盆 3 个，延时自闭式冲洗阀大便器 6 个。若不考虑消防水池补水及其他用水，计算建筑物引入管设计流量不应小于多少？

5. 某大学新建女生宿舍楼共 8 层，每层共 12 间宿舍，每间宿舍住 4 人。每层集中设置盥洗室及卫生间，配置有 6 个洗脸盆，9 个自闭式冲洗阀蹲便器，5 个带隔间淋浴器（仅淋浴供应生活热水，各层设置换热器）。低区：2 层及以下由市政管网直接供水；高区：3 层及以上设置低位贮水箱加变频泵组加压供水。本宿舍楼设两根给水引入管 J_1、J_2，分别直接供低区和低位贮水箱进水。分别计算 J_1 和 J_2 的设计流量最小为多少？（注：所有参数取上限值。）

6. 某高层酒店式公寓给水系统分Ⅰ、Ⅱ、Ⅲ三个区，Ⅰ区市政直供，Ⅱ区及部分Ⅲ区由 2#、3#水箱重力供水，Ⅲ区局部采用变频加压供水，具体如图 1-36 所示。Ⅱ区最高日用水量为 240m³/d；Ⅲ区最大小时流量为 18m³/h，设计秒流量为 8L/s。问：2#水箱的最小有效容积是多少？

7. 拟建 1 栋 12 层办公楼，层高 3.5m，首层地面标高 ±0.00m，室内外高差 0.3m。每层设有男、女卫生间各 1 个，男卫生间设 2 个感应水嘴洗手盆，4 个自闭式冲洗阀小便器，2 个自闭式冲洗阀大便器；女卫生间设 2 个感应水嘴洗手盆，4 个自闭式冲洗阀大便器。生活给水系统充分利用市政供水压力，采用分区供水，低区1~4层由市政管网直供，高区由叠压供水设备供水。市政供水压力 0.23~0.33MPa（自室外地面算起），建筑给水引入管标高-1.3m，引入管设水表计量。最高层卫生间给水最不利配水点为自闭式冲洗阀大便器，自闭式冲洗阀高出地面 1.0m。给水管采用钢塑复合压力管，叠压供水设备前后配水管及其所有附配件总水头损失取 10.25m。则叠压供水设备扬程（H_b）和设计流量（Q）最小应为多少？

8. 某 10 层办公楼，共 1000 人办公，用水量定额为 50L/（人·d），使用时间为 8h，小时变化系数 K_h=1.2，楼内卫生间的卫生器具当量总数 N=210，采用气压给水设备供水，则气压水罐的最小调节容积应为多少？

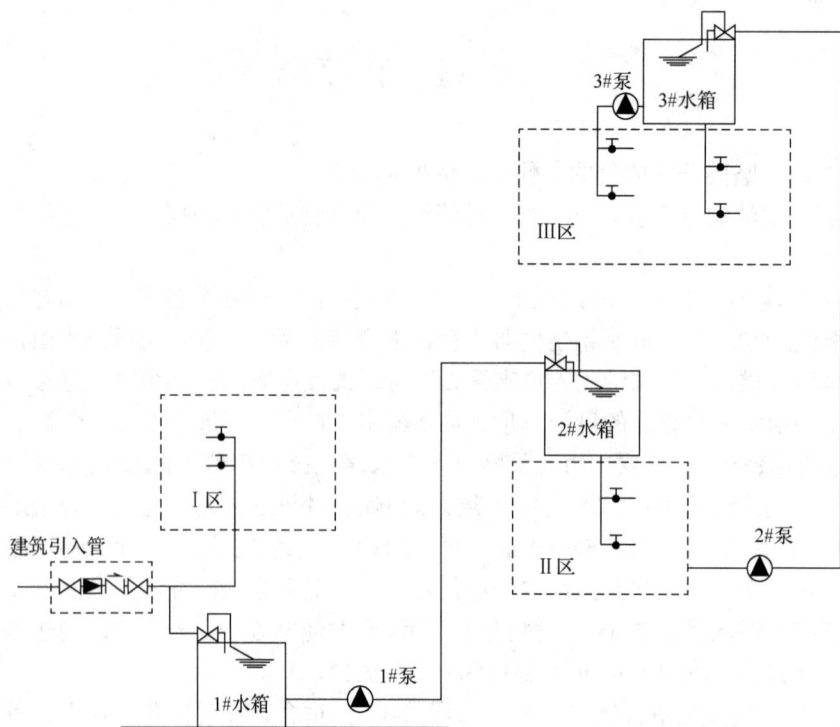

图 1-36　习题 6 示意图

第2章

建筑消防给水系统

2.1 建筑消防概述

2.1.1 建筑分类

按建筑的性质，可以将建筑分为工业建筑和民用建筑。民用建筑根据其建筑高度和层数可分为单、多层民用建筑和高层民用建筑。高层民用建筑根据其建筑高度、使用功能和楼层的建筑面积可分为一类民用建筑和二类民用建筑。民用建筑的分类见表2-1。

表 2-1 民用建筑的分类

名称	高层民用建筑		单、多层民用建筑
	一类民用建筑	二类民用建筑	
住宅建筑	建筑高度大于54m的住宅建筑（包括设置商业服务网点的住宅建筑）	建筑高度大于 27m，但不大于54m的住宅建筑（包括设置商业服务网点的住宅建筑）	建筑高度不大于 27m 的住宅建筑（包括设置商业服务网点的住宅建筑）
公共建筑	① 建筑高度大于50m的公共建筑； ② 建筑高度 24m 以上部分任一楼层建筑面积大于1000m² 的商店、展览、电信、邮政、财贸金融建筑和其他多种功能组合的建筑； ③ 医疗建筑、重要公共建筑、独立建造的老年人照料设施； ④ 省级及以上的广播电视和防灾指挥调度建筑、网局级和省级电力调度； ⑤ 藏书超过100万册的图书馆、书库	除一类高层公共建筑外的其他高层公共建筑	① 建筑高度大于24m 的单层公共建筑； ② 建筑高度不大于 24m 的其他公共建筑

注：① 表中未列入的建筑，其类别应根据本表类比确定；
　　② 裙房与高层建筑主体之间未采用防火墙分隔时，裙房的防火设计应按高层建筑考虑；与高层建筑主体之间以采用防火墙分隔时，裙房的防火设计可按单、多层民用建筑考虑。

2.1.2 建筑火灾

火灾是在时间和空间上失去控制的灾害性燃烧现象，是常发性灾害中发生频率较高的灾害之一。建筑火灾与其他火灾相比，具有火灾蔓延迅速、扑救困难、容易造成人员伤亡事故和经济损失严重等特点。

1. 火灾蔓延迅速

由于烟气流的流动和风力的作用，建筑火灾的火势蔓延速度是非常快的。发生火灾时产生的大量的烟和热会形成炽热的烟气流。烟气流的流动方向往往就是火势蔓延的方向。烟气的流动主要与火灾现场的发热量有关。发热量越大，烟气温度越高，流动的速度也就越快；发热量越小，烟气温度越低，流动的速度也就越慢。另外烟气的流动还与建筑高度、建筑结构形式、周围温度、建筑内有无通风空调系统等因素有关。

2. 火灾扑救困难

由于建筑物的面积较大，垂直高度较高，一旦着火，扑救难度较大。目前城市的消防力量有限，尤其是中小城市，消防的整体力量还是难以满足大型建筑重大火灾的扑救要求。消防设备的供水能力、登高工作高度也难以满足高层建筑的消防要求。我国目前使用较多的消防车能直接供水扑救的最大工作高度约为 24m，大多数登高消防车的最大工作高度均在 24m 以内。这些设备和器材难以保证高层建筑的消防需要。

3. 容易造成人员伤亡事故

建筑物一旦着火，火灾现场就会产生大量的烟尘和各种有毒有害的气体。这些烟尘和有毒有害的气体对人体危害很大，而且流动的速度很快，一旦充满安全出口，就会严重阻碍人们的疏散，进而造成人员伤亡事故。以往的火灾案例表明，在火灾伤亡事故中，因烟熏致死的人数占死亡人数的半数左右，有时甚至可以达到 70%～80%。

4. 经济损失严重

在各种火灾中，发生概率最高、损失最为严重的当属建筑火灾。建筑火灾所造成的损失不仅是建筑本身的价值，还包括建筑内各种物质的经济损失。

2.1.3　建筑消防系统

建筑物发生火灾时，根据建筑物的性质、功能及燃烧物性质，可通过水、泡沫、卤代烷、二氧化碳和干粉等灭火器来扑灭火灾。建筑消防系统根据使用灭火器的种类可分为水消防灭火系统和非水灭火剂灭火系统。水消防灭火系统包括消火栓给水系统、自动喷水灭火系统等。非水灭火剂灭火系统有干粉灭火系统、二氧化碳灭火系统、泡沫灭火系统等。

2.2　消火栓给水系统

建筑消火栓给水系统是以消火栓为给水点、水为灭火剂，为建筑消防服务的消防给水系统。建筑消火栓给水系统是建筑物内最基本的固定灭火设施。建筑消火栓给水系统按压力可分为高压消防给水系统、临时高压消防给水系统和低压消防给水系统。

高压消防给水系统是能始终保持满足水灭火设施所需的工作压力和流量，火灾时无须消防水泵直接加压的供水系统。当火灾发生后，现场的人员可从设置在附近的消火栓箱内取出水带和水枪，将水带与消火栓栓口连接，接上水枪，打开消火栓的阀门，直接出水灭火。

临时高压消防给水系统是指平时不能满足水灭火设施所需的工作压力和流量，火灾时能自动启动消防水泵以满足水灭火设施所需的工作压力和流量的供水系统。临时高压消防给水系统设有消防泵，平时管网内压力较低。当火灾发生后，现场的人员可从设置在附近的消火栓箱内取出水带和水枪，将水带与消火栓栓口连接，接上水枪，打开消火栓的阀门，同时火灾时自动启动消防泵，使管网内的压力达到高压给水系统的水压要求，消火栓即可投入使用。

低压消防给水系是指明统能满足车载或手抬移动消防水泵等取水所需的工作压力和流量的供水系统。低压消防给水系统管网内的压力较低，当火灾发生后，消防队员打开最近的室外消火栓，将消防车与室外消火栓连接，从室外管网内吸水加入消防车内，然后再利用消防车直接加压灭火，或者消防车通过水泵接合器向室内管网内加压供水。

2.2.1　室内消火栓系统设置的原则

1）下列建筑物应设置室内消火栓系统：

① 建筑占地面积大于 $300m^2$ 的厂房（仓库）。

② 高层公共建筑和建筑高度大于 21m 的住宅建筑（注：建筑高度不大于 27m 的住宅建筑，设置室内消火栓系统确有困难时，可只设置干式消防竖管和不带消火栓箱的 DN65 的室内消火栓）。

③ 体积大于 $5000m^3$ 的车站、码头、机场的候车（船、机）建筑、展览建筑、商店建筑、旅馆建筑、医疗建筑、老年人照料设施和图书馆建筑等单、多层建筑。

④ 特等、甲等剧场，超过 800 个座位的其他等级的剧场和电影院等，以及超过 1200 个座位的礼堂、体育馆等单、多层建筑。

⑤ 建筑高度大于 15m 或体积大于 $10000m^3$ 的办公建筑、教学建筑和其他单、多层民用建筑。

2）国家级文物保护单位的重点砖木或木结构的古建筑，宜设置室内消火栓系统。

3）人员密集的公共建筑、建筑高度大于 100m 的建筑和建筑面积大于 $200m^2$ 的商业服务网点内应设置消防软管卷盘或轻便消防水龙。高层住宅建筑的户内宜配置轻便消防水龙。老年人照料设施内应设置与室内供水系统直接连接的消防软管卷盘，消防软管卷盘的设置间距不应大于 30.0m。

4）下列建筑物可不设室内消火栓给水系统，但宜设置消防软管卷盘或轻便消防水龙：

① 耐火等级为一、二级且可燃物较少的单、多层丁、戊类厂房（仓库）。

② 耐火等级为三、四级且建筑体积不大于 $3000m^3$ 的丁类厂房；耐火等级为三、四级且建筑体积不大于 $5000m^3$ 的戊类厂房（仓库）。

③ 粮食仓库、金库、远离城镇且无人值班的独立建筑。

④ 存有与水接触能引起燃烧爆炸的物品的建筑。

⑤ 室内无生产、生活给水管道，室外消防用水取自贮水池且建筑体积不大于 $5000m^3$ 的其他建筑。

2.2.2 室内消火栓系统的组成及布置要求

1. 室内消火栓系统的组成

室内消火栓给水系统一般由水枪、水龙带、消火栓、消防卷盘、消防管网、消防水池和高位消防水箱、消防水泵接合器、增压设备等组成。图 2-1 为设有水泵、水箱供水方式的消火栓系统。

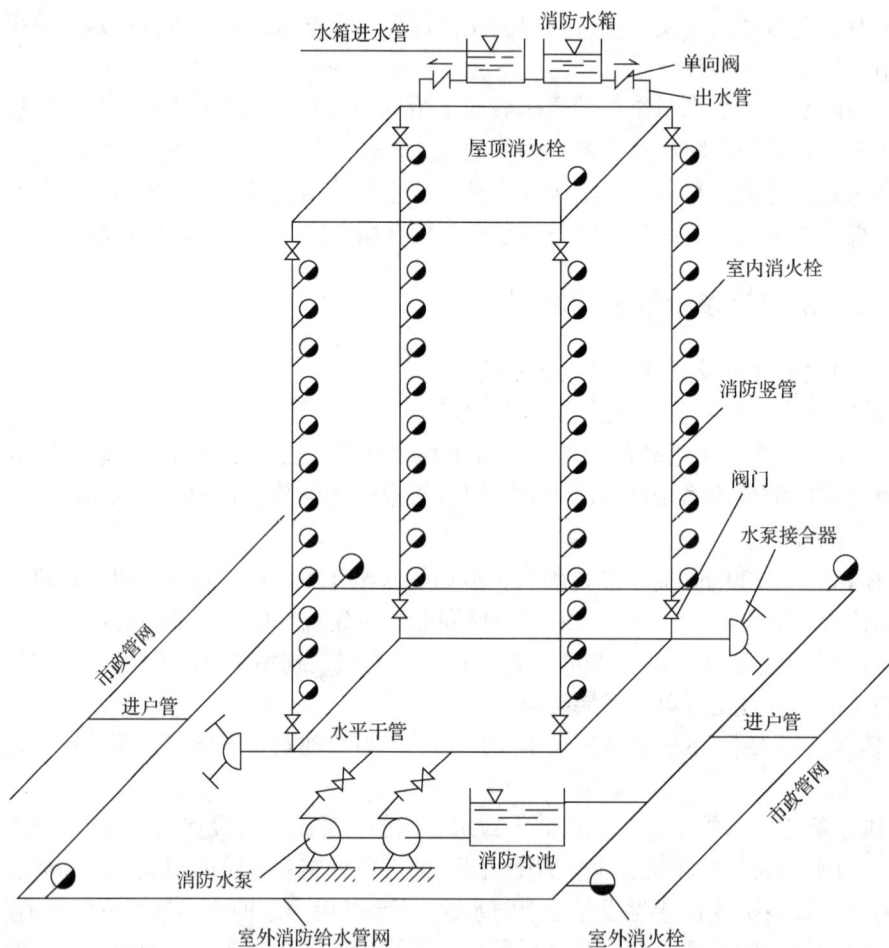

图 2-1 设有水泵、水箱供水方式的消火栓系统

（1）消火栓设备

消火栓设备由水枪、水带和消火栓组成，均安装在消火栓箱内（图 2-2）。

室内常用的消防水枪为直流水枪，消防直流水枪的喷嘴有 13mm、16mm、19mm 三种规格。喷嘴口径 13mm 的消防水枪配 50mm 水带，喷嘴口径 16mm 的消防水枪配 50mm 或 65mm 水带，喷嘴口径 19mm 的消防水枪配 65mm 水带。室内消火栓宜配置当量喷嘴口径 16mm 或 19mm 的消防水枪，但当消火栓设计流量为 2.5L/s 时宜配置当量喷嘴口径 11mm 或 13mm 的消防水枪。

消防水带按衬里材料可分为麻织消防水带和化纤消防水带两种，并有衬胶与不衬胶之分，其中有衬胶的消防水带的水流阻力小。水带长度应根据水力计算确定。室内消火栓系统应配置 DN65 有内衬里的消防水带，长度不宜超过 25.0m。

消火栓均为内扣式接口的球形阀式龙头，进水端与消防立管相连，发生火灾时出水端接水带。消火栓按出水口形式可分为单出口室内消火栓（图 2-3）和双出口室内消火栓（图 2-4）。双出口消火栓直径为 65mm；单出口消火栓口径有 50mm 和 65mm 两种。

图 2-2　消火栓箱　　　　图 2-3　单出口室内消火栓　　　　图 2-4　双出口室内消火栓

（2）消防卷盘

在消火栓给水系统中，因水枪喷水压力和消防流量较大，非专业人员使用起来有一定的困难。消防软管卷盘由小口径消火栓、输水缠绕软管、小口径水枪等组成；其与室内消火栓相比，具有操作简便、机动灵活等优点。旅馆、办公楼、商业楼、综合楼内等的消防软管卷盘应设在走道内，剧院、会堂闷顶内的消防软管卷盘应设在马道入口处，以方便工作人员使用。住宅户内宜在生活给水管道上预留一个接 DN15 消防软管或轻便水龙的接口。

消防软管卷盘应配置内径不小于 ϕ19 的消防软管，其长度宜为 30.0m；轻便水龙应配置 DN25 有内衬里的消防水带，长度宜为 30.0m。消防软管卷盘和轻便水龙应配置当量喷嘴直径 6mm 的消防水枪。

（3）消防管网

室内消防给水管道是室内消火栓系统的重要组成部分，通过消防管网将水输送到各个灭火点消火栓。室内消火栓给水管网宜与自动喷水等其他水灭火系统的管网分开设置；当合用消防泵时，供水管路沿水流方向应在报警阀前分开设置。

（4）消防水池和高位消防水箱

消防水池是人工建造的供固定或移动消防水泵吸水的贮水设施。消防水池可设在室外地下或地面之上，也可设在室内地下室。室外消防水池可以与其他水池合用，但必须采取措施确保消防水量不被挪用。室内消防水池必须独立设置。

高位消防水箱是设置在高处，直接向水灭火设施重力供应初期火灾消防用水量的贮水设施。采用临时高压给水系统的建筑物，应设置高位消防水箱。设置消防水箱可以提供系统启动初期的消防用水量和水压，在消防泵出现故障的紧急情况下应急供水，及时控制初期火灾，并为外援灭火争取时间；同时可以利用高位消防水箱高位差为系统提供准工作状态下所需的水压，使管道内充水并保持一定压力。设置常高压给水系统并能保证最不利点

图 2-5 消防水泵接合器

消火栓的水量和水压的建筑物，或设置干式消防竖管的建筑物，可不设置高位消防水箱。

（5）消防水泵接合器

消防水泵接合器是供消防车向消防给水管网输送消防用水的预留接口（图 2-5）。它既可用于补充消防水量，也可用于提高消防给水管网的水压。在火灾情况下，当建筑物内消防水泵发生故障或室内消防用水不足时，消防车从室外取水通过水泵接合器将水送到室内消防给水管网，供灭火使用。

（6）增压设备

消防水泵是通过水泵叶轮的旋转将能量传递给水，增加了水的动能和压能，从而将水从消防水池输送到灭火设备处，以满足各种灭火设备的水量和水压要求。消防水泵是消防给水系统的心脏。目前消防给水系统中使用的水泵多为离心泵。

对于采用临时高压消防给水系统的高层或多层建筑，当消防高位水箱设置高度不能满足系统最不利点灭火设备所需的水压要求时，应设置增压稳压设备。增压稳压设备一般由隔膜式气压罐、稳压泵、管道附件及控制装置组成。

2. 室内消火栓设置

1）室内消火栓布置应符合下列要求：

① 设有室内消火栓的建筑，包括设备层在内的各层均应设置消火栓。

② 消防电梯前室应设置室内消火栓，并应计入消火栓使用数量。

③ 室内消火栓的布置应满足同一平面有 2 支消防水枪的 2 股充实水柱同时达到任何部位的要求，但建筑高度小于或等于 24.0m 且体积小于或等于 5000m³ 的多层仓库、建筑高度小于或等于 54m 且每单元设置一部疏散楼梯的住宅，以及《消防给水及消火栓系统技术规范》（GB 50974—2014）中 3.5.2 中规定的可采用 1 支消防水枪的场所，可采用 1 支消防水枪的 1 股充实水柱到达室内任何部位。

2）室内消火栓宜按直线距离计算其布置间距，并应符合下列规定：

① 消火栓按 2 支消防水枪的 2 股充实水柱布置的建筑物，消火栓的布置间距不应大于 30.0m；

② 消火栓按 1 支消防水枪的 1 股充实水柱布置的建筑物，消火栓的布置间距不应大于 50.0m。

3）建筑室内消火栓的设置位置应满足火灾扑救要求，并应符合下列规定：

① 室内消火栓应设置在楼梯间及其休息平台和前室、走道等明显易于取用，以及便于火灾扑救的位置；

② 住宅的室内消火栓宜设置在楼梯间及其休息平台；

③ 汽车库内消火栓的设置不应影响汽车的通行和车位的设置，并应确保消火栓的开启；

④ 同一楼梯间及其附近不同层设置的消火栓，其平面位置宜相同；

⑤ 冷库的室内消火栓应设置在常温穿堂或楼梯间内。

4）室内消火栓应设在明显且易于取用的地点。栓口离地面的高度宜为 1.1m，其出水方向应便于消防水带的敷设，并宜与设置消火栓的墙面成 90° 角或向下。

5）跃层住宅和商业网点的室内消火栓应至少满足 1 股充实水柱到达室内任何部位，并宜设置在户门附近。

6）建筑高度不大于 27m 的住宅，当设置消火栓时，可采用干式消防竖管，并应符合下列规定：

① 干式消防竖管宜设置在楼梯间休息平台，且仅应配置消火栓栓口；

② 干式消防竖管应设置消防车供水接口；

③ 消防车供水接口应设置在首层便于消防车接近和安全的地点；

④ 竖管顶端应设置自动排气阀。

7）设有室内消火栓的建筑应设置带有压力表的试验消火栓，其设置位置应符合下列规定：

① 多层和高层建筑应在其屋顶设置，严寒、寒冷等冬季结冰地区可设置在顶层出口处或水箱间内等便于操作和防冻的位置；

② 单层建筑宜设置在水力最不利处，且应靠近出入口。

8）屋顶设有直升机停机坪的建筑，应在停机坪出入口处或非电器设备机房处设置消火栓，且距停机坪机位边缘的距离不应小于 5.0m。

3. 充实水柱

充实水柱长度是指水枪射程中对灭火起作用的那段消防射流，其包含全部射流水量的 75%～90% 的那段密实水柱，以 H_m 表示（图 2-6）。根据消防实践证明，当水枪的充实水柱长度小于 7m 时，由于火场烟雾大，辐射热高，扑救火灾有一定困难；当充实水柱长度增大时，水枪的反作用力随之增大，当其超过 15m 时，消防员无法把握水枪灭火。因此火场常用的充实水柱长度为 10～15m。

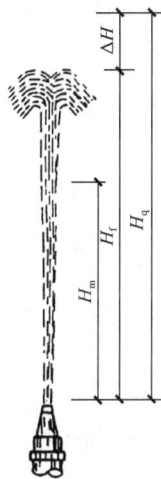

图 2-6　垂直射流组成

《消防给水及消火栓系统技术规范》（GB 50974—2014）要求室内消火栓栓口压力和消防水枪充实水柱应符合下列要求：

1）消火栓栓口动压力不应大于 0.50MPa；当大于 0.70MPa 时必须设置减压装置。

2）高层建筑、厂房、库房和室内净空高度超过 8m 的民用建筑等场所，消火栓栓口动压不应小于 0.35MPa，且消防水枪充实水柱应按 13m 计算；其他场所，消火栓栓口动压不应小于 0.25MPa，且消防水枪充实水柱应按 10m 计算。

4. 消火栓布置的间距

1）当要求 1 支消防水枪的 1 股水柱到达室内任何地方时（图 2-7），其间距按公式（2-1）布置：

$$S_1 \leq 2 \cdot \sqrt{R^2 - b^2} \qquad (2-1)$$

消火栓的保护半径按公式（2-2）计算：

$$R = C \cdot L_d + L_s \qquad (2-2)$$

式中：S_1——1 股水柱时消火栓间距（m）；

R——消火栓的保护半径（m）；

b——消火栓的最大保护宽度（m）；

C——水带展开时的弯曲折减系数，一般取 0.8～0.9；

L_d——水带长度（m）；

L_s——水枪充实水柱倾斜 45° 时的水平投影长度（m），$L_s = 0.71H_m$，H_m 为充实水柱（m），为保证喷枪射出的水流具有一定强度而需要的密集射流。

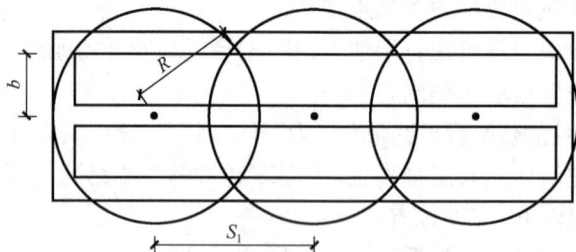

图 2-7　1 股充实水柱到达室内任何部位时的间距

2）当室内只有 1 排消火栓，且要求 2 股水柱同时到达室内任何地方时（图 2-8），其间距按公式（2-3）布置：

$$S_2 \leqslant \sqrt{R^2 - b^2} \qquad (2-3)$$

式中：S_2——2 股水柱时消火栓间距（m）。

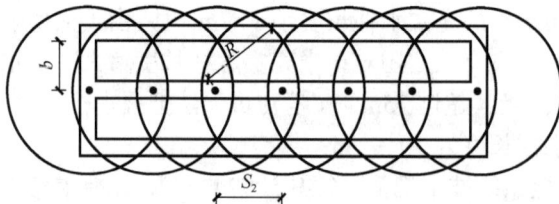

图 2-8　2 股充实水柱到达室内任何部位时的间距

5. 消防给水管网布置

1）室内消防给水管网应符合下列规定：

① 室内消火栓系统管网应布置成环状。当室外消火栓设计流量不大于 20L/s，且室内消火栓不超过 10 个时，除《消防给水及消火栓系统技术规范》（GB 50974—2014）8.1.2 的情况外，可布置成枝状。

② 当由室外生产生活消防合用系统直接供水时，合用系统除应满足室外消防给水设计流量以及生产和生活最大小时设计流量的要求外，还应满足室内消防给水系统的设计流量和压力要求。

③ 室内消防管道管径应根据系统设计流量、流速和压力要求经计算确定；室内消火栓竖管管径应根据竖管最低流量经计算确定，但不应小于 DN100。

2）室内消火栓环状给水管道检修时应符合下列规定：

① 室内消火栓竖管应保证检修管道时关闭停用的竖管不超过 1 根，当竖管超过 4 根时，可关闭不相邻的 2 根；

② 每根竖管与供水横干管相接处应设置阀门。

6. 消防水池设置

（1）消防水池设置的场所

符合下列规定之一时，应设置消防水池：

1）当生产、生活用水量达到最大时，市政给水管网或入户引入管不能满足室内、室外消防给水设计流量。

2）当采用一路消防供水或只有一条入户引入管，且室外消火栓设计流量大于 20L/s 或建筑高度大于 50m。

3）市政消防给水设计流量小于建筑室内外消防给水设计流量。

（2）消防水池有效容积的要求

1）当室外给水管网能保证室外消防用水量时，消防水池的有效容量应满足在火灾延续时间内建（构）筑物室内消防用水量要求。

2）当室外给水管网不能保证室外消防用水量时，消防水池的有效容量应满足在火灾延续时间内建（构）筑物室内消防用水量和室外消防用水不足部分之和的要求。

3）在火灾情况下能保证连续补水时，消防水池的容量可以减去火灾延续时间内补充的水量，消防水池的补水时间不宜超过 48h，但当消防水池有效总容积大于 2000m³ 时，不应大于 96h。

室内消防水池容积计算按公式（2-4）计算：

$$V_a = (Q_p - Q_b)T \tag{2-4}$$

式中：V_a——消防水池的有效容积（m³）；

　　　Q_p——消火栓、自动喷水灭火系统的设计流量（m³/h），查表 2-2；

　　　Q_b——在火灾延续设计内消防水池可连续补充的流量（m³/h）；

　　　T——火灾延续时间（h），火灾延续时间指消防车到达火场后开始水时起，至火灾被基本扑灭的时间段，可查表 2-3 确定。

表 2-2　建筑物室内消火栓设计流量

建筑物名称		高度 h/m、体积 V/m³、座位数 n/个、火灾危险性		消火栓设计流量/（L/s）	同时使用消防水枪数/支	每根竖管最小流量/（L/s）
工业建筑	厂房	$h \leqslant 24$	甲、乙、丁、戊	10	2	10
			丙 $V \leqslant 5000$	10	2	10
			丙 $V > 5000$	20	4	15
		$24 < h \leqslant 50$	乙、丁、戊	25	5	15
			丙	30	6	15
		$h > 50$	乙、丁、戊	30	6	15
			丙	40	8	15
	仓库	$h \leqslant 24$	甲、乙、丁、戊	10	2	10
			丙 $V \leqslant 5000$	15	3	15
			丙 $V > 5000$	25	5	15
		$h > 24$	丁、戊	30	6	15
			丙	40	8	15

续表

建筑物名称			高度 h/m、体积 V/m³、座位数 n/个、火灾危险性	消火栓设计流量/（L/s）	同时使用消防水枪数/支	每根竖管最小流量/（L/s）
民用建筑	单、多层民用建筑	科研楼、试验楼	$V \leqslant 10000$	10	2	10
			$V > 10000$	15	3	10
		车站、码头、机场的候车（船、机）楼和展览建筑（包括博物馆）等	$5000 < V \leqslant 25000$	10	2	10
			$25000 < V \leqslant 50000$	15	3	10
			$V > 50000$	20	4	15
		剧院、电影院、会堂、礼堂、体育馆等	$800 < n \leqslant 1200$	10	2	10
			$1200 < n \leqslant 5000$	15	3	10
			$5000 < n \leqslant 10000$	20	4	15
			$n > 10000$	30	6	15
		旅馆	$5000 < V \leqslant 10000$	10	2	10
			$10000 < V \leqslant 25000$	15	3	10
			$V > 25000$	20	4	15
		商店、图书馆、档案馆等	$5000 < V \leqslant 10000$	15	3	10
			$10000 < V \leqslant 25000$	25	5	15
			$V > 25000$	40	8	15
		病房楼、门诊楼等	$5000 < V \leqslant 25000$	10	2	10
			$V > 25000$	15	3	10
		办公楼、教学楼、公寓、宿舍等其他建筑	$h > 15$ 或 $V > 10000$	15	3	10
	高层民用建筑	住宅	$21 < h \leqslant 27$	5	2	5
			$27 < h \leqslant 54$	10	2	10
			$h > 54$	20	4	10
		二类公共建筑	$h \leqslant 50$	20	4	10
		一类公共建筑	$h \leqslant 50$	30	6	15
			$h > 50$	40	8	15
国家级文物保护单位的重点砖木或木结构的古建筑			$V \leqslant 10000$	20	4	10
			$V > 10000$	25	5	15
地下建筑			$V \leqslant 5000$	10	2	10
			$5000 < V \leqslant 10000$	20	4	15
			$10000 < V \leqslant 25000$	30	6	15
			$V > 25000$	40	8	20
人防工程	展览厅、影院、剧场、礼堂、健身体育场所等		$V \leqslant 1000$	5	1	5
			$1000 < V \leqslant 2500$	10	2	10
			$V > 2500$	15	3	10
	商场、餐厅、旅馆、医院等		$V \leqslant 5000$	5	1	5
			$5000 < V \leqslant 10000$	10	2	10
			$10000 < V \leqslant 25000$	15	3	10
			$V > 25000$	20	4	10

续表

建筑物名称		高度 h/m、体积 V/m³、座位数 n/个、火灾危险性	消火栓设计流量/（L/s）	同时使用消防水枪数/支	每根竖管最小流量/（L/s）
人防工程	丙、丁、戊类生产车间、自行车库	V≤2500	5	1	5
		V>2500	10	2	10
	丙、丁、戊类物品库房、图书资料档案库	V≤3000	5	1	5
		V>3000	10	2	10

注：① 丁、戊类高层厂房（仓库）室内消火栓的设计流量可按本表减少 10L/s，同时使用消防水枪数量可按本表减少 2 支；

② 消防软管卷盘、轻便消防水龙及多层住宅楼梯间中的干式消防竖管，其消火栓设计流量可不计入室内消防给水设计流量；

③ 当一座多层建筑有多种使用功能时，室内消火栓设计流量应分别按本表中不同功能计算，且应取最大值；

④ 当建筑物室内设有自动喷水灭火系统、水喷雾灭火系统、泡沫灭火系统或固定消防炮灭火系统等一种及以上自动水灭火系统全保护时，高层建筑当高度不超过 50m 且室内消火栓设计流量超过 20L/s 时，其室内消火栓设计流量可按本表减少 5L/s；多层建筑室内消火栓设计流量可减少 50%，但不应小于 10L/s；

⑤ 宿舍、公寓等非住宅类居住建筑的室内消火栓设计流量，当为多层建筑时，应按本表中的宿舍、公寓确定，当为高层建筑时，应按本表中的公共建筑确定。

表 2-3　不同场所的火灾延续时间

建筑			场所与火灾危险性	火灾延续时间/h
建筑物	工业建筑	仓库	甲、乙、丙类仓库	3.0
			丁、戊类仓库	2.0
		厂房	甲、乙、丙类厂房	3.0
			丁、戊类厂房	2.0
	民用建筑	公共建筑	高层建筑中的商业楼、展览楼、综合楼，建筑高度大于 50m 的财贸金融楼、图书馆、书库、重要的档案楼、科研楼和高级宾馆等	3.0
			其他公共建筑	2.0
			住宅	
	人防工程		建筑面积小于 3000m²	1.0
			建筑面积大于或等于 3000m²	2.0
			地下建筑、地铁车站	
构筑物	煤、天然气、石油及其产品的工艺装置		—	3.0
	甲、乙、丙类可燃液体储罐		直径大于 20m 的固定顶罐和直径大于 20m 浮盘，用易熔材料制作的内浮顶罐	6.0
			其他储罐	4.0
			覆土油罐	
	液化烃储罐、沸点低于 45℃甲类液体、液氨储罐			6.0
	空分站，可燃液体、液化烃的火车和汽车装卸栈台			3.0
	变电站			2.0
	装卸油品码头		甲、乙类可燃液体油品一级码头	6.0
			甲、乙类可燃液体油品二、三级码头丙类可燃液体油品码头	4.0
			海港油品码头	6.0
			河港油品码头	4.0
			码头装卸区	2.0
			装卸液化石油气船码头	6.0

续表

建筑		场所与火灾危险性	火灾延续时间/h
构筑物	液化石油气加气站	地上储气罐加气站	3.0
		埋地储气罐加气站	1.0
		加油和液化石油气加合建站	
	易燃、可燃材料露天、半露天堆场，可燃气体罐区	粮食土圆囤、席穴囤	6.0
		棉、麻、毛、化纤百货	
		稻草、麦秸、芦苇等	
		木材等	
		露天或半露天堆放煤和焦炭	3.0
		可燃气体储罐	

当建筑群共用消防水池时，消防水池的容积应按消防用水量最大的一幢建筑物用水量计算确定。

（3）消防水池相关设计要求

1）消防水池进水管应根据其有效容积和补水时间确定，补水时间不宜大于 48h，但当消防水池有效总容积大于 $2000m^3$ 时，不应大于 96h。消防水池进水管管径应经计算确定，且不应小于 $DN100$。

2）火灾时消防水池连续补水应符合下列规定：

① 消防水池应采用两路消防给水。

② 火灾延续时间内的连续补水流量应按消防水池最不利进水管供水量计算，并可按公式（2-5）计算：

$$Q_b = 3600Av \qquad (2-5)$$

式中：Q_b——火灾时消防水池的补水流量（m^3/h）；

A——消防水池进水管断面面积（m^2）；

v——管道内水的平均流速（m/s）。

③ 消防水池进水管管径和流量应根据市政给水管网或其他给水管网的压力、入户引入管管径、消防水池进水管管径，以及火灾时其他用水量等经水力计算确定。当计算条件不具备时，给水管的平均流速不宜大于 1.5m/s。

3）消防水池的总蓄水有效容积大于 $500m^3$ 时，宜设两格能独立使用的消防水池；当大于 $1000m^3$ 时，应设置能独立使用的两座消防水池。每格（或座）消防水池应设置独立的出水管，并应设置满足最低有效水位的连通管，且其管径应能满足消防给水设计流量的要求。

4）消防水池的出水、排水和水位应符合下列规定：

① 消防水池的出水管应保证消防水池的有效容积能被全部利用；

② 消防水池应设置就地水位显示装置，并应在消防控制中心或值班室等地点设置显示消防水池水位的装置，同时应有最高和最低报警水位；

③ 消防水池应设置溢流水管和排水设施，并应采用间接排水。

5）消防水池的通气管和呼吸管等应符合下列规定：消防水池应设置通气管；消防水池通气管、呼吸管和溢流水管等应采取防止虫鼠等进入消防水池的技术措施。

7. 高位消防水箱

（1）高位消防水箱的有效容积

临时高压消防给水系统的高位消防水箱的有效容积应满足初期火灾消防用水量的要求，并应符合下列规定：

1）一类高层公共建筑，不应小于 36m³，但当建筑高度大于 100m 时，不应小于 50m³，当建筑高度大于 150m 时，不应小于 100m³。

2）多层公共建筑、二类高层公共建筑和一类高层住宅，不应小于 18m³，当一类高层住宅建筑高度超过 100m 时，不应小于 36m³。

3）二类高层住宅，不应小于 12m³。

4）建筑高度大于 21m 的多层住宅，不应小于 6m³。

5）工业建筑室内消防给水设计流量当小于或等于 25L/s 时，不应小于 12m³，大于 25L/s 时，不应小于 18m³。

6）总建筑面积大于 10000m² 且小于 30000m² 的商店建筑，不应小于 36m³，总建筑面积大于 30000m² 的商店，不应小于 50m³，当与 1）中规定不一致时应取其较大值。

（2）高位消防水箱设置高度

高位消防水箱的设置位置应高于其所服务的水灭火设施，且最低有效水位应满足水灭火设施最不利点处的静水压力，并应按下列规定确定：

1）一类高层公共建筑，不应低于 0.10MPa，但当建筑高度超过 100m 时，不应低于 0.15MPa。

2）高层住宅、二类高层公共建筑、多层公共建筑，不应低于 0.07MPa，多层住宅不宜低于 0.07MPa。

3）工业建筑不应低于 0.10MPa，当建筑体积小于 20000m³ 时，不宜低于 0.07MPa。

4）自动喷水灭火系统等自动水灭火系统应根据洒水喷头灭火需求压力确定，但最小不应小于 0.10MPa。

5）当高位消防水箱不能满足上述静压要求时，应设稳压泵。

（3）高位消防水箱设置要求

1）当高位消防水箱在屋顶露天设置时，水箱的人孔以及进出水管的阀门等应采取锁具或阀门箱等保护措施；严寒、寒冷等冬季冰冻地区的消防水箱应设置在消防水箱间内，其他地区宜设置在室内。当必须在屋顶露天设置时，应采取防冻隔热等安全措施；高位消防水箱与基础应牢固连接。

2）高位消防水箱间应通风良好，不应结冰，当必须设置在严寒、寒冷等冬季结冰地区的非采暖房间时，应采取防冻措施，环境温度或水温不应低于 5℃。

8. 消防水泵接合器设置

（1）消防水泵接合器设置的场所

高层建筑、设有消防给水的住宅、超过 5 层的其他多层民用建筑、超过 2 层或建筑面积大于 10000m² 的地下或半地下建筑（室）、室内消火栓设计流量大于 10L/s 平战结合的人防工程、高层工业建筑和超过 4 层的多层工业建筑、城市交通隧道的室内消火栓给水系统应设置消防水泵接合器。自动喷水灭火系统也应设水泵接合器。

（2）消防水泵接合器设置的要求

1）消防水泵接合器的给水流量宜按每个 10～15L/s 计算。每种水灭火系统的消防水泵接合器设置的数量应按系统设计流量经计算确定，但当计算数量超过 3 个时，可根据供水可靠性适当减少。

2）消防给水为竖向分区供水时，在消防车供水压力范围内的分区，应分别设置水泵接合器；当建筑高度超过消防车供水高度时，消防给水应在设备层等方便操作的地点设置手抬泵或移动泵接力供水的吸水和加压接口。临时高压消防给水系统向多栋建筑供水时，消防水泵接合器应在每座建筑附近就近设置。

3）消防水泵接合器应设在室外便于消防车使用的地点，且距室外消火栓或消防水池的距离不宜小于 15m，并不宜大于 40m。墙壁消防水泵接合器的安装高度距地面宜为 0.70m；与墙面上的门、窗、孔、洞的净距离不应小于 2.0m，且不应安装在玻璃幕墙下方；地下消防水泵接合器的安装，应使进水口与井盖底面的距离不大于 0.40m，且不应小于井盖的半径。

9. 消防水泵

（1）消防水泵设置的要求

消防水泵的选择和应用应符合下列规定：

1）消防水泵的性能应满足消防给水系统所需流量和压力的要求。

2）消防水泵所配驱动器的功率应满足所选水泵流量扬程性能曲线上任何一点运行所需功率的要求。

3）当采用电动机驱动的消防水泵时，应选择电动机干式安装的消防水泵。

4）流量扬程性能曲线应为无驼峰、无拐点的光滑曲线，零流量时的压力不应大于设计工作压力的 140%，且宜大于设计工作压力的 120%。

5）当出流量为设计流量的 150%时，其出口压力不应低于设计工作压力的 65%。

6）泵轴的密封方式和材料应满足消防水泵在低流量时运转的要求。

7）消防给水同一泵组的消防水泵型号宜一致，且工作泵不宜超过 3 台。

8）多台消防水泵并联时，应校核流量叠加对消防水泵出口压力的影响。

（2）消防备用泵

消防水泵应设置备用泵，其性能应与工作泵性能一致，但下列建筑除外：

1）建筑高度小于 54m 的住宅和室外消防给水设计流量小于等于 25L/s 的建筑。

2）室内消防给水设计流量小于等于 10L/s 的建筑。

10. 增压设备

对于采用临时高压消防给水系统的高层或多层建筑，当消防水箱设置高度不能满足系统最不利点灭火设备所需的水压要求时，应设置增压稳压设备。增压稳压设备一般由隔膜式气压罐、稳压泵、管道附件及控制装置组成。

（1）稳压泵

稳压泵是指在消防给水系统中用于稳定平时最不利点水压的给水泵。稳压泵通常是选用小流量、高扬程的水泵。消防稳压泵也应设置备用泵，通常可按一用一备选用。

1）稳压泵流量的确定。稳压泵的设计流量不应小于消防给水系统管网的正常泄漏量和系统自动启动流量。消防给水系统管网的正常泄漏量应根据管道材质、接口形式等确定，当没有管网泄漏量数据时，稳压泵的设计流量宜按消防给水设计流量的 1%～3%计，且不宜小于 1L/s。

2）稳压泵扬程的确定。稳压泵的设计压力应满足系统自动启动和管网充满水的要求；稳压泵的设计压力应保持系统自动启泵压力设置点处的压力在准工作状态时大于系统设置自动启泵压力值，且增加值宜为 0.07～0.10MPa；稳压泵的设计压力应保持系统最不利点处水灭火设施在准工作状态时的静水压力应大于 0.15MPa。

（2）气压罐

实际运行中，由于各种原因，稳压泵常常频繁启动，不但稳压泵易损，且对整个管网系统和电网系统不利，因此稳压泵常与小型气压罐配合使用。

气压罐最小设计工作压力应满足系统最不利点灭火设备所需的水压要求。气压水罐其调节容积应根据稳压泵启泵次数不大于 15 次/h 计算确定，但有效贮水容积不宜小于 150L。

11. 减压节流装置

为使消防水量合理分配、均衡供水、利于消防人员把握水枪安全操作，保证有效灭火。当消火栓口出水压力大于 0.50MPa 时，应设减压节流措施。常用的减压设备主要有减压阀、减压孔板、节流孔板和减压稳压消火栓。

减压阀按结构形式可分为弹簧式减压阀、比例式减压阀和波纹管式减压阀。其中，弹簧式减压阀可在任意范围内任意调节减压值，但存在主要部件易损坏、弹簧和薄膜的工作状态随使用年限的增长而变化的缺陷，难以保证运行的长期稳定，需定期调节减压值。减压阀主要用于支管减压。

消火栓也可设置减压孔板以消除剩余水头，保证消防给水系统均衡供水。减压孔板一般用不锈钢材料制作。减压孔板应设在直径不小于 50mm 的水平直管段上，前后管段的长度均不宜小于该管段直径的 5 倍；孔口直径不应小于设置管段直径的 30%，且不应小于 20mm。减压孔板可用法兰或活接头与管道连接在一起，也可直接与消火栓口组合在一起。

节流管的直径宜按上游管段直径的 1/2 确定，其长度不宜小于 1m。节流管内水的平均流速不应大于 20m/s。另外室内减压稳压消火栓是集消火栓与减压阀于一身，不需人工调试，只需消火栓的栓前压力保持在 0.4～0.8MPa 的范围内，其栓口出口压力就会保持在 （0.3±0.05）MPa 的范围内，且 DN65 消火栓的流量不小于 5L/s。

2.2.3　室内消火栓给水系统计算

室内消火栓给水系统计算的主要任务是根据建筑物确定室内消火栓消防水量，进行水量分配后，然后进行水力计算确定消火栓管道的管径、系统所需的水压，同时确定消防水池、高位消防水箱、消防泵、稳压设备相关的参数。

1. 室内消火栓系统设计参数

（1）室内消火栓系统设计流量

1）建筑物室内消火栓设计流量。建筑物室内消火栓设计流量，应根据建筑物的用途功能、体积、高度、耐火等级、火灾危险性等因素综合确定，且不应小于表 2-2。

2）汽车库、修车库室内消火栓设计流量。汽车库、修车库室内消火栓设计流量不应小于表 2-4 中相应数值。

表 2-4　汽车库、修车库室内消火栓设计流量

建筑物名称	类别	停车数量或修车位/辆	室内消火栓设计流量/（L/s）
汽车库	I	>300	10
	II	151～300	10
	III	51～150	10
	IV	≤50	5
修车库	I	>15	10
	II	6～15	10
	III	3～5	5
	IV	≤2	5

（2）消火栓系统火灾延续时间

不同场所消火栓系统和固定冷却系统的火灾延续时间不应小于表 2-3。

2. 室内消火栓口处所需水压

消火栓栓口所需的压力按公式（2-6）确定：

$$H_{xh} = H_q + H_d + H_k \tag{2-6}$$

式中：H_{xh}——消火栓栓口的水压力（mH_2O）；

$\qquad H_q$——枪口喷嘴处的压力（mH_2O）；

$\qquad H_d$——水带水头损失（mH_2O）；

$\qquad H_k$——消火栓栓口水头损失，按 $2mH_2O$。

1）消火栓栓口的水压力 H_q [公式（2-7）]：

$$\frac{1}{2}mv^2 = mgH_q \tag{2-7}$$

不计空气阻力，理想状态下的射流长度，可根据公式（2-8）得

$$H_q = \frac{v^2}{2g} \tag{2-8}$$

式中：v——水流离开喷嘴的流速（m/s）；

$\qquad g$——重力加速度（m/s^2）。

实际上，水枪喷嘴及空气都对射流产生阻力，其相应的阻力为

$$\Delta H = H_q - H_f \tag{2-9}$$

式中：H_f——垂直射流高度（m）。

按水力学管道的沿程损失公式，得

$$\Delta H = \frac{\lambda}{d_f} \cdot \frac{v^2}{2g} \cdot L \tag{2-10}$$

式中：λ——水流与管壁的阻力系数，因是水流在空气中流动，故用 K_1 代替 λ；

L——水流流动距离，用 H_f 代替 L，（m）；

d_f——柱口喷嘴直径（m）。

从而得到

$$\Delta H = \frac{K_1}{d_f} \cdot \frac{v^2}{2g} \cdot H_f \tag{2-11}$$

将公式（2-8）代入公式（2-11）得

$$\Delta H = \frac{K_1}{d_f} \cdot H_q \cdot H_f \tag{2-12}$$

令 $\frac{K_1}{d_f} = \varphi$，将公式（2-9）代入公式（2-12）可得

$$H_q - H_f = \varphi \cdot H_q \cdot H_f \tag{2-13}$$

整理为

$$H_f = \frac{H_q}{1 + \varphi H_q} \tag{2-14}$$

或

$$H_q = \frac{H_f}{1 - \varphi H_f} \tag{2-15}$$

式中：φ——与喷嘴直径有关的系数，由试验得 $\varphi = \dfrac{0.25}{d_f + (0.1d_f)^3}$，$\varphi$ 值与水枪喷嘴口径的关系见表 2-5。

表 2-5　φ 值与水枪喷嘴口径的关系

水枪喷嘴口径/mm	13	16	19
φ	0.0165	0.0124	0.0097

水枪充实水柱高度 H_m 与水流垂直射流高度 H_f 的关系由试验可得

$$H_f = \alpha_f H_m \tag{2-16}$$

式中：α_f——试验系数，$\alpha_f = 1.19 + 80 \times (0.01H_m)^4$，可查表 2-6。

表 2-6　α_f 值与充实水柱的关系

H_m/m	6～8	9～11	12～13	14	15	16
α_f	1.19	1.20	1.21	1.22	1.23	1.24

将公式（2-16）代入公式（2-15），则

$$H_q = \frac{\alpha_f H_m}{1 - \varphi \alpha_f H_m} \tag{2-17}$$

这就给出了 H_q 与 H_m 之间的关系（α_f，φ 查表得到）。水枪在使用时常倾斜 $45° \sim 60°$ 角，由实验可得充实水柱长度与倾角无关，因此在计算时充实水柱长度与充实水柱高度可视为相等。

2）消防射流量。根据消火栓消防水枪喷嘴处压力，消防水枪的射流量可按公式（2-18）计算：

$$q_{xh} = \mu \cdot \frac{\pi}{4} d^2 \cdot \sqrt{2gH_q} = 0.00347 \mu \cdot d^2 \sqrt{H_q} \tag{2-18}$$

式中：q_{xh}——消防射流量（L/s）；

μ——喷口流量系数。

令 $B = 0.00001204 \mu^2 d^4$，则

$$q_{xh} = \sqrt{BH_q} \tag{2-19}$$

式中：B——水枪水流特性系数，与水枪喷嘴口径有关，可查表 2-7。

表 2-7　水枪水流特性系数与水枪喷嘴口径的关系

水枪喷嘴口径/mm	13	16	19	22	25
B	0.346	0.793	1.577	2.836	4.727

3）水带水头损失 H_d。水带水头损失可按公式（2-20）计算：

$$H_d = A_z \cdot L_d \cdot q_{xh}^2 \tag{2-20}$$

式中：L_d——水带长度（m）；

A_z——水带阻力系数，可查表 2-8。

表 2-8　水带的阻力系数 A_z

水带材质	水带口径/mm		
	50	65	80
麻织	0.01501	0.00430	0.00150
衬胶	0.00677	0.00172	0.00075

3. 室内消火栓给水系统水力计算

室内消火栓给水系统水力计算的主要目的是确定消火栓给水管网的管径、消防水泵的流量和扬程，并计算或校核消防水箱的设置高度。

由于建筑物发生火灾地点的随机性，以及水枪充实水柱数量的限定（水量限定），在进行消火栓给水系统管网水力计算时，对于枝状管网应首先选择最不利立管和最不利消火栓，以确定计算管路，并按照消防规范规定的室内消防用水量进行流量分配，消防竖管流量分配应按表 2-2 确定。对于环状管网，由于着火点不确定，可假定某管道发生故障，仍按枝状管网计算。

在确定最不利点水枪射流量后，以下各层水枪的实际射流量应根据栓口实际的压力计算。在确定管网中各管段的流量后，通常从钢管水力计算表中直接查出管径和单位管长沿

程压力损失值。为了保证消防车通过水泵接合器向消火栓给水系统供水灭火，对于建筑消火栓给水管网管径不得小于 $DN100$。消火栓给水管道中流速一般以 $1.4\sim1.8m/s$ 为宜，不允许大于 $2.5m/s$。消火栓给水管道沿程压力损失的计算方法与给水管网计算相同，当资料不全时，局部水头损失可根据管道沿程水头损失的 $10\%\sim30\%$ 估算。

当有高位消防水箱时，应以水箱的最低水位为起点选择计算管路的管径和压力损失，从而确定或者校核高位消防水箱的安装高度。如果高位消防水箱高度不能满足需要确定增压设备。当设有消防水泵时，应以消防水池最低水位作为起点选择计算管路，计算管径和压力损失，确定消防水泵的扬程。

室内消火栓给水系统所需的设计压力或消防水泵的扬程为

$$H_{xb} = H_1 + k \cdot H_2 + H_{xo} \tag{2-21}$$

式中：H_{xb}——消防水泵或消防给水系统所需的设计扬程或设计压力（mH_2O）；

H_1——当消防水泵从消防水池吸水时，为最低有效水位至最不利水灭火设施的几何高差，当消防水泵从市政给水管网直接吸水时，为火灾时市政给水管网在消防水泵入口处的设计压力值的高程至最不利水灭火设施的几何高差（mH_2O）；

k——安全系数，可取 $1.20\sim1.40$，宜根据管道的复杂程度和不可预见发生的管道变更所带来的不确定性确定；

H_2——最不利计算管路压力损失（mH_2O）；

H_{xo}——最不利消火栓口处所需要的水压力（mH_2O）。

【例 2-1】　两座建筑合用消防水池。建筑 A 为体积 $30000m^3$、建筑高度 60m 的高层商业楼，建筑 B 为体积 $12000m^3$、建筑高度 30m 的乙类厂房。已知建筑 A 的自喷水量为 30L/s，建筑 B 的自喷水量为 60L/s。本工程项目周边有两条市政给水管网，火灾情况下连续补水能满足室外消防水量，则该消防水池的最小有效容积是多少？

【解】　1）根据题意，消防水池仅储存室内全部消防用水量，且消防水池有效容积由两栋建筑中需要消防水量最大者确定，查规范可得两栋建筑消火栓系统火灾持续时间为3h，自喷系统工作为 1h。

2）查规范可知：高层商业建筑室内消火栓设计流量 40L/s；高层乙类厂房设置自喷全保护系统，室内消火栓设计流量可以减少 5L/s，因此其消火栓设计流量 25 - 5 = 20(L/s)。

$$V_{消防水池} = \max\{(40\times3 + 30)\times3.6, [(25-5)\times3 + 60\times1]\times3.6\} = 540\ (m^3)$$

【例 2-2】　某医院病房楼，地下 1 层，地上 12 层。首层为公共用房，地面标高 ±0.00；层高 4.5m，2～12 层为病房层，层高均为 3.3m。本医院病房楼独立设置室内消火栓给水系统，干管管径为 $DN150$ 的环状管网，消防水池最低设计有效水位标高-5.2m，假设系统沿程及局部水头总损失为 0.1MPa（含安全系数），消火栓系统加压泵的设计流量和泵扬程的正确取值是多少？（注：忽略水泵吸水口的静水压力）

【解】　1）该病房楼超过 24m，建筑定性为一类高层建筑，室内消火栓系统设流量为 30L/s，因此消火栓系统加压泵的设计流量为 30L/s。

2）消防水泵的扬程为

$$H_p = H_0 + \Delta H + k_2\sum h = 35 + [4.5 + 10\times3.3 + 1.1 - (-5.2)] + 10 = 88.8\ (m)$$

2.3 自动喷水灭火给水系统

自动喷水灭火系统是由洒水喷头、报警阀组、水流报警装置（水流指示器、压力开关）等组件以及管道、供水设施组成，能在火灾发生时响应并实施喷水的自动灭火系统。

2.3.1 自动灭火系统的设置场所及火灾等级划分

根据《建筑设计防火规范（2018 版）》（GB 50016—2014）规定：在人员密集、不易疏散、外部增援灭火与救生困难、性质重要或者火灾危害性较大的场所，应该采用自动喷水灭火系统。

1. 自动灭火系统的设置场所

（1）宜采用自动喷水灭火系统的场所

1）下列厂房或生产部位应设置自动灭火系统，并宜采用自动喷水灭火系统（不宜用水保护或灭火的场所除外）：

不小于 50000 纱锭的棉纺厂的开包、清花车间，不小于 5000 锭的麻纺厂的分级、梳麻车间，火柴厂的烤梗、筛选部位；占地面积大于 $1500m^2$ 或总建筑面积大于 $3000m^2$ 的单、多层制鞋、制衣、玩具及电子等类似生产的厂房；占地面积大于 $1500m^2$ 的木器厂房；泡沫塑料厂的预发、成型、切片、压花部位；高层乙、丙类厂房；建筑面积大于 $500m^2$ 的地下或半地下丙类厂房。

2）下列仓库应设置自动灭火系统，并宜采用自动喷水灭火系统（不宜用水保护或灭火的仓库除外）：

每座占地面积大于 $1000m^2$ 的棉、毛、丝、麻、化纤、毛皮及其制品的仓库（单层占地面积不大于 $2000m^2$ 的棉花库房，可不设置自动喷水灭火系统）；每座占地面积大于 $600m^2$ 的火柴仓库；邮政建筑内建筑面积大于 $500m^2$ 的空邮袋库；可燃、难燃物品的高架仓库和高层仓库；设计温度高于 0℃的高架冷库，设计温度高于 0℃且每个防火分区建筑面积大于 $1500m^2$ 的非高架冷库；总建筑面积大于 $500m^2$ 的可燃物品地下仓库；每座占地面积大于 $1500m^2$ 或总建筑面积大于 $3000m^2$ 的其他单层或多层丙类物品仓库。

3）下列高层民用建筑或场所应设置自动灭火系统，并宜采用自动喷水灭火系统（不宜用水保护或灭火的场所除外）：

一类高层公共建筑（除游泳池、溜冰场外）及其地下、半地下室；二类高层公共建筑及其地下、半地下室的公共活动用房、走道、办公室和旅馆的客房、可燃物品库房、自动扶梯底部；高层民用建筑内的歌舞娱乐放映游艺场所；建筑高度大于 100m 的住宅建筑。

4）下列单、多层民用建筑或场所应设置自动灭火系统，并宜采用自动喷水灭火系统（不适用水保护或灭火的场所除外）：

特等、甲等剧场，超过 1500 个座位的其他等级的剧场，超过 2000 个座位的会堂或礼堂，超过 3000 个座位的体育馆，超过 5000 人的体育场的室内人员休息室与器材间等；任意一层建筑面积大于 $1500m^2$ 或总建筑面积大于 $3000m^2$ 的展览、商店、餐饮和旅馆建筑以及医院中同样建筑规模的病房楼、门诊楼和手术部;设置送回风道(管)的集中空气调节系统且总建筑面积大于 3000m² 的办公建筑等;藏书量超过 50 万册的图书馆;大、中型幼儿园,老年人照料设施;总建筑面积大于 500m² 的地下或半地下商店;设置在地下、半地下或地上四层及以上楼层的歌舞娱乐放映游艺场所(除游泳场所外),设置在首层、二层和三层且任意一层建筑面积大于 300m² 的地上歌舞娱乐放映游艺场所(除游泳场所外)。

(2)宜采用水幕灭火系统的场所

特等、甲等剧场、超过 1500 个座位的其他等级的剧场、超过 2000 个座位的会堂或礼堂和高层民用建筑内超过 800 个座位的剧场或礼堂的舞台口及上述场所内与舞台相连的侧台、后台的洞口;应设置防火墙等防火分隔物而无法设置的局部开口部位;需要防护冷却的防火卷帘或防火幕的上部(舞台口也可采用防火幕进行分隔,侧台、后台的较小洞口宜设置乙级防火门、窗)。

(3)应设置雨淋自动喷水灭火系统

火柴厂的氯酸钾压碾厂房,建筑面积大于 100m² 且生产或使用硝化棉、喷漆棉、火胶棉、赛璐珞胶片、硝化纤维的厂房;乒乓球厂的轧坯、切片、磨球、分球检验部位;建筑面积大于 60m² 或储存量大于 2t 的硝化棉、喷漆棉、火胶棉、赛璐珞胶片、硝化纤维的仓库;日装瓶数量大于 3000 瓶的液化石油气储配站的灌瓶间、实瓶库;特等、甲等剧场、超过 1500 个座位的其他等级剧场和超过 2000 个座位的会堂或礼堂的舞台葡萄架下部;建筑面积不小于 400m² 的演播室,建筑面积不小于 500m² 的电影摄影棚。

(4)宜采用水喷雾灭火系统

单台容量在 40MV·A 及以上的厂矿企业油浸变压器,单台容量在 90MV·A 及以上的电厂油浸变压器,单台容量在 125MV·A 及以上的独立变电站油浸变压器;飞机发动机试验台的试车部位;充可燃油并设置在高层民用建筑内的高压电容器和多油开关室(设置在室内的油浸变压器、充可燃油的高压电容器和多油开关室,可采用细水雾灭火系统)。

2. 火灾危险等级划分

《自动喷水灭火系统设计规范》(GB 50084—2017)将自动喷水灭火系统设置场所共分为 4 类(8 级),即轻危险级、中危险级(Ⅰ级、Ⅱ级)、严重危险级(Ⅰ级、Ⅱ级)和仓库危险级(Ⅰ级、Ⅱ级、Ⅲ级)。

(1)轻危险级

一般指可燃物品较少、火灾放热速率较低、外部增援和人员疏散较容易的场所。

(2)中危险级

一般指内部可燃物数量、火灾放热速率为中等,火灾初期不会引起剧烈燃烧的场所。大部分民用建筑和工业厂房划归中危险级。根据此类场所种类多、范围广的特点,划分为中Ⅰ级和中Ⅱ级。

(3)严重危险级

一般指火灾危险性大,且可燃物品数量多,火灾时容易引起猛烈燃烧并可能迅速蔓延的场所。严重危险级又分为Ⅰ级、Ⅱ级。这些场所除摄影棚、舞台葡萄架下部外,包括存在较多数量易燃固体、液体物品工厂的备料和生产车间。

(4)仓库火灾危险级

根据仓库储存物品及其包装材料的火灾危险性,将仓库火灾危险等级划分为Ⅰ级、Ⅱ

级、Ⅲ级。仓库火灾危险Ⅰ级一般是指储存食品、烟酒以及用木箱、纸箱包装的不燃或难燃物品的场所；仓库火灾危险Ⅱ级一般是指储存木材、纸、皮革等物品和用各种塑料瓶盒包装的不燃物品及各类物品混杂储存的场所；仓库火灾危险Ⅲ级一般是指储存 A 组塑料与橡胶及其制品等物品的场所。[注：A 组塑料橡胶分类见《自动喷水灭火系统设计规范》（GB 50084—2017）附录 B 确定。]

常见自动喷水灭火系统设置的场所火灾危险等级划分参照《自动喷水灭火系统设计规范》（GB 50084—2017）附录 A 确定。

2.3.2 自动喷水灭火系统的类型

依照采用的洒水喷头分为两类：采用闭式洒水喷头的为闭式系统，包括湿式系统、干式系统、预作用系统、简易自动喷水系统等；采用开式洒水喷头的为开式系统，包括雨淋系统、水幕系统等。

1. 湿式自动喷水灭火系统

湿式自动喷水灭火系统由闭式洒水喷头、湿式报警阀组、水流指示器或压力开关、供水与配水管道以及供水设施等组成，在准工作状态时管道内充满用于启动系统的有压水。湿式自动喷水灭火系统如图 2-9 所示。

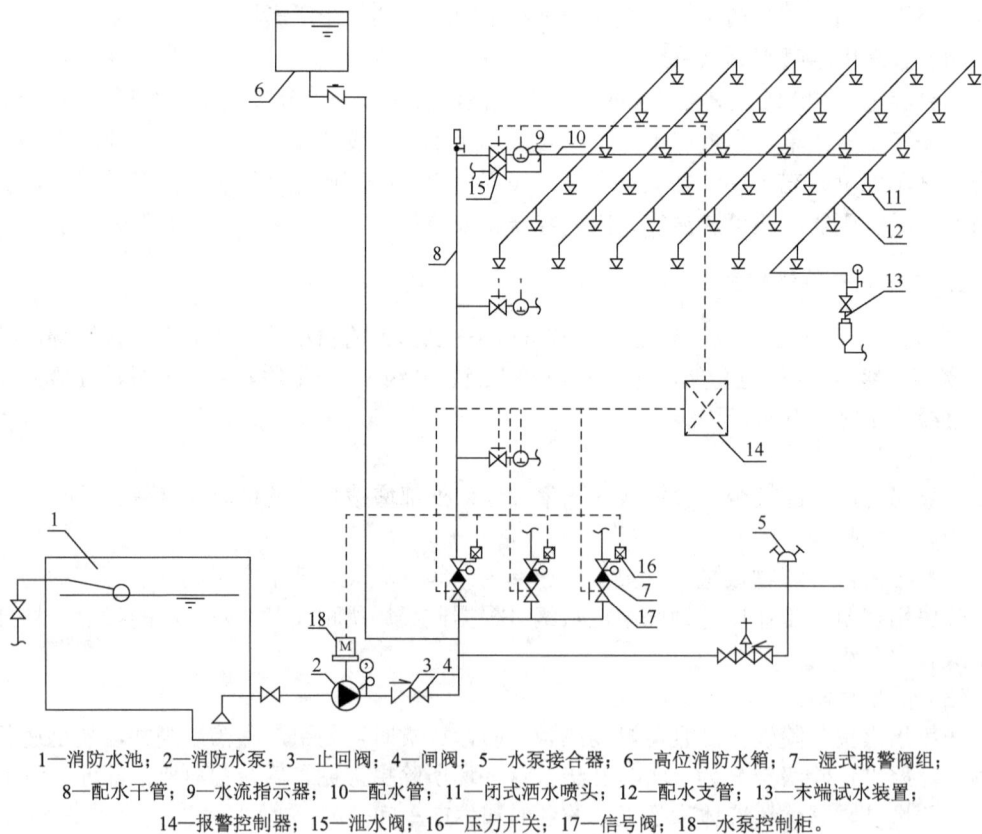

1—消防水池；2—消防水泵；3—止回阀；4—闸阀；5—水泵接合器；6—高位消防水箱；7—湿式报警阀组；8—配水干管；9—水流指示器；10—配水管；11—闭式洒水喷头；12—配水支管；13—末端试水装置；14—报警控制器；15—泄水阀；16—压力开关；17—信号阀；18—水泵控制柜。

图 2-9 湿式自动喷水灭火系统

湿式自动喷水灭火系统在准工作状态时，由消防水箱或稳压泵、气压给水设备等稳压设施维持管道内充水的压力。当发生火灾时，在火灾温度的作用下，闭式洒水喷头的热敏元件动作，洒水喷头开启并开始喷水。此时，管网中的水由静止变为流动，水流指示器动作送出电信号，在报警控制器上显示某一区域喷水的信息。由于持续喷水泄压造成湿式报警阀的上部水压低于下部水压，在压力差的作用下，原来处于关闭状态的湿式报警阀自动开启。此时压力水通过湿式报警阀流向管网，同时打开通向水力警铃的通道，当延迟器充满水后，水力警铃发出声响警报，压力开关动作并输出启动供水泵的信号。供水泵投入运行后，完成系统的启动过程。

湿式自动喷水灭火系统是应用最为广泛的自动喷水灭火系统，适合在环境温度不低于4℃且不高于70℃的环境中使用。若经常低于4℃的场所使用湿式自动喷水灭火系统，其存在系统管道和组件内充水冰冻的危险；高于70℃的场所采用湿式自动喷水灭火系统，其存在系统管道内充水汽化加剧有破坏管道的危险。

2. 干式自动喷水灭火系统

干式自动喷水灭火系统（图 2-10）由闭式洒水喷头、干式报警阀组、水流指示器或压力开关、供水与配水管道、充气设备以及供水设施等组成。

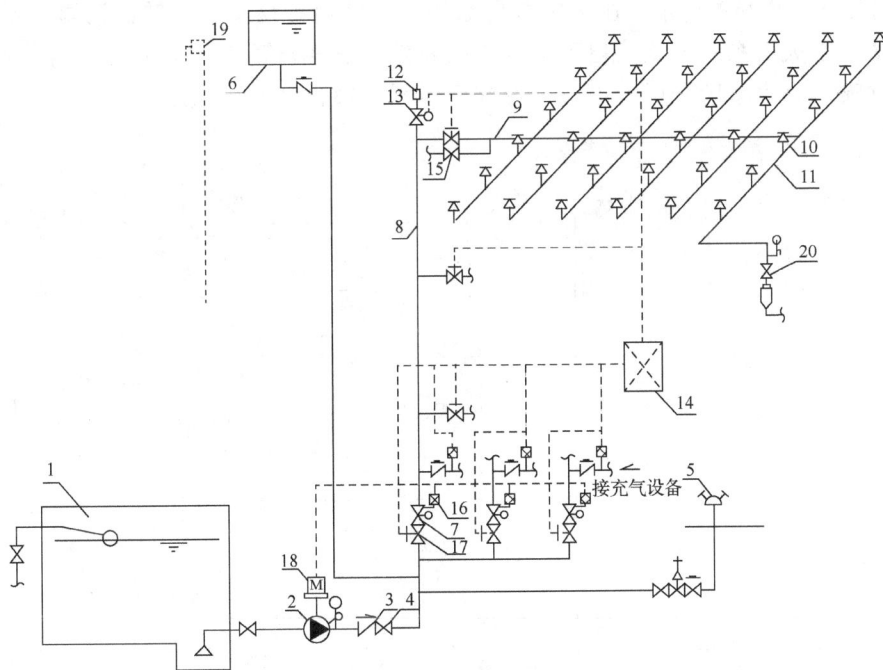

1—消防水池；2—消防水泵；3—止回阀；4—闸阀；5—水泵接合器；6—高位消防水箱；7—干式报警阀组；
8—配水干管；9—配水管；10—闭式洒水喷头；11—配水支管；12—排气阀；13—电动阀；14—报警控制器；
15—泄水阀；16—压力开关；17—信号阀；18—消防控制柜；19—流量开关；20—末端试水装置。

图 2-10　干式自动喷水灭火系统

干式自动喷水灭火系统处于准工作状态时，干式报警阀前（水源侧）的管道内充以压力水，干式报警阀后（系统侧）的管道内充以有压气体，报警阀处于关闭状态。当发生火灾时，闭式洒水喷头受热动作，洒水喷头开启，管道中的有压气体从洒水喷头喷出，干式报警阀系统侧压力下降,造成干式报警阀水源侧压力大于系统侧压力,干式报警阀被自动打开,压力水进入供水管道,将剩余压缩空气从系统立管顶端或横干管最高处的排气阀或已打开的洒水喷头处喷出,然后喷水灭火。在干式报警阀被打开的同时,通向水力警铃和压力开关的通道也被打开,水流冲击水力警铃和压力开关,压力开关直接自动启动系统消防水泵供水。

干式自动喷水灭火系统与湿式自动喷水灭火系统的区别在于干式自动喷水灭火系统采用干式报警阀组,准工作状态时配水管道内充以压缩空气等有压气体。为保持气压,需要配套设置补气设施。干式自动喷水灭火系统配水管道中维持的气压,应根据干式报警阀入口前管道需要维持的水压和干式报警阀的工作性能确定。

干式自动喷水灭火系统适用于环境温度低于 4℃,或高于 70℃的场所。干式自动喷水灭火系统虽然解决了湿式自动喷水灭火系统不适用于高、低温环境场所的问题,但由于准工作状态时配水管道内没有水,洒水喷头动作、系统启动时必须经过一个管道排气充水的过程,因此会出现滞后喷水现象,不利于系统及时控火、灭火。

3. 预作用自动喷水灭火系统

预作用自动喷水灭火系统(图 2-11)由闭式洒水喷头、预作用报警阀组(由雨淋阀和湿式报警阀串联)、水流报警装置、供水与配水管道、充气设备和供水设施等组成。在准工作状态时配水管道内不充水,由火灾报警系统自动开启雨淋阀后,转换为湿式系统。预作用自动喷水灭火系统与湿式自动喷水灭火系统、干式自动喷水灭火系统的不同之处,在于自动喷水灭火系统采用雨淋阀,并配套设置火灾自动报警系统。

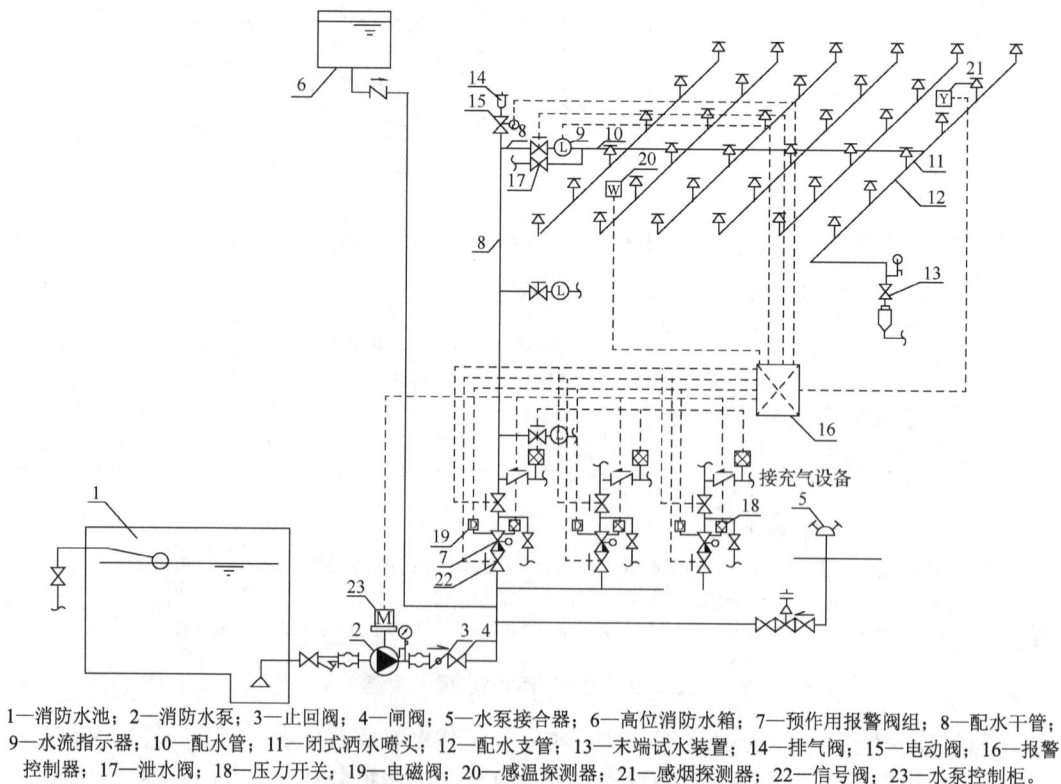

1—消防水池;2—消防水泵;3—止回阀;4—闸阀;5—水泵接合器;6—高位消防水箱;7—预作用报警阀组;8—配水干管;9—水流指示器;10—配水管;11—闭式洒水喷头;12—配水支管;13—末端试水装置;14—排气阀;15—电动阀;16—报警控制器;17—泄水阀;18—压力开关;19—电磁阀;20—感温探测器;21—感烟探测器;22—信号阀;23—水泵控制柜。

图 2-11 预作用自动喷水灭火系统

预作用自动喷水灭火系统处于准工作状态时，由消防水箱或稳压泵、气压给水设备等稳压设施维持雨淋阀入口前管道内充水的压力，雨淋阀后的管道内平时无水或充以有压气体。当发生火灾时，由火灾自动报警系统自动开启湿式报警阀，配水管道开始排气充水，使系统在闭式洒水喷头动作前转换成湿式自动喷水灭火系统，并在闭式洒水喷头开启后立即喷水。

预作用自动喷水灭火系统适用于准工作状态时不允许误喷而造成水渍损失的一些性质重要的建筑物内（如档案库等），以及在准工作状态时严禁管道充水的场所（如冷库等），也可用于替代干式系统。预作用系统既兼有湿式、干式系统的优点，又避免了湿式、干式系统的缺点，在不允许出现误喷或管道漏水的重要场所，可替代湿式系统使用；在低温或高温场所中替代干式系统使用，可避免洒水喷头开启后延迟喷水的缺点。

4. 雨淋系统

雨淋系统由开式洒水喷头、雨淋报警阀组、水流报警装置、供水与配水管道以及供水设施等组成，与前几种系统的不同之处在于，雨淋系统采用开式洒水喷头，由配套的火灾自动报警系统或传动管系统启动雨淋阀，由雨淋报警阀控制其配水管道上的全部洒水喷头同时喷水。电动启动和充液（水）传动管启动雨淋系统分别如图 2-12 和图 2-13 所示。

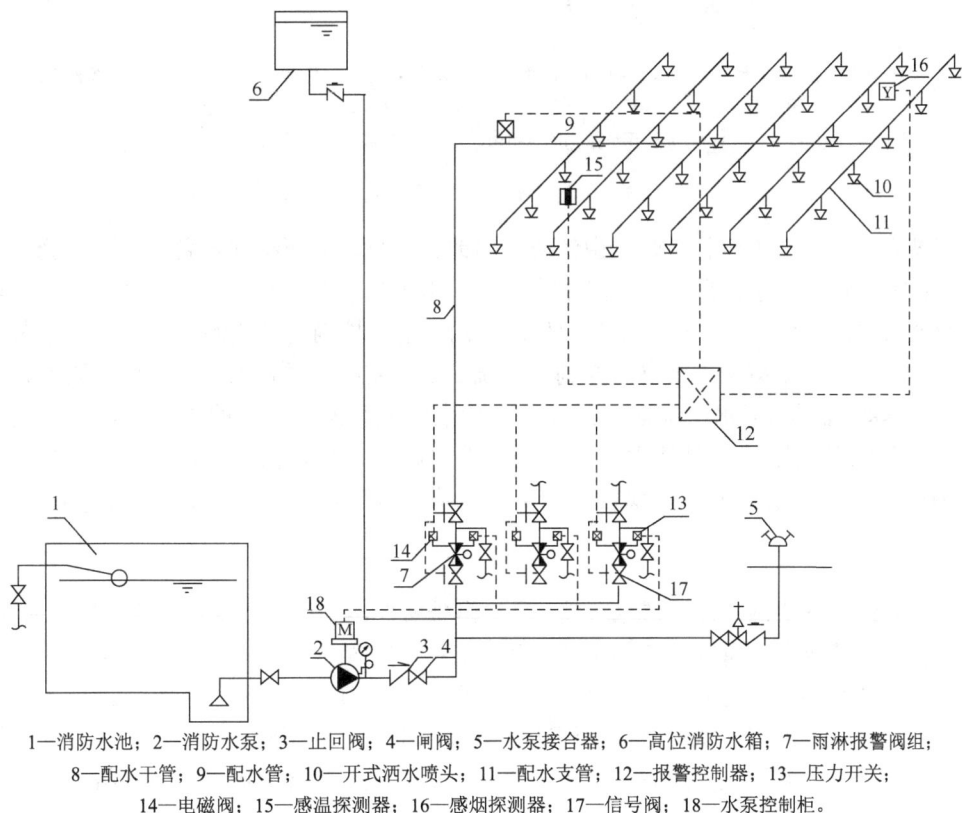

1—消防水池；2—消防水泵；3—止回阀；4—闸阀；5—水泵接合器；6—高位消防水箱；7—雨淋报警阀组；
8—配水干管；9—配水管；10—开式洒水喷头；11—配水支管；12—报警控制器；13—压力开关；
14—电磁阀；15—感温探测器；16—感烟探测器；17—信号阀；18—水泵控制柜。

图 2-12　电动启动雨淋系统

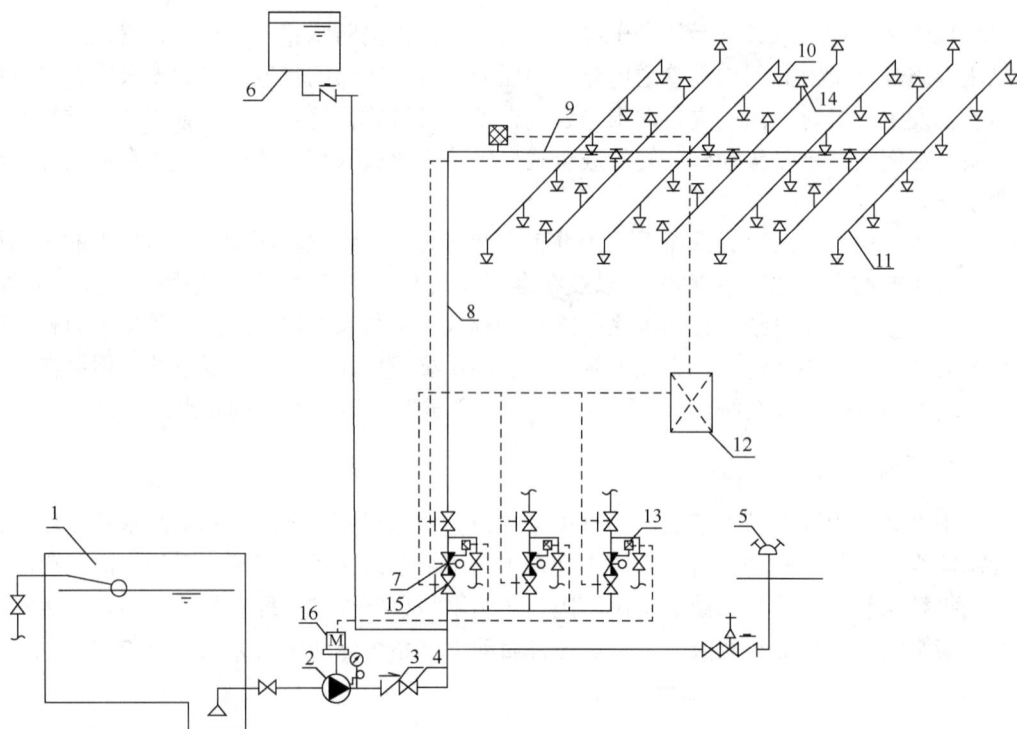

1—消防水池；2—消防水泵；3—止回阀；4—闸阀；5—水泵接合器；6—高位消防水箱；7—雨淋报警阀组；
8—配水干管；9—配水管；10—开式洒水喷头；11—配水支管；12—报警控制器；
13—压力开关；14—闭式洒水喷头；15—信号阀；16—水泵控制柜。

图 2-13　充液（水）传动管启动雨淋系统

雨淋系统处于准工作状态时，由消防水箱或稳压泵、气压给水设备等稳压设施维持雨淋阀入口前管道内充水的压力。当发生火灾时，由火灾自动报警系统或传动管控制，自动开启雨淋报警阀和供水泵，向系统管网供水，由雨淋阀控制的开式洒水喷头同时喷水。

雨淋系统的喷水范围由雨淋阀控制，系统启动后立即大面积喷水。因此，雨淋系统主要适用于需要大面积喷水、快速扑灭火灾的特别危险场所。火灾的水平蔓延速度快、闭式洒水喷头的开放不能及时使喷水有效覆盖着火区域；或室内净空高度超过一定数值，且必须迅速扑救初期火灾的；或属于严重危险级Ⅱ级的场所，应采用雨淋系统。

5. 水幕系统

水幕系统由开式洒水喷头或水幕喷头、雨淋报警阀组或感温雨淋阀、供水与配水管道、控制阀以及水流报警装置（水流指示器或压力开关）等组成。与前几种系统不同的是，水幕系统不具备直接灭火的能力，是用于挡烟、阻火和冷却分隔物的防火系统。

水幕系统处于准工作状态时，由消防水箱或稳压泵、气压给水设备等稳压设施维持管道内充水的压力。当发生火灾时，由火灾自动报警系统联动开启雨淋报警阀组和供水泵，向系统管网和洒水喷头供水。

防火分隔水幕系统利用密集喷洒形成的水墙或多层水帘，可封堵防火分区处的孔洞，阻挡火灾和烟气的蔓延，因此适用于局部防火分隔处。防护冷却水幕系统则利用喷水在物体表面形成的水膜，控制防火分区处分隔物的温度，使分隔物的完整性和隔热性免遭火灾破坏。

2.3.3　自动喷水灭火系统组件及设置要求

1. 洒水喷头

洒水喷头按照结构可以分为闭式洒水喷头（图 2-14）和开式洒水喷头（图 2-15）。闭式洒水喷头具有释放机构，由易熔合金热敏感元件、玻璃球、密封件等零件组成（图 2-16、图 2-17）。平时，闭式洒水喷头的出水口由释放机构封闭，当达到公称动作温度时，玻璃球破裂或易熔合金热敏感元件熔化，释放机构自动脱落，洒水喷头开启喷水。闭式洒水喷头具有定温探测器、定温阀及布水器的作用。开式洒水喷头（包括水幕喷头）没有释放机构，喷口呈常开状态。

图 2-14　闭式洒水喷头

图 2-15　开式洒水喷头

图 2-16　易熔合金热敏感元件

图 2-17　玻璃球

根据洒水喷头的热敏性能指标，闭式洒水喷头分为快速响应洒水喷头、特殊响应洒水喷头和标准响应洒水喷头。快速响应洒水喷头的响应时间指数为 RTI≤50$(m \cdot s)^{0.5}$；特殊响应洒水喷头的响应时间指数为 50<RTI≤80$(m \cdot s)^{0.5}$；标准响应洒水喷头的响应时间指数为 80<RTI≤350$(m \cdot s)^{0.5}$。

根据国家标准《自动喷水灭火系统　第 1 部分：洒水喷头》（GB 5135.1—2019），玻璃球洒水喷头的公称动作温度分成 13 个温度等级，易熔合金元件洒水喷头分成 7 个温度等级。为了区分不同公称动作温度的洒水喷头，将感温玻璃球中的液体和易熔合金喷头的轭臂标识不同的颜色（表 2-9）。

表 2-9　闭式洒水喷头的公称动作温度和色标

玻璃球洒水喷头		易熔合金洒水喷头	
公称动作温度/℃	工作液色标	公称动作温度/℃	轭臂色标
57	橙	57～77	本色
68	红	80～107	白
79	黄	121～149	蓝
93	绿	163～191	红
100	灰	204～246	绿
121	天蓝	260～302	橙
141	蓝	320～343	橙
163	淡紫		
182	紫红		
204	黑		
227	黑		
260	黑		
343	黑		

　　根据溅水盘的形式和安装的位置不同，可将洒水喷头分为直立型洒水喷头、下垂型洒水喷头、直立边墙型洒水喷头、普通型洒水喷头、吊顶型洒水喷头和干式下垂型洒水喷头。部分类型的洒水喷头如图 2-18 所示。

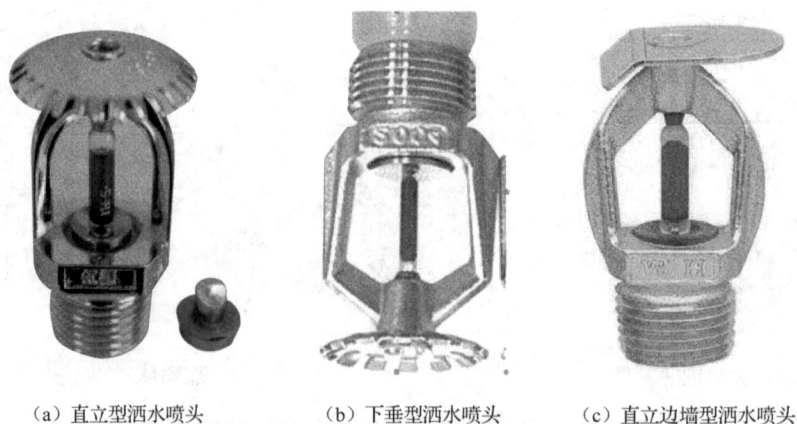

（a）直立型洒水喷头　　　（b）下垂型洒水喷头　　　（c）直立边墙型洒水喷头

图 2-18　部分类型的洒水喷头

（1）洒水喷头选型

1）湿式系统的洒水喷头选型应符合下列规定：

① 不做吊顶的场所，当配水支管布置在梁下时，应采用直立型洒水喷头；

② 吊顶下布置的洒水喷头，应采用下垂型洒水喷头或吊顶型洒水喷头；

③ 顶板为水平面的轻危险级、中危险级Ⅰ级住宅建筑、宿舍、旅馆建筑的客房、医疗建筑的病房和办公室，可采用直立边墙型洒水喷头；

④ 易受碰撞的部位，应采用带保护罩的洒水喷头或吊顶型洒水喷头；

⑤ 顶板为水平面，且无梁、通风管道等障碍物影响喷头洒水的场所，可采用扩大覆盖面积洒水喷头；

⑥ 住宅建筑和宿舍、公寓等非住宅类居住建筑宜采用家用喷头；

⑦ 不宜选用隐蔽式洒水喷头（确需采用时，应仅适用于轻危险级和中危险级Ⅰ级场所）。

2）干式系统、预作用系统应采用直立型洒水喷头或干式下垂型洒水喷头。

3）防火分隔水幕应采用开式洒水喷头或水幕喷头，防护冷却水幕应采用水幕喷头。

4）公共娱乐场所、中庭环廊，医院、疗养院的病房及治疗区域，老年、少儿、残疾人的集体活动场所，超出消防水泵接合器供水高度的楼层，地下商业场所宜采用快速响应洒水喷头。当采用快速响应洒水喷头时，系统应为湿式系统。

5）闭式系统的洒水喷头，其公称动作温度宜高于环境最高温度30℃。

（2）洒水喷头布置的形式

洒水喷头布置形式有正方形、长方形和菱形（图2-19）。洒水喷头的间距应按下列公式确定。

（a）洒水喷头正方形布置　　　　　　　　　（b）洒水喷头长方形布置

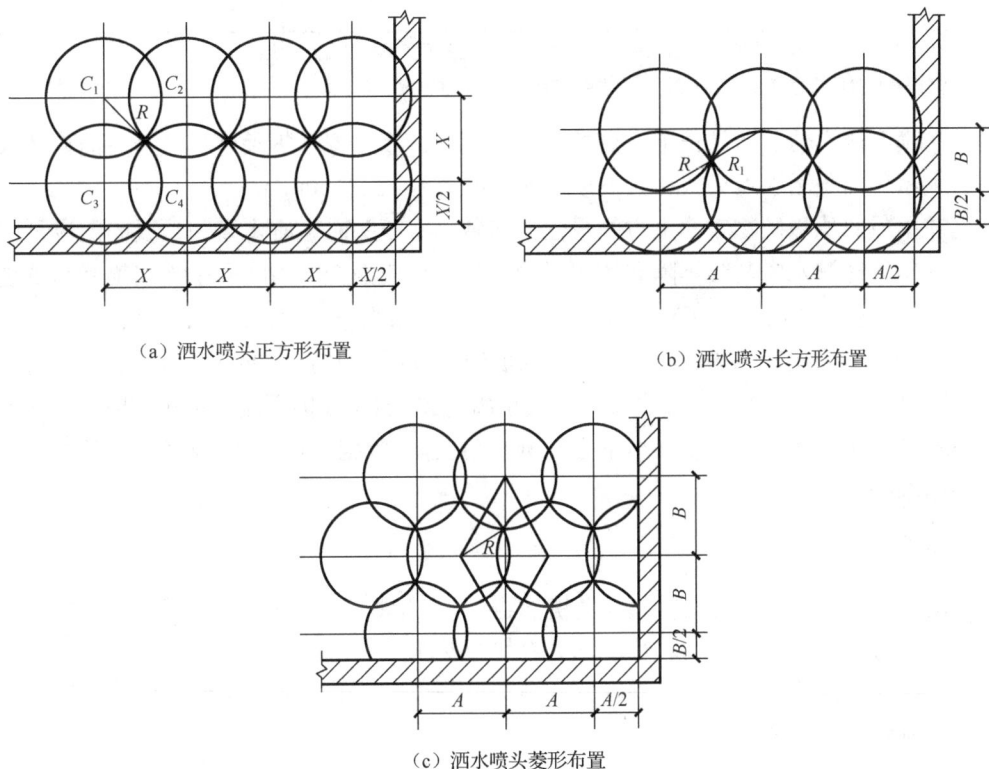

（c）洒水喷头菱形布置

图 2-19　洒水喷头几种布置形式

正方形布置时

$$X = 2R\cos 45° \tag{2-22}$$

长方形布置时

$$A^2 + B^2 = (2R)^2 \tag{2-23}$$

菱形布置时

$$A = 4R \times \cos 30° \times \sin 30° = \sqrt{3}R \qquad (2\text{-}24)$$

$$B = 2R \times \cos 30° \times \cos 30° = 1.5R \qquad (2\text{-}25)$$

式中，R——洒水喷头的最大保护半径（m）。

（3）洒水喷头布置要求

同一根配水支管上洒水喷头的间距及相邻配水支管的间距，应根据系统的喷水强度、洒水喷头的流量系数和工作压力确定，并应符合表 2-10 的要求，且不应小于 1.8m。

表 2-10　直立型、下垂型标准覆盖面积洒水喷头的布置

火灾危险等级	正方形布置的边长/m	矩形或平行四边形布置的长边边长/m	一只洒水喷头的最大保护面积/m²	洒水喷头与端墙的最大距离/m	
				最大	最小
轻危险级	4.4	4.5	20.0	2.2	
中危险Ⅰ级	3.6	4.0	12.5	1.8	
中危险Ⅱ级	3.4	3.6	11.5	1.7	0.1
严重危险级、仓库火灾危险级	3.0	3.6	9.0	1.5	

注：① 设置单排洒水喷头的闭式系统，其洒水喷头间距应按地面不留漏喷空白点确定；

② 严重危险级或仓库火灾危险级场所宜采用流量系数大于 80 的洒水喷头。

除吊顶型洒水喷头及吊顶下设置的洒水喷头外，直立型、下垂型标准覆盖面积洒水喷头和扩大覆盖面积洒水喷头溅水盘与顶板的距离应为 75～150mm。

当在梁或其他障碍物底面下方的平面上布置洒水喷头时，溅水盘与顶板的距离不应大于 300mm，同时溅水盘与梁等障碍物底面的垂直距离应为 25～100mm；当在梁间布置洒水喷头时，洒水喷头与梁的距离应符合《自动喷水灭火系统设计规范》（GB 50084—2017）第 7.2.1 条的规定。当确有困难时，溅水盘与顶板的距离不应大于 550mm，以避免洒水遭受阻挡。当梁间布置的洒水喷头，溅水盘与顶板距离达到 550mm 仍不能符合规定时，应在梁底面的下方增设洒水喷头；密肋梁板下方的洒水喷头，溅水盘与密肋梁板底面的垂直距离应为 25～100mm。

2. 报警阀

自动喷水灭火系统中的报警阀是关键的组件之一，其作用是开启和关闭管网中的水流，传递控制信号至消控中心，同时启动水力警铃直接报警。自动喷水灭火系统根据不同的系统，选用不同的报警阀组。报警阀组分为湿式报警阀组、干式报警阀组、雨淋报警阀组。

（1）湿式报警阀组

湿式报警阀组结构由止回阀（开启条件与入口压力及出口流量有关）、延迟器、水力警铃、压力开关、控制阀等组成报警阀组，如图 2-20 所示。该报警阀组是湿式系统的专用阀门，只允许水流入系统并在规定压力、流量下驱动配套部件报警的一种单向阀。

湿式报警阀在准工作状态时，阀瓣前后水压相等，在水压力及自重的作用下，阀瓣坐落在阀座上，处于关闭状态（阀瓣上面的总压力大于阀芯下面的总压力）。当发生火灾时，闭式洒水喷头喷水灭火，补偿器来不及补水，阀瓣上面的水压下降，此时阀瓣前水压大于阀瓣后水压，阀瓣开启，水便向洒水管网及动作喷头供水，同时水沿着报警阀的环形槽进

入报警口，流向延迟器、水力警铃，警铃发出声响报警，压力开关开启，给出电接点信号报警并启动自动喷水灭火系统消防泵。

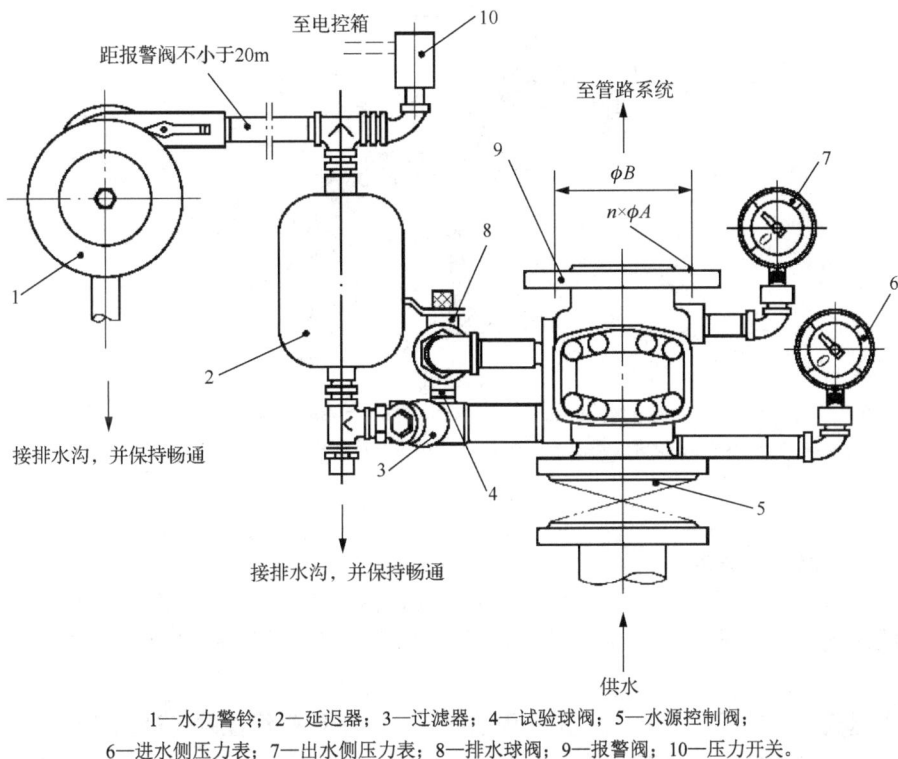

1—水力警铃；2—延迟器；3—过滤器；4—试验球阀；5—水源控制阀；
6—进水侧压力表；7—出水侧压力表；8—排水球阀；9—报警阀；10—压力开关。

图 2-20　湿式报警阀组

（2）干式报警阀组

干式报警阀组主要由干式报警阀、水力警铃、压力开关、空压机、安全阀、控制阀等组成，其工作原理与湿式报警阀基本相同。不同的是干式报警阀是由阀前水压和阀后管中有压气体压强引起的。

（3）雨淋报警阀组

雨淋报警阀是通过电动、机械或其他方法开启，使水能够自动流入喷水灭火系统，同时进行报警的一种单向阀。按照其结构可分为隔膜式雨淋报警阀、推杆式雨淋报警阀、活塞式雨淋报警阀、蝶阀式雨淋报警阀。雨淋报警阀广泛应用于预作用自动喷水灭火系统、雨淋系统、水幕系统等中。雨淋报警阀是水流控制阀，可以通过电动、液动、气动及机械方式开启，其构造如图 2-21 所示。

雨淋报警阀的阀腔分成上腔、下腔和控制腔三部分。控制腔与供水管道连通，中间设限流传压的孔板。供水管道中的压力水推动控制腔中的膜片、进而推动驱动杆顶紧阀瓣锁定杆，锁定杆产生力矩，把阀瓣锁定在阀座上。阀瓣使下腔的压力水不能进入上腔。控制腔泄压时，使驱动杆作用在阀瓣锁定杆上的力矩低于供水压力作用在阀瓣上的力矩，于是阀瓣开启，供水进入配水管道。

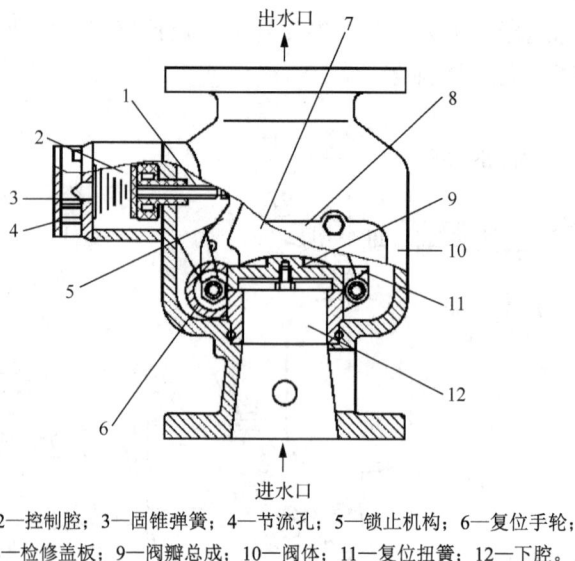

1—驱动杆；2—控制腔；3—固锥弹簧；4—节流孔；5—锁止机构；6—复位手轮；
7—上腔；8—检修盖板；9—阀瓣总成；10—阀体；11—复位扭簧；12—下腔。

图 2-21　雨淋报警阀构造

（4）报警阀组设置要求

自动喷水灭火系统应根据不同的系统型式设置相应的报警阀组。保护室内钢屋架等建筑构件的闭式系统，应设置独立的报警阀组。水幕系统应设置独立的报警阀组或感温雨淋阀。

对于湿式自动喷水灭火系统、预作用系统，一个报警阀组控制的洒水喷头数不宜超过800 只；对于干式自动喷水灭火系统不宜超过 500 只。串联接入湿式自动喷水灭火系统配水干管的其他自动喷水灭火系统，应分别设置独立的报警阀组，其控制的洒水喷头数计入湿式阀组控制的洒水喷头总数。每个报警阀组供水的最高和最低位置洒水喷头的高程差不宜大于 50m。

报警阀组宜设在安全及易于操作的地点，其距地面的高度宜为 1.2m。设置报警阀组的部位应设有排水设施。连接报警阀进出口的控制阀应采用信号阀，保证系统时刻处于警戒状态。当使用信号阀时，其启闭状态的信号反馈到消防控制中心；当使用常规阀门时，必须用锁具锁定阀板位置。

3. 延迟器

图 2-22　延迟器

延迟器是一个罐式容器（图 2-22），安装于报警阀与水力警铃（或压力开关）之间。延迟器的作用是防止由于水压波动原因引起报警阀开启而导致的误报。报警阀开启后，水流需要经 30s 左右充满延迟器后，方可冲打水力警铃。

延迟器入口与报警阀的报警水流通道连接，出口与压力开关和水力警铃连接，延迟器入口前安装过滤器，过滤器用于截留管网中杂质。延迟器可以在准工作状态下防止因压力波动而误报警。当配水管道发生渗漏时，有可能引起湿式报警阀阀瓣的微小开启，使水进入延迟器。但是，由于流量小，进入延迟器的水量会从延迟器底部的节流孔排出，使延迟器无法充满水，更不能从出口流向压力开关和水力警铃。只有当湿式报警阀开启，水流经报警通道进入延迟器，将延迟器注满并由出口溢出时，才能驱动水力警铃和压力开关。

4. 水流报警装置

水流报警装置主要有水力警铃（图 2-23）、水流指示器（图 2-24）、压力开关（图 2-25）等。

图 2-23　水力警铃　　　　图 2-24　水流指示器　　　　图 2-25　压力开关

（1）水力警铃

水力警铃是一种靠水力驱动的机械警铃，安装在报警阀组的报警管道上。报警阀开启后，水流进入水力警铃并形成一股高速射流，冲击水轮带动铃锤快速旋转，敲击铃盖发出声响警报。

水力警铃的工作压力不应小于 0.05MPa，并应符合下列规定：应设在有人值班的地点附近或公共通道的外墙上；与报警阀连接的管道，其管径应为 20mm，总长不宜大于 20m。

（2）水流指示器

水流指示器用于湿式自动喷水灭火系统中，通常安装在各楼层配水干管或支管上。当发生火灾，洒水喷头开启喷水时，水流指示器中桨片摆动，并接通电信号送至报警控制器报警后，指示火灾楼层。

除报警阀组控制的洒水喷头只保护不超过防火分区面积的同层场所外，每个防火分区、每个楼层均应设水流指示器；仓库内顶板下洒水喷头与货架内置洒水喷头应分别设置水流指示器；当水流指示器入口前设置控制阀时，应采用信号阀。

（3）压力开关

压力开关是自动喷水灭火系统中的一个重要部件，一般垂直安装于延迟器和水力警铃之间的管道上，其作用是将系统的压力信号转化为电信号输出。压力开关的工作原理是在水力警铃报警的同时，依靠警铃管内水压的升高，自动接通电触点，完成电动警铃报警，向消防控制室传送电信号或启动消防水泵。

雨淋系统和防火分隔水幕的水流报警装置应采用压力开关；自动喷水灭火系统应采用压力开关控制稳压泵，并应能调节启停压力。

5. 末端试水装置

末端试水装置应由试水阀、压力表以及试水接头组成，末端试水装置构造如图 2-26 所示，其作用是检验系统的可靠性，测试干式自动喷水灭火系统和预作用自动喷水灭火系统的管道充水时间。每个报警阀组控制的最不利洒水喷头处应设末端试水装置，其他防火分区、楼层均应设直径为 25mm 的试水阀。

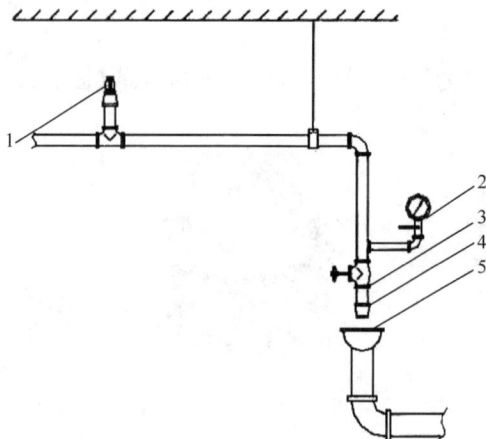

1—最不利点处洒水喷头；2—压力表；3—球阀；4—试水接头；5—排水漏斗。

图 2-26　末端试水装置

试水接头出水口的流量系数应等同于同楼层或防火分区内的最小流量系数洒水喷头。末端试水装置的出水。应采取孔口出流的方式排入排水管道，排水立管宜设伸顶通气管，且管径不应小于 75mm。末端试水装置和试水阀应有标识，距地面的高度宜为 1.5m，并应采取不被他用的措施。

6. 火灾探测器

火灾探测器是自动喷水灭火系统的重要组成部分。目前常用的有感烟探测器、感温探测器。感烟探测器是利用火灾发生地点的烟雾浓度进行探测；感温探测器是通过火灾引起的温升进行探测。火灾探测器布置在房间或过道的顶棚下面，其数量应根据探测器的保护面积和探测区面积计算。

7. 减压节流装置

自动喷水灭火系统分支多，每个洒水喷头位置不同，其出口压力也不同。轻危险级、中危险级场所中，各配水管入口的压力均不宜大于 0.40MPa。当配水管入口处压力超过规定值时，可采用减压孔板（图 2-27）、节流管（图 2-28）或减压阀消除多余水压。

减压孔板应设在直径不小于 50mm 的水平直管段上，前后管段的长度均不宜小于该管段直径的 5 倍；减压孔板的孔口直径不应小于设置管段直径的 30%，且不应小于 20mm；减压孔板应采用不锈钢板材制作。节流管的直径宜按上游管段直径的 1/2 确定，长度不宜小于 1m；节流管内水的平均流速不应大于 20m/s。

当采用减压阀时，其应设在报警阀组入口前，入口前应设过滤器，以便于排污；当连接 2 个及以上报警阀组时，应设置备用减压阀。减压阀前后应设控制阀和压力表，当减压阀的主阀体自身带有压力表时，可不设置压力表；减压阀和前后的阀门宜有保护或锁定调节配件的装置。垂直设置的减压阀，水流方向宜向下；比例式减压阀宜垂直设置，可调式减压阀宜水平设置。

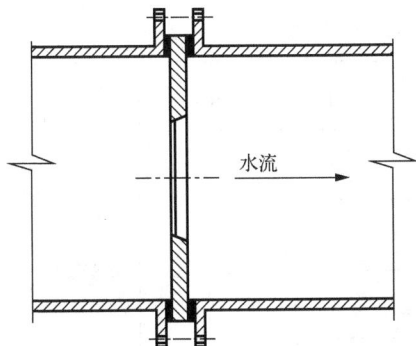

图 2-27　减压孔板结构

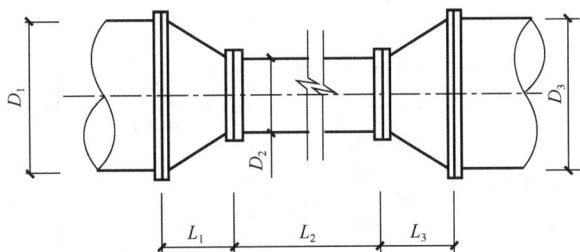

图 2-28　节流管结构

2.3.4　自动喷水灭火系统的设计

1. 系统设计参数

自动喷水灭火系统的设计应保证发生火灾时，其能够自动喷水灭火，同时要保证其达到相应标准的设计喷水强度、作用面积、喷水设计压力。自动喷水系统设计基本参数见《自动喷水灭火系统设计规范》（GB 50084—2017）。

1）民用建筑和工业厂房的湿式自动喷水灭火系统设计参数不应低于表 2-11 的规定。

表 2-11　民用建筑和工业厂房的湿式自动喷水灭火系统设计参数

火灾危险等级		净空高度 h/m	喷水强度/［L/（min·m²）］	作用面积/m²
轻危险级			4	160
中危险级	Ⅰ级	$h \leqslant 8$	6	
	Ⅱ级		8	
严重危险级	Ⅰ级		12	260
	Ⅱ级		16	

注：系统最不利点洒水喷头的工作压力不应低于 0.05MPa。

2）干式系统的作用面积应按表 2-11 中规定值的 1.3 倍确定。

3）雨淋系统中每个雨淋阀控制的喷水面积不宜大于表 2-11 中规定的作用面积。

4）仅在走道设置单排洒水喷头的闭式系统，其作用面积应按最大疏散距离所对应的走道面积确定。

5）装设网格、栅板类通透性吊顶的场所，系统的喷水强度按表 2-11 中规定值的 1.3 倍确定。

6）民用建筑和厂房的高大空间场所采用湿式系统的设计基本参数不应低于表 2-12 中的规定。

7）水幕系统的设计基本参数见表 2-13。

表 2-12　民用建筑和厂房的高大空间场所采用湿式系统的设计基本参数

适用场所		最大净空高度/m	喷水强度（面状）/ $[L/(min \cdot m^2)]$	作用面积/m²	洒水喷头间距/m
民用建筑	中庭、体育馆、航站楼	8<h≤12	12	160	1.8≤S≤3.0
		12<h≤18	15		
	影剧院、音乐厅、会展中心等	8<h≤12	15		
		12<h≤18	20		
厂房高大空间场所	制衣制鞋、玩具、木器、电子生产车间等	8<h≤12	15		
	棉纺厂、麻纺厂、泡沫塑料生产车间等		20		

注：① 表中未列入的场所，应根据本表规定场所的火灾危险性类比确定；
　　② 当民用建筑的最大净空高度为 12m<h≤18m 时，应采用非仓库型特殊应用洒水喷头。

表 2-13　水幕系统的设计基本参数

水幕类别	喷水点高度 h/m	喷水强度（线性）/ $[L/(s \cdot m)]$	洒水喷头工作压力/MPa
防火分隔水幕	h≤12	2.0	0.1
防护冷却水幕	h≤4	0.5	

注：① 防护冷却水幕的喷水点高度每增加 1m，喷水强度应增加 0.1L/（s·m），但超过 9m 时，喷水强度仍采用 1.0L/（s·m）；
　　② 系统持续喷水时间不应小于系统设置部位的耐火极限要求。

2. 管网设计

自动喷水灭火系统管网的布置应根据建筑物平面的具体情况布置成中央式（图 2-29）或侧边式（图 2-30）。配水管道的布置，应使配水管入口的压力均衡。轻危险级、中危险级场所中各配水管入口的压力均不宜大于 0.40MPa。支管上洒水喷头应尽量对称布置，以减少水头损失。配水管两侧每根配水支管控制的标准流量洒水喷头数量，轻危险级、中危险级场所不应超过 8 只，同时在吊顶上下设置洒水喷头的配水支管，上下侧均不应超过 8 只；严重危险级及仓库危险级场所均不应超过 6 只。

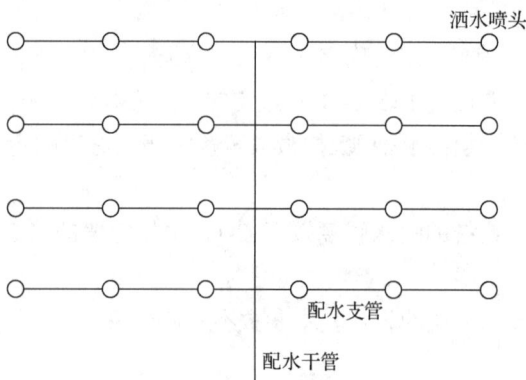

图 2-29　中央式洒水喷头布置　　　　图 2-30　侧边式洒水喷头布置

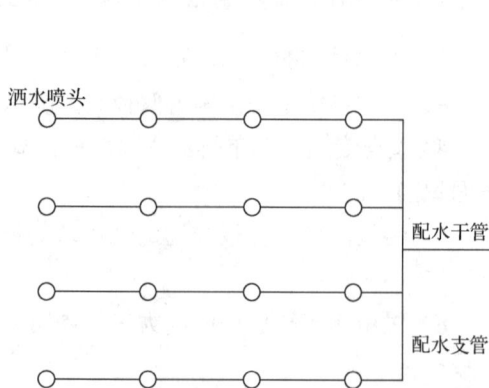

　　自动喷水灭火系统的配水管道的工作压力不应大于 1.2MPa，如果超过此值需要进行竖向分区。分区的方式和给水分区相同，有并联分区和串联分区。

　　轻危险级、中危险级场所中配水支管、配水管控制的标准流量洒水喷头数量按表 2-14 确定，同时可以确定相应的管径；当管径超过 80mm 时，经过水力计算确定。

表 2-14　轻危险级、中危险级场所中配水支管、配水管控制的标准流量洒水喷头数量

公称管径/mm	控制的洒水喷头数/只	
	轻危险级	中危险级
25	1	1
32	3	3
40	5	4
50	10	8
65	18	12
80	48	32
100	—	64

　　配水管道可采用内外壁热镀锌钢管、涂覆钢管、铜管、不锈钢管和氯化聚氯乙烯（PVC-C）管。当报警阀入口前管道采用不防腐的钢管时，应在报警阀前设置过滤器。管网的单位水头损失根据管道的设计流量应查相应管材的水力计算表确定。

3. 水力计算

　　自动喷水灭火系统水力计算的主要目的是确定各管道的设计流量及管径；计算管网所需的供水压力和流量，选择消防水泵；确定高位水箱相关设计参数。该系统水力计算方法有特征系数法和作用面积法，其中《自动喷水灭火系统设计规范》（GB 50084—2017）推荐采用作用面法，本节详细介绍作用面积法。

　　自动喷水灭火系统主要用于建筑物灭初期火灾。当发生火灾时，只要保证在自动喷水灭火系统中最不利点（最高最远）处作用面积范围内洒水喷头的喷水强度达到设计要求，就能达到灭初期火灾的目的。因此按照表 2-11 或表 2-12 选出作用面积，此作用面积宜为矩形，其长边应平行于配水支管，长度不宜小于作用面积平方根的 1.2 倍。在最不利作用区域选定后，从区域内最不利点洒水喷头开始，依次计算各管段的设计流量和水头损失，直到作用面积区域内最后一个喷头为止。假定以后的管段流量不再增加，仅计算水力损失。管道内的水流速度宜采用经济流速，必要时可超过 5m/s，但不应大于 10m/s。

（1）系统的设计流量

　　洒水喷头的设计流量按公式（2-26）计算：

$$q = K\sqrt{10P} \tag{2-26}$$

式中：q——洒水喷头流量（L/min）；

　　　　K——洒水喷头流量系数；

　　　　P——洒水喷头工作压力（MPa）。

　　系统的设计流量，应按最不利点处作用面积内洒水喷头同时喷水的总流量确定，如公式（2-27）计算：

$$Q_s = \frac{1}{60} \sum_{i=1}^{n} q_i \qquad (2-27)$$

式中：Q_s——系统设计流量（L/s）；

$\quad\quad n$——最不利点处作用面积内的洒水喷头数；

$\quad\quad q_i$——最不利点处作用面积内各洒水喷头节点的流量（L/min）。

1）系统设计流量的计算应保证任意作用面积内的平均喷水强度不低于表 2-11 和表 2-12 中的规定值。最不利点处作用面积内任意 4 只洒水喷头围合范围内的平均喷水强度，轻危险、中危险级不应低于表 2-11 中规定值的 85%；严重危险级不应低于表 2-11 中的规定值。

2）设置货架内置洒水喷头的仓库，顶板下洒水喷头与货架内置洒水喷头应分别计算设计流量，并应按其设计流量之和确定系统的设计流量。

3）建筑内设有不同类型的系统或有不同危险等级的场所时，系统的设计流量应按其设计流量的最大值确定。

4）当建筑物内同时设有自动喷水灭火系统和水幕系统时，系统的设计流量应按同时启用的自动喷水灭火系统和水幕系统的用水量计算，并应按二者之和中的最大值确定。

5）雨淋系统和水幕系统的设计流量，应按雨淋报警阀控制的洒水喷头的流量之和确定。多个雨淋报警阀并联的雨淋系统，系统设计流量应按同时启用雨淋报警阀的流量之和的最大值确定。

6）当原有系统延伸管道、扩展保护范围时，应对增设洒水喷头后的系统重新进行水力计算。

（2）管道水力计算

1）沿程水头损失。沿程水头损失应按公式（2-28）计算：

$$h_i = il \qquad (2-28)$$

式中：h_i——沿程水头损失（kPa）；

$\quad\quad i$——管道单位长度的水头损失（kPa/m），按公式（2-29）计算；

$\quad\quad l$——管道长度（m）。

$$i = 6.05 \times \left(\frac{q_g^{1.85}}{C_h^{1.85} d_j^{4.87}} \right) \times 10^7 \qquad (2-29)$$

式中：d_j——管道计算内径（mm）；

$\quad\quad q_g$——管道设计流量（L/min）；

$\quad\quad C_h$——海澄-威廉系数，见表 2-15。

表 2-15 不同类型管道的海澄-威廉系数

管段类型	C_h
镀锌钢管	120
铜管、不锈钢管	140
涂覆钢管、氯化聚氯乙烯（PVC-C）管	150

2）局部水头损失。管道的局部水头损失宜采用当量长度法计算，且应符合《自动喷水灭火系统设计规范》（GB 50084—2017）附录 C 的规定。当资料不全时，可按沿程水头损失的 10%～30%取值。

（3）系统供水压力或水泵所需扬程

水泵扬程或系统入口的供水压力应按公式（2-30）计算：

$$H = (1.20 \sim 1.40)\sum P_{\mathrm{p}} + P_0 + Z + h_{\mathrm{c}} \tag{2-30}$$

式中：H ——水泵扬程或系统入口的供水压力（MPa）。

$\sum P_{\mathrm{p}}$ ——管道沿程和局部水头损失的累计值（MPa），报警阀的局部水头损失应照产品样本或检测数据确定。当无上述数据时，湿式报警阀取值 0.04MPa、干式报警阀取值 0.02MPa、预作用装置取值 0.08MPa、雨淋报警阀取值 0.07MPa、水流指示器取值 0.02MPa。

P_0 ——最不利点处洒水喷头的工作压力（MPa）。

Z ——最不利点处洒水喷头与消防水池的最低水位或系统入口管水平中心线之间的高程差（MPa），当系统入口管或消防水池最低水位高于最不利点处洒水喷头时，Z 应取负值。

h_{c} ——从城市市政管网直接抽水时城市管网的最低水压（MPa），当从消防水池吸水时，h_{c} 取 0。

（4）管道系统的减压措施

1）减压孔板。减压孔板的水头损失，应按公式（2-31）计算：

$$H_{\mathrm{k}} = \xi \frac{V_{\mathrm{k}}^2}{2g} \tag{2-31}$$

式中：H_{k} ——减压孔板的水头损失（10^{-2}MPa）；

V_{k} ——减压孔板后管道内水的平均流速（m/s）；

ξ ——减压孔板的局部阻力系数，取值应按《自动喷水灭火系统设计规范》（GB 50084—2017）附录 D 确定。

2）节流管的水头损失，应按公式（2-32）计算：

$$H_{\mathrm{g}} = \xi \frac{V_{\mathrm{k}}^2}{2g} + 0.00107 \cdot L \cdot \frac{V_{\mathrm{g}}^2}{d_{\mathrm{g}}^{1.3}} \tag{2-32}$$

式中：H_{g} ——节流管的水头损失（10^{-2}MPa）；

ξ ——节流管中渐缩管与渐扩管的局部阻力系数之和，取值 0.7；

V_{g} ——节流管内水的平均流速（m/s）；

d_{g} ——节流管的计算内径（m），取值应按节流管内径减 1mm 确定；

L ——节流管的长度（m）。

【例 2-3】　某地下车库（中危险 II 级）设有自动喷水灭火系统，选用标准洒水喷头。车库层高 7.5m，柱网为 8.4m×8.4m，每个柱网均匀布置 9 个洒水喷头，在不考虑短立管的水力阻力的情况下，求最不利作用面积内满足喷水强度要求的第一个洒水喷头的工作压力是多少？

【解】 根据题意此车库的火灾危险等级属中危险Ⅱ级,查规范可得喷水强度8L/(min·m²),单个洒水喷头的实际保护面积为

$$A_s = 2.8 \times 2.8 = 7.84 （\text{m}^2）$$

单个洒水喷头的喷水流量为

$$q_1 = 8 \times 7.84 = 62.72 （\text{L/min}）$$

根据公式 $q = K\sqrt{10P}$,第一个洒水喷头的工作压力为 $P_1 = \left(\dfrac{62.72}{80}\right)^2 \div 10 = 0.06 （\text{MPa}）$,大于规范规定的 0.05MPa,所以本题中第一个洒水喷头的工作压力为 0.06MPa。

2.4 其他灭火系统设施简介

2.4.1 水喷雾灭火系统

水喷雾灭火系统是利用专门设计的水雾喷头,在水雾喷头的工作压力下将水流分解成粒径不超过 1mm 的细小水滴进行灭火或防护冷却的一种固定式灭火系统。它具有较高的电绝缘性能和良好的灭火性能。水喷雾的灭火机理主要是表面冷却、窒息、乳化和稀释。

1. 水喷雾灭火系统的应用范围

水喷雾灭火系统按防护目的主要分为灭火控火和防护冷却两大类,其适用范围随不同的防护目的而设定。

1）以灭火控火为目的的水喷雾系统主要适用于以下范围:

① 固体火灾,水喷雾系统适用于扑救固体火灾。

② 可燃液体火灾,水喷雾系统可用于扑救闪点高于 60℃ 的可燃液体火灾,如燃油锅炉、发电机油箱、输油管道火灾等。

③ 电气火灾,水喷雾系统的离心雾化喷头喷出的水雾具有良好的电气绝缘性,因此水喷雾系统可以用于扑灭油浸式电力变压器、电缆隧道、电缆沟、电缆井、电缆夹层等电气火灾。

2）以防护冷却为目的的水喷雾系统主要适用于以下范围:

① 可燃气体和甲、乙、丙类液体的生产、储存、装卸、使用设施和装置的防护冷却。

② 火灾危险性大的化工装置及管道,如加热器、反应器、蒸馏塔等的冷却防护。

3）下列场所应设置自动灭火系统,并宜采用水喷雾灭火系统:

① 单台容量在 40MV·A 及以上的厂矿企业油浸变压器,单台容量在 90MV·A 及以上的电厂油浸变压器,单台容量在 125MV·A 及以上的独立变电站油浸变压器;

② 飞机发动机试验台的试车部位;

③ 充可燃油并设置在高层民用建筑内的高压电容器和多油开关室。

注:设置在室内的油浸变压器、充可燃油的高压电容器和多油开关室,可采用细水雾灭火系统。

2. 水喷雾灭火系统的组成

水喷雾灭火系统由水源、供水设备、管道、雨淋阀组（或电动控制阀、气动控制阀）、过滤器和水雾喷头等组成，向保护对象喷射水雾进行灭火或防护冷却的系统。本节介绍主要部件的构成及其设置要求。

（1）水雾喷头

水雾喷头是在一定压力作用下，在设定区域内能将水流分解为直径 1mm 以下的水滴，并按设计的洒水形状喷出的喷头。水雾喷头按结构可分为离心雾化型水雾喷头（图 2-31）和撞击型水雾喷头（图 2-32）两种。

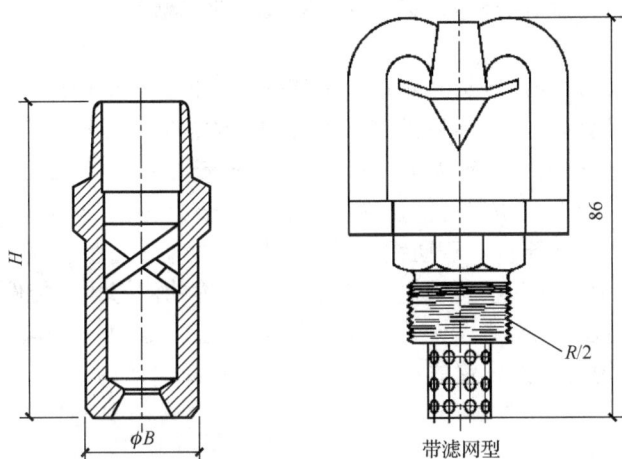

图 2-31　离心雾化型水雾喷头　　　　　图 2-32　撞击型水雾喷头

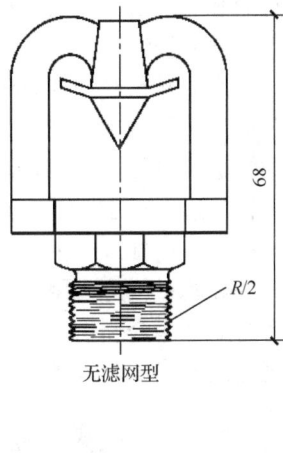

离心雾化型水雾喷头由喷头体、涡流器组成，在较高的水压下通过喷头内部的离心旋转形成水雾喷射出来，它形成的水雾同时具有良好的电绝缘性，适合扑救电气火灾。但离心雾化型水雾喷头的通道较小，时间长了容易堵塞。撞击型水雾喷头的压力水流通过撞击外置的溅水盘，在设定区域分散为均匀锥形水雾。但撞击型水雾喷头雾化程度较差，不能保证雾状水的电绝缘性能。因此，扑救电气火灾，应选用离心雾化型水雾喷头；内粉尘场所设置的水雾喷头应带防尘帽，室外设置的水雾喷头宜带防尘帽；离心雾化型水雾喷头应带柱状过滤网。

水雾喷头的雾化效果与喷头的工作压力有直接的关系。通常情况下，水雾喷头的工作压力越高，其水雾滴粒径愈小，雾化效果越好，灭火和冷却的效率也就越高。当水雾喷头工作压力大于或等于 0.2MPa 时，能获得良好的分布形状和雾化效果，满足防护冷却的要求；在压力大于或等于 0.35MPa 时，能获得良好的雾化效果，满足灭火的要求。因此，水雾喷头的工作压力，当用于灭火时不应小于 0.35MPa；当用于防护冷却时不应小于 0.2MPa，但对于甲、乙、丙类液体储罐不应小于 0.15MPa。

（2）雨淋阀组

雨淋阀组由雨淋报警阀、电磁阀、压力开关、水力警铃、压力表以及配套的通用阀门组成的装置。雨淋阀组作为水喷雾灭火系统中的系统报警控制阀，起着十分重要的作用。

1）雨淋阀组应具备以下功能：接收电控信号的雨淋阀组应能电动开启，接收传动管信号的雨淋阀组应能液动或气动开启；应具有远程手动控制和现场应急机械启动功能；在控制盘上应能显示雨淋报警阀开、闭状态；宜驱动水力警铃报警。

2）雨淋阀组的设置：雨淋报警阀进出口应设置压力表；电磁阀前应设置可冲洗的过滤器。雨淋阀组宜设在环境温度不低于 4℃、并有排水设施的室内，其位置宜靠近保护对象以便于操作；雨淋阀组设在室外时，雨淋阀组配件应具有防腐功能，雨淋阀组设在防爆区时，配件应符合防爆要求；设在寒冷地区的雨淋阀组应采用电伴热或蒸汽伴热进行保温；并联设置的雨淋阀组，雨淋阀入口处应设止回阀；雨淋阀的试水口应接入可靠的排水设施。

（3）火灾探测与传动控制系统

水喷雾灭火系统采用的火灾探测器或闭式洒水喷头传动控制系统进行报警和控制雨淋阀的开启。常用的火灾探测器有火焰探测器、感温探测器和感烟探测器。

（4）管道

水喷雾系统中的管道分为雨淋阀前管道和阀后管道两部分。过滤器与雨淋报警阀之间及雨淋报警阀后的管道，应采用内外热浸镀锌钢管、不锈钢管或铜管；需要进行弯管加工的管道应采用无缝钢管。管道工作压力不应大于 1.6MPa。系统管道采用镀锌钢管时，公称直径不应小于 25mm；采用不锈钢管或铜管时，公称直径不应小于 20mm。系统管道应采用沟槽式管接件（卡箍）、法兰或丝扣连接，普通钢管可采用焊接。沟槽式管接件（卡箍），其外壳的材料应采用牌号不低于 QT450-12 的球墨铸铁。防护区内的沟槽式管接件（卡箍）密封圈、非金属法兰垫片应通过《水喷雾灭火系统技术规范》（GB 50219—2014）附录 A 规定的干烧试验，同时应在管道的低处设置放水阀或排污口。

2.4.2 气体灭火系统

因建筑物使用功能不同，其内部可燃物性质各异，有些就不能用水作为灭火的介质（如与水会发生爆炸的物质）。因此，应根据可燃物的物理、化学性质，采用相对应的灭火介质。气体灭火系统是以一种或多种气体作为灭火介质，通过这些气体在整个防护区内或保护对象周围的局部区域建立起灭火浓度而实现灭火。气体灭火系统具有灭火效率高、灭火速度快、保护对象无污损等优点。

1. 气体灭火系统的应用方式

气体灭火系统可分为全淹没灭火系统和局部应用灭火系统。全淹没灭火系统是指在规定的时间内，向防护区喷射一定浓度的气体灭火剂，并使其均匀地充满整个防护区的灭火系统。全淹没灭火系统的喷头均匀布置在防护区的顶部。局部应用灭火系统指在规定的时间内向保护对象以设计喷射率直接喷射气体，在保护对象周围形成局部高浓度，并持续一定时间的灭火系统。局部应用灭火系统的喷头均匀布置在保护对象的四周。

2. 气体灭火系统的控制方式

1）自动控制方式：灭火控制器配有感烟火灾探测器和定温式感温火灾探测器。控制器上有控制方式选择锁，当将其置于"自动"位置时，灭火控制器处于自动控制状态。当只有一种探测器发出火灾信号时，控制器即发出火警声光信号，通知有异常情况发生，而不启动灭火装置释放灭火剂。如确需启动灭火装置灭火时，可按下"紧急启动按钮"，即可启动灭火装置释放灭火剂，实施灭火。当两种探测器同时发出火灾信号时，控制器发出火灾声、光信号，通知有火灾发生，有关人员应撤离现场，并发出联动指令，关闭风机、防火阀等联动设备，经过一段时间延时后，即发出灭火指令，打开电磁阀，启动气体打开容器阀，释放灭火剂，实施灭火；如在报警过程中发现不需要启动灭火装置，可按下保护区外的或控制操作面板上的"紧急停止按钮"，即可终止控制灭火指令的发出。

2）手动控制方式：将控制器上的控制方式选择锁置于"手动"位置时，灭火控制器处于手动控制状态。当火灾探测器发出火警信号时，控制器即发出火灾声、光报警信号，而不启动灭火装置，需经人员观察，确认火灾已发生时，可按下保护区外或控制器操作面板上的"紧急启动按钮"，即可启动灭火装置，释放灭火剂，实施灭火。但报警信号仍存在。

无论装置处于自动或手动状态，按下任何紧急启动按钮，都可启动灭火装置，释放灭火剂，实施灭火，同时控制器立即进入灭火报警状态。

3）应急机械启动工作方式：用于控制器失效时，当值守人员判断为火灾时，应立即通知现场所有人员撤离现场，在确定所有人员撤离现场后，方可按以下步骤实施应急机械启动。手动关闭联动设备并切断电源；打开对应保护区选择阀；成组或逐个打开对应保护区储气瓶组上的容器阀，即刻实施灭火。

4）紧急启动/停止工作方式：用于紧急状态。情况一，当值守人员发现火情而气体灭火控制器未发出声、光报警信号时，应立即通知现场所有人员撤离现场，在确定所有人员撤离现场后，方可按下紧急启动/停止按钮，系统立即实施灭火操作；情况二，当气体灭火控制器发出声、光报警信号并正处于延时阶段时，如发现为误报火警时可立即按下紧急启动/停止按钮，系统将停止实施灭火操作，以避免不必要的损失。

3. 气体灭火系统的灭火原理、适用范围和设计要求

气体灭火系统是根据灭火介质而命名的，目前比较常用的气体灭火系统有二氧化碳灭火系统、七氟丙烷灭火系统、IG-541混合气体灭火系统、热气溶胶灭火系统等。本节简单介绍二氧化碳灭火系统和七氟丙烷灭火系统的灭火原理、适用范围和设计要求。

(1) 二氧化碳灭火系统

二氧化碳灭火作用主要在于窒息，其次是冷却。在常温常压条件下，二氧化碳的物态为气相，当贮存于密封高压气瓶中，低于临界温度31.4℃时是以气、液两相共存的。在灭火过程中，当二氧化碳从贮存气瓶中释放出来，压力骤然下降，使得二氧化碳由液态转变成气态，分布于燃烧物的周围，稀释空气中的氧含量。氧含量降低会使燃烧时热的产生率减小，而当热产生率减小到低于热散失率的程度，燃烧就会停止。这是二氧化碳所产生的窒息作用。另外，二氧化碳施放时又因焓降的关系，温度急剧下降，形成细微的固体干冰粒子，干冰吸取其周围的热量而升华，即能产生冷却燃烧物的作用。

二氧化碳灭火系统可用于扑救灭火前可切断气源的气体火灾；液体火灾或石蜡、沥青等可熔化的固体火灾；固体表面火灾及棉毛、织物、纸张等部分固体深位火灾；电气火灾。该系统不得用于扑救硝化纤维、火药等含氧化剂的化学制品火灾；钾、钠、镁、钛、锆等活泼金属火灾；氢化钾、氢化钠等金属氢化物火灾。

二氧化碳全淹没灭火系统应用于扑救封闭空间内的火灾，但是其不应用于经常有人停留的场所。二氧化碳局部应用灭火系统应用于扑救不需封闭空间条件的具体保护对象的非深位火灾。

采用二氧化碳全淹没灭火系统的设计要求：

1）二氧化碳设计浓度不应小于灭火浓度的 1.7 倍，且不得低于 34%。可燃物的二氧化碳设计浓度应按《二氧化碳灭火系统设计规范（2010 年版）》（GB/T 50193—1993）中相关规定确定。

2）当防护区内存有两种及两种以上可燃物时，防护区的二氧化碳设计浓度应采用可燃物中最大的二氧化碳设计浓度。

3）防护区应设置泄压口，并宜设在外墙上，其高度应大于防护区净高的 2/3。当防护区设有防爆泄压孔时，可不单独设置泄压口。

4）二氧化碳的喷放时间不应大于 1min。当扑救固体深位火灾时，喷放时间不应大于 7min，并应在前 2min 内使二氧化碳的浓度达到 30%。二氧化碳扑救固体深位火灾的抑制时间应按《二氧化碳灭火系统设计规范（2010 年版）》（GB/T 50193—1993）中相关规定确定。

采用二氧化碳局部灭火系统的设计要求：

① 局部应用灭火系统的设计可采用面积法或体积法。当保护对象的着火部位是比较平直的表面时，宜采用面积法；当着火对象为不规则物体时，应采用体积法。

② 局部应用灭火系统的二氧化碳喷射时间不应小于 0.5min。对于燃点温度低于沸点温度的液体和可熔化固体的火灾，二氧化碳的喷射时间不应小于 1.5min。

（2）七氟丙烷灭火系统

七氟丙烷灭火剂是一种无色无味、不导电、无污染的特点，分子式为 CF_3CHFCF_3。该灭火剂为洁净药剂，释放后不含有粒子或油状的残余物，且不会污染环境和被保护的精密设备。七氟丙烷灭火主要是由于七氟丙烷液态灭火剂在喷出喷头时，迅速转变成气态需要吸收大量的热量，降低了保护区和火焰周围的温度；同时七氟丙烷分子中的一部分键断裂需要吸收热量。此外，保护区内灭火剂的喷射和火焰的存在降低了氧气的浓度，从而降低了燃烧的速度。

七氟丙烷灭火系统适用于计算机房、配电房、电信中心、图书馆、档案馆、珍品库、地下工程等 A 类火灾；B 类、C 类火灾以及电器设备火灾。

采用七氟丙烷灭火系统的设计要求：

1）七氟丙烷灭火系统的灭火设计浓度不应小于灭火浓度的 1.3 倍，惰化设计浓度不应小于惰化浓度的 1.1 倍。

2）固体表面火灾的灭火浓度为 5.8%，其他灭火浓度应按《气体灭火系统设计规范》（GB 50370—2005）中相关规定确定。

3）图书、档案、票据和文物资料库等防护区，灭火设计浓度宜采用 10%。

4）油浸变压器室、带油开关的配电室和自备发电机房等防护区，灭火设计浓度宜采用 9%。

5）通信机房和电子计算机房等防护区，灭火设计浓度宜采用 8%。

6）防护区实际应用的浓度不应大于灭火设计浓度的 1.1 倍。

7）在通信机房和电子计算机房等防护区，设计喷放时间不应大于 8s；在其他防护区，设计喷放时间不应大于 10s。

8）灭火浸渍时间应符合下列规定：木材、纸张、织物等固体表面火灾，宜采用 20min；通信机房、电子计算机房内的电气设备火灾，应采用 5min；其他固体表面火灾，宜采用 10min；气体和液体火灾，不应小于 1min。

2.5　建筑消防工程设计案例

设计基础资料如本书 1.6 节所示。室外市政给水管网为环状供水，供水管径为 $DN300$；设有两根消防引入管，管径为 $DN100$，市政供水引入管接口处供水水压最低为 0.3MPa，符合两路消防供水，且市政给水管网可满足本宾馆的室外消防用水量。

2.5.1　室内消火栓给水系统

1. 室内消火栓系统供水方式

地下室消火栓标高为 -3.4m，高位消防水箱箱底设置高度为 47.9m，故底层消火栓所承受的静水压力为 47.9+3.4=51.3（mH_2O）。

根据《消防给水及消火栓系统技术规范》（GB 50974—2014）第 6.2.1 条：当系统工作压力大于 2.40MPa，消火栓栓口处静压大于 1.0MPa 时，消防给水系统应分区供水。因为 51.3m<100m，所以该建筑的消火栓系统不分区，且采用临时高压消防给水系统。

2. 室内消火栓布置及计算

根据《建筑设计防火规范（2018 年版）》（GB 50916—2014）第 5.1.1 条可知该建筑物为一类高层民用建筑，必须满足现行的《消防给水及消火栓系统技术规范》（GB 50974—2014）第 7.4.6 条：室内消火栓的布置应满足同一平面有 2 支消防水枪的 2 股充实水柱同时达到任何部位的要求；第 7.4.12-2 条：高层建筑、厂房、库房和室内净空高度超过 8m 的民用建筑等场所，消火栓栓口动压不应小于 0.35MPa，且消防水枪充实水柱应按 13m 计算。

（1）消火栓的保护半径

该建筑室内消火栓配水带长度为 25m 的衬胶水带，消防水枪口径为 19mm，则消火栓保护半径根据公式（2-2）计算：

$$R = C \cdot L_d + L_s = 0.9 \times 25 + 0.71 \times 13 = 31.73 \text{（m）}$$

（2）消火栓的间距

必须满足现行的《消防给水及消火栓系统技术规范》（GB 50974—2014）第 7.4.6 条：室内消火栓的布置应满足同一平面有 2 支消防水枪的 2 股充实水柱同时达到任何部位的要求；初步确定本建筑宾馆标准层设 3 根消防立管 XL-1、XL-2、XL-3，其布置如图 2-33 所示，消火栓的最大保护宽度 $b = 8.1m$，可得

$$S_2 \leqslant \sqrt{R^2 - b^2} = \sqrt{31.73^2 - 8.1^2} = 30.68 \text{（m）}$$

同时根据《消防给水及消火栓系统技术规范》（GB 50974—2014）第 7.4.10-1 条：消火栓按 2 支消防水枪的 2 股充实水柱布置的建筑物，消火栓的布置间距不应大于 30.0m。图 2-33 中每层设有 3 个消火栓，布置均小于 30m，满足现行规定。消防立管管径为 $DN100$，管材为镀锌钢管。

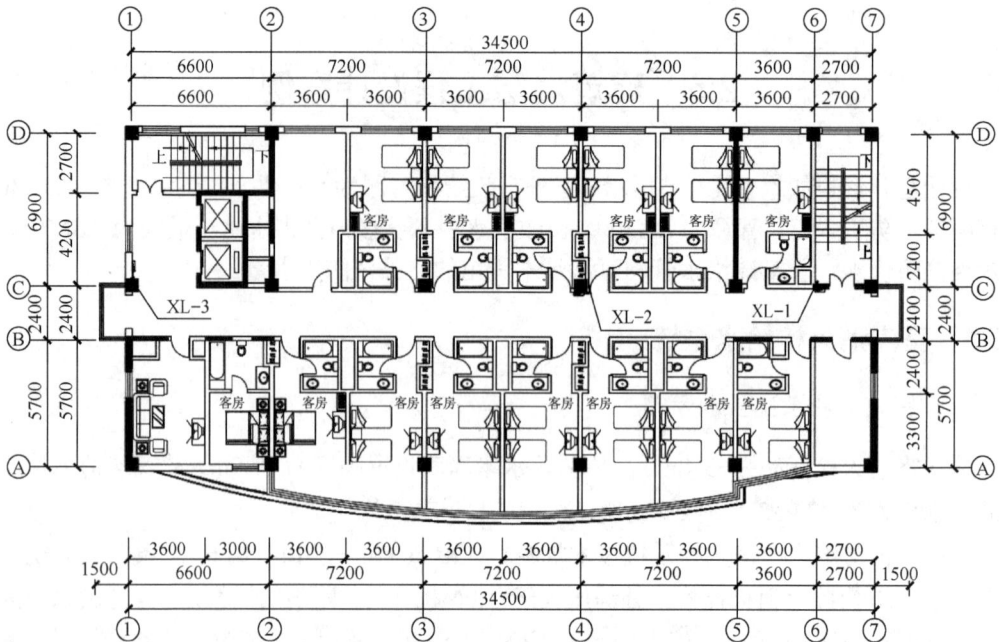

图 2-33　建筑标准层消火栓管道布置平面

3. 室内消火栓流量分配及水力计算

1）消火栓栓口所需压力。该建筑物选用 DN65 的消火栓，该消火栓喷口直径为 19mm，水龙带的长度为 25m，充实水柱的长度为 13m。水枪喷嘴处所需的压力按公式（2-17）计算，其中 α_f 取 1.21；φ 取 0.0097；H_m 取 13m，则

$$H_q = \frac{\alpha_f H_m}{1 - \varphi \alpha_f H_m} = \frac{1.21 \times 13}{1 - 0.0097 \times 1.21 \times 13} = 18.56 \,(\text{mH}_2\text{O})$$

最不利点消防水枪的射流量可按公式（2-19）计算，其中 B=1.577，则

$$q_{xh} = \sqrt{BH_q} = \sqrt{1.577 \times 18.56} = 5.41 \,(\text{L/s})$$

水龙带的沿程水头损失按公式（2-20）计算：

$$H_d = A_z \cdot L_d \cdot q_{xh}^2 = 0.00172 \times 25 \times 5.41^2 = 1.26 \,(\text{mH}_2\text{O})$$

所以消火栓栓口所需压力按公式（2-6）计算：

$$H_{xh} = H_q + H_d + H_k = 18.56 + 1.26 + 2 = 21.82 \,(\text{mH}_2\text{O})$$

根据《消防给水及消火栓系统技术规范》（GB 50974—2014）第 7.4.12 条，该宾馆的消火栓栓口动压不应小于 350kPa，该设计中消火栓栓口压力为 218.2kPa，不满足最低压力需求，故取 0.35MPa。

又因为

$$H_{xh} = H_q + H_d + H_k = \frac{q_{xh}^2}{B} + AL_d q_{xh}^2 + 2$$

所以

$$q_{xh1} = \sqrt{\frac{H_{xp1} - 2}{\frac{1}{B} + AL_d}} = \sqrt{\frac{35 - 2}{\frac{1}{1.577} + 0.00172 \times 25}} = 6.98 \,(\text{L/s})$$

2）该建筑为一类高层公共建筑，层高为 51m，根据《消防给水及消火栓系统技术规范》（GB 50974—2014）第 3.5.2 条可知，本建筑室内消防流量为 40L/s，同时开启消火栓的个数为 8 支，每根竖管的最小流量为 15L/s。因此最不利消防竖管为 XL-1，出水枪数为 3 支；次不利消防竖管为 XL-2，出水枪数为 3 支；相连消防竖管为 XL-3，出水枪数为 2 支。

3）根据《消防给水及消火栓系统技术规范》（GB 50974—2014）第 10.1.9-2 条：室内环状消火栓管网水力计算可以简化成枝状管网。因此该宾馆室内消火栓系统管网如图 2-34 所示，编号 1 为最不利消火栓，其栓口压力及设计流量为

$$H_{xh1} = 35mH_2O \ , \quad q_{xh1} = 6.98L/s$$

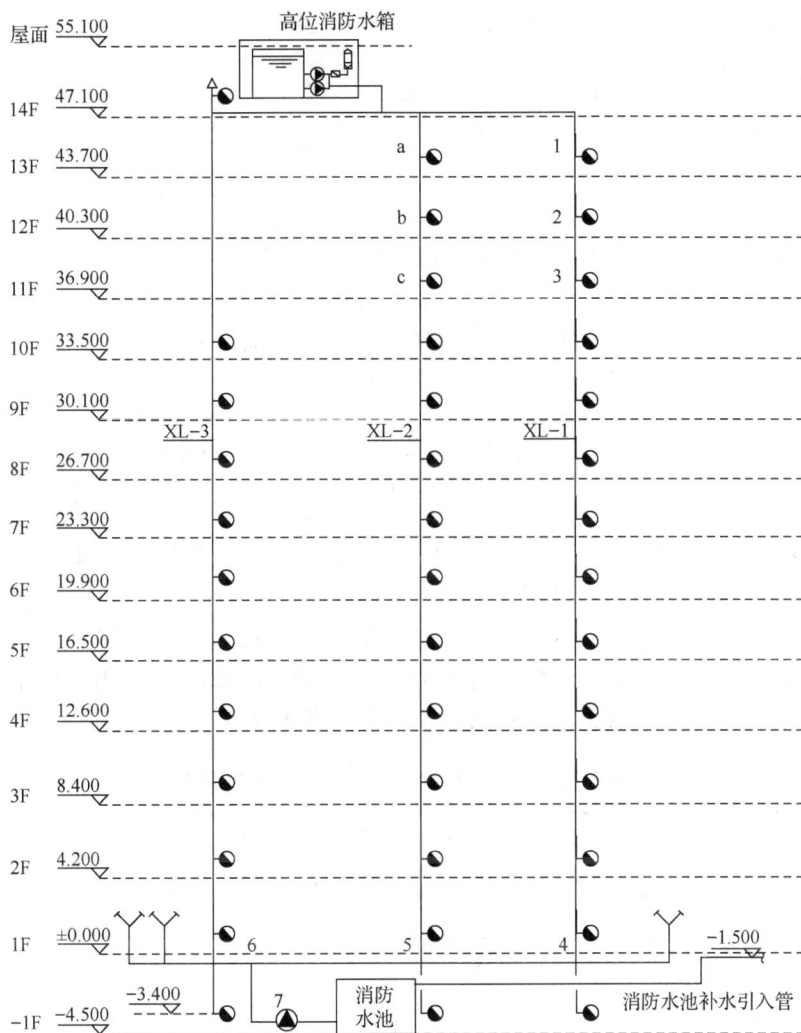

图 2-34　室内消火栓系统管网

第 12 层 2 号消火栓栓口压力为

$$H_{xh2} = H_{xh1} + \Delta H_{1\text{-}2} + \sum h_{1\text{-}2}$$

（12 层 2 号消火栓栓口的压力应为 1 号消火栓栓口压力+1-2 高差静水压+1-2 管段的水头损失）。

查镀锌钢管水力计算表，1-2 管道设计流量：$q_{1\text{-}2}=6.98$ L/s，当 $DN100$ 时，$i=0.01386 \text{mH}_2\text{O/m}$，则

$$H_{xh2}=35+3.4+0.01386\times3.4=38.45（\text{mH}_2\text{O}）$$

又因为

$$H_{xh}=H_q+H_d+H_k=\frac{q_{xh}^2}{B}+AL_dq_{xh}^2+2$$

所以

$$q_{xh2}=\sqrt{\frac{H_{xh2}-2}{\frac{1}{B}+AL_d}}=\sqrt{\frac{38.42-2}{\frac{1}{1.577}+0.00172\times25}}=7.33（\text{L/s}）$$

第 11 层 3 号消火栓栓口压力为

$$H_{xh3}=H_{xh2}+\Delta H_{2\text{-}3}+\sum h_{2\text{-}3}$$

（11 层 3 号消火栓栓口的压力应为 2 号消火栓栓口压力+2-3 高差静水压+2-3 管段的水头损失）。

查镀锌钢管水力计算表，2-3 管道设计流量为 $q_{2\text{-}3}=6.98+7.33=14.31（\text{L/s}）$。当 $DN100$ 时，$i=0.05503 \text{mH}_2\text{O/m}$，则

$$H_{xh3}=38.45+3.4+0.05503\times3.4=42.04（\text{mH}_2\text{O}）$$

同理

$$q_{xh3}=\sqrt{\frac{H_{xp3}-2}{\frac{1}{B}+AL_d}}=\sqrt{\frac{42.04-2}{\frac{1}{1.577}+0.00172\times25}}=7.69（\text{L/s}）$$

根据消防流量分配原则，XL-1 立管 11 层以下消火栓流量不再增加，XL-1 立管的流量为
$$q_1=6.98+7.33+7.69=22（\text{L/s}）$$

理论上讲，XL-2 立管上 a、b、c 消火栓流量应该比 XL-1 立管流量大，但相差较小，为了简化计算，XL-2 消防设计流量采用与 XL-1 的相同。同理，XL-3 消防设计流量采用与 XL-1 的相同。室内消火栓系统管道水力计算结果见表 2-16。

表 2-16　室内消火栓系统管道水力计算结果

计算管段	设计秒流量 q/（L/s）	管长 L/m	DN	V/（m/s）	i/（mH$_2$O/m）	$i*L$/（mH$_2$O）
1-2	6.98	3.4	100	0.81	0.01386	0.047
2-3	14.31	3.4	100	1.66	0.05503	0.187
3-4	22	38.5	100	2.31	0.1070	4.120
4-5	22	10.8	150	1.06	0.0138	0.149
5-6	40	15	150	2.12	0.05430	0.815
6-7	40	20	150	2.12	0.05430	1.086
小计						6.404

注：① 工程中，此管道流量按照系统设计流量 40L/s 确定，选泵时按照水力计算确定；

②水头损失 i 计算详见《消防给水及消火栓系统技术规范》（GB 50974—2014）和《自动喷水灭火系统设计规范》（GB 50084—2017），10mH$_2$O/m=100kPa/m。

由表 2-16 可知管路沿程水头损失 $\sum h_1 = 6.404\text{mH}_2\text{O}$，管路的总水头损失为

$$\sum h = 1.1\sum h_1 = 7.044 （\text{mH}_2\text{O}）$$

4. 消防水泵的扬程计算

消防水泵的扬程按公式（2-21）计算：

$$H_b = 35 + 1.2 \times 7.044 + (44.6 + 4.0) = 92.05 （\text{mH}_2\text{O}）$$

根据设计消防水量 40L/s，水泵扬程 92.05mH₂O，查阅《给水排水设计手册：第 11 册　常用设备》来选择合适的泵。选择 D 型立式多级离心泵，型号为 150DL150-20×5（H=85～112.5m，Q=30～50L/s，N=55kW）2 台，其中 1 台备用。

5. 消火栓减压装置计算

根据《消防给水及消火栓系统技术规范》（GB 50974—2014）第 7.4.12 条：室内消火栓，消火栓栓口动压力不应大于 0.50MPa；当大于 0.70MPa 时必须设置减压装置。各层消火栓处剩余压力计算结果见表 2-17，因此在 8 层以下采用减压型消火栓。

表 2-17　消火栓剩余压力计算结果

楼层	动压/（mH₂O）	剩余水压/（mH₂O）	楼层	动压/（mH₂O）	剩余水压/（mH₂O）
13F	35	0	6F	60.84	25.84
12F	38.45	3.45	5F	64.60	29.60
11F	42.04	7.04	4F	68.92	33.92
10F	45.80	10.80	3F	73.57	38.57
9F	49.56	14.56	2F	78.22	43.22
8F	53.32	18.32	1F	82.87	47.87
7F	57.08	22.08	-1F	87.85	52.85

6. 高位消防水箱和气压罐计算

根据《消防给水及消火栓系统技术规范》（GB 50974—2014）第 6.1.9 条：室内采用临时高压消防给水系统时，高层民用建筑、总建筑面积大于 10000m² 且层数超过 2 层的公共建筑和其他重要建筑，必须设置高位消防水箱。该建筑属一类高层建筑，因此必须设高位消防水箱。

（1）高位消防水箱有效容积

根据《消防给水及消火栓系统技术规范》（GB 50974—2014）第 5.2.1 条：临时高压消防给水系统的高位消防水箱的有效容积应满足初期火灾消防用水量的要求，一类高层公共建筑高位消防水箱有效容积不应小于 36m³，因此该建筑物的高位消防水箱有效容积取 36m³。

（2）高位消防水箱位置校核

高位消防水箱最低水位标高为 48.0m，最不利消火栓处的标高为 44.8m。根据《消防给水及消火栓系统技术规范》（GB 50974—2014）第 5.2.2 条：高位消防水箱的设置位置应高于其所服务的水灭火设施，且最低有效水位应满足水灭火设施最不利点处的静水压力，一类高层公共建筑，不应低于 0.10MPa。高位水箱的设置高度为 48-44.8=3.2（m）<10m，不能满足最不利点的消火栓所需的静水压力，所以应在水箱间设增压设备。

（3）气压罐计算

根据《消防给水及消火栓系统技术规范》（GB 50974—2014）第5.3.3条：稳压泵的设计压力应保持系统最不利点处水灭火设施在准工作状态时的静水压力大于 0.15MPa，所以 $P_A = 0.15$MPa。

稳压水容积上、下水位压力差应不小于 0.05MPa，则 $P_B = 0.15 + 0.05 = 0.20$（MPa）。取气压水罐 SQL1000，H=2400mm，总容积 V=1.41m³，经复核气压罐 α_b 符合要求，因此取 SQL1000 隔膜式气压罐。

根据《消防给水及消火栓系统技术规范》（GB 50974—2014）第5.3.2条：稳压泵的设计流量应符合下列规定：稳压泵的设计流量不应小于消防给水系统管网的正常泄漏量和系统自动启动流量；消防给水系统管网的正常泄漏量应根据管道材质、接口形式等确定，当没有管网泄漏量数据时，稳压泵的设计流量宜按消防给水设计流量的 1%～3%计，且不宜小于1L/s。该建筑物消火栓系统设计流量为40L/s，则 $40 \times (1\% \sim 3\%) = 0.4 \sim 1.2$（L/s），稳压泵的流量取 1L/s。

稳压泵的扬程为

$$H = (P_A + P_B) \div 2 = (0.15 + 0.20) \div 2 = 0.175 （MPa）$$

查阅《给水排水设计手册：第11册 常用设备》来选择合适的泵。选择 XBD 型立式单级离心消防泵，型号为 XBD2/2.5-50-125，1 用 1 备。

7. 低位贮水池有效容积计算

该建筑室外市政给水管网可满足室外消防设计流量要求。因此消防水池的有效容积只需要满足火灾延续时间内室内消防给水系统灭火设施的用水量要求。

该建筑室内消火栓的用水量为 40 L/s，消火栓系统延续时间取 3h；自动喷水灭火系统的用水量 23 L/s，自喷系统火灾延续时间为 1h ［查《自动喷水灭火系统设计规范》（GB 50084—2017）］。

$$V_c = \frac{Q_x T_x \times 3600}{1000} = \frac{40 \times 3 \times 3600}{1000} + \frac{23 \times 1 \times 3600}{1000} = 432 + 82.8 = 515 （m^3）$$

该建筑地下消防水池采用两路进水，进水管管径 DN100，火灾时消防水池补水流量按 1 根进水管设计。根据《消防给水及消火栓系统技术规范》（GB 50974—2014）第4.3.5条：消防水池进水管管内水的平均流速可取 1.5m/s；补水时间取 3h，其补水量为

$$V = 1.5 \times \frac{3.14}{4} \times 0.1^2 \times 3 \times 3600 = 127 （m^3）$$

所以消防水池的有效容积为

$$V = 515 - 127 = 388 （m^3）$$

8. 水泵接合器计算

水泵接合器的流量按照 15L/s 计，型号采用 SQB100。该水泵接合器设置数量为 $N = 40 \div 15 \approx 3$（个），所以共布置 3 个水泵接合器在室外，水泵接合器直接和主干管相连。

2.5.2　自动喷水灭火系统

1. 湿式喷水灭火系统设计基本参数

根据《建筑设计防火规范（2018 年版）》（GB 50016—2014）第 8.3.3 条：一类高层公共建筑（除游泳池、溜冰场外）及其地下、半地下室应设置自动灭火系统，并宜采用自动喷水灭火系统。因此该建筑地下一层至地上十三层设置湿式自动喷水灭火系统（图 2-35）。本建筑采用临时湿式喷水灭火系统，设两组报警阀组，报警阀组集中布置在负一层报警阀间。根据《自动喷水灭火系统设计规范》（GB 50084—2017）附录 A 设置场所火灾危险等

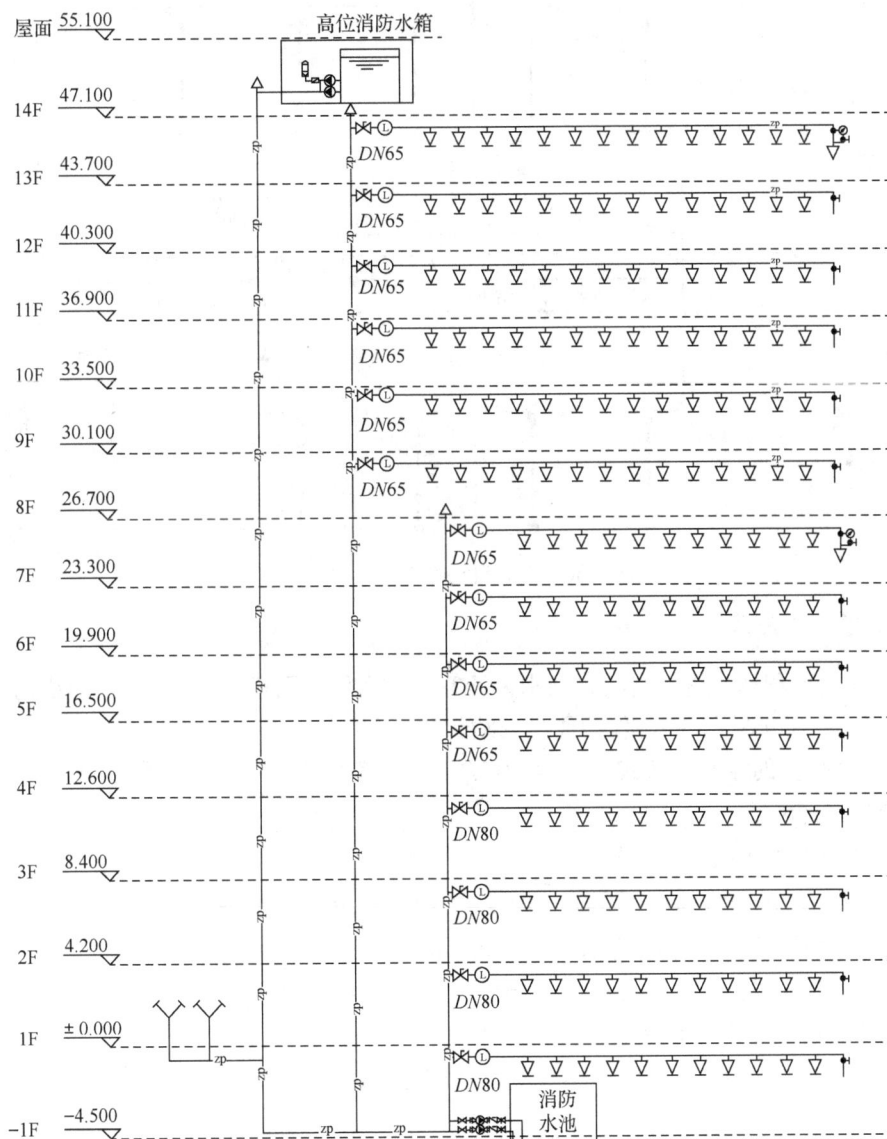

图 2-35　建筑物湿式自动喷水灭火系统

级分类，该建筑为中危险Ⅰ级。查《自动喷水灭火系统设计规范》（GB 50084—2017）第5.0.1 条可知该湿式系统的喷水强度不应小于设计喷水强度 $q_p = 6L/(\min \cdot m^2)$，作用面积不应小于 160m²。系统最不利点处洒水喷头的工作压力不应低于 0.05MPa。

该建筑喷头采用标准流量的洒水喷水喷头，管材采用内外热镀锌钢管。根据《自动喷水灭火系统设计规范》（GB 50084—2017）第 7.1.2 条，采用矩形布置时中危险Ⅰ级，每个标准喷头保护面积不应超过：$4.0 \times 3.13 = 12.5$（m²），其长边为 4.0m，喷头距墙最小间距为0.1m，最大为 1.8m。该建筑物采用矩形布置喷头，布置形式如图 2-36 所示，并根据建筑室内的实际布置情况来调整喷头的间距。每个喷头的实际保护面积应满足规范要求。

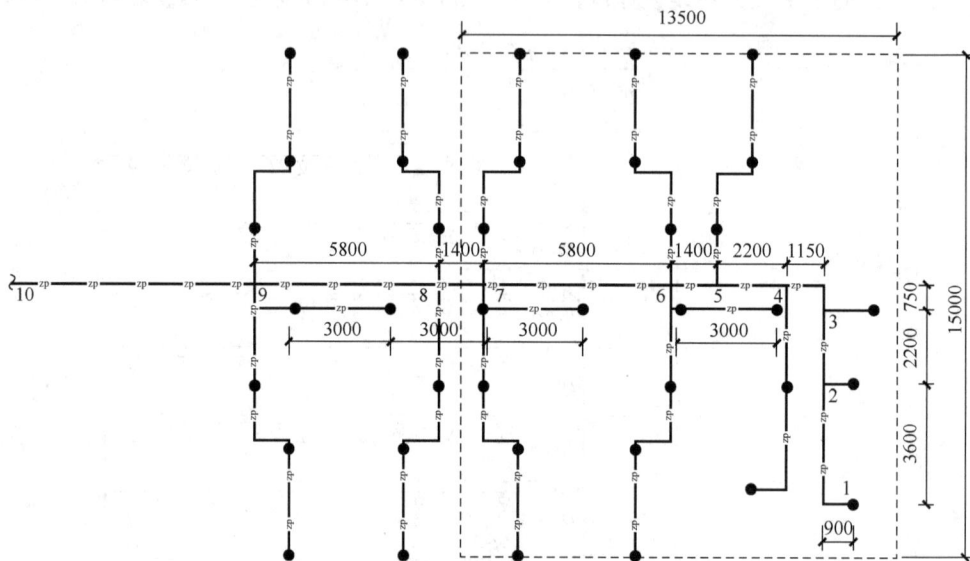

图 2-36 湿式自动喷水系统喷头布置

2. 管道水力计算

采用作用面积法来进行自喷管网水力计算。实际作用面积为 202.5m³，形状为长方形，长边为 15m，短边为 13.5m，作用面积内喷头数为 24 个。

1）每个喷头的流量应按式：$q = K\sqrt{10P}$ 计算，其中喷头工作压力取 0.05MPa；标准喷头流量系数为 80。

则通过计算每个喷头的流量为

$$q = K\sqrt{10P} = 80\sqrt{10 \times 0.05} = 56.57（L/\min）= 0.943（L/s）$$

2）最不利区域的作用面积内的设计秒流量为

$$Q_s = nq = 24 \times 0.943 = 22.63（L/s）$$

3）理论的设计秒流量为

$$Q_i = \frac{F \times q}{60} = \frac{15 \times 13.5 \times 6}{60} = 20.25（L/s）$$

4）作用面积内的计算平均喷水强度为

$$q_p = \frac{Q_s}{F} = \frac{24 \times 56.57}{15 \times 13.5} = 6.70 [L/(\min \cdot m^2)] > 6 [L/(\min \cdot m^2)]$$

满足要求。

5)《自动喷水灭火系统设计规范》（GB 50084—2017）第 9.1.5 条：最不利点处作用面积内任意 4 只喷头围合范围内的平均喷水强度，轻危险、中危险级不应低于《自动喷水灭火系统设计规范》（GB 50084—2017）中表 5.0.1 规定值［6L／（min·m²）］的 85%。

作用面积内最不利点处的 4 个喷头所组成的保护面积为

$$F_4 = 4.5 \times 7.2 = 32.4 （m^2）$$

4 个喷头的喷水量：

$$4 \times 0.943 = 3.772 （L/s） = 226.32 （L/min）$$

任意 4 个喷头的平均喷水强度：

$$226.32 \div 32.4 = 6.99 ［L／（min·m^2）］$$

满足规范要求。

6）系统的最不利计算管路为 1-2-3-4-5-6-7-8-9-10，节点 1 处的喷头为系统最不利点处的洒水喷头。管道的管径小于 100mm 时，按照《自动喷水灭火系统设计规范》（GB 50084—2017）第 8.0.9 条确定。水力计算流速按照《自动喷水灭火系统设计规范》（GB 50084—2017）第 9.2.1 条：管道内的水流速度宜采用经济流速，必要时可超过 5m/s，但不应大于 10m/s。

管道单位长度的沿程阻力损失按《自动喷水灭火系统设计规范》（GB 50084—2017）第 9.2.2 条确定：

$$i = 6.05 \left(\frac{q_g^{1.85}}{C_h^{1.85} d_j^{4.187}} \right) \times 10^7$$

查《自动喷水灭火系统设计规范》（GB 50084—2017）第 9.2.2 条确定镀锌钢管的海澄-威廉系数：

$$C_h = 120$$

湿式自动喷水灭火系统水力计算结果见表 2-18。

表 2-18　湿式自动喷水灭火系统水力计算结果

编号	流量/（L/min）	公称直径/mm	计算内径/mm	流速 V/（m/s）	管长/m	i/（kPa/m）	沿程水损/kPa
1-2	56.57	25	26	1.65	4.5	1.935	8.708
2-3	113.14	32	34.75	1.88	2.2	1.698	3.736
3-4	169.71	32	34.75	2.82	1.9	3.596	6.832
4-5	282.85	50	52	2.14	2.2	1.299	2.858
5-6	452.56	50	52	3.42	1.4	3.099	4.339
6-7	905.12	80	79.5	2.97	5.8	1.414	8.201
7-8	1357.68	80	79.5	4.45	1.4	2.993	4.190
8-9	1357.68	80	79.5	4.45	5.8	2.993	17.359
9-10	1357.68	100	105	2.57	64.8	0.772	50.026
							106.248

$\sum h = 1.2 \times 10.6 + 2 + 2 = 16.72 （mH_2O）$，其中湿式报警阀和水流指示器的局部水头损失取 2.0m。

3. 水泵选择计算

1）水泵扬程按公式（2-30）计算，则水泵扬程为

$$H_b = 1.2 \times 16.72 + 5 + (43.7 + 4.0) = 72.76 \text{（mH}_2\text{O）}$$

2）水泵流量应该取表 2-18 中流量的最大值，水泵流量取

$$Q = 1357.68 \text{L/min} = 22.63 \text{L/s}$$

查阅《给水排水设计手册：第 11 册 常用设备》来选择合适的泵。选择 XBD 型立式单级离心消防泵，型号为 XBD8/25-100-250（H=80m，Q=25L/s，N=37kW）2 台，其中 1 台备用。

4. 水泵接合器计算

水泵接合器的流量按照 15L/s 计，型号采用 SQB100。所以共布置 2 个水泵接合器在室外，水泵接合器直接和主干管相连。

5. 高位消防水箱位置校核

高位消防水箱位置已定，需要校核水箱高度是否满足最不利喷头所需的压力，最不利供水方式：高位水箱—报警阀—13 层最不利喷头。高位水箱的出水管管径为 DN100。根据《自动喷水灭火系统设计规范》（GB 50084—2017）第 5.0.1 条：最不利喷头不应低于 0.05MPa。消防水箱最低水位标高为 48.0m，最不利喷头处的标高为 47.0m ［$48-47=1$（m）］。因此高位消防水箱安装高度不能满足要求。所以根据《自动喷水灭火系统设计规范》（GB 50084—2017）第 10.3.2 条：高位消防水箱的设置高度不能满足系统最不利点处喷头的工作压力时，系统应设置增压设施。因此在屋顶水箱间设气压罐加压，其调节的水力为 5 个喷头 30s 的出水量，1 个喷头的喷水量 0.943L/s，按 1L/s 计。$V_s = 1 \times 5 \times 30 = 150$（L），$V_0 = \beta \dfrac{V_s}{1-\alpha} = 1.05 \times \dfrac{0.15}{1-0.7} = 0.53$（m^3），选择 SQ800×0.6 气压罐给水设备（稳压泵计算从略）。

6. 低层减压孔板计算

略。

本 章 习 题

1. 室内消火栓系统由什么组成？室内消火栓布置有哪些原则？
2. 如何计算消防水池的容积？
3. 什么叫充实水柱？现行规范中对充实水柱有什么规定？
4. 湿式自动喷水灭火系统、干式自动喷水灭火系统、预作用自动喷水灭火系统的主要区别在哪里？分别适用什么场所？
5. 湿式自动喷水灭火系统由哪些主要部件组成？
6. 水喷雾灭火系统的适用范围有哪些？水喷雾灭火系统由哪些主要部件组成？

7. 气体灭火系统主要有哪三种控制方式？

8. 某高层建筑室内消火栓给水系统采用临时高压系统，消防水泵出水口与最不利点处消火栓栓口的几何高差为 50m。灭火时消防水泵出水口处压力表读数为 1.0MPa。若水泵出水口处速度水头为 2mH$_2$O，最不利点处消火栓栓口的速度水头为 3mH$_2$O 水柱，水枪充实水柱不小于 13m，水泵出水口处至最不利消火栓栓口管路的水头损失为 0.1MPa，则该消火栓给水系统最不利点处消火栓栓口的动压应为多少？（注：1.0MPa=100mH$_2$O）

9. 一座净高 4.5m、顶板为 3.7m×3.7m 的十字梁结构的地下车库，设有自动喷水湿式灭火系统，在十字梁的中点布置 1 个直立型洒水喷头（不考虑梁高与梁宽对喷头布置产生的影响），当以 4 个相邻喷头为顶点的围合范围核算喷水强度并用以确定喷头的设计参数时，应选择下述哪种特性系数 K 及相应工作压力 P 的喷头？

（A）K=80　　　P=0.1MPa　　　　　（B）K=80　　　　P=0.15MPa

（C）K=115　　P=0.05MPa　　　　　（D）K=115　　　P=0.1MPa

第 3 章

建筑内部排水系统

3.1 排水系统的分类、体制

3.1.1 排水系统分类

人们在日常生活及生产过程中会产生大量的污废水。根据其来源，建筑排水系统可以分为三类：生活排水系统、工业废水排水系统和屋面雨水排水系统。

生活排水系统：排除生活污水和生活废水。生活污水是指从大便器、小便器排出的污水；生活废水是指从盥洗、沐浴、洗涤等卫生器具排出的废水。

工业废水排水系统：排除生产废水和生产污水。生产废水是指从生产车间排出的污染程度较轻或经过简单处理后可循环或重复使用的废水。生产污水是指在生产工艺工程中被严重污染的污水。

屋面雨水排水系统：排除建筑屋面雨水和冰、雪融化水。水中含有少量的灰尘，比较干净。建筑物屋面雨水排水系统应单独设置。建筑物生活排水应与雨水分流排出。

3.1.2 排水系统体制

1. 排水系统体制分类

建筑物内排水系统可以分为合流制和分流制。建筑物排水合流制指生活污水与生活废水，生产污水与生产废水采用同一套排水管道系统排放或污废水在建筑物内汇合后用同一排水干管排至建筑物外。建筑物排水分流制指生活污水与生活废水或生产污水与生产废水设置独立的管道系统，各自采用一套排水管道系统分别排放。

小区排水系统分为小区排水合流制、小区排水分流制。小区排水合流制指雨水和生活排水采用同一管道排出；小区排水分流制指雨水和生活排水分别采用管道排出。

建筑物排水体制与小区排水体制的区别：建筑物排水体制针对的主体是生活污水和生活废水或生产废水和生产污水；小区排水体制针对的主体是雨水和生活排水。

2. 排水系统体制的选择

建筑物排水系统体制的选择应符合下列要求：

1）排水系统体制应根据污、废水性质及污染程度、室外排水体制、综合利用要求等诸多因素确定。

2）建筑物在下列情况下，宜采用生活污水与生活废水分流的排水系统：当政府有关部门要求污水、废水分流且生活污水需要经化粪池处理后才能排入城镇排水管道时；当生活废水需要回收利用时。

3）消防排水、生活水池（箱）排水、游泳池放空排水、空调冷凝排水、室内水景排水、无洗车的车库和无机修的机房地面排水等宜与生活废水分流，单独设置废水管道排入室外雨水管道。

4）下列建筑排水应单独排至水处理或回收构筑物：职工食堂、营业餐厅的厨房含有大量油脂的洗涤废水；洗车冲洗水；含有致病菌、放射性元素等超过排放标准的医疗、科研机构的污水；水温超过 40℃ 的锅炉排污水；用作中水水源的生活排水；实验室有害有毒的废水。

5）建筑中水原水收集管道应单独设置，且应符合现行的国家标准《建筑中水设计标准》（GB 50336—2018）的规定。

3.2　排水系统组成及要求

建筑内部排水系统要求具有以下功能：将污水迅速排到室外，同时尽量减少管道内气压波动，防止管道系统水封破坏，避免排水管道中有毒气体进入室内。建筑内部排水系统由卫生器具，排水管道系统，存水弯与水封、地漏，清通设备，通气管系统，污废水提升设备，局部污水处理设施等组成（图 3-1）。

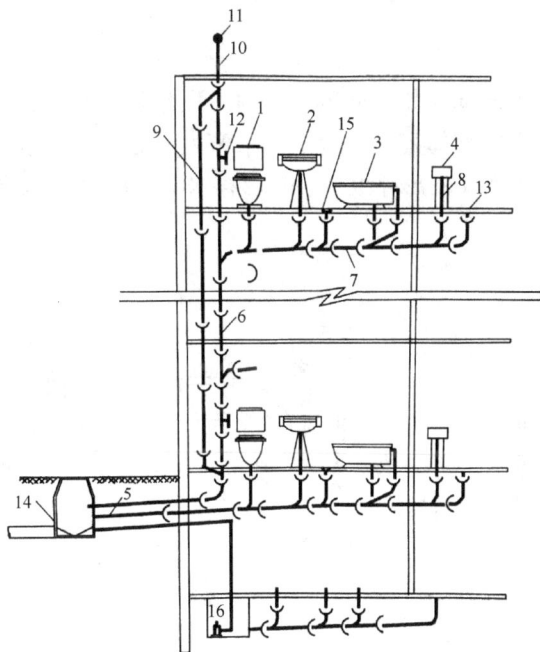

1—低位水箱坐便器；2—洗脸盆；3—浴盆；4—洗涤盆；5—排水出户管；6—排水立管；7—排水横管；8—卫生器具排水支管；9—专用通气管；10—伸顶通气管；11—伸顶通气帽；12—检查口；13—清扫口；14—排水检查井；15—地漏；16—污水提升设备。

图 3-1　建筑内部排水系统组成

卫生器具是指供水并收集、排出污废水或污物的容器或装置（排水系统的起端）。排水管道系统由器具排水管（含存水弯）、排水横支管、排水立管、排出管等组成。存水弯与水封、地漏是建筑内排水管道的主要附件，其主要作用是防止排水管道的各种污染气体逸入室内。清通设备是为了疏通排水管道，清除排水管道中的污物而设置的排水附件，通常有清扫口、检查口、检查井等。通气管系统是为了使排水管道系统内空气流通、压力稳定，防止水封破坏，排出管道中有毒有害气体而设置的气体流通管道。当建筑物地下室，人防建筑、地下铁道等地下建筑物内的污水无法自流排到室外时，必须设置污废水提升设备。当室内污水未经过处理不允许直接排入市政排水管网时，需要设局部污水处理设施进行处理后再排放。

3.2.1 卫生器具

卫生器具主要类型有便溺用卫生器具（如大便器、小便器等）、盥洗用卫生器具（如洗脸盆、洗手盆、盥洗槽等）、沐浴用卫生器具（如浴盆、淋浴器等）、洗涤用卫生器具（如洗涤池、化验盆、污水盆等）。

卫生器具的材质和技术要求，均应符合国家现行标准《卫生陶瓷》（GB/T 6952—2015）和《非陶瓷类卫生洁具》（JC/T 2116—2012）的规定。大便器的选用应根据使用对象、设置场所、建筑标准等因素确定，且均应选用节水型大便器。卫生器具安装高度依据《建筑给水排水设计标准》（GB 50015—2019）中的相关规定。

3.2.2 存水弯与水封、地漏

1. 存水弯与水封

存水弯是设置在卫生器具（如坐便器）或与卫生器具排水管连接、带有水封的配件，其作用是防止排水管道中的气体窜入室内。存水弯内一定高度的水柱称为水封。按存水弯的构造可以分为管式存水弯［S 形存水弯、P 形存水弯、U 形存水弯（图 3-2）］和瓶式存水弯。

（a）S形存水弯　　　　（b）P形存水弯　　　　（c）U形存水弯

图 3-2　管式存水弯

（1）存水弯主要类型及适用性

S 形存水弯适用于排水横支管距卫生器具出口较远，器具排水管与排水横管垂直连接的情况。P 形存水弯适用于排水横支管距卫生器具出口较近，器具排水管与排水横管横向连接的情况。U 形存水弯设在水平横管上。瓶式存水弯本身也是由管体组成的，一般用于洗脸盆或洗涤盆等卫生器具的排出管上，易于清通。

（2）水封破坏

1）概念。因静态和动态原因造成存水弯内水封深度减小，不足以抵抗排水管道内允许的压力变化值时（一般为±25mmH$_2$O），排水管道系统内气体窜入室内的现象称为水封破坏。

2）水封水量损失的主要原因（表 3-1）。

表 3-1　水封水量损失的主要原因

原因	动态	排水管道系统内的压力波动	由于卫生器具排水的间断性、多个器具同时排水的多变性，以及大风倒灌等原因，均会引起管道中的压力波动，使某些管道瞬时出现正压，则连接该管段存水弯的进口端水面上升，甚至出现喷溅现象，致使水封水量损失；当某些管段瞬间出现负压时，则连接该管段存水弯的出口端水面上升出流，也会使水封水量损失
		自虹吸	卫生设备在瞬时大量排水的情况下，该存水弯自身会迅速充满而形成虹吸，致使排水结束后存水弯中水量损失，水面下降
	静态	蒸发	卫生器具较长时间不使用，由于蒸发造成的水量损失。水量损失与室内温度、湿度及卫生器具使用情况有关
		毛细管作用	由于污水中残存杂物（如纤维、毛发等积存），在存水弯出流端延至出口处，从而形成毛细作用，使存水弯中的水被吸出

（3）存水弯设置的要求

1）水封装置的水封深度不得小于 50mm，严禁采用活动机械活瓣替代水封。

2）医疗卫生机构内门诊、病房、化验室、试验室等不在同一房间内的卫生器具不得共用存水弯。

3）卫生器具排水管段上不得重复设置水封。

4）下列设施与生活污水管道或其他可能产生有害气体的排水管道连接时，必须在排水口以下设存水弯：

① 构造内无存水弯的卫生器具或无水封的地漏；

② 其他设备的排水口或排水沟的排水口。

2. 地漏

地漏是一种内有水封用来排放地面水的特殊排水装置，一般设在经常有水溅落的卫生器具附件的地面上、或地面有水需要排放的位置。地漏的构造和性能应符合现行行业标准《地漏》（CJ/T 186—2018）的规定。

（1）地漏设置场所

地漏应设置在有设备和地面排水的下列场所，如卫生间、盥洗室、淋浴间、开水间；在洗衣机、直饮水设备、开水器等设备的附近；食堂、餐饮业厨房间；等等。地漏也应设置在容易溅水的卫生器具或冲洗水嘴附件，且应在地面的最低处。

（2）地漏的选用与要求

1）地漏的选择。食堂、厨房和公共浴室等排水处宜设置带网框地漏；不经常排水的场所设置地漏时，应采用密闭型地漏；事故排水地漏不宜设水封，连接地漏的排水管道应采用间接排水；设备排水应采用直通式地漏；地下车库如有消防排水时，宜设置大流量专用地漏。各种地漏特点和使用场所见表 3-2。严禁采用钟罩（扣碗）式地漏。

表 3-2 各种地漏特点和使用场所

名称	功能特点	常用规格	使用场所
直通式地漏	排除地面积水，出水口垂直向下，内部不带水封	DN50～DN150	需要地面排水的卫生间、盥洗室、车库、阳台等
密闭型地漏	带有密闭盖板，排水时其盖板可人工打开，不排水时可密闭，可以内部不带水封	DN50～DN100	需要地面排水的洁净车间、手术室、管道技术层，以及卫生标准高及不经常使用地漏的场所
防溢地漏	内部设有防止废水排放时冒溢出地面的装置，可以内部不带水封	DN50	用于所接地漏的排水管有可能从地漏口冒溢之处
带网框地漏	内部带活动网框，可用拦截杂物，并取出倾倒，可以内部不带水封	DN50～DN150	排水中挟有易于堵塞的杂物时，如淋浴间、理发室、公共浴室、公共食堂
多通道地漏	可接纳地面排水和 1～2 个器具排水，内部带水封	DN50	用于水封易丧失，利用器具排水进行补水或需接纳多个排水接口的场所
直埋式地漏	安装在垫层里，横排水管不穿越楼层，内部带水封	DN50	用在同层排水地面积水或者地漏下面不容许敷管的场所
侧墙式地漏	箅子垂直安装，可侧向排除地面水，内部不带水封	DN50～DN150	用在需同层排除地面积水或者地漏下容许敷管的场所

2）淋浴室内地漏的排水负荷，可按表 3-3 确定。当用排水沟排水时，8 个淋浴器可设置 1 个直径为 100mm 的地漏。

表 3-3 淋浴室地漏管径（无排水沟时）

淋浴器数量/个	地漏管径/mm
1～2	50
3	75
4～5	100

3）地漏泄水能力应根据地漏规格、结构和排水横支管的设置坡度等经测试确定。当无实测资料时，可按表 3-4 确定。

表 3-4 地漏泄水能力

地漏规格			DN50	DN75	DN100	DN150
用于地面排水/（L/s）	普通地漏	积水深 15mm	0.8	1.0	1.9	4.0
	大流量地漏	积水深 15mm	—	1.2	2.1	4.3
		积水深 20mm	—	2.4	5.0	10
用于设备排水/（L/s）			1.2	2.5	7.0	18.0

3.2.3 清通设备

在日常使用过程中，排水管道容易堵塞，为了便于清通，需要在排水管道上设置清通附件。常用的清通附件有清扫口和检查口。清扫口是指一种装在排水横管上，用于清扫排水管的配件，只可单向清通；检查口是指带有可开启检查盖的配件，装设在排水立管及较长横管段上，供检查和清通之用，可以双向清通。

1. 清扫口

（1）清扫口设置的场所

排水管道上应按下列规定设置清扫口：

1）连接 2 个及 2 个以上的大便器或 3 个及 3 个以上卫生器具的铸铁排水横管上，宜设置清扫口；连接 4 个及 4 个以上的大便器的塑料排水横管上宜设置清扫口。

2）水流转角小于 135° 的排水横管上，应设清扫口；清扫口可采用带清扫口的转角配件替代。

3）当排水立管底部或排出管上的清扫口至室外检查井中心的最大长度大于表 3-5 的规定时，应在排出管上设清扫口。

表 3-5　排水立管底部或排出管上的清扫口至室外检查井中心的最大长度

管径/mm	50	75	100	100 以上
最大长度/m	10	12	15	20

4）排水横管的直线管段上清扫口之间的最大距离，应符合表 3-6 的规定。

表 3-6　排水横管的直线管段上清扫口之间的最大距离

管径/mm	距离/m	
	生活废水	生活污水
50～75	10	8
100～150	15	10
200	25	20

（2）清扫口设置的要求

1）排水管上设置清扫口应符合下列规定（图 3-3）：

① 在排水横管上设清扫口，宜将清扫口设置在楼板或地坪上，且应与地面相平，清扫口中心与其端部相垂直的墙面的净距离不得小于 0.2m；楼板下排水横管起点的清扫口与其端部相垂直的墙面的距离不得小于 0.4m。

② 排水横管起点设置堵头代替清扫口时，堵头与墙面应有不小于 0.4m 的距离。

③ 在管径小于 100mm 的排水管道上设置清扫口，其尺寸应与管道同径；管径大于或等于 100mm 的排水管道上设置清扫口，应采用 100mm 直径清扫口。

④ 铸铁排水管道设置的清扫口，其材质应为铜质；塑料排水管道上设置的清扫口宜与管道相同材质。

⑤ 排水横管连接清扫口的连接管及管件应与清扫口同径，并采用 45° 斜三通和 45° 弯头或由两个 45° 弯头组合的管件。

⑥ 当排水横管悬吊在转换层或地下室顶板下设置清扫口有困难时，可用检查口替代清扫口。

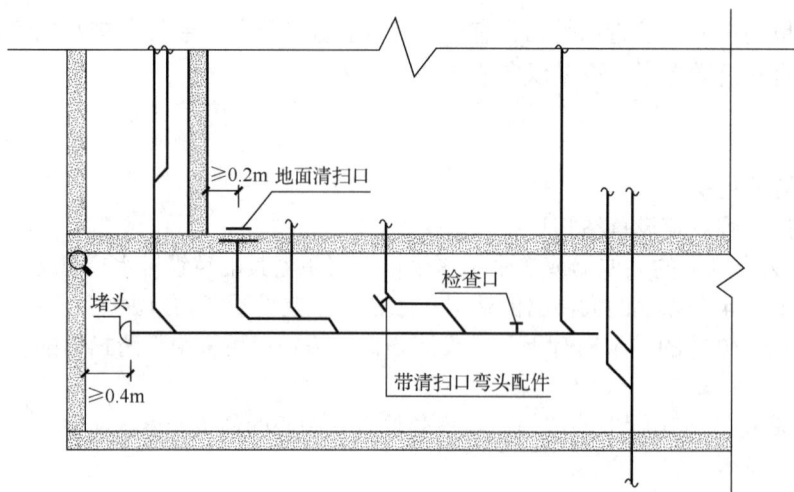

图 3-3　清扫口设置的要求

2）污废水排水横管宜设置在同层套内；当敷设于下一层的套内空间时，清扫口应设置在同层。

3）生活排水管道不应在建筑物内设检查井替代清扫口。

2．检查口

（1）检查口设置场所

生活排水管道应按下列规定设置检查口：

1）排水立管上连接排水横支管的楼层应设检查口，且在建筑物底层必须设置；

2）当立管水平拐弯或有乙字管时，在该层立管拐弯处和乙字管的上部应设检查口。

（2）检查口设置的要求

生活排水管道应按下列规定设置检查口（图 3-4）：

1）检查口中心高度距操作地面宜为 1.0m，并应高于该层卫生器具上边缘 0.15m；当排水立管设有 H 管件时，检查口应设置在 H 管件的上边。

2）当地下室立管上设置检查口时，检查口应设置在立管底部之上。

3）立管上检查口的检查盖应面向便于检查清扫的方向。

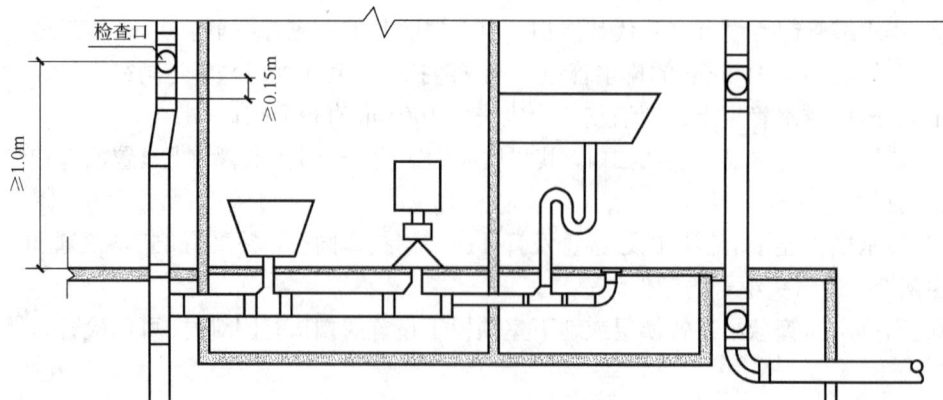

图 3-4　检查口设置的要求

3.2.4　通气管系统

建筑排水管道内是水气两相流,为使排水管道系统内空气流通,压力稳定,避免因管内压力波动使有毒有害气体进入室内,需要设置与大气相通的通气管道系统。通气管作用有平衡压力、使排水顺畅、排除有害气体、减少噪声。

1. 通气管通气方式

通气管通气方式有以下两种:通气管顶端与大气相通以补气,从而平衡排水管道中压力波动,如伸顶通气、专用通气、主副通气立管等。通气立管不直接与大气相通,其仅与排水立管相连,排水时管道中产生的正、负压通过通气管迂回补气而达到平衡,如自循环通气管。

2. 通气管类型

通气管主要类型有伸顶通气管、环形通气管、通气立管(主、副、专用通气立管)、器具通气管、结合通气管、汇合通气管、自循环通气立管,以及特殊配件单立管。各种类型的通气管如图 3-5 所示。

1)伸顶通气管:排水立管与最上层排水横支管连接处向上延伸至室外通气的管段。

2)环形通气管:从多个卫生器具的排水横支管上最始端的 2 个卫生器具之间接出至主通气立管或副通气立管的通气管段,或连接器具通气管至主通气立管或副通气立管的通气管段。

3)通气立管(主、副、专用通气立管)。

① 主通气立管:设置在排水立管同侧,连接环形通气管和排水立管,为排水横支管和排水立管内空气流通而设置的垂直管道。

② 副通气立管:设置在排水立管不同侧,仅与环形通气管连接,为使排水横支管内空气流通而设置的通气立管。

③ 专用通气立管:仅与排水立管连接,为排水立管内空气流通而设置的垂直通气管道。

4)器具通气管:卫生器具存水弯出口端接至环形通气管的管段。

5)结合通气管:排水立管与通气立管的连接管道。

6)汇合通气管:连接数根通气立管或排水立管顶端通气部分,并延伸至室外接通大气的通气管段。

7)自循环通气立管:通气立管在顶端、层间和排水立管相连,在底端与排出管连接,排水时在管道内产生的正负压通过连接的通气管道迂回补气而达到平衡的通气方式。

8)特殊配件单立管(图 3-6):在横支管与立管连接处及立管底部与横干管或者排出管连接处,设有特制配件的排水立管,利用其特殊结构改变水流方向和状态,在排水立管管径不变的情况下可改善管内水流与通气状态,增大排水移动流量。

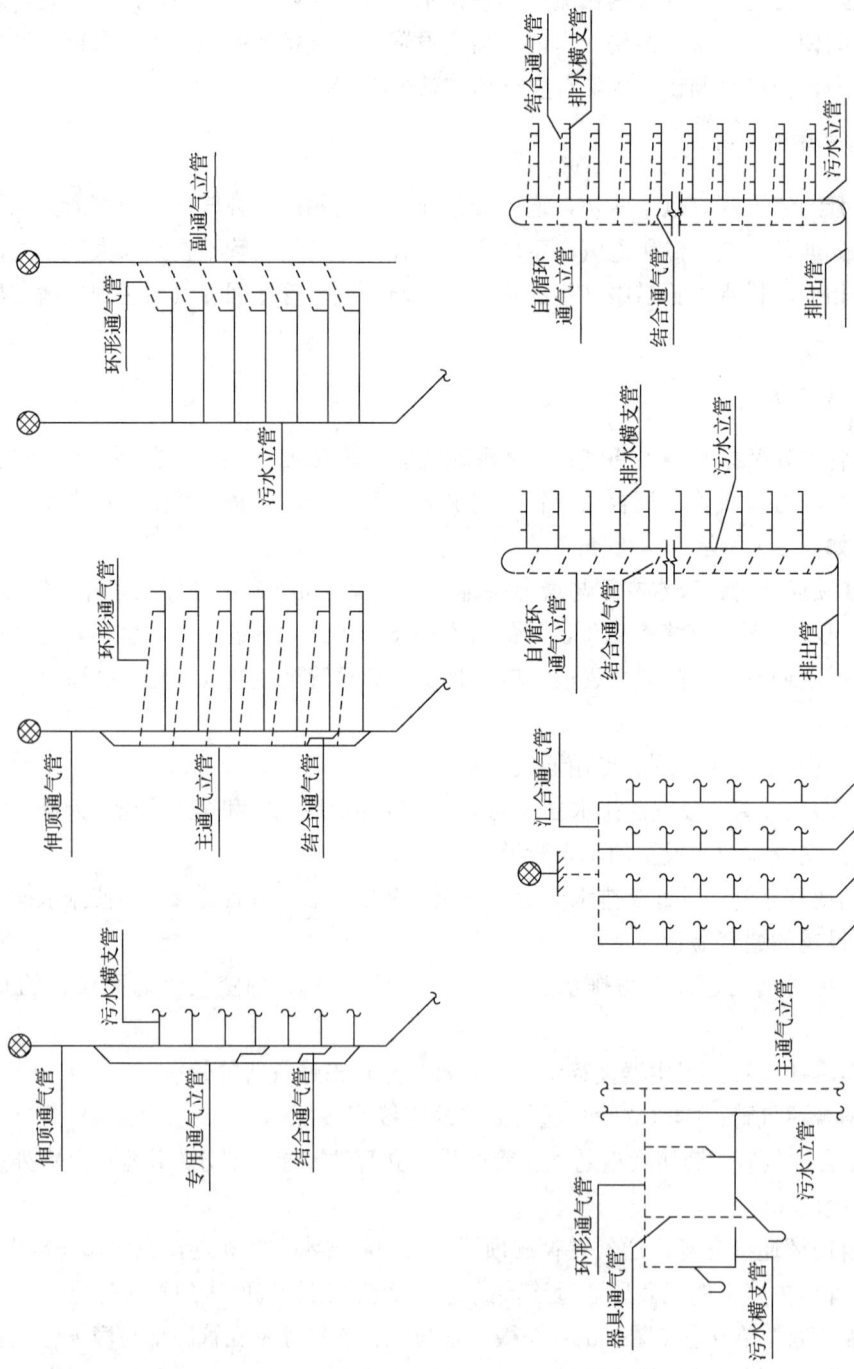

图 3-5　通气管类型

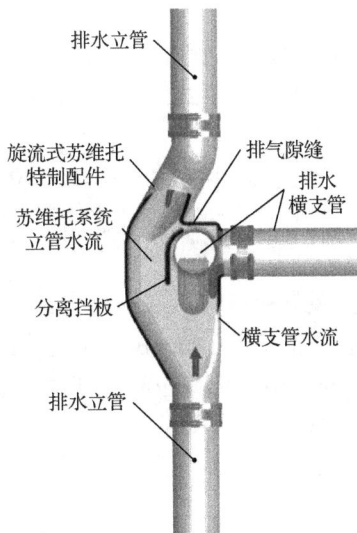

图 3-6 特殊配件单立管

3. 通气管设置的条件及要求

（1）伸顶通气管

1）生活排水管道的立管顶端，应设置伸顶通气管。

2）当遇特殊情况，伸顶通气管无法伸出屋面时，宜设置侧墙通气。如果侧墙通气也无法设置可采用自循环通气管道系统。

3）高出屋面的通气管设置应符合下列规定：

① 通气管高出屋面不得小于 0.3m，且应大于最大积雪厚度，通气管顶端应装设风帽或网罩；

② 在通气管口周围 4m 以内有门窗时，通气管口应高出窗顶 0.6m 或引向无门窗一侧；

③ 在经常有人停留的平屋面上，通气管口应高出屋面 2m；

④ 通气管口不宜设在建筑物挑出部分的下面；

⑤ 在全年不结冻的地区，可在室外设吸气阀替代伸顶通气管，吸气阀设在屋面隐蔽处；

⑥ 当伸顶通气管为金属管材时，应根据防雷要求设置防雷装置。

（2）环形通气管

下列排水管段应设置环形通气管：连接 4 个及 4 个以上卫生器具且横支管的长度大于 12m 的排水横支管；连接 6 个及 6 个以上大便器的污水横支管；设有器具通气管；特殊单立管偏置时。

（3）通气立管（主、副、专用通气立管）

1）通气立管不得接纳器具污水、废水和雨水，不得与风道和烟道连接。

2）建筑物内的排水管道上如设有环形通气管时，应设置连接各层环形通气管的主通气立管和副通气立管。

（4）器具通气管

对卫生、安静要求较高的建筑物内，生活排水管道宜设置器具通气管。

（5）特殊配件单立管

1）生活排水系统立管当采用特殊单立管管材及配件时，应根据现行行业标准《住宅生活排水系统立管排水能力测试标准》（CJJ/T 245—2016）所规定的瞬间流量法进行测试，并应以 ±400Pa 为判定标准确定。

2）当在 50m 及以下测试塔测试时，除苏维托排水单立管外其他特殊单立管应用于排水层数在 15 层及 15 层以上时，其立管最大设计排水能力的测试值应乘以系数 0.9。

（6）其他情况

当建筑物排水立管顶部设置吸气阀或排水立管为自循环通气的排水系统时，宜在其室外接户管的起始检查井上设置管径不小于 100mm 的通气管。当通气管延伸至建筑物外墙，且通气管口周围 4m 以内有门窗时，通气管口应高出窗顶 0.6m 或引向无门窗一侧规定；当设置在其他隐蔽部分时，应高出地面不小于 2m。

4. 通气管的连接方式

（1）器具通气管、环形通气管、主（副）通气立管（图 3-7）

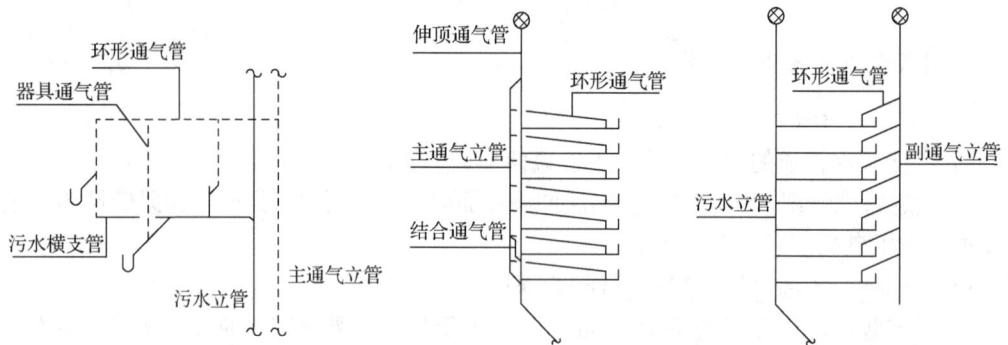

图 3-7　器具通气管、环形通气管、主（副）通气立管与排水立管连接方式

1）器具通气管应设在存水弯出口端；在横支管上设环形通气管时，应在其最始端的两个卫生器具之间接出，并应在排水支管中心线以上与排水支管呈垂直或 45° 连接。

2）器具通气管、环形通气管应在最高层卫生器具上边缘 0.15m 或检查口以上，按不小于 0.01 的上升坡度敷设与通气立管连接。

3）在建筑物内不得用吸气阀替代器具通气管和环形通气管。

（2）专用通气立管、主通气立管

专用通气立管和主通气立管的上端可在最高层卫生器具上边缘 0.15m 或检查口以上与排水立管通气部分以斜三通连接；下端应在最低排水横支管以下与排水立管以斜三通连接，或者下端应在排水立管底部距排水立管底部下游侧 10 倍立管直径长度距离范围内与横干管或排出管以斜三通连接。

（3）结合通气管

1）结合通气管宜每层或隔层与专用通气立管、排水立管连接，且与主通气立管连接；结合通气管下端宜在排水横支管以下与排水立管以斜三通连接，上端可在卫生器具上边缘 0.15m 处与通气立管以斜三通连接。

2）当采用 H 管件替代结合通气管时，其下端宜在排水横支管以上与排水立管连接。

3）当污水立管与废水立管合用一根通气立管时，结合通气管配件可隔层分别与污水立管和废水立管连接。通气立管底部分别以斜三通与污废水立管连接。

4）当（特殊单立管）偏置管位于中间楼层时，辅助通气管应从偏置横管下层的上部特殊管件接至偏置管上层的上部特殊管件；当偏置管位于底层时，辅助通气管应从横干管接至偏置管上层的上部特殊管件，或加大偏置管管径。

（4）自循环通气管

1）自循环通气系统，当采取环形通气管与排水横支管连接时，应符合下列要求：

① 通气立管的顶端应在卫生器具上边缘以上不少于 0.15m 处或检查口以上，并采用两个 90°弯头相连。

② 每层排水支管下游端接出环形通气管与通气立管相接；横支管连接卫生器具较多且横支管较长设置环形通气管的规定时，应在横支管上按环形通气管的连接方式连接。

③ 结合通气管的连接间隔不宜多于 8 层。

④ 通气立管底部应在排水横干管或排出管上采用倒顺水三通或倒斜三通相接。

2）自循环通气系统，当采取专用通气立管与排水立管连接时，应符合下列规定：

① 顶端应在最高卫生器具上边缘 0.15m 或检查口以上采用 2 个 90°弯头相连；

② 通气立管宜隔层采用结合通气管并按照结合通气管连接规定与排水立管相连；

③ 通气立管下端应在排水横干管或排出管上采用倒顺水三通或倒斜三通相接。

3.2.5　污废水提升设备

当建筑物的室内地面标高低于室外地面时，其排放的污（废）水不能通过重力流排入室外污水管网中，为了把污水集流提升排出，保持室内良好的卫生情况，应设置污水集水池、污水提升装置。

1. 污水泵

（1）污水泵形式

污水泵可采用潜污泵、液下排水泵、立式污水泵和卧式污水泵等。潜污泵泵体直接放置在集水池内，不占场地、噪声小、自灌式吸水，使用较多。

（2）污水泵的设计流量

1）当室内设的污水集水池没有调节容积（只是污水泵的吸水井）时，室内的污水水泵的流量应按生活排水设计秒流量选定。

2）当室内设有生活污水处理设施且集水井有调蓄容积（有效容积不大于 6h 生活排水平均小时流量）时，污水水泵的流量可按生活排水最大小时流量选定。

3）当地坪集水坑（池）接纳水箱（池）溢流水、泄空水时，应按水箱（池）溢流量、泄流量与排入集水池的其他排水量中较大者选择水泵机组；其中的溢流量根据进水阀控制的可靠程度确定。如在液位水力控制阀前装电动间等双阀串联控制，水池的溢流水量可不考虑；如仅采用水力控制阀单阀控制，水池溢流量即为水箱（池）进水量。水池的泄流量按照水池的水容积和泄空时间确定。

（3）污水泵扬程

污水泵扬程应为提升高度与管道水头损失之和，并附加 2～3m 流出水头计算。

（4）污水泵设置的要求

1）水泵吸水管、出水管流速宜在 0.7～2.0m/s 之间。

2）污水泵宜设置排水管单独排至室外，排出管的横管段应有坡度坡向出口，应在每台水泵出水管上装设阀门和污水专用止回阀。

3）污水提升装置应根据使用情况选用单泵或双泵污水提升装置。

4）提升装置的污水排出管应有坡度坡向出口，应在每台水泵出水管上装设阀门和污水专用止回阀。通气管应与楼层通气管道系统相连或单独排至室外。当通气管单独排至室外时，如在通气管口周围 4m 以内有门窗时，通气管口应高出窗顶 0.6m 或引向无门窗一侧。

5）备用泵：

① 生活排水集水池中排水泵应设置 1 台备用泵；

② 地下室、车库冲洗地面的排水，当有 2 台及 2 台以上排水泵时，可不设备用泵；

③ 地下室设备机房的集水池当接纳设备排水、水箱排水、事故溢水时，根据排水量除应设置工作泵外，还应设置备用泵。

6）污水水泵的启闭应设置自动控制装置，多台水泵可并联交替或分段投入运行。

7）当能关闭污水进水管时，可按三级负荷配电；当承担消防排水时，应按现行相关消防规范执行。

8）污水泵、阀门、管道等应选择耐腐蚀、大流通量、不易堵塞的设备器材。

9）污水泵房应建成单独构筑物，并应有卫生防护隔离带。泵房设计应按现行国家标准《室外排水设计标准》（GB 50014—2021）执行。

2. 集水池

（1）集水池容积

当集水池仅为污水泵的吸水井，没有调蓄能力时，集水池的有效容积下限不宜小于最大一台污水泵 5min 的出水量，且污水泵每小时启动次数不宜超过 6 次。成品污水提升装置的污水泵每小时启动次数应满足其产品技术要求。

当集水池是有调蓄能力，但污水不能在集水池停留时间过长时，为了防止污水发生沉淀、腐化，集水池有效容积的上限不得大于 6h 生活排水平均小时流量。

集水池总容积既应满足有效容积的设计要求，还应满足水泵布置、水位控制器、格栅等安装和检修的要求（表 3-7）。

表 3-7　集水池容积计算

下限值	不宜小于最大一台污水泵 5min 的出水量，且污水泵每小时启动次数不宜超过 6 次
上限值	生活排水调节池的有效容积不得大于 6h 生活排水平均小时流量
其他规定	集水池总容积既应满足有效容积的设计要求，还应满足水泵布置、水位控制器、格栅等安装和检修的要求

（2）集水池设置的要求

集水池设置的要求见表 3-8。

表 3-8　集水池设置的要求

设置场所	建筑物室内地面低于室外地面时，应设置污水集水池、污水泵或成品污水提升装置
集水池尺寸	① 集水池底宜有不小于 0.05 的坡度坡向泵位；集水池的深度及平面尺寸应按水泵类型而定。 ② 集水池有效水深一般取 1～1.5m，超高取 0.3～0.5m。 ③ 集水池最低设计水位应满足水泵吸水的要求
水位指示装置	集水池应设置水位指示装置，必要时应设置超警戒水位报警装置，将信号引至物业管理中心
自冲管	宜在池底设置自冲管（注：冲洗管应利用污水泵出口的压力，返回集水池内进行冲洗；不得用生活饮用水管道接入集水池进行冲洗，否则容易造成污水回流污染饮用水水质）
集水池设置	① 当生活污水集水池设置在室内地下室时，池盖应密封，且应设置在独立设备间内并设通风、通气管道系统。成品污水提升装置可设置在卫生间或敞开室间内，地面宜考虑排水措施。 ② 集水坑应设检修盖板。 ③ 集水池应设置水位指示装置，必要时应设置超警戒水位报警装置，并将信号引至物业管理中心

【例 3-1】　某宾馆地下室设有可供 80 名员工使用的男、女浴室各 1 间，最高日用水定额为 80L/（人·d），共有间隔淋浴器 10 个、洗脸盆 4 个，浴室废水流入集水池由自动控制的排水泵即时提升排出，则废水集水池最小有效容积应为多少？

【解】　浴室废水流入集水池后由排水泵即时提升外排，该集水池无须考虑调节容积。依据《建筑给水排水设计标准》（GB 50015—2019）第 4.8.4 条第 1 款的规定：集水池有效容积不宜小于最大一台污水泵 5min 的出水量，同时排水泵应以生活排水的设计秒流量选定。

员工浴室应属于公共浴室范畴，浴室生活排水的设计秒流量应按式 $q_p=\sum q_0 n_0 b$ 进行计算。由《建筑给水排水设计标准》（GB 50015—2019）第 4.5.3 条可得，有间隔淋浴器的同时排水百分数为 60%～80%，取低值 60%，排水流量为 0.15L/s；洗脸盆的同时排水百分数为 60%～100%，取低值 60%，排水流量为 0.25L/s。

员工浴室生活排水的设计秒流量：

$$q_p=\sum q_0 n_0 b = 0.15\times10\times60\% + 4\times0.25\times60\% = 1.5（L/s）$$

集水池最小有效容积为

$$V_{有效} \geqslant 5\min Q_{泵\max} = 5\times1.5\times60/1000 = 0.45（m^3）$$

3.2.6　局部污水处理设施

1. 隔油池与隔油器

公共食堂或餐饮业厨房排放的污水中含有大量的动植物油，当排水管道中输送的油量超过 400mg/L 时，管道就会被堵塞。因此公共食堂和餐饮业厨房废水在排入城市污水管网前，应先经过除油装置。一般会采用隔油池（图 3-8）或成品隔油器。

隔油池除油原理：含油污水进入隔油池后，由于过水断面增大，水平流速减小，污水中密度小的浮油自然上浮至水面，可收集后去除。

（1）隔油池与隔油器设置场所

职工食堂和营业餐厅的含油污水在排入污水管道之前，应进行除油处理（隔油池、隔油器）后排入室外污水管道。

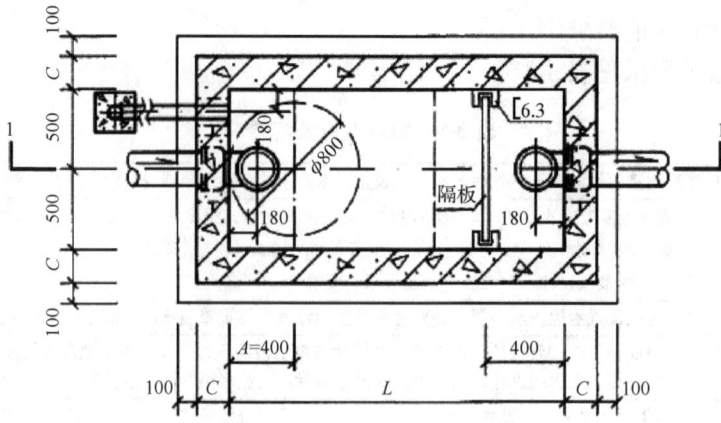

1—1剖面图

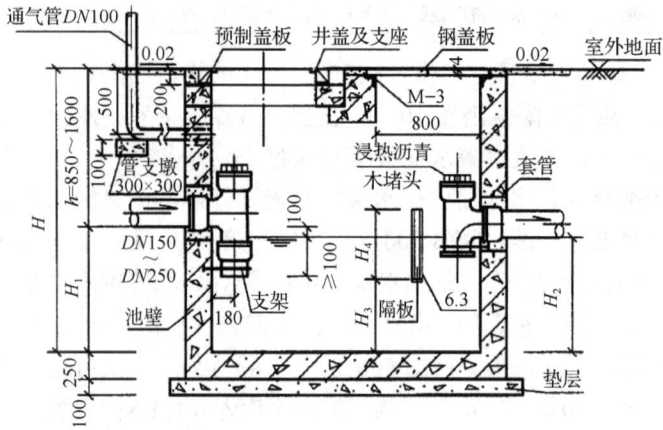

平面图

图3-8　隔油池构造

注：C、L、H、H_1、H_2、H_3、H_4根据具体实际情况确定。

（2）隔油池相关计算

隔油池有效容积及相关参数可以按公式（3-1）～公式（3-5）计算：

$$V = Q_{max} t \times 60 \tag{3-1}$$

$$A = \frac{Q_{max}}{v} \tag{3-2}$$

$$L = \frac{V}{A} \tag{3-3}$$

$$b = \frac{A}{h} \tag{3-4}$$

$$V_1 \geqslant 0.25V \tag{3-5}$$

式中：V——隔油池有效容积（m^3）；

　　　Q_{max}——含食用油污水设计流量，按设计秒流量计（m^3/s）；

　　　t——含食用油污水在池内停留时间（min），一般不得小于10min；

　　　A——隔油池中过水断面面积（m^2）；

v——污水在隔油池中水平流速（m/s），一般不得大于 0.005 m/s；

L——隔油池长（m）；

b——隔油池宽（m）；

h——隔油池有效水深（m），即隔油池出水管底至池底的高度，不得小于 0.6 m；

V_1——贮油部分容积（m³），即出水挡板的下端至水面油水分离室的容积。

（3）隔油器

隔油器是成品装置，具有拦截残渣、分离油水的功能，可以按照含有污水的流量直接选型，能设于室内。隔油器去除的含油废水水温及环境温度不得小于 5℃；当仅设一套隔油器时应设置超越管，超越管管径应与进水管管径相同；隔油器的通气管应单独接至室外；隔油器设置在设备间时，设备间应有通风排气装置，且换气次数不宜小于 8 次/h；隔油设备间应设冲洗水嘴和地面排水设施。

【例 3-2】　某职工食堂厨房设有一座矩形隔油池，厨房排水的设计秒流量为 6.5L/s，最大时排水水量为 10m³/h，求隔油池的体积最小为多少？最小过水断面面积为多少？

【解】　根据含食用油污水在池内停留时间不得小于 10min，隔油池的体积最小：

$$V_{min} = Qt = 6.5 \times 10 \times 60 = 3900（L）= 3.9（m^3）$$

根据含食用油污水在池内的流速不得大于 0.005m/s，最小过水断面面积：

$$A = \frac{Q}{v} = \frac{6.5 \times 10^{-3}}{0.005} = 1.3（m^2）$$

2. 降温池

排水温度大于 40℃时，会蒸发大量气体，这样会导致清理管道时操作劳动条件差，影响工人身体健康。因此必须降温后才能排入城市下水道；同时，温度高于 40℃的排水应优先考虑将所含热量回收利用。

降温池降温的途径包括二次蒸发、与冷水直接混合、水面散热等。降温宜采用较高温度排水与冷水在池内混合的方法进行，降温池采用的冷却水尽量采用低温废水。降温池（图 3-9）常用的有虹吸式和隔板式两种类型。

（1）降温池设置的要求

1）降温池管道设置应符合下列规定：

① 有压高温废水进水管口宜装设消音设施，当有二次蒸发时，管口应露出水面向上并应采取防止烫伤人的措施；当无二次蒸发时，管口宜插入水中深度 200mm 以上，并应设通气管。

② 冷却水与高温排水混合可采用穿孔管喷洒，当采用生活饮用水做冷却水时，应采取防回流污染措施。

③ 降温池虹吸排水管管口应设在水池底部。

2）降温池应设通气管，且通气管排出口设置位置要符合安全、环保要求。

3）降温池应设置于室外。

（2）冷却水量及容积计算

1）冷却水量按照热平衡方程计算，如公式（3-6）：

$$Q_1 \geqslant \frac{Q(t_2 - t_y)}{(t_y - t_1)} \tag{3-6}$$

式中：Q_1 ——所需冷却水质量（kg）；

Q ——热废水排水量，即一次排放的热废水质量（kg）；

t_2 ——设备工作压力下排放的废水温度（℃）；

t_y ——允许排放的水温（℃），一般取 40℃；

t_1 ——冷却水的温度（℃），取该地最冷月平均水温。

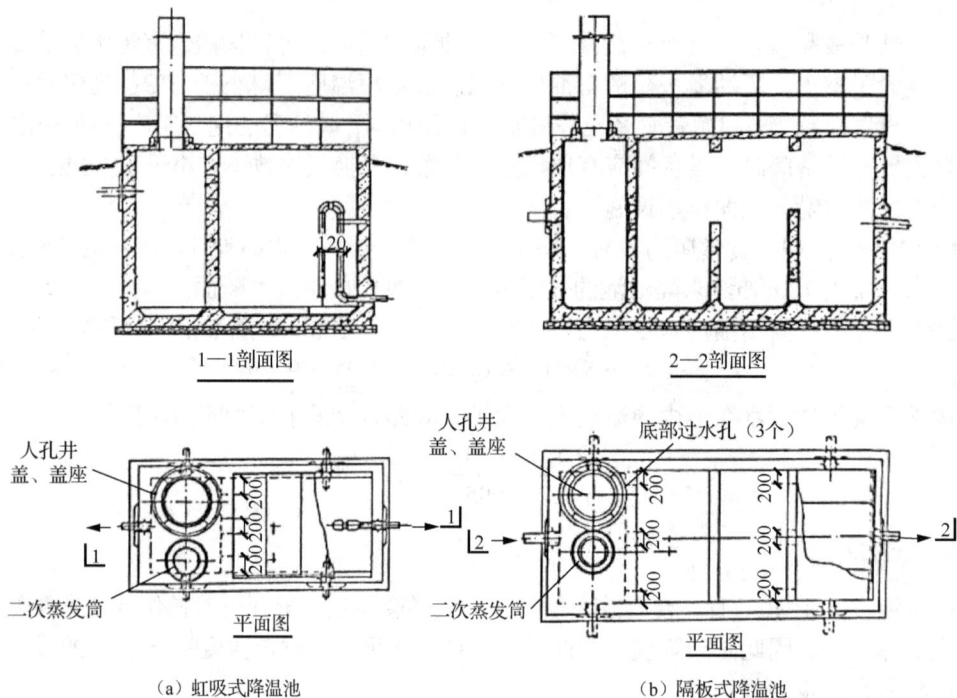

1—1剖面图　　　　　　　　　　　　2—2剖面图

（a）虹吸式降温池　　　　　　　　　　（b）隔板式降温池

图 3-9　降温池构造

2）降温池的有效容积包括存放热废水的容积 V_1 和存放冷却水的容积 V_2。
存放热废水的容积 V_1 按公式（3-7）计算：

$$V_1 = \frac{Q - k_1 q}{\rho} \tag{3-7}$$

式中：V_1 ——存放热废水的容积（m³）；

k_1 ——安全系数，取 0.8；

q ——热废水蒸发量，即蒸发带走的热废水质量（kg）；

ρ ——锅炉工作压力下水的密度（kg/m³）；

其他参数同上式。

热废水蒸发量按照公式（3-8）计算：

$$q = \frac{(t_2 - t_3)QC}{\gamma} \tag{3-8}$$

式中：t_3 ——大气压力下热废水的温度（℃）；

C ——水的比热，4.187kJ/（kg·℃）；

γ ——热废水的热焓（kJ/kg）。

存放冷却水的容积 V_2 按公式（3-9）计算：

$$V_2 = \frac{t_2 - t_y}{t_y - t_1} K V_1 \qquad (3-9)$$

式中：V_2——存放冷却水的容积（m³）；

K——混合不均匀系数，取 1.5；

其他参数同上式。

【例 3-3】 某热水锅炉每 8h 排污一次，排污量 700kg/次，温度 100℃，降温冷却水温度为 15℃。降温后排入市政污水管网。冷、热水密度均按 1000kg/m³ 计算，混合不均匀系数取为 1.5。排污降温池有效容积 V（m³）最小为多少？（蒸发量忽略不计）

【解】 降温池有效容积：

$$V = V_1 + V_2 = \frac{Q - k_1 q}{\rho} + \frac{t_2 - t_y}{t_y - t_1} K V_1 = \frac{700}{1000} + \frac{100 - 40}{40 - 15} \times 1.5 \times 0.7$$

$$= 0.7 + 2.52 = 3.22 （m³）$$

3. 化粪池

化粪池（图 3-10）是一种利用沉淀和厌氧发酵原理，去除生活污水中可沉淀和悬浮性有机物，储存并厌氧消化在池里的底泥的处理设施，可以减轻后续污水处理厂的处理压力。

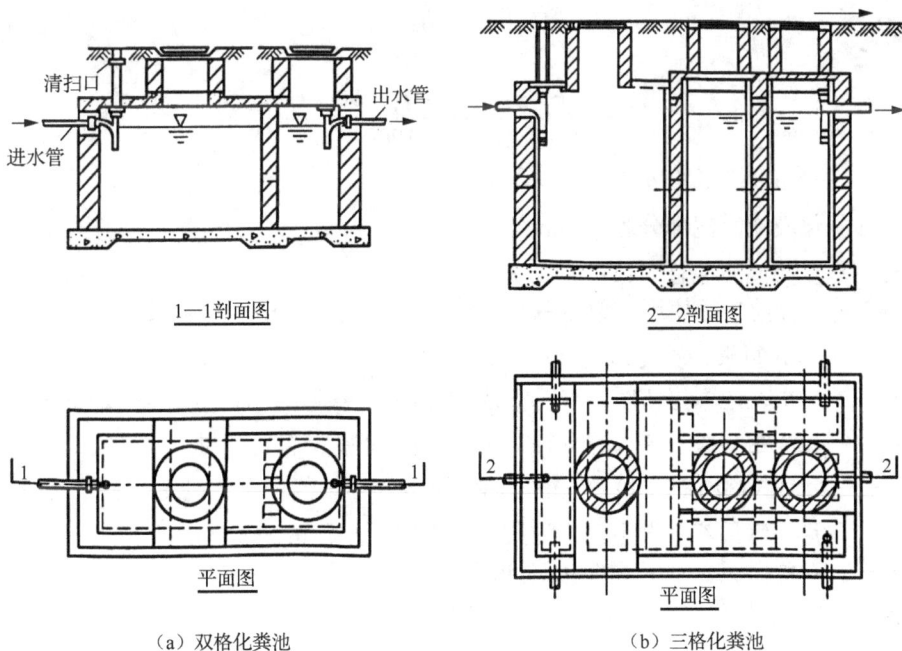

1—1剖面图　　　2—2剖面图

平面图　　　平面图

（a）双格化粪池　　　（b）三格化粪池

图 3-10　化粪池构造

（1）化粪池设置要求

1）化粪池与地下取水构筑物的净距不得小于 30m。

2）化粪池宜设置在接户管的下游端，便于机动车清掏的位置。

3）化粪池池外壁距建筑物外墙不宜小于 5m，并不得影响建筑物基础。

（2）化粪池构造要求

1）化粪池的长度与深度、宽度的比例应按污水中悬浮物的沉降条件和积存数量，经水力计算确定；深度（水面至池底）不得小于 1.30m，宽度不得小于 0.75m，长度不得小于 1.00m，圆形化粪池直径不得小于 1.00m。

2）双格化粪池第一格的容量宜为计算总容量的 75%；三格化粪池第一格的容量宜为总容量的 60%，第二格和第三格各宜为总容量的 20%。

3）化粪池格与格、池与连接井之间应设通气孔洞。

4）化粪池进水口、出水口应设置连接井与进水管、出水管相接。

5）化粪池进水管口应设导流装置，出水口处及格与格之间应设拦截污泥浮渣的设施。

6）化粪池池壁和池底应防止渗漏。

7）化粪池顶板上应设有人孔和盖板。

（3）化粪池容积计算

化粪池的总容积由有效容积和保护层容积组成，保护层高度一般为 250～450mm。化粪池有效容积应为污水部分和污泥部分容积之和，并宜按公式（3-10）～公式（3-12）计算：

$$V_{有效}=V_w+V_n \tag{3-10}$$

$$V_w=\frac{m \cdot b_f \cdot q_w \cdot t_w}{24 \times 1000} \tag{3-11}$$

$$V_n=\frac{m \cdot b_f \cdot q_n \cdot t_n \cdot (1-b_x) \cdot M_s \times 1.2}{(1-b_n) \times 1000} \tag{3-12}$$

式中：V_w ——化粪池污水部分容积（m^3）；

V_n ——化粪池污泥部分容积（m^3）；

m ——化粪池服务总人数；

b_f ——化粪池实际使用人数占总人数的百分数，可按表 3-9 确定；

q_w ——每人每天计算污水量 [L/（人·d）]，可按表 3-10 确定；

t_w ——污水在池中停留时间（h），应根据污水量确定，宜采用 12～24h；

q_n ——每人每日计算污泥量 [L/（人·d）]，可按表 3-11 确定；

t_n ——污泥清掏周期（d），应根据污水温度和当地气候条件确定，宜采用 3～12 个月（每月不分大小月，均按 30d 考虑，全年按 365d 计）；

b_x ——新鲜污泥含水率可按 95% 计算；

M_s ——污泥发酵后体积缩减系数宜取 0.8；

b_n ——发酵浓缩后的污泥含水率可按 90% 计算；

1.2 ——清掏后遗留 20%的容积系数。

表 3-9　化粪池使用人数百分比 b_f

建筑物名称	百分数/%
医院、疗养院、养老院、幼儿园（有住宿）	100
住宅、宿舍、旅馆	70
办公楼、教学楼、试验楼、工业企业生活间	40
职工食堂、餐饮业、影剧院、体育场（馆）、商场和其他场所（按座位）	5～10

表 3-10　化粪池每人每日计算污水量 q_w　　　　　　［单位：L/（人·d）］

分类	生活污水与生活废水合流排入	生活污水单独排入
每人每日污水量	（0.85～0.95）用水量	15～20

表 3-11　化粪池每人每日计算污泥量 q_n　　　　　　［单位：L/（人·d）］

建筑物分类	生活污水与生活废水合流排入	生活污水单独排入
有住宿的建筑物	0.7	0.4
人员逗留时间大于 4h 并小于或等于 10h 的建筑物	0.3	0.2
人员逗留时间小于或等于 4h 的建筑物	0.1	0.07

【例 3-4】　某高层写字楼，设计使用人数为 800 人，生活排水设计采用同层排水技术，污废合流。现要求在室外修建一座化粪池，处理其外排生活污水。若化粪池清掏周期为 1 年，则该化粪池的最小有效容积（V_{min}）应不小于多少？

【解】　题中已知设计使用人数，查《建筑给水排水设计标准》（GB 50015—2019）中表 4.10.15-1 可得，生活污水和生活废水合流排入时，每人每日污水量为用水量的 0.85～0.95，取 0.85；查《建筑给水排水设计标准》（GB 50015—2019）中表 4.10.15-3 可得，写字楼化粪池使用人数百分数为 40%；污水停留时间 t_w 取小值 12h；查得办公室用水定额取小值 30L/d；查《建筑给水排水设计标准》（GB 50015—2019）中表 4.10.15-2 可得，生活污水和生活废水合流排入时，每人每日污泥量为 0.3L。

化粪池污水部分容积为

$$V_w = \frac{m \times b_f \times q_w \times t_w}{24 \times 1000} = \frac{800 \times 40\% \times 0.85 \times 30 \times 12}{24 \times 1000} = 4.08 \ （m^3）$$

化粪池污泥部分容积为

$$V_n = \frac{m \times b_f \times q_n \times t_n \times (1-b_x) \times M_s \times 1.2}{(1-b_n) \times 1000}$$

$$= \frac{800 \times 40\% \times 0.3 \times 365 \times (1-95\%) \times 0.8 \times 1.2}{(1-90\%) \times 1000} = 16.82 \ （m^3）$$

化粪池有效容积为

$$V = V_w + V_n = 4.08 + 16.82 = 20.90 \ （m^3）$$

4. 生活污水局部处理设施

当生活污水中油脂、泥沙或病原菌等含量较多或水温较高时，在排入城市污水管网时需要在建筑物小区或建筑物周边建立具有相应功能的生活污水局部处理构筑物。

（1）选址要求

1）宜靠近接入市政管道的排放点；

2）建筑小区处理站的位置宜在常年最小频率的上风向，且应用绿化带与建筑物隔开；

3）处理站宜设置在绿地、停车坪及室外空地的地下。

（2）处理工艺

1）生活污水处理设施的工艺流程应根据污水性质、回用或排放要求确定；

2）生活污水处理设施一般采用生物接触氧化，鼓风曝气；

3）生活污水处理设施应设超越管。

（3）环境保护

生活污水处理设施环境保护设置要求见表 3-12。

表 3-12　生活污水处理设施环境保护设置要求

污染类别	保护要求
空气污染	① 当处理站布置在建筑地下室时，应有专用隔间。 ② 设置生活污水处理设施的房间或地下室应有良好的通风系统，当处理构筑物为敞开式时，每小时换气次数不宜小于 15 次；当处理设施有盖板时，每小时换气次数不宜小于 8 次。 ③ 生活污水处理间应设置除臭装置，其排放口位置应避免对周围人、畜、植物造成危害和影响。设置排风机和排风管，将臭气引至屋顶以上高空排放；将臭气引至土壤层进行吸附除臭；采用成品臭氧装置除臭，其中臭氧装置除臭效果好，但投资大耗电量大
噪声污染	生活污水处理构筑物机械运行噪声不得超过现行国家标准《声环境质量标准》（GB 3096—2008）的有关规定。建筑物内运行噪声较大的机械应设独立隔间

3.3　排水管道系统中的水气流动规律

3.3.1　建筑生活排水特点

（1）水量变化大

排水管道在绝大部分时间里，管道内只有很小的流量或处于无水状态，但当卫生器具排水时，排水历时短、瞬时流量大，高峰流量可能充满整个管道断面。

（2）气压变化幅度大

卫生器具不排水时，排水管道中的气体经过通气管与大气相通。当卫生器具排水时，管内气压会有较大波动，水封易遭破坏，水封高度不足时，有害气体会进入室内污染环境。

（3）流速变化大

建筑排水特点是立体交汇，很多层的排水横管与同一根排水立管相连接。卫生器具排水由横支管排入立管时，水流方向发生改变，在重力作用下加速下落，水气混合，直至达到终限流速。当水流由立管进入底部横干管后，水流方向再次改变，流速骤然减小，水气分离，管道中的流速变化巨大。

3.3.2　横管内水流状态

1）横支管内水气流动对压力波动的影响及分析（图 3-11、表 3-13）。

（a）A 处存水弯内的水面上升，C 处存水弯无变化　　　　（b）A 处存水弯内的水面下降，C 处存水弯无变化

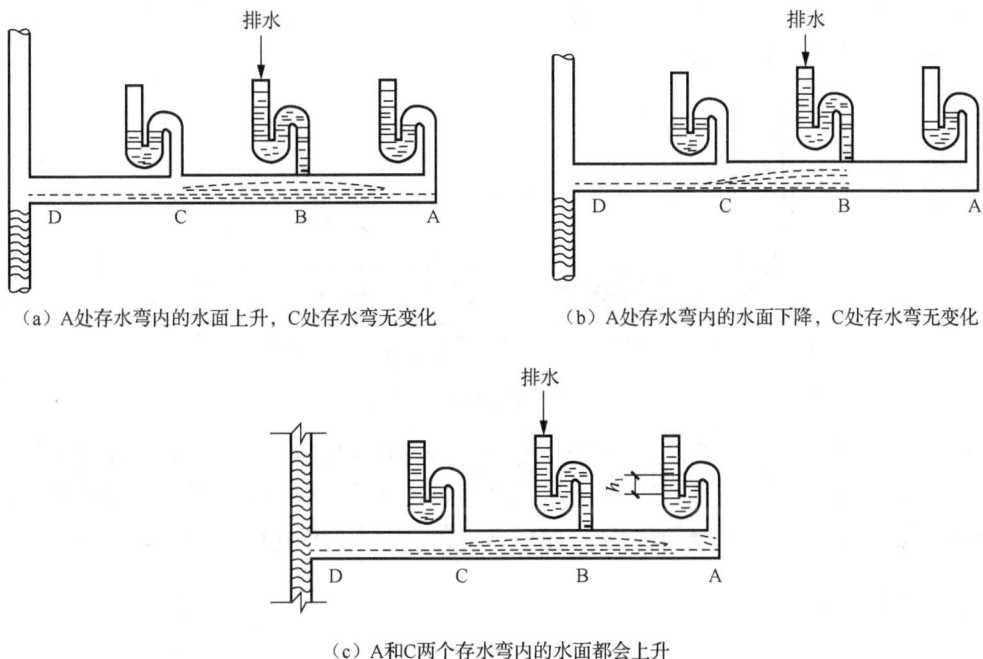

（c）A 和 C 两个存水弯内的水面都会上升

图 3-11　横支管内水气流动对压力波动的影响

表 3-13　横支管内水气流动对压力波动的影响分析

排水情况	存水弯变化及原因
中间卫生器具 B 放水	图（a）：A 处存水弯内的水面上升，C 处存水弯无变化。 原因：在排水横支管内的水流形成八字形双向流动，在 AB 段、BC 段内形成水跃。AB 段内气体不能自由流动形成正压
中间卫生器具 B 放水时，随着 B 点排水量的减少	图（b）：A 处存水弯内水面下降，C 处存水弯无变化。 原因：在横支管坡度作用下水流向 D 点作单向运动，对 A 点形成负压抽吸
在卫生器具 B 排水的同时，立管中有大量水下落，把 D 点封闭	图（c）：A 和 C 两个存水弯内的水面都会上升。 原因：AB 段和 BC 段在卫生器具 B 排水的同时，立管中有大量水下落，把 D 点封闭，段内的气体均不能自由流动，形成正压
在卫生器具 B 排水的同时，立管中有大量水下落，当把 D 点封闭时，B 点流量减少	图（c）：A 和 C 两个存水弯内形成惯性晃动，损失部分水量，水封高度降低。 原因：由于 B 点流量减少，水位向 D 点作单向运动，AB 段和 BC 段得不到空气的补充又形成负压抽吸现象
B 和 C 处两个卫生器具同时放水	图（c）：管内压力变化比一个卫生器具放水时要大，且横支管内的正、负压力均较大，对水封可能产生破坏作用。 原因：B 和 C 处两个卫生器具同时放水，B 和 C 两处呈八字形双向流，C 点的水流对 B 点向 D 点流动的水流产生阻隔作用，使 C 点以上的水位迅速增加，BC 段几乎为满流，而 AB 段的水位升高较多，水面形成阶梯状

　　2）横干管中水气流动对压力波动的影响。

　　① 横管中的水流状态。横管中的水流状态可分为急流段、水跃及跃后段、逐渐衰减段，如图 3-12 所示。急流段水流速度大，水深较浅，冲刷能力强。急流段末端由于管壁阻力使

流速减小，水深增加形成水跃。在水流继续向前运动的过程中，由于管壁阻力能量逐渐减小，水深逐渐减小，趋于均匀流。

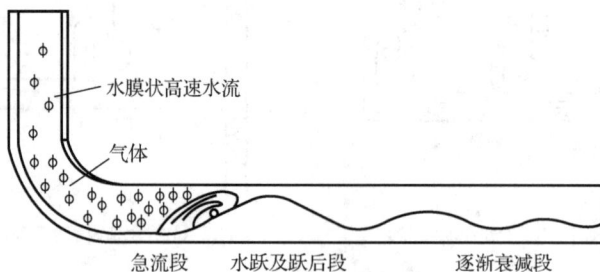

图 3-12　横管中水流状态

② 底层卫生器具（横干管上）存水弯的变化及原因。竖直下落的大量污水进入横干管后，管内水位骤然上升，可能充满整个管道断面，使水流中挟带的气体不能自由流动，短时间内横管中压力突然增加形成正压，底层卫生器具存水弯的水封可能被破坏。

3.3.3　立管内水流状态

立管中主要为水气两相流。随着立管中排水流量的不断增加，立管中的水流状态主要经过附壁螺旋流、水膜流和水塞流 3 个阶段（图 3-13、表 3-14）。

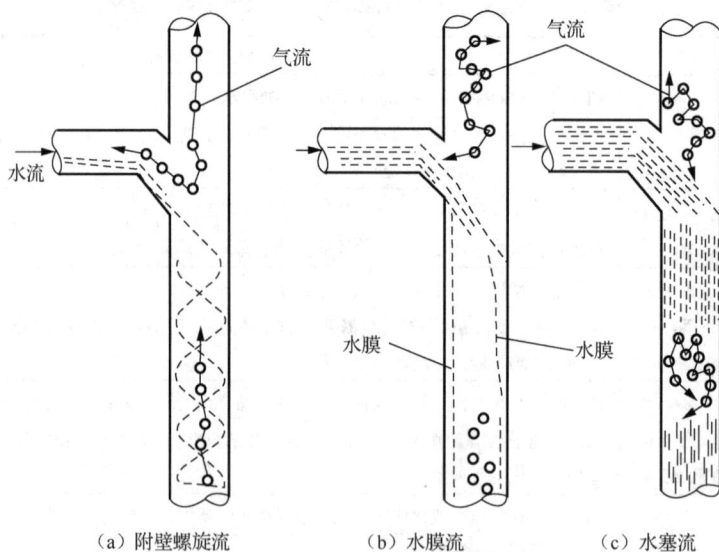

（a）附壁螺旋流　　　（b）水膜流　　　（c）水塞流

图 3-13　立管内水流状态

表 3-14　立管内水流状态及压力变化

水流状态		立管内压力变化
附壁螺旋流	当横支管排水量较小时	立管中心气流正常，管内气压稳定
	随着排水量的增加	立管中心气流仍旧正常，管内气压较稳定

水流状态		立管内压力变化
水膜流	当横支管流量进一步增加	水流沿管壁作下落运动，形成有一定厚度的带有横向隔膜的附壁环状水膜流。在向下运动过程中隔膜下部管内压力不断增加，压力达到一定值时，立管内气体将横向隔膜冲破，立管内气压又恢复正常。在继续下降的过程中，又形成新的横向隔膜，横向隔膜的形成与破坏交替进行。由于水膜流时排水量不是很大，形成的横向隔膜厚度较薄，横向隔膜破坏的压力小于水封破坏的控制压力。立管内气压虽有波动，但对水封的影响不大。 终限流速：当水膜所受的向上摩擦力与重力达到平衡，水膜的下降速度和水膜厚度不再变化，这时的流速为终限流速。 终限长度：从排水横支管水流入口处至终限流速形成处的高度为终限长度。 排水立管水膜流时的通水能力可作为确定排水立管最大排水流量的依据
水塞流	随着排水量继续增加	当充水率超过 1/3 后横向隔膜的形成与破坏越来越频繁，水膜厚度不断增加，隔膜下部的压力不能冲破水膜，最后形成较稳定的水塞。水塞向下运动，立管内气体压力波动剧烈，导致水封破坏，整个排水系统不能正常使用

3.4 管道材料、布置与敷设

3.4.1 管道材料

室内生活排水管道应采用建筑排水塑料管材、柔性接口机制排水铸铁管及相应管件；通气管管材宜与排水管管材一致；当连续排水温度大于 40℃时，应采用金属排水管或耐热塑料排水管；压力排水管道可采用耐压塑料管、金属管或钢塑复合管。

3.4.2 管道布置与敷设

建筑内部排水管道的布置与敷设应满足排水畅通；使用安全可靠，不影响室内环境卫生；施工安装、维护管理方便；排水管道短，工程造价低；占地面积小、美观等要求。

1. 保障排水畅通

1）室内排水管道的布置应符合下列规定：
① 自卫生器具排至室外检查井的距离应最短，管道转弯应最少；
② 排水立管宜靠近排水量最大或水质最差的排水点。
2）室内排水管道的连接（图 3-14）应符合下列规定：
① 卫生器具排水管与排水横支管垂直连接，宜采用 90° 斜三通。
② 横支管与立管连接，宜采用顺水三通或顺水四通和 45° 斜三通或 45° 斜四通；在特殊单立管系统中横支管与立管连接可采用特殊配件。
③ 排水立管与排出管端部的连接，宜采用两个 45° 弯头、弯曲半径不小于 4 倍管径的90° 弯头或 90° 变径弯头。
④ 排水立管应避免在轴线偏置；当受条件限制时，宜用乙字管或两个 45° 弯头连接。
⑤ 当排水支管、排水立管接入横干管时，应在横干管管顶或其两侧 45° 范围内采用 45°斜三通接入。
⑥ 横支管、横干管的管道变径处应管顶平接。

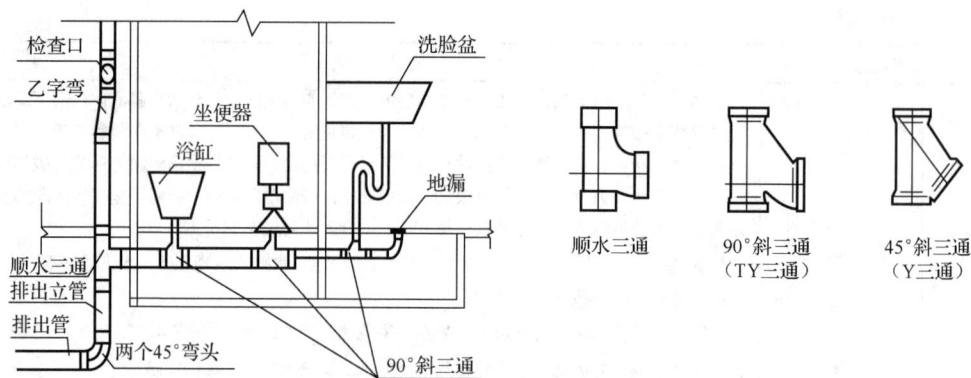

图 3-14　部分室内排水管道的连接

3）靠近排水立管底部的排水支管连接（图 3-15），应符合下列要求：

① 排水立管最低排水横支管与立管连接处距排水立管管底垂直距离（图 3-16）不得小于表 3-15 的规定。

② 当排水支管连接在排出管或排水横干管上时，连接点距立管底部下游水平距离不得小于 1.5m。

③ 排水支管接入横干管竖直转向管段时，连接点应距转向处以下 h_2 不得小于 0.6m。

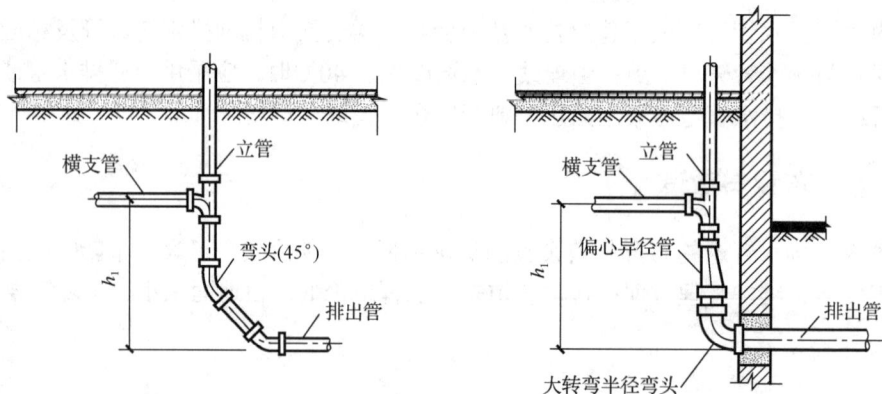

图 3-15　靠近排水立管底部的排水支管连接

表 3-15　最低横支管与立管连接处至立管管底的最小垂直距离

立管连接卫生器具的层数	垂直距离/m	
	仅设伸顶通气管	设通气立管
≤4	0.45	按配件最小安装尺寸确定
5～6	0.75	
7～12	1.2	
13～19	底层单独排	0.75
≥20		1.20

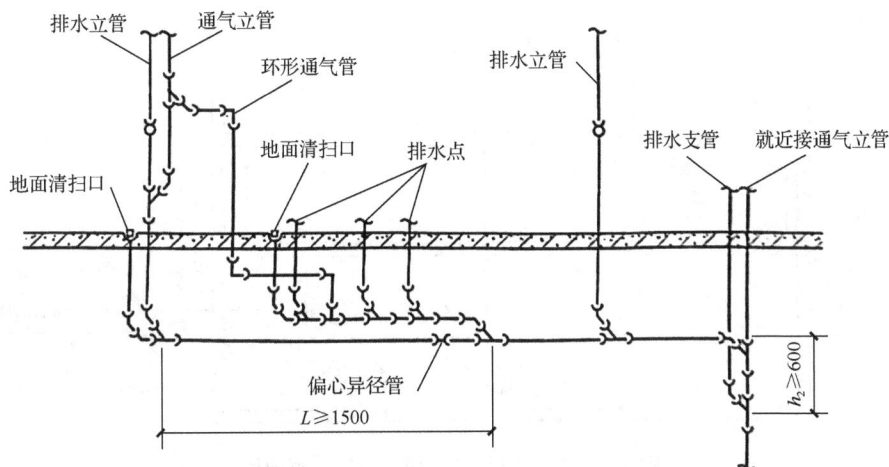

图 3-16 最低横支管与立管连接处至排出管管底的垂直距离

④ 下列情况下底层排水横支管应单独排至室外检查井或采取有效的防反压措施:

a. 当靠近排水立管底部的排水支管的连接不能满足上述①和②的要求时;

b. 当距排水立管底部 1.5m 距离之内的排出管、排水横管有 90° 水平转弯管段时。

2. 满足使用安全可靠、环境卫生的要求

在某些房间或场所布置排水管道时,要保证这些房间或场所正常使用;同时创造一个安全、卫生、舒适、安静、美观的生活、生产环境。

1) 室内排水管道布置应符合下列规定:

① 排水管道不得敷设在食品和贵重商品仓库、通风小室、电气机房和电梯机房内。

② 排水埋地管道不得布置在可能受重物压坏处或穿越生产设备基础。

③ 排水管、通气管不得穿越住户客厅、餐厅,排水立管不宜靠近与卧室相邻的内墙。

④ 排水管道不宜穿越橱窗、壁柜,不得穿越贮藏室。

⑤ 排水管道不应布置在易受机械撞击处;当不能避免时,应采取保护措施。

⑥ 塑料排水管不应布置在热源附近;当不能避免,并导致管道表面受热温度大于 60℃时,应采取隔热措施;塑料排水立管与家用灶具边净距不得小于 0.4m。

⑦ 当排水管道外表面可能结露时,应根据建筑物性质和使用要求,采取防结露措施。

2) 室内排水管道不得穿越下列场所:

① 卧室、客房、病房和宿舍等人员居住的房间;

② 生活饮用水池(箱)上方;

③ 遇水会引起燃烧、爆炸的原料、产品和设备的上面;

④ 食堂厨房和饮食业厨房的主副食操作、烹调和备餐的上方。

3) 室内排水管道为保证管道不受外力、热烤等破坏,应符合下列要求:

① 排水管道不得穿过变形缝、烟道和风道;当排水管道必须穿过变形缝时,应采取相应技术措施。

② 排水管道在穿越楼层设套管且立管底部架空时,应在立管底部设支墩或其他固定措施。地下室立管与排水横管转弯处也应设置支墩或固定措施(图 3-17)。

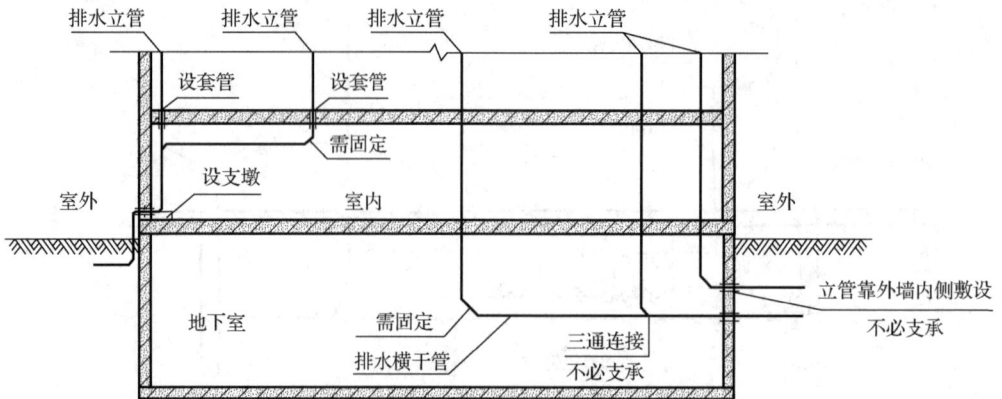

图 3-17　排水管道穿越楼层设置固定措施

③ 粘接或热熔连接的塑料排水立管应根据其管道的伸缩量设置伸缩节,伸缩节宜设置在汇合配件处(图 3-18)。排水横管应设置专用伸缩节。埋地塑料管道在埋地层中受混凝土或夯实土包覆,不会产生伸缩位移,因此可不设伸缩节。

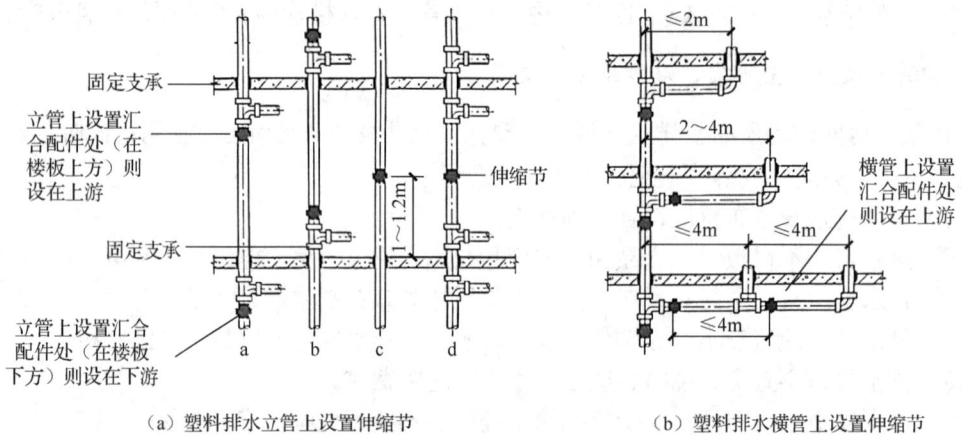

(a)塑料排水立管上设置伸缩节　　　　　(b)塑料排水横管上设置伸缩节

图 3-18　塑料排水管上设置伸缩节

④ 金属排水管道穿楼板和防火墙的洞口间隙、套管间隙应采用防火材料封堵。塑料排水管设置阻火装置应符合表 3-16 的规定。

表 3-16　塑料排水管阻火装置设置情况及要求

阻火装置设置情况及要求	塑料排水管道穿越楼层,设置阻火装置的条件: 1)高层建筑; 2)管径≥110mm; 3)立管明设	3 个条件同时满足才设阻火装置;只在楼板下侧设置
	塑料排水管道穿管道井壁	应在井壁外侧管道上设置
	塑料排水管道穿越防火墙,不论高层建筑还是多层建筑,不论管径大小,不论明设还是暗设,都必须设置阻火装置	穿越防火墙时,墙两侧都要设置

4）为防止污染卫生要求高的设备、容器和室内环境，下列构筑物和设备的排水管与生活排水管道系统应采取间接排水的方式：

① 生活饮用水贮水箱（池）的泄水管和溢流管；

② 开水器、热水器排水；

③ 医疗灭菌消毒设备的排水；

④ 蒸发式冷却器、空调设备冷凝水的排水；

⑤ 贮存食品或饮料的冷藏库房的地面排水和冷风机溶霜水盘的排水。

间接排水是指卫生设备或容器排出管与排水管道不直接连接，这样卫生器具或容器与排水管道系统不但有存水弯隔气，而且还有一段空气间隔。

5）设备间接排水宜排入邻近的洗涤盆、地漏。无法满足时，可设置排水明沟、排水漏斗或容器。间接排水的漏斗或容器不得产生溅水、溢流，并应布置在容易检查、清洁的位置。

6）间接排水口最小空气间隙，宜按表 3-17 确定。

表 3-17　间接排水口最小空气间隙

间接排水管管径/mm	排水口最小空气间隙/mm
≤25	50
32～50	100
>50	150
饮料用贮水箱排水口	≥150

7）室内生活废水排水沟与室外生活污水管道连接处，应设水封装置。

3. 方便施工安装和维护管理

为便于施工安装，管道距楼板和墙应有一定的距离；同时为便于日常维护管理，排水立管宜靠近外墙，以减少埋地横干管的长度。

1）在下列情况下，生活废水可采用有盖的排水沟排除：

① 生活废水中含有大量悬浮物或沉淀物需经常冲洗；

② 设备排水支管多，用管道连接存在困难；

③ 设备排水点的位置不固定；

④ 地面需要经常冲洗。

2）当废水中可能夹带纤维或有大块物体时，应在排水管道连接处设置格栅或带网框地漏。

3）生活排水管道敷设应符合下列规定：

① 管道宜在地下或楼板填层中埋设，或在地面上、楼板下明设；

② 当建筑有要求时，可在管槽、管道井、管窿、管沟或吊顶、架空层内暗设，但应便于安装和检修；

③ 在气温较高、全年不结冻的地区，管道可沿建筑物外墙敷设；

④ 管道不应敷设在楼层结构层或结构柱内。

4）应按规范设置清扫口和检查口。

3.4.3 同层排水

1. 基本概念

同层排水是指将排水横支管敷设在排水层或室外、卫生器具排水管且不穿楼层的一种排水方式。同层排水形式有装饰墙敷设、外墙敷设、降板敷设（局部降板填充层敷设、全降板填充敷设、全降板架空敷设）等多种形式（图3-19）。

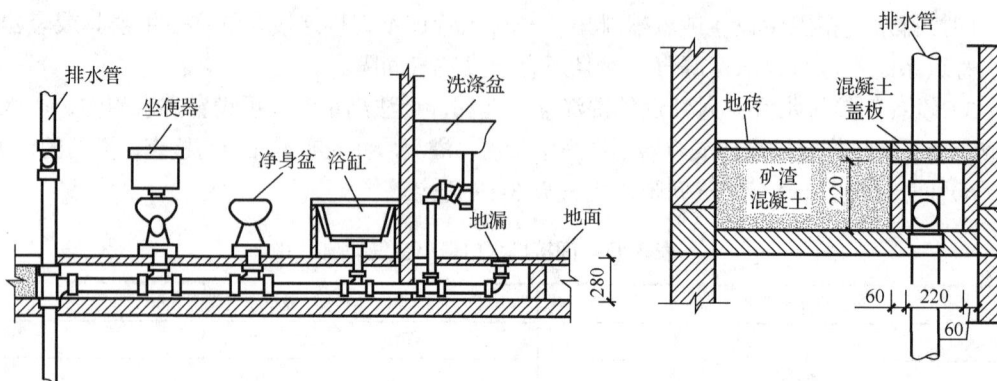

图 3-19　降板敷设式同层排水

传统排水管道系统是指将排水横支管布置在其下楼层的顶板之下，卫生器具排水管穿越楼板与横支管连接的一种。

2. 采用同层排水的场所

当卫生间的排水支管要求不穿越楼板进入下层用户时，应设置成同层排水。

3. 同层排水设计要求

排水通畅仍是同层排水的核心。同层排水设计的管道管径、坡度和最大设计充满度都应符合传统排水管道设计要求。同时器具排水横支管布置和设置标高不得造成排水滞留、地漏冒溢。

3.5　排水系统计算

3.5.1　排水设计流量

1. 基本设计参数

（1）排水定额、小时变化系数

排水定额、小时变化系数见表3-18。

（2）卫生器具排水流量、当量

以污水盆排水量0.33L/s为一个排水当量，其他卫生器具的排水量与0.33L/s的比值作为该卫生器具的排水当量。卫生器具排水的流量、当量和排水管的管径按表3-19确定。

表 3-18　排水定额、小时变化系数

项目	排水定额	小时变化系数
建筑单体（住宅、公建）	与给水定额相同	与生活给水小时变化系数相同
小区内的住宅、公建	给水定额的 85%～95%	与生活给水小时变化系数相同

注：小区生活排水系统的排水定额要比其相应的生活给水系统用水定额小，其原因是用水损耗、蒸发损失，水箱（池）因阀门失灵漏水、埋地管道渗漏等，但公共建筑中不排入生活排水管道系统的给水量不应计入。选择 85%～95% 为上下限的考虑因素是建筑物性质、选用管材配件附件质量、建筑给排水工程施工质量和物业管理水平等。

表 3-19　卫生器具排水的流量、当量和排水管的管径

序号	卫生器具名称		排水流量/（L/s）	当量	排水管管径/mm
1	洗涤盆、污水盆（池）		0.33	1.00	50
2	餐厅、厨房洗菜盆（池）	单格洗涤盆（池）	0.67	2.00	50
		双格洗涤盆（池）	1.00	3.00	50
3	盥洗槽（每个水嘴）		0.33	1.00	50～75
4	洗手盆		0.10	0.30	32～50
5	洗脸盆		0.25	0.75	32～50
6	浴盆		1.00	3.00	50
7	淋浴器		0.15	0.45	50
8	大便器	冲洗水箱	1.50	4.50	100
		自闭式冲洗阀	1.20	3.60	100
9	医用大便器		1.50	4.50	100
10	小便器	自闭式冲洗阀	0.10	0.30	40～50
		感应式冲洗阀	0.10	0.30	40～50
11	大便槽	≤4 个蹲位	2.50	7.50	100
		>4 个蹲位	3.00	9.00	150
12	小便槽（每米长）	自动冲洗水箱	0.17	0.50	—
13	化验盆（无塞）		0.20	0.60	40～50
14	净身器		0.10	0.30	40～50
15	饮水器		0.05	0.15	25～50
16	家用洗衣机		0.50	1.50	50

注：家用洗衣机下排水软管直径为 30mm，上排水软管内径为 19mm。

2. 排水设计秒流量

排水设计秒流量是指建筑内部生活排水管道的设计流量应为该管段的瞬时最大排水流量。

1）住宅、宿舍（居室内设有卫生间）、旅馆、宾馆、酒店式公寓、医院、疗养院、幼儿园、养老院、办公楼、商场、图书馆、书店、客运中心、航站楼、会展中心、中小学教学楼、食堂或营业餐厅等建筑生活排水管道设计秒流量，应按公式（3-13）计算：

$$q_p = 0.12\alpha\sqrt{N_p} + q_{max} \tag{3-13}$$

式中：q_p——计算管段排水设计秒流量（L/s）；

   α——根据建筑物用途而定的系数，按表 3-20 确定；

   N_p——计算管段的卫生器具排水当量总数；

   q_{max}——计算管段上最大一个卫生器具的排水流量（L/s）。

表 3-20 根据建筑物用途而定的系数 α 值

建筑物名称	住宅、宿舍（居室内设有卫生间）、宾馆、酒店式公寓、医院、疗养院、幼儿园、养老院的卫生间	旅馆和其他公共建筑的盥洗室和厕所间
α 值	1.5	2.0～2.5

当计算所得流量值大于该管段上按卫生器具排水流量累加值时，应按卫生器具排水流量累加值确定（在单个卫生间容易出现该情况）。

2）宿舍（设公用盥洗卫生间）、工业企业生活间、公共浴室、洗衣房、职工食堂或营业餐厅的厨房、实验室、影剧院、体育场（馆）等建筑的生活排水管道设计秒流量，应按式（3-14）计算：

$$q_p = \sum q_0 n_0 b \qquad (3\text{-}14)$$

式中：q_0——同类型的一个卫生器具排水流量（L/s）；

   n_0——同类型卫生器具数；

   b——卫生器具的同时排水百分数。冲洗水箱大便器的同时排水百分数应按 12% 计算，其他的与建筑给水相同。

当计算值小于一个最大卫生器具额定排水流量时，应按最大卫生器具额定排水流量确定。

【例 3-5】 某 31 层一梯 4 户单元式住宅，户内主人房卫生间内配置冲洗水箱坐便器、普通浴缸、洗脸盆各 1 个，设计拟采用污废合流、加强型内螺旋特殊单立管、伸顶通气排水系统，则主人房卫生间的排水横支管（设 1 根横支管）的设计流量应为多少？

【解】 题中要求排水横支管的设计流量，其中住宅适用于公式（3-13）；查坐便器（带冲洗水箱）、普通浴缸、洗脸盆排水当量分别为 4.5、3、0.75，最大卫生器具排水流量为 1.5L/s [坐便器（带冲洗水箱）]，α 值为 1.5。

$$q_{横支管} = 0.12\alpha\sqrt{N_p} + q_{max} = 0.12 \times 1.5 \times \sqrt{4.5 + 0.75 + 3} + 1.5 = 2.02 \text{（L/s）}$$

主人房卫生间卫生器具的排水流量累加值为

$$q_{累加} = 1.5 + 1 + 0.25 = 2.75 \text{（L/s）}$$

从上可得，计算所得流量值小于卫生器具排水流量累加值，取计算值 2.02L/s。

【例 3-6】 某体育场供观众使用的公共卫生间设有 16 个蹲式大便器（设自闭式冲洗阀）、2 个坐便器（带冲洗水箱，供残疾人使用）、10 个小便器（设感应式冲洗阀）及 3 个洗手盆（设感应式水嘴），则该卫生间排水管道设计秒流量不应小于多少？

【解】 题中要求体育场卫生间排水管道的设计秒流量，适用于式（3-14）；查相关卫生器具的排水额定流量和对应同时排水百分数 [坐便器（带冲洗水箱）为 12%]。

$$q_s = \sum q_0 n_0 b$$

$$q_s = 1.2 \times 16 \times 5\% + 1.5 \times 2 \times 12\% + 0.1 \times 10 \times 70\% + 0.1 \times 3 \times 70\% = 2.23 \text{（L/s）}$$

3.5.2　排水管网水力计算

建筑内部排水管网水力计算主要是确定各管段的管径（如排水横管、排水立管、通气管），同时对于排水横管而言还要确定管道的坡度和充满度等参数。

1. 横管水力计算

（1）计算公式

对于横干管和连接多个卫生器具的横支管，先算出横管的排水设计秒流量后，再通过圆管均匀流水力计算公式（3-15）和公式（3-16）确定各管段的管径、坡度和充满度。

$$q_p = Av \tag{3-15}$$

$$v = \frac{1}{n} R^{2/3} I^{1/2} \tag{3-16}$$

式中：A——管道在设计充满度的过水断面面积（m^2）；

　　　v——流速（m/s）；

　　　R——水力半径（m）；

　　　I——水力坡度，采用排水管的坡度；

　　　n——管渠粗糙系数，塑料管取 0.009、铸铁管取 0.013、钢管取 0.012。

（2）管道充满度与管道坡度

管道充满度是指管道水深与管道管径的比值。在重力流的排水管中污水是非满流，管道上未充满水流的空间，用于排除污废水中的有害气体，容纳超负荷流量。

管道坡度是指污水中含有固体杂质，如果管道坡度过小，污水的流速慢，固体杂物会在管内沉淀淤积，减小过水断面面积，造成排水不畅或堵塞管道，为此对管道坡度做了规定。建筑内部生活排水管道的坡度有通用坡度和最小坡度两种。

通用坡度是指正常条件下应予保证的坡度；最小坡度为必须保证的坡度。一般情况下应采用通用坡度，当横管过长或建筑空间受限制时，可采用最小坡度。

1）建筑物内生活排水铸铁管道的最小坡度和最大设计充满度，宜按表 3-21 确定。节水型大便器的横支管应按表 3-21 中通用坡度确定。

表 3-21　建筑物内生活排水铸铁管道的最小坡度和最大设计充满度

管径/mm	通用坡度	最小坡度	最大设计充满度
50	0.035	0.025	0.5
75	0.025	0.015	
100	0.020	0.012	
125	0.015	0.010	
150	0.010	0.007	0.6
200	0.008	0.005	

2）建筑排水塑料横管的坡度、设计充满度应符合下列规定：

① 排水塑料横支管的标准坡度应为 0.026，最大设计充满度应为 0.5；

② 排水塑料横干管的通用坡度、最小坡度和最大设计充满度应按表 3-22 确定。

表 3-22　建筑排水塑料横干管的通用坡度、最小坡度和最大设计充满度

外径/mm	通用坡度	最小坡度	最大设计充满度
110	0.012	0.0040	0.5
125	0.010	0.0035	
160	0.007		
200		0.0030	0.6
250	0.005		
315			

（3）最小管径

为了排水通畅，防止管道堵塞，保障室内环境卫生，建筑内部排水管道管径不能过小，其最小管径应符合下列要求：

1）大便器排水管最小管径不得小于 100mm。

2）建筑物内排出管最小管径不得小于 50mm。

3）多层住宅厨房间的立管管径不宜小于 75mm。

4）单根排水立管的排出管宜与排水立管相同管径。

5）下列场所设置排水横管时，管径的确定应符合下列要求：

① 当公共食堂厨房内的污水采用管道排除时，其管径应比计算管径大一级，但干管管径不得小于 100mm，支管管径不得小于 75mm；

② 医疗机构污物洗涤盆（池）和污水盆（池）的排水管管径，不得小于 75mm；

③ 小便槽或连接 3 个及 3 个以上的小便器，其污水支管管径不宜小于 75mm；

④ 公共浴池的泄水管不宜小于 100mm。

2. 立管水力计算

1）生活排水系统立管当采用建筑排水光壁管管材和管件时，应按表 3-23 确定。立管管径不得小于所连接的横管的管径。

表 3-23　生活排水立管最大设计排水能力

排水立管系统类型			最大设计排水能力/（L/s）		
			排水立管管径/mm		
			75	100（110）	150（160）
伸顶通气		厨房	1.00	4.0	6.40
		卫生间	2.00		
专用通气	专用通气管 75mm	结合通气管每层连接		6.30	
		结合通气管隔层连接		5.20	
	专用通气管 100mm	结合通气管每层连接	—	10.00	—
		结合通气管隔层连接		8.00	
	主通气立管+环形通气管				
自循环通气	专用通气形式			4.40	
	环形通气形式			5.90	

2）生活排水系统立管当采用特殊单立管管材及配件时，应根据现行行业标准《住宅生活排水系统立管排水能力测试标准》（CJJ/T 245—2016）所规定的瞬间流量法进行测试，并应以 ±400Pa 为判定标准确定。当在 50m 及以下测试塔测试时，除苏维托排水单立管外，其他特殊单立管应用于排水层数在 15 层及 15 层以上时，其立管最大设计排水能力的测试值应乘以系数 0.9。

【例 3-7】　某医院住院部公共盥洗室内设有伸顶通气的铸铁排水立管，其横支管采用 45°斜三通连接卫生器具的排水，其上连接污水盆 2 个，洗手盆 8 个，则该立管的最大设计秒流量 q 和最小管径应为多少？

【解】　医院住院部公共盥洗间立管最大设计秒流量按照公式（3-13）计算：

$$q_p = 0.12 \times 2.5 \times \sqrt{1.0 \times 2 + 0.3 \times 8} + 0.33 = 0.96（L/s）$$

查《建筑给水排水设计标准》（GB 50015—2019）中 4.5.7 表可知 DN75 时排水能力就能满足，同时该建筑设置排水横管时，管径的确定应符合下列要求：医院污物洗涤盆（池）和污水盆（池）的排水管管径，不得小于 75mm；所以该医院住院部公共盥洗室内排水横管最小为 75mm，则立管管径最小管径 DN75。

3. 通气管管径计算

（1）通气立管的管径

1）通气管的最小管径不宜小于排水管管径的 1/2，并可按表 3-24 确定。

表 3-24　通气管最小管径

通气管名称	排水管管径/mm			
	50	75	100	150
器具通气管	32	—	50	—
环形通气管	32	40	50	—
通气立管	40	50	75	100

注：① 表中通气立管指专用通气立管、主通气立管、副通气立管；
　　② 根据特殊单立管系统确定偏置辅助通气管管径。

2）专用通气立管、主通气立管、副通气立管长度在 50m 以上时，其管径应与排水立管管径相同。

3）自循环通气系统的通气立管与排水立管管径相同。

4）通气立管长度不大于 50m 且 2 根及 2 根以上排水立管同时与 1 根通气立管相连时，通气立管管径应以最大一根排水立管按表 3-24 确定，且其管径不宜小于其余任何一根排水立管管径。

5）副通气立管系统按照伸顶通气立管要求确定。

（2）伸顶通气管的管径

伸顶通气管管径应与排水立管管径相同。在最冷月平均气温低于-13℃的地区，应在室内平顶或吊顶以下 0.3m 处将管径放大一级。

（3）结合通气管的管径

1）通气立管伸顶时，其管径不宜小于与其连接的通气立管管径。

2）自循环通气时，其管径宜小于与其连接的通气立管管径。

（4）汇合通气管的管径

当 2 根或 2 根以上排水立管的通气管汇合连接时，汇合通气管的断面积应为最大一根排水立管的通气管的断面积加其余排水立管的通气管断面积之和的 1/4，按公式（3-17）计算：

$$d_e \geq \sqrt{d_{max}^2 + 0.25 \sum d_i^2} \qquad (3\text{-}17)$$

式中：d_e——汇合通气管管径（mm）；

d_{max}——最大一根通气管管径（mm）；

d_i——其余通气管管径（mm）。

【例 3-8】 哈尔滨某 10 层住院楼，层高为 3.6m，每层有 10 个病房，每个病房设有 1 个卫生间，每个卫生设有洗脸盆 1 个、低水箱冲洗大便器 1 个、淋浴器 1 个，卫生间污废合流共用一根排水立管排出，采用伸顶通气管通气，最底层排水横支管标高为-0.5m，排出管的标高为-1.5m。求伸顶通气管的最小管径为多少？

【解】 根据《建筑给水排水设计标准》（GB 50015—2019）第 4.4.11 条可知，最底排水横支管与立管连接处距排水立管底部垂直距离为-0.5-(-1.5)=1（m）<1.2（m），所以底层要单独排水，则排水立管承担是 9 层排水量，其排水设计秒流量：

$$q_s = 0.12\alpha\sqrt{N_p} + q_{max} = 0.12 \times 1.5 \times \sqrt{(0.75 + 0.45 + 4.5) \times 9} + 1.5 = 2.79 \text{（L/s）}$$

根据《建筑给水排水设计标准》（GB 50015—2019）第 4.5.7 条，采用伸顶通气管形式，$DN100$ 排水立管最大排水能力为 4.0L/s，大于 2.79L/s，符合要求。

根据《建筑给水排水设计标准》（GB 50015—2019）第 4.7.17 条，伸顶通气管管径与排水立管同径，且哈尔滨地区要放大一级，因此伸顶通气管最小管径 125mm。

3.6 建筑排水工程设计案例

设计基础资料如本书 1.6 节所示。本建筑采用生活污、废水采用合流制，生活污水排入室外小区污水管网中，同时采用排水塑料管和专用通气管通气形式。

该宾馆排水设计秒流量按公式（3-13）计算。

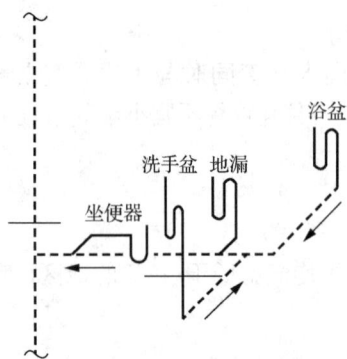

图 3-20 客房卫生间排水横支管水力计算

（1）排水横支管水力计算

排水横支管的水力计算主要是通过排水设计秒流量，确定管径和坡度。在确定管径时要满足《建筑给水排水设计标准》（GB 50015—2019）相关最小管径和坡度的要求。

1）客房卫生间排水横支管水力计算如图 3-20 所示。

根据《建筑给水排水设计标准》（GB 50015—2019）第 4.5.1 条，洗脸盆排水支管和浴盆排水支管管径都取 $DN50$，采用通用坡度 $i = 0.026$。

汇合后排水支管管段的排水设计秒流量：

$$q_p = 0.12 \times 1.5 \sqrt{3 + 0.75 + 4.5} + 1.5 = 2.02 \text{（L/s）}$$

洗脸盆，浴盆和大便器排水流量累加值：

$$0.25 + 1 + 1.5 = 2.75 \text{（L/s）} > 2.02 \text{（L/s），则取} \ q_p = 2.02 \text{L/s}$$

查水力计算表（同时由于连接大便器，最小管径为 $DN100$），所以取 $DN100$，坡度 $i = 0.026$。

2）公共卫生间排水横支管水力计算如图 3-21 所示。

先算出相应排水管道的排水设计秒流量，然后查水力计算表，确定管径和坡度（均采用标准坡度）；同时满足最小管径的要求。公共卫生间排水横支管水力计算结果见表 3-25。

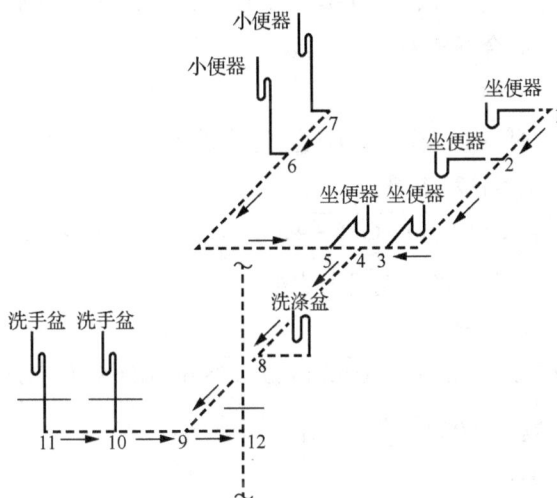

图 3-21　公共卫生间排水横支管水力计算

表 3-25　公共卫生间排水横支管水力计算结果

管段编号	卫生器具名称数量				排水当量总数 N_p	设计秒流量 q_p /（L/s）	管径 De/mm	坡度 i
	洗涤盆 $N_p=1.0$ $q=0.33$	大便器 $N_p=3.6$ $q=1.2$	小便器 $N_p=0.3$ $q=0.1$	洗脸盆 $N_p=0.75$ $q=0.25$				
1-2		1			3.6	1.2	110	0.026
2-3		2			7.2	1.84	110	0.026
3-4		3			10.8	1.99	110	0.026
7-6			1		0.3	0.1	50	0.026
6-5			2		0.6	0.2	50	0.026
5-4		1	2		4.2	1.3	110	0.026
4-8		4	2		15	2.13	110	0.026
8-9	1	4	2		16	2.16	110	0.026
11-10				1	0.75	0.25	50	0.026
10-9				2	1.5	0.5	50	0.026
9-12	1	4	2	2	17.5	2.20	110	0.026

3）首层更衣室的生活污水单独排到室外。连接大便器的支管 $De110$，连接淋浴器地漏的支管 $De50$，连接洗脸盆的支管 $De50$，支管的坡度都为 0.026。排出管 $De110$，坡度为 0.012。

（2）排水立管水力计算

6-13F 连接两个卫生间的立管排水设计秒流量：

$$q_p = 0.12 \times 1.5 \sqrt{(3+0.75+4.5) \times 2 \times 8} + 1.5 = 3.57 \text{（L/s）}$$

6-13F 连接一个卫生间的立管设计秒流量：

$$q_p = 0.12 \times 1.5 \sqrt{(3+0.75+4.5) \times 8} + 1.5 = 2.96 \text{（L/s）}$$

查《建筑给水排水设计标准》（GB 50015—2019）第 4.5.7 条，排水立管管径都取 $De110$，专用通气管管径 $De75$，结合通气管每层连接。

（3）排水横干管水力计算

排水横干管设在第四层的吊顶内，第五层客房的卫生器具排水单独直接入横干管。

左区横干管总的排水设计秒流量：

$$q_b = 0.12 \times 1.5 \sqrt{(3+0.75+4.5) \times 9 \times 8} + 1.5 = 5.89 \text{（L/s）}$$

查水力计算表 $De160$，坡度 0.007，满足排水要求。

右区横干管总的排水设计秒流量：

$$q_p = 0.12 \times 1.5 \sqrt{(3+0.75+4.5) \times 9 \times 6} + 1.5 = 5.30 \text{（L/s）}$$

查水力计算表 $De160$，坡度 0.007，满足排水要求。

（4）排水总立管水力计算

左区排水总立管的排水设计秒流量：

$$q_p = 5.89 \text{L/s}，排水立管 De160$$

右区排水总立管的排水设计秒流量：

$$q_p = 0.12 \times 1.5 \sqrt{(3+0.75+4.5) \times 9 \times 6 + 4 \times 17.5} + 1.5 = 5.59 \text{（L/s）}$$

排水立管 $De160$，专用通气管管径 $De110$，结合通气管每层连接。

（5）排出管水力计算

左区排出管的排水设计秒流量：$q_p = 5.89 \text{L/s}$，查水力计算表 $De160$，坡度 0.007，满足排水要求。

右区排出管的排水设计秒流量：$q_p = 5.59 \text{L/s}$，查水力计算表 $De160$，坡度 0.007，满足排水要求。

建筑物排水管道原理图如图 3-22 所示。

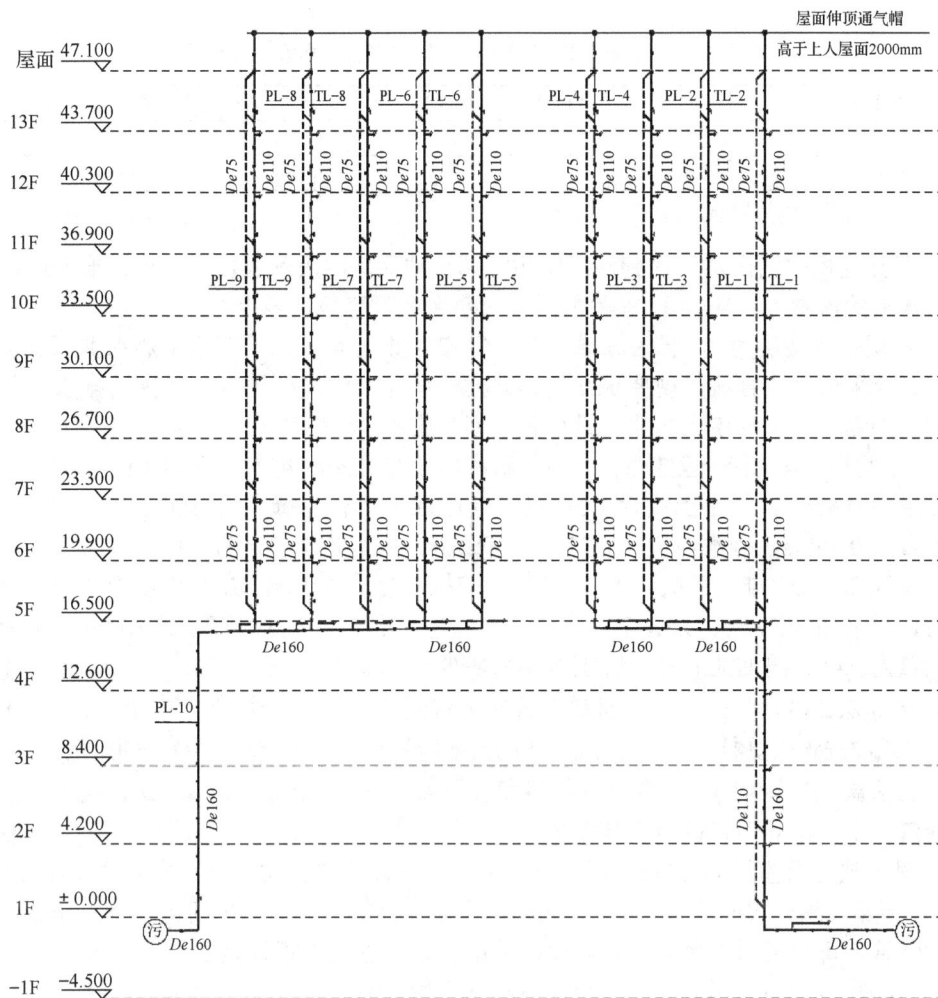

图 3-22　建筑物排水管道原理图

本 章 习 题

1. 建筑物分流制排水系统、合流制排水系统分别指什么？现行规范规定哪些场所需要采用分流制？

2. 平方根法和百分数法计算排水设计秒流量，分别有哪些注意事项？

3. 排水管道上哪些情况下设置清扫口和检查口？清扫口和检查口的设置有哪些具体要求？

4. 某高层住宅楼的地下室设有消防水池、快餐店和商场。消防水池进水管上设有液位双阀串联控制。消防水池的溢流管、泄空管排水和快餐店、商场的污水均排入污水调节池中，由污水泵提升排至室外。地下室各部位的排水量见表 3-26，则污水泵机组的设计流量不应小于多少？

表 3-26 地下室各部位最大小时排水量和排水设计秒流量

排水单位	最大小时排水量/（m³/h）	排水设计秒流量/（L/s）
快餐店	50	20
商场	30	15

注：消防水池的溢流量为100m³/h，泄流量为54m³/h。

5. 某托老所生活污水汇集到地下室污水调节池后，由污水泵提升排出。根据选泵要求确定污水泵的流量为2.5m³/h，求污水调节池最大有效容积是多少？

6. 高层住宅楼层为10层，每层4户，每户人数为4人，设有集中热水供应系统。生活排水设计采用污废合流，现要求在室外修建一座化粪池，处理其外排生活排水。若化粪池清掏周期为1年，则该化粪池的最小有效容积应不小于多少？

7. 某酒店厨房设有一座矩形隔油池，厨房内设有洗涤池4个，每个配1个DN15水嘴，排水流量为0.67L/s，排水当量为2.0；设有4眼灶具2台，每个灶眼配1个DN15水嘴，排水流量为0.25L/s，排水当量为0.75；设有汤锅，煮锅各2口，每口配1个DN15水嘴，排水流量为0.5L/s，排水当量为1.5；设有洗碗机2台，每个配DN20供水管，排水流量为0.67L/s，排水当量为2.0；设有电开水器2台，每个配DN15供水管，排水流量为0.15L/s，排水当量为0.45。隔油池的有效容积最小为多少？

8. 某3层工业厂房，每层配有男女公共卫生间各1个。每个男卫生间设2个洗手盆、3个自闭式冲洗阀小便器、3个自闭式冲洗阀大便器和洗涤盆1个；每个女卫生间设2个感应式水嘴洗手盆、4个自闭式冲洗阀大便器和洗涤盆1个。采用1根排水立管收集，伸顶通气管通气。求排水立管管径最小是多少？

9. 某6层办公室层高4.2m，每层男女卫生间共设置洗脸盆4个、坐便器（冲洗水箱）8个、小便器（感应式冲洗阀）4个，共用1根排水立管，底层卫生间排水单独排除，设置专用通气管，每层采用结合通气管连接。求结合通气管最小管径是多少？

10. 如图3-23中所示为哈尔滨市（最冷月平均气温低于-13℃）某幢20层、层高3.3m的办公楼排水系统。试问该系统汇合通气管各管段的合理管径为表3-27中的哪一项？

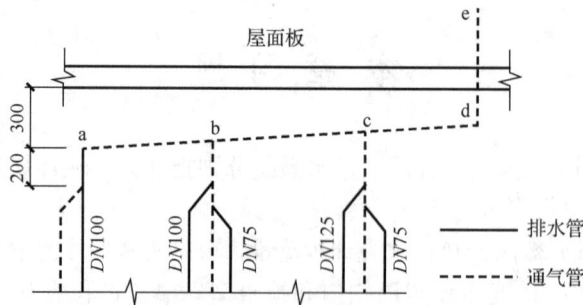

图 3-23 哈尔滨市（最冷月平均气温低于-13℃）某幢20层、层高3.3m的办公楼排水系统

表 3-27 汇合通气管各管段管径 （单位：mm）

选项	ab	bc	cd	de	选项	ab	bc	cd	de
（A）	100	125	175	200	（C）	100	125	150	150
（B）	100	125	150	175	（D）	75	100	125	150

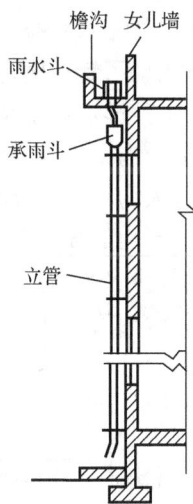

第 4 章

建筑雨水排水系统

4.1 屋面雨水排水设计原则及排水方式

屋面雨水排水设计的原则包括屋面雨水排水系统应迅速、及时地将屋面雨水排至室外地面或雨水控制利用设施和管道系统；屋面雨水排水系统设计应根据建筑物性质、屋面特点等，合理确定系统形式、计算方法、设计参数、排水管材和设备，并确保在设计重现期降雨量时，不得造成屋面积水、泛溢，以及造成厂房、库房地面积水。

建筑雨水排水系统按建筑物内部是否有雨水管道分为外排水雨水系统和内排水雨水系统。外排水雨水系统指利用屋面檐沟或天沟，将雨水收集并通过立管（雨落水管）排至室外地面或雨水收集装置内。内排水雨水系统指通过屋面上设置的雨水斗将雨水收集，并通过室内雨水管道系统将雨水排至室外地面或雨水收集装置内。雨水排水方式应根据建筑结构形式、气候条件及生产使用要求选用。

4.1.1 外排水雨水系统

1. 檐沟外排水系统

檐沟外排水系统由檐沟、雨水斗及立管（雨落水管）组成（图 4-1）。檐沟外排水系统雨水的收集过程：降落到屋面的雨水沿屋面汇集到檐沟流入雨水斗，然后通过雨水立管排至建筑物外地下雨水管道内或地面。雨水斗是将屋面雨水导入雨水管的装置。立管（雨落水管）是敷设在建筑物外墙、用于排除屋面雨水的排水立管，它将雨水排至室外地面散水或雨水口。

雨水立管布置应根据降雨强度及立管通水能力确定一根雨水立管所能服务的面积，再根据屋面形状、面积计算确定雨水立管的间距。一般民用建筑雨水立管间距为 12～16m，工业建筑为 15～24m。雨水立管的设置应尽量满足建筑立面的美观要求。

图 4-1 檐沟外排水系统组成

檐沟外排水系统适用范围为多层住宅建筑、屋面面积及建筑体量较小的一般民用建筑。

2. 天沟外排水系统

天沟外排水系统由天沟、雨水斗、排水立管及排出管组成（图4-2）。天沟设置在两跨中间并坡向端墙，雨水斗设在伸出山墙的天沟末端，也可设在紧靠山墙的屋面。雨水斗底部经连接管接至立管，立管沿外墙敷设将雨水排至地面进入雨水口或连接排出管将雨水排入雨水井。

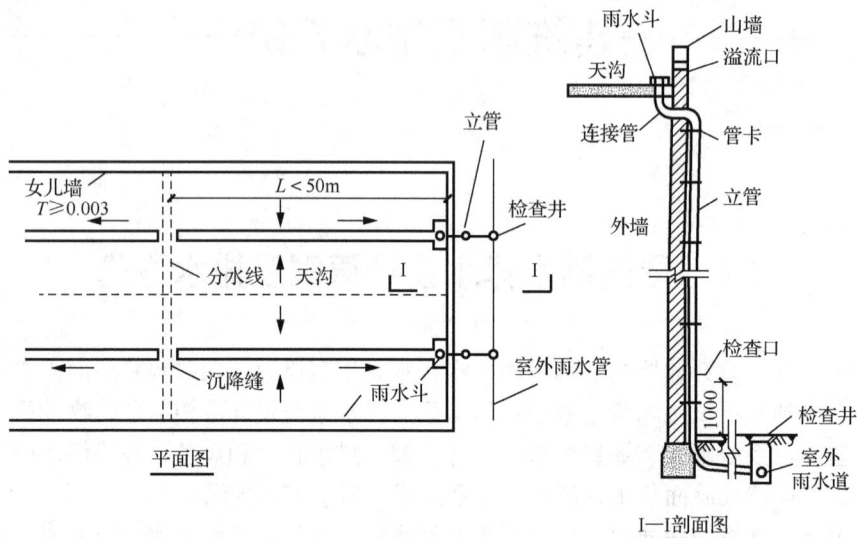

图4-2 天沟外排水系统组成

天沟外排水系统的特点是在屋面不设雨水斗、室内无雨水排水管道。因此不会因施工不当引起屋面漏水或室内地面溢水问题。但同时存在由于屋面垫层较厚，结构荷载增大的弊端。

天沟外排水系统一般适用于汇水面积大的多跨工业厂房，以及厂房内生产工艺不允许设置雨水悬吊管（横管）的建筑物。

天沟外排水系统布置应符合下列要求：

1）天沟、檐沟排水不得流经变形缝和防火墙。

2）天沟长度一般不超过50m。

3）天沟的坡度不宜小于0.003（注：金属屋面的水平长天沟可不设坡度，利用天沟水位差进行排水）。

4）天沟的设计水深应根据屋面的汇水面积、天沟坡度、天沟宽度、屋面构造和材质、雨水斗的斗前水深、天沟溢流水位确定。排水系统有坡度的檐沟、天沟分水线处最小有效深度不应小于100mm。

4.1.2 内排水雨水系统

内排水雨水系统（图4-3）由雨水斗、连接管、悬吊管、立管、排出管及清通设备等组成。内排水系统雨水的收集过程：降落到屋面的雨水沿屋面流入雨水斗，经连接管、悬吊管、立管、排出管（多为埋地管）至室外雨水检查井。

内排水雨水系统按每根立管接纳的雨水斗的数量，分为单斗雨水排水系统和多斗雨水排水系统。单斗雨水排水系统的每根立管上连接 1 个雨水斗。多斗雨水排水系统的每根立管上连接 2 个或 2 个以上雨水斗。

内排水雨水系统适用于跨度大、屋面面积大、寒冷地区、屋面造型特殊、屋面有天窗、立面要求美观不宜在外墙敷设立管的各种建筑。

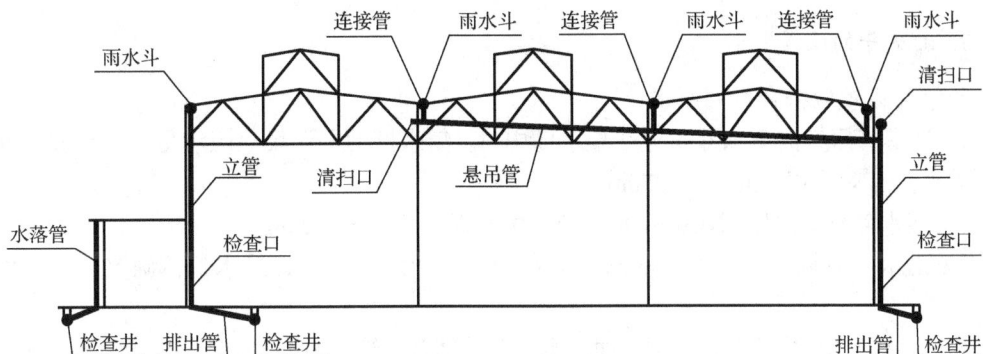

图 4-3　内排水雨水系统组成

4.2　屋面雨水排水管道的设计流态及雨水斗

4.2.1　屋面雨水排水管道的设计流态

1. 设计流态分类

按雨水在管道内的设计流态分为重力流雨水排水系统和压力流雨水排水系统两类。重力流雨水排水系统指雨水通过自由堰流入管道，在重力作用下附壁流动，管内压力正常，这种系统也称为堰流斗系统。压力流雨水排水系统是指管内充满雨水，主要在负压抽吸作用下流动，这种系统也称为虹吸式系统。

压力流雨水排水系统，在降雨刚开始不久时，管内也可为重力流；重力流雨水排水系统，当降雨强度较大产生溢流时，管内也会产生压力流。

2. 适用范围

当屋面汇水面积较小、雨水排水立管不受建筑构造等条件限制时，宜采用重力流系统；当屋面汇水面积较大，且可敷设雨水排水立管的位置很少，往往需要将多个雨水斗接至 1 根雨水立管中，此时为了提高立管的排泄能力应采用满管压力流系统。

建筑屋面雨水管道设计流态宜符合下列状态：檐沟外排水宜按重力流系统设计；高层建筑屋面雨水排水宜按重力流系统设计；长天沟外排水宜按满管压力流设计；工业厂房、库房、公共建筑的大型屋面雨水排水宜按满管压力流设计；在风沙大、粉尘大、降雨量小地区不宜采用满管压力流排水系统。

4.2.2　雨水斗

雨水斗是一种雨水由此进入排水管道的专用装置。实验表明有雨水斗时，天沟水位稳定、水面旋涡较小，水位波动幅度小，掺气量较小；无雨水斗时，天沟水位不稳定，水位波动幅度为大，掺气量较大，因此屋面排水系统应设置雨水斗。不同排水特征的屋面雨水排水系统应选用相应的雨水斗。

1. 雨水斗的设置要求

雨水斗设置应符合下列要求：

1）当满管压力流雨水斗布置在集水槽中时，集水槽的平面尺寸应满足雨水斗安装和汇水要求，其有效水深不宜小于 250mm。

2）雨水斗外边缘距天沟或集水槽装饰面净距不得小于 50mm。

3）雨水斗数量应按屋面总的雨水流量和每个雨水斗的设计排水负荷确定，且宜均匀布置。

4）雨水斗的设置位置应根据屋面汇水情况并结合建筑结构承载、管系敷设等因素确定。

5）当屋面雨水管道按满管压力流排水设计时，同一系统的雨水斗宜在同一水平面上。

2. 雨水斗的分类及组成

（1）重力式雨水斗

重力式雨水斗由顶盖、进水格栅（导流罩）、短管等组成，进水格栅既可拦截较大杂物，又对进水起到整流、导流作用。重力式雨水斗有 65 式、79 式和 87 式 3 种，其中 87 式雨水斗的进出口面积比（雨水斗格栅的进水孔有效面积与雨水斗下连接管面积之比）最大，掺气量少，水力性能稳定，能迅速排除屋面雨水。

（2）虹吸式雨水斗

虹吸式雨水斗由顶盖、进水格栅、扩容进水室、整流罩（二次进水罩）、短管等组成。挟带少量空气的雨水进入雨水斗的扩容进水室后，因室内有整流罩，雨水经整流罩进入排出管，挟带的空气被整流罩阻挡，不易进入排水管，排水能力大。

3. 雨水斗的泄流量

（1）重力流状态下雨水斗的泄流量

重力流状态下，雨水斗的排水状况是自由堰流，通过雨水斗的泄流量与雨水斗进水口直径和斗前水深有关，可按环形溢流堰公式（4-1）计算：

$$Q = \mu\pi Dh\sqrt{2gh} \tag{4-1}$$

式中：Q——通过雨水斗的泄流量（m³/s）；

　　　μ——雨水斗进水口的流量系数，取 0.45；

　　　D——雨水斗进水口直径（m）；

　　　h——雨水斗进水口前水深（m）。

（2）压力流状态下雨水斗的泄流量

在压力流状态下，排水管道内产生负压抽吸，所以通过雨水斗的泄流量与雨水斗出水口直径、雨水斗前水面至雨水斗出水口处的高度及雨水斗排水管中的负压有关，按公式（4-2）计算：

$$Q = \frac{\pi d^2}{4} \mu \sqrt{2g(H+P)} \qquad (4-2)$$

式中：Q——雨水斗出水口泄流量（m^3/s）；

μ——雨水斗出水口的流量系数，取 0.95；

d——雨水斗出水口内径（m）；

H——雨水斗前水面至雨水出水口处的高度（m）；

P——雨水斗排水管中的负压（m）。

4. 雨水斗的设计排水流量

（1）重力流多斗系统

如果一根悬吊管上连接 2 个或 2 个以上的雨水斗的重力流雨水排水系统称为重力流多斗系统。重力流多斗系统雨水斗的最大设计排水流量应符合表 4-1 的规定。

表 4-1 重力流多斗系统雨水斗的最大设计排水流量

项目	雨水斗规格		
	75mm	100mm	150mm
流量/（L/s）	7.1	7.4	13.7
斗前水深/mm	48	50	68

（2）单斗的内排水系统

屋面雨水单斗的内排水系统设计时，雨水斗的最大设计排水流量应根据单斗雨水管道系统设计流态确定，并应符合下列规定：

1）当单斗雨水管道系统流态按重力流设计时，其雨水斗的泄流量与雨水立管相同，因此雨水斗的最大设计排水流量宜按表 4-2 确定。

表 4-2 重力流系统屋面雨水排水立管的泄流量

铸铁管		塑料管		钢管	
公称直径/mm	最大泄流量/（L/s）	公称外径×壁厚/mm	最大泄流量/（L/s）	公称外径×壁厚/mm	最大泄流量/（L/s）
75	4.30	75×2.3	4.50	88.9×4.0	5.10
100	9.50	90×3.2	7.40	114.3×4.0	9.40
		110×3.2	12.80		
125	17.00	125×3.2	18.30	139.7×4.0	17.10
		125×3.7	18.00		
150	27.80	160×4.0	35.50	168.3×4.5	30.80
		160×4.7	34.70		
200	60.00	200×4.9	64.60	291.1×6.0	65.50
		200×5.9	62.80		
250	108.00	250×6.2	117.00	273.0×7.0	119.10
		250×7.3	114.10		
300	176.00	315×7.7	217.00	323.9×7.0	194.00
—	—	315×9.2	211.00	—	—

2）当单斗雨水管道系统流态按满管压力流设计时，应根据建筑物高度、雨水斗规格、型式和雨水管的材质等经计算确定，当缺乏相关资料时，宜符合表 4-3 的规定。

表 4-3　单斗雨水管道系统雨水斗的最大设计排水流量

		雨水斗规格/mm	75	100	≥150
满管压力 （虹吸）斗	平底型	流量/（L/s）	18.6	41.0	宜定制，泄流量 应经测试确定
		斗前水深/mm	55	80	
	集水盘型	流量/（L/s）	18.6	53.0	
		斗前水深/mm	55	87	

（3）满管压力流多斗系统

满管压力流多斗系统的雨水斗的泄流量，应根据雨水斗规格、斗前设计水深、斗进水口和立管排出管口标高差实测确定，当无实测资料时，可按表 4-4 选用。

表 4-4　满管压力流多斗系统雨水斗的设计泄流量

雨水斗规格/mm	50	75	100
雨水斗泄流量/（L/s）	4.2～6.0	8.4～13.0	17.5～30.0

注：满管压力流雨水斗应根据不同型号的具体产品确定其最大泄流量。

4.3　雨水管道系统内水气流动规律

4.3.1　重力流屋面雨水排水系统

1. 重力流单斗系统

重力流单斗系统 [图 4-4（a）] 中连接管、悬吊管、立管、排出管、埋地管内水气流动状态的特点归纳见表 4-5。降落在屋面的雨水沿坡度经天沟到雨水斗，降雨初期只有部分汇水面积上的雨水汇集到雨水斗，天沟水深较浅，雨水进入雨水斗时会挟带部分空气一同进入雨水管系 [图 4-4（b）]。随着汇水面积增大，雨水斗前的水深逐渐增大，掺气量减少，雨水斗泄流量增加。

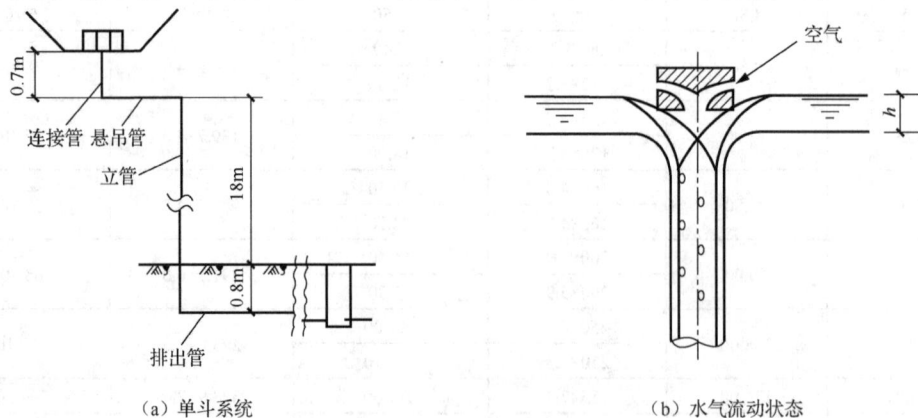

（a）单斗系统　　　　　　　　　　　（b）水气流动状态

图 4-4　重力流单斗系统及其特点

表 4-5　重力流单斗系统水气流动状态特点

系统名称	位置	水气流动状态的特点	流态
单斗系统	连接管	呈附壁流或水膜流，管中心空气畅通，管内压力接近大气压力	水气两相重力无压流
	悬吊管	呈非满流，敷设坡度保持管内有一定的流速，管内水面上的空气经连接管、雨水斗与大气相通，压力变化不大	
	立管	呈附壁流或水膜流，充水率不大于 0.35	
	排出管	同悬吊管	
	埋地管		

注：在重力流屋面雨水排水系统中，屋面雨水靠重力流动，管系内水流属水气两相重力无压流，系统内压力变化小。

2. 重力流多斗系统

（1）重力流多斗系统的特点

重力流多斗系统上 1 根悬吊管均连接 2 个或 2 个以上雨水斗，且这些雨水斗都与大气相通。当雨水斗斗前水深较浅时，从连接管落入悬吊管的雨水，产生向下冲击力，在连接管与悬吊管的连接处，水流呈八字形，向上游产生回水壅高，对上游雨水的排放产生阻隔和干扰作用，使上游雨水斗的泄水能力减小。所以即使每个雨水斗的口径和汇水面积都相同，其泄流量也是不同的。

图 4-5 所示的排水立管高度为 4.2m，天沟水深为 40mm，通过实测研究雨水斗的位置和数量对重力流多斗雨水排水系统泄流量的影响见表 4-6。

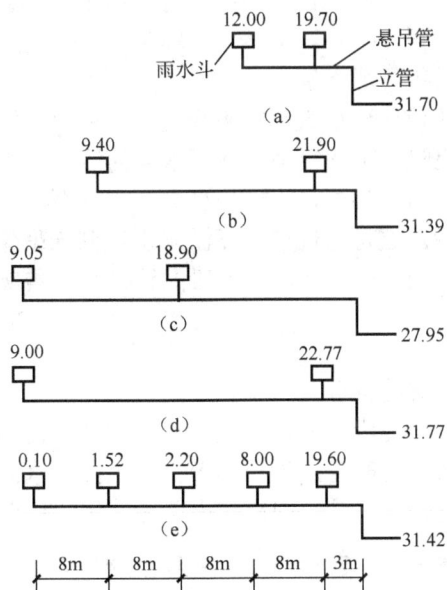

图 4-5　重力流多斗雨水排水系统雨水泄流规律

注：图中数值为泄流量，单位 L/s。

（2）重力流多斗系统的设计要求

1）雨水悬吊管水力计算应按本书公式（3-15）、公式（3-16）计算，雨水悬吊管充满度应取 0.8，排出管充满度应取 1.0。

2）重力流多斗系统立管不得小于悬吊管管径，当 1 根立管连接 2 根或 2 根以上悬吊管时，立管的最大设计排水流量宜按表 4-2 确定。

表 4-6　重力流多斗雨水排水系统雨水泄流规律分析

参考图	结论	原因
(a)(b)(c) (d)(e)	靠近立管的雨水斗泄流能力大；远离立管的雨水斗泄流能力小	离立管近的雨水斗排水流程短，该管路上的阻力损失小，故泄流能力大；反之，离立管远的雨水斗，排水流程长，水流阻力大。同时还受到下游雨水斗排泄时的阻挡和干扰，故泄流能力小
(d)(e)	在重力流多斗雨水排水系统中，1 根悬吊管上所连接的雨水斗不宜过多	从图 4-5(e) 看到，1 根悬吊管上连接 5 个雨水斗时，5 个雨水斗的泄流量为 0.10L/s、1.52L/s、2.20L/s、8.00L/s 和 19.60L/s，距离立管最近的两个雨水斗泄流量之和占总泄流量的 87.8%，且系统的总泄流量与图 4-5(d) 接近（其只设两个雨水斗）
(a)(b)(d)	雨水斗的间距不宜过大	图 4-5(a)、(b)、(d) 均为双斗系统，且靠近立管的雨水斗至立管的距离相等，三者总泄流量基本相同。当 2 个雨水斗的间距大时，则靠近立管的雨水斗泄流量逐渐增加，远离立管的雨水斗泄流量逐渐减小
(c)(d)	雨水斗应尽量靠近立管	雨水斗距立管越近，系统总的泄流量越大

4.3.2　满管压力流屋面雨水排水系统

1. 满管压力流多斗系统

（1）满管压力流多斗系统的特点

在满管压力流状态下，多斗雨水排水系统的每个雨水斗都被雨水淹没，管系内呈水单相流。

（2）满管压力流多斗系统的泄流量

悬吊管和立管上部负压值达到最大，抽吸作用大，所以下游的泄流不会向上游回水，对上游雨水斗排水产生的阻隔和干扰很小，各雨水斗的泄流量相差不多。

为了使各个雨水斗的泄流量相同，设计应使各雨水斗至悬吊管末端（立管顶部）形成的不同支路的水头损失接近。这可通过增加下游雨水斗到悬吊管的水头损失、或减少悬吊管起始管段中的水头损失（加大悬吊管起始管段的管径）来实现。

2. 满管压力流单斗系统

（1）满管压力流单斗系统的特点

当下大暴雨雨水斗完全被淹没时，掺气比减少为 0，管内出现水塞，负压抽吸形成满流，系统的泄流量达到最大，此时管道为压力流，管道内为水的单相流。满管压力流单斗系统连接管、悬吊管、立管、排出管、埋地管内压力变化的特点见表 4-7 和图 4-6。

表 4-7　满管压力流屋面雨水排水管系压力变化特点（单斗系统）

系统名称	位置	特点	流态
单斗系统	连接管	雨水斗和连接管内为负压，其泄水主要靠负压抽吸	水的单相流
	悬吊管	起始端内的压力可能是正压也可能是负压。随着悬吊管的流程增加，管内压力逐渐减低（负压值增大），至悬吊管末端与立管的连接处负压值大，形成虹吸	
	立管	水流进入立管，至某一高度时压力为零。该点以下，管内压力呈正压。在立管与埋地管连接处达到最大正压	
	排出管	进入埋地管内，由于水头损失不断增加，正压值逐渐减少，直到检查井出压力为 0（与大气相通）	
	埋地管		

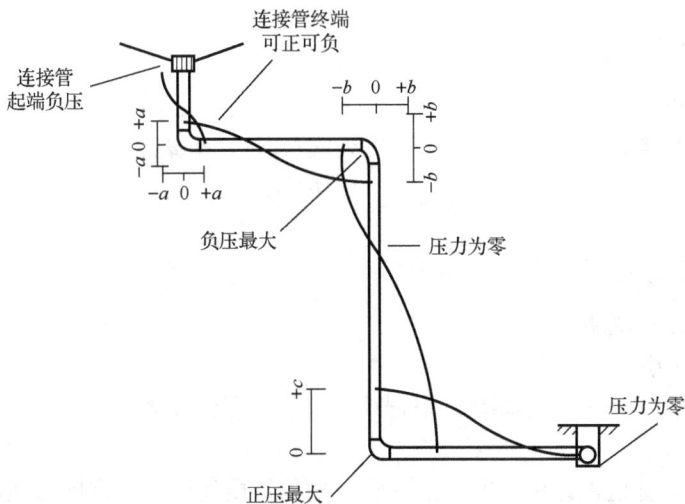

图 4-6　满管压力流屋面雨水排水管系压力变化（单斗系统）

注：a、b、c 为对应点处的压力。

（2）满管压力流泄水能力的影响因素

满管压力流屋面雨水排水管系的泄流量大于重力流屋面雨水排水管系，其泄水能力取决于天沟位置高度、天沟水深、管道摩阻及雨水斗的局部阻力，其中主要因素为天沟位置高度。雨水斗与排出管的高差越大，可利用压力越大，产生的抽力越大，泄水能力也越大。

4.4　屋面雨水系统计算

4.4.1　屋面雨水设计流量

1. 雨水设计流量

雨水设计流量应按公式（4-3）、公式（4-4）计算：

$$Q = \frac{\Psi F_{w} q_{j}}{10000} \tag{4-3}$$

$$Q = \frac{\Psi F_{w} h}{3600} \tag{4-4}$$

式中：Ψ ——径流系数；

　　　　Q ——屋面雨水设计流量（L/s）；当坡度大于 2.5% 的斜屋面或采用内檐沟集水时，雨水设计流量应乘以系数 1.5；

　　　　F_{w} ——屋面设计汇水面积（m^2）；

　　　　q_{j} ——设计暴雨强度 [L/(s·hm²)]；

　　　　h ——当地降雨历时为 5min 时的小时降雨厚度（mm/h）。

2. 雨水设计流量的计算参数

（1）暴雨强度

暴雨强度应按当地或相邻地区暴雨强度公式（4-5）计算：

$$q_j = \frac{167A(1+C\lg P)}{(t+b)^n} \tag{4-5}$$

式中：q_j——设计暴雨强度 $[L/(s \cdot hm^2)]$；

P——设计重现期（a）；

t——降雨历时（min）；

A、C、b、n——地方参数，根据统计方法进行计算确定。

（2）设计重现期

屋面雨水排水管道设计重现期应根据建筑物的重要程度、汇水区域性质、地形特点、气象特征等因素确定见表 4-8。

表 4-8　各类建筑屋面雨水排水管道工程的设计重现期

建筑的性质		设计重现期/a
屋面	一般性建筑屋面	5
	重要公共建筑屋面	≥10

注：工业厂房屋面雨水排水设计重现期应根据生产工艺、重要程度等因素确定。

（3）降雨历时

屋面雨水排水管道设计降雨历时按 5min 计算。

（4）汇水面积

1）屋面雨水的汇水面积按照屋面水平投影面积计算。

2）高出屋面的侧墙的汇水面积计算：

① 一面侧墙，按照侧墙面积一半折算成汇水面积（图 4-7）；

② 两面相邻侧墙，按两面侧墙面积的平方和的平方根的一半折算成汇水面积（图 4-8）。

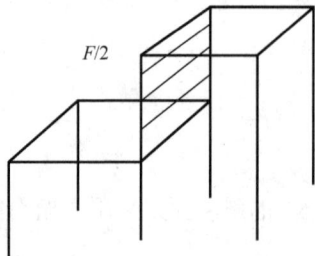

图 4-7　一面侧墙汇水面积计算

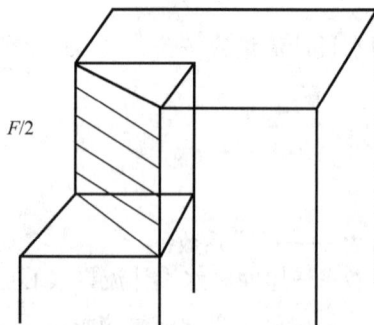

图 4-8　两面相邻侧墙汇水面积计算

（5）径流系数

屋面的雨水径流系数可取 1.00；当采用屋面绿化时，应按绿化面积和相关规范选取径流系数。

【例 4-1】　某国家行政机关高层办公大楼屋顶平面如图 4-9 所示，3 块屋面设置独立雨水排水管道系统。当地不同重现期 5min、10min 降雨历时的暴雨强度见表 4-9，设屋面雨水径流系数为 1，求 2 层右侧屋面雨水设计流量（L/s）不宜小于多少？

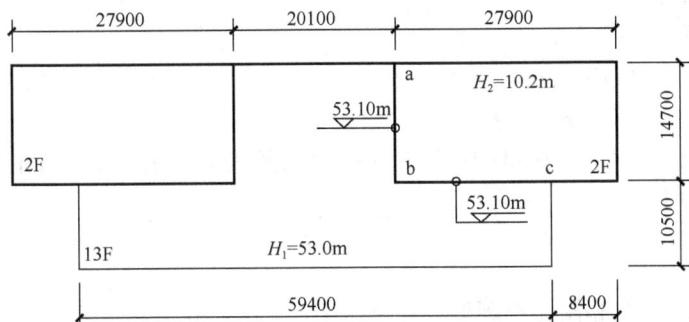

图 4-9　某国家行政机关高层办公大楼屋顶平面

表 4-9　某地不同重现期 5min、10min 降雨历时的暴雨强度

项目	$P=5a$	$P=10a$	$P=15a$
$q_5/[\mathrm{L/(s \cdot hm^2)}]$	676	793	1062
$q_{10}/[\mathrm{L/(s \cdot hm^2)}]$	439	515	690

【解】　本题求裙房雨水汇水面积应按屋面水平投影面积计算。高出屋面的毗邻侧墙应附加其最大受雨面正投影的一半作为有效汇水面积计算。

$$F = 27.9 \times 14.7 + 0.5 \times \sqrt{14.7^2 + (27.9 - 8.4)^2} \times (53.1 - 10.2)$$
$$= 410.13 + 523.8 = 933.94 \ (\mathrm{m}^2)$$

屋面雨水排水管道设计降雨历时应按 5min 计算；重要公共建筑屋面取不小于 10a。国家行政机关高层办公大楼属于重要公共建筑物，所以降雨强度取 793L/(s·hm²)。

$$q = 1.0 \times \frac{933.94}{10000} \times 793 = 74.06 \ (\mathrm{L/s})$$

4.4.2　雨水溢流设施

建筑屋面雨水排水工程还应设置溢流口或溢流堰、溢流管等溢流设施，以承担超过设计重现期的那部分雨水量，即屋面雨水应由雨水排水管道系统和溢流设施共同承担。

1. 计算公式

雨水溢流设施排水能力计算公式为

$$Q_{总} = Q_{溢流} + Q_{雨水管道} \tag{4-6}$$

式中：$Q_{总}$——雨水排水管道系统和溢流设施的总排水能力（L/s）；

$Q_{溢流}$——屋面溢流设施的排水能力（L/s）；

$Q_{雨水管道}$——雨水排水管道系统的排水能力（L/s）。

屋面溢流设施的排水能力按公式（4-7）计算：

$$Q_{溢流} = mb\sqrt{2g} \cdot h^{\frac{3}{2}} \tag{4-7}$$

式中：m——流量系数，取 385；

b——溢流口宽度（m）；

h——溢流孔口高度（m）；

g——重力加速度（m/s^2）。

不同材质不同形状的溢流口的泄流量可按照《建筑给水排水设计标准》（GB 50015—2019）附录 F 确定。

2. 设计重现期

雨水排水管道系统和溢流设施的设计重现期：

1）一般建筑的重力流屋面排水工程与溢流设施的总排水能力不应小于 10 年重现期的雨水量。

2）重要公共建筑、高层建筑的屋面雨水排水工程与溢流设施的总排水能力不应小于 50 年重现期的雨水量。

3）当屋面无外檐天沟或无直接散水条件且采用溢流管道系统时，总排水能力不应小于 100 年重现期的雨水量。

4）满管压力流排水系统雨水排水管道工程的设计重现期宜采用 10 年。

5）工业厂房屋面雨水排水管道工程与溢流设施的总排水能力设计重现期应根据生产工艺、重要程度等因素确定。

3. 不设置溢流设施的要求

建筑屋面雨水排水工程应设置溢流孔口或溢流管系等溢流设施，且溢流排水不得危害建筑设施和行人安全。下列情况下可不设溢流设施：

1）外檐天沟排水、可直接散水的屋面雨水排水。

2）民用建筑雨水管道单斗内排水系统、重力流多斗内排水系统按重现期 P 大于或等于 100 年设计时。

【例 4-2】 某一般建筑采用重力流屋面雨水排水系统，屋面汇水面积为 $600\,m^2$，设计重现期 P 取 2 年。该建筑所在城市 2～12 年降雨历时为 5min 的降雨强度 q_i 见表 4-10。该屋面雨水溢流设施的最小排水流量为多少？

表 4-10　某城市 2～12 年降雨历时为 5min 的降雨强度

P/a	2	5	8	10	12
$q_i / [L/(s \cdot hm^2)]$	110	157	178	190	201

【解】 屋面雨水排水系统设计重现期为 2 年，屋面雨水排水系统排水能力计算时取 2 年重现期暴雨强度。该题为一般性建筑，故溢流口与排水管系排水流量之和满足 10 年重现期雨水排放流量要求。

屋面雨水管道系统的排水能力：

$$q_{y1} = 1.0 \times \frac{110}{10000} \times 600 = 6.6 \text{（L/s）}$$

屋面雨水总排水能力：

$$q_{y2} = 1.0 \times \frac{190}{10000} \times 600 = 11.4 \ (\text{L/s})$$

溢流口最小设计排水量为

$$Q = 11.4 - 6.6 = 4.8 \ (\text{L/s})$$

4.4.3 外排水雨水系统设计及计算

1. 檐沟外排水

檐沟外排水设计步骤如下：

1）根据屋面坡度和建筑物立面要求布置立管（雨落水管）。

2）确定每根立管（雨落水管）的汇水面积。

3）按公式（4-3）和公式（4-4）计算每根立管（雨落水管）收集的雨水量。

4）檐沟外排水宜按重力流设计；雨水斗泄流量按本教材 4.2.2 相关内容计算；重力流立管（雨落水管）按其设计雨水量根据表 4-2 确定。

2. 天沟外排水

1）已知天沟长度、形状、几何尺寸、坡度、材料和汇水面积，校核天沟的排水能力是否满足收集雨水量的要求（校核重现期是否满足要求）。

其计算步骤如下：

① 计算天沟过水断面面积 ω。

② 根据 $\upsilon = \frac{1}{n} R^{\frac{2}{3}} I^{\frac{1}{2}}$，求流速 υ。

式中天沟粗糙度系数 n 与天沟材料及施工情况有关，见表 4-11。

表 4-11 各种抹面及无抹面混凝土天沟粗糙度系数

天沟壁面材料	天沟粗糙度系数 n
水泥砂浆光滑抹面	0.011
普通水泥砂浆抹面	0.012～0.013
无抹面	0.014～0.017
喷浆护面	0.016～0.021
不整齐表面	0.020

③ 根据 $q = A\upsilon$，求天沟允许通过的流量 $Q_{允}$。

④ 计算每条天沟需要收集的汇水面积 F 和天沟的汇水雨量 Q_y。

⑤ 由 $Q_{允} \geq Q_y = \frac{\psi F q_5}{10000}$，求能排除的最大的 5min 的暴雨强度 q_5。

⑥ 计算出对应的重现期，若计算重现期大于等于设计重现期，说明天沟的相关的设计参数合理，确定立管管径；若计算重现期值小于设计重现期，改变天沟几何尺寸，增大过水断面积，重新计算校核重现期。

2）根据天沟长度、坡度、材料、汇水面积和设计重现期，确定天沟形状和几何尺寸，其计算步骤如下：

① 确定分水线，求每条天沟的汇水面积 F；

② 根据 $Q = \dfrac{\psi F_\mathrm{w} q_\mathrm{j}}{10000}$，确定每条天沟的汇集雨水量 $Q_设$；

③ 初步确定天沟形状和几何尺寸；

④ 求天沟过水断水面面积 ω；

⑤ 根据 $\upsilon = \dfrac{1}{n} R^{\frac{2}{3}} I^{\frac{1}{2}}$，求流速 υ；

⑥ 根据 $q = A\upsilon$，求天沟允许通过的流量 $Q_允$；

⑦ 若天沟的设计流量 $Q_设$ 小于等于天沟允许通过的流量 $Q_允$，确定立管管径；若天沟的设计流量 $Q_设$ 大于天沟允许通过的流量 $Q_允$，改变天沟的形状和几何尺寸，增大天沟的过水断面面积 ω，重新计算。

【例 4-3】 某建筑屋面采用矫形钢筋矩形混凝土天沟排除雨水，天沟的粗糙系数为 0.013，坡度采用 0.006。天沟深度为 0.3m，积水深度按 0.15m 计，水力半径 0.103m；则当天沟排除雨水量为 66L/s 时，要求天沟的宽度为多少？

【解】 已知天沟的粗糙系数、坡度以及水力半径，可得天沟的水流速度为

$$\upsilon = \frac{1}{n} R^{\frac{2}{3}} I^{\frac{1}{2}} = \frac{1}{0.013} \times 0.103^{\frac{2}{3}} \times 0.006^{\frac{1}{2}} = 1.31\ (\mathrm{m/s})$$

已知天沟积水深度按 0.15m 计，天沟排除雨水量为 66L/s（0.066m³/s）；设天沟的宽度为 b，则有 $Q = A\upsilon = bh\upsilon = 0.15 \times b \times 1.31 = 0.066$，解得 $b \approx 0.34\mathrm{m}$。

4.4.4 重力流雨水系统设计及计算

1. 设计规定

重力流多斗系统设计应符合下列规定：

1）雨水斗的最大设计排水流量应符合表 4-1 的规定。

2）雨水悬吊管水力计算应按公式（3-15）和公式（3-16）计算，雨水悬吊管充满度应取 0.8，排出管充满度应取 1.0。

3）重力流多斗系统立管不得小于悬吊管管径，当 1 根立管连接 2 根或 2 根以上悬吊管时，立管的最大设计排水流量宜按表 4-2 确定。

2. 计算步骤

1）根据建筑物内部墙、梁、柱的位置及屋面的构造和坡度确定分水线，将屋面划分为若干（如屋面面积较小也可采用 1 个管道系统）雨水汇水面积。确定每个汇水面积中雨水斗的位置和数量 n（不小于 2 个）。绘制各雨水管系的水力计算草图。

2）按照公式（4-3）和公式（4-4）确定各个汇水面积的设计雨水量，并分配各雨水斗的设计泄流量。

3）雨水斗：按各个雨水斗的设计泄流量，确定雨水斗口径及连接管的管径。

4）悬吊管：对于单斗系统，根据雨水斗和立管的布置情况可设置悬吊管也可不设置悬

吊管。设有悬吊管时只连接 1 个雨水斗，悬吊管的设计流量即单个雨水斗的设计泄流量；对于多斗系统，悬吊管上连接多个雨水斗，悬吊管的设计流量应为雨水斗泄流量之和。悬吊管按非满流设计，其设计充满度不宜大于 0.8。

5）立管：重力流多斗系统立管不得小于悬吊管管径，当 1 根立管连接 2 根或 2 根以上悬吊管时，立管的最大设计排水流量宜按表 4-2 确定。

6）埋地管：埋地管可按满流设计，其管内流速不宜小于 0.75m/s。

7）建筑雨水管道的最小管径和横管的最小设计坡度，宜按表 4-12 确定。

表 4-12　雨水管道的最小管径和横管的最小设计坡度

管别	最小管径/mm	横管最小设计坡度	
		铸铁管、钢管	塑料管
建筑外墙落水管	75（75）	—	—
雨水排水立管	100（110）	—	—
重力流排水悬吊管	100（110）	0.01	0.0050
满管压力流屋面排水悬吊支管	50（50）	0.00	0.0000
雨水排除管	100（110）	0.01	0.0050

注：表中铸铁管管径为公称直径，括号内数据为塑料管外径。

4.4.5　满管及计算

1. 设计规定

压力流雨水系统设计应符合下列规定：

1）满管压力流系统的雨水斗的泄流量，应根据雨水斗规格、斗前设计水深、斗进水口和立管排出管口标高差实测确定，当无实测资料时，可按表 4-3 和表 4-4 选用。

2）一个满管压力流多斗系统服务汇水面积不宜大于 2500m^2。

3）满管压力流屋面雨水排水管系的设计计算，管道的沿程水头损失按公式（1-14）和公式（1-15）确定。管道的局部水头损失可按管件逐个计算，即公式（1-16），或者按管件当量长度法计算。

4）悬吊管的设计流速不宜小于 1m/s，以使管内有较好的自净能力，其管径不宜小于 50mm，最小设计坡度不宜小于 0.00。在满管压力流屋面排水系统中，悬吊管虽按满管压力流设计，但在降雨初期悬吊管中雨水量较少，为重力流（非满流）流态。此时，其排水动力为雨水斗出口到悬吊管中心线高差形成的水力坡度。为了保障悬吊管在降雨初期排水通畅，悬吊管中心线与雨水斗出口的高差宜大于 1m，在水力计算时应复核是否满足流速等要求。

5）在满管压力流屋面雨水排水系统中，立管内水流流速是形成管系压力流排水的重要条件之一。立管的设计流速不应小于 2.2m/s，以保证有一定的冲刷能力。此外，由于系统的最大流速发生在立管上，为了减弱雨水流动时造成的噪声，管内流速不宜大于 10m/s。雨水排水立管的流速宜为 2.2～10m/s。立管的管径可小于上游横管的管径，但不宜小于 100（110）mm。

6）埋地排出管的出口应放大管径，其出口水流不宜大于 1.8m/s，否则应采取效能措施。

7）在确定各管段管径后还应进行压力校核计算，以确认设计值应具备形成满管压力流的条件。

① 系统的最大负压值：最大负压值出现在悬吊管与立管的连接处（即悬吊管的末端）。为防止管道受到压力过大而破坏，系统的最大负压值一般为-70～-90kPa。

② 系统可利用的最大压力：在压力流屋面雨水排水管系中，系统可利用的最大压力是雨水管进、出口几何高差 H_0 形成的压力，该值不得小于雨水排水管道总水头损失与流出水头之和，按公式（4-8）计算：

$$9.81H_0 \geqslant \sum h_{总} + \frac{v_{出口}^2}{2} \tag{4-8}$$

式中：$9.81H_0$ ——系统可利用的最大压力（kPa），H_0 为雨水斗顶面至雨水排水管出口几何高差形成的压力；

$h_{总}$ ——雨水排水管道总水头损失（kPa）；

$\dfrac{v_{出口}^2}{2}$ ——排出管出口的流出水头（kPa）。

③ 不同支路计算到某节点的压差：满管压力流屋面雨水排水常为多斗系统，1 根悬吊管上连接有数个雨水斗，形成多条支路。为了使各个支路水头损失接近、雨水斗泄流量相等，管系各节点的上游不同支路的计算水头损失之差不应过大，在管径小于等于 $DN75$ 时不应大于 10kPa；在管径大于等于 $DN100$ 时不应大于 5kPa。

2. 计算步骤与方法

1）划分屋面雨水汇集区，确定汇水面积并计算雨水量。

2）按各区的设计雨水量选定雨水斗的口径和数量，布置雨水斗、悬吊管及立管等。

3）绘制各管系的水力计算草图，并进行节点编号、标注各管道长度及标高等。

4）估算最不利计算管路的单位等效长度的水头损失 R_0 按公式（4-9）计算：

$$R_0 = \frac{9.81H_0}{L_0} \tag{4-9}$$

式中：R_0 ——最不利计算管路的单位等效长度的水头损失（kPa/m）；

L_0 ——最不利计算管路的等效长度（m）。金属管：$L_0 = （1.2～1.4）L$，塑料管：$L_0 = （1.4～1.6）L$（L 为设计管长）；

其他参数同上式。

5）估算悬吊管的单位等效长度的水头损失 $R_{悬吊管}$ 按公式（4-10）计算：

$$R_{悬吊管} = \frac{P_{max}}{L_{悬吊管-0}} \tag{4-10}$$

式中：$R_{悬吊管}$ ——悬吊管的单位等效长度的水头损失（kPa/m）；

P_{max} ——最大允许负压值（kPa）；

$L_{悬吊管-0}$ ——悬吊管的等效长度（m）。

6）初步确定管径。按悬吊管的排水设计流量、最小允许流速（1m/s）和不大于 $R_{悬吊管}$ 的规定，初步确定悬吊管的管径。按立管、埋地管各自的排水设计流量、控制流速和不大于 R_0 的规定，初步选定立管、埋地管的管径。立管管径可比悬吊管末端的管径小一号。

7）计算各管道的沿程水头损失、局部水头损失，进而得到各管道的水头损失。

8）校核系统的最大负压值、系统可利用的最大压力、不同支路到某一节点的水头损失。

4.5　管道材料及其布置与敷设

4.5.1　屋面雨水排水管材

重力流雨水排水系统当采用外排水时，可选用建筑排水塑料管；当采用内排水雨水系统时，宜采用承压塑料管、金属管或涂塑钢管等管材。满管压力流雨水排水系统宜采用承压塑料管、金属管、涂塑钢管、内壁较光滑的带内衬的承压排水铸铁管等，用于满管压力流排水的塑料管，其管材抗负压力应大于-80kPa。

4.5.2　雨水排水管道的布置与敷设

1. 雨水排水管道的布置与敷设

1）居住建筑设置雨水内排水系统时，除敞开式阳台外应设在公共部位的管道井内。

2）除土建专业允许外，雨水管道不得敷设在结构层或结构柱内。

3）建筑物内设置的雨水管道系统应密闭。设置埋地排出管的屋面雨水排水管系，雨水排水立管底部宜设检查口。

4）下列场所不应布置雨水管道：生产工艺或卫生有特殊要求的生产厂房、车间；贮存食品、贵重商品库房；通风小室、电气机房和电梯机房。

5）建筑屋面各汇水范围内，雨水排水立管不宜少于 2 根。

6）屋面雨水排水管的转向处宜做顺水连接。

7）塑料雨水管穿越防火墙和楼板时，应按表 3-16 的规定设置阻火装置。当管道布置在楼梯间休息平台上时，可不设阻火装置。

8）重力流雨水排水系统中长度大于 15m 的雨水悬吊管，应设检查口，其间距不宜大于 20m，且应布置在便于维修操作处。

9）雨水管道在穿越楼层应设套管且立管底部架空时，应在立管底部设支墩或其他固定措施。地下室横管转弯处也应设置支墩或固定措施。

10）雨水管穿越地下室外墙时，应采取防水措施。

11）寒冷地区，雨水斗和天沟宜采用融冰措施，雨水立管宜布置在室内。

2. 高层建筑裙房、阳台的雨水排水管道设计要求

1）裙房屋面的雨水应单独排放，不得汇入高层建筑屋面排水管道系统。

2）高层建筑雨落水管的雨水排至裙房屋面时，应将其雨水量计入裙房屋面的雨水量，且应采取防止水流冲刷裙房屋面的技术措施。

3）阳台、露台雨水系统设置应符合下列规定：

①高层建筑阳台、露台雨水系统应单独设置。

②多层建筑阳台、露台雨水宜单独设置。

③ 阳台雨水的立管可设置在阳台内部。

④ 当住宅阳台、露台雨水排入室外地面或雨水控制利用设施时，雨落水管应采取断接方式；当住宅阳台、露台雨水排入小区污水管道时，应设水封井。

⑤ 当屋面雨落水管雨水间接排水且阳台排水有防返溢的技术措施时，阳台雨水可接入屋面雨落水管。

⑥ 当生活阳台设有生活排水设备及地漏时，应设专用排水立管接入污水排水系统，可不另设阳台雨水排水地漏。

4.6 建筑雨水工程设计案例

设计基础资料如本书 1.6 节所示。该建筑屋面面积不大，外墙可以设雨水立管；同时根据《建筑给水排水设计标准》（GB 50015—2019）第 5.2.13-2 条：高层建筑屋面雨水排水系统宜按重力流系统设计，因此该建筑物应采用重力流外排水雨水系统。雨水经雨水斗流入敷设于外墙的立管排往室外雨水井。顶层两侧水箱间的汇水面 A 的雨水通过雨水立管引到主楼屋面。主楼屋面采用重力流外排水雨水系统；裙房屋面的雨水单独排水，也采用重力流外排水雨水系统。

（1）划分汇水区和雨水量计算

该建筑是一般公共建筑物，根据《建筑给水排水设计标准》（GB 50015—2019）第 5.2.4 条设计重现期取 5 年，降雨历时为 5min，该建筑地处南京市，降雨强度为

$$i = \frac{64.300 + 53.800 \lg P}{(t + 32.900)^{1.011}}$$

代入 $t = 5\text{min}$，$P = 5\text{a}$，取得 $i = 2.583\text{mm/min}$。

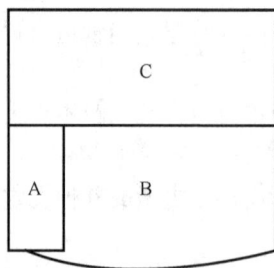

图 4-10 汇水分区

该建筑屋面径流系数为 1，雨水量按下式计算：

$$Q = \frac{\varphi F i_s \times 60}{3600} = \frac{2.583 \times F}{60}$$

根据《建筑给水排水设计标准》（GB 50015—2019）第 5.2.7 条，屋面的汇水面积按照其水平的投影的面积计算，高出屋面的毗邻侧墙要按照附加其最大受雨面的一半的墙体侧面积来作为有效汇水面积计算。同一汇水区高出的侧墙多于一面时，按照有效受水侧墙面积的一半折算汇水面积。汇水分区如图 4-10 所示，各区雨量计算结果见表 4-13。

表 4-13 屋面雨水量计算

汇水区	汇水面积/m²	雨水量/（L/s）
A	99	4.262
B	546.75	23.538
C	1024.65	44.112

（2）雨水斗雨水管管径确定

该建筑物采用重力流单斗系统。

1）A 区设 2 个雨水斗，采用重力流 DN75 的雨水斗。雨水经过雨水斗流入敷设在外墙的立管将雨水引入主楼屋面排水系统。查《建筑给水排水设计标准》（GB 50015—2019）附录 G 采用 75×2.3（mm）塑料排水管符合排水要求。

2）B 区设 4 个雨水斗，采用重力流 DN100 的雨水斗，设 4 根雨水立管 YL-1、YL-2、YL-3、YL-4，每根设计流量为 7.846L/s，查《建筑给水排水设计标准》（GB 50015—2019）附录 G 采用 110×3.2（mm）塑料排水管符合排水要求。

3）C 区设 6 个雨水斗，采用重力流 DN100 的雨水斗，设 6 根雨水立管 YL-5、YL-6、YL-7、YL-8、YL-9、YL-10，每根设计流量为 7.352L/s，查《建筑给水排水设计标准》（GB 50015—2019）附录 G 采用 110×3.2（mm）塑料排水管符合排水要求。

4）室外雨水排出管管径采用 De160，管道坡度为 0.03。

建筑雨水排水管道系统如图 4-11 所示。

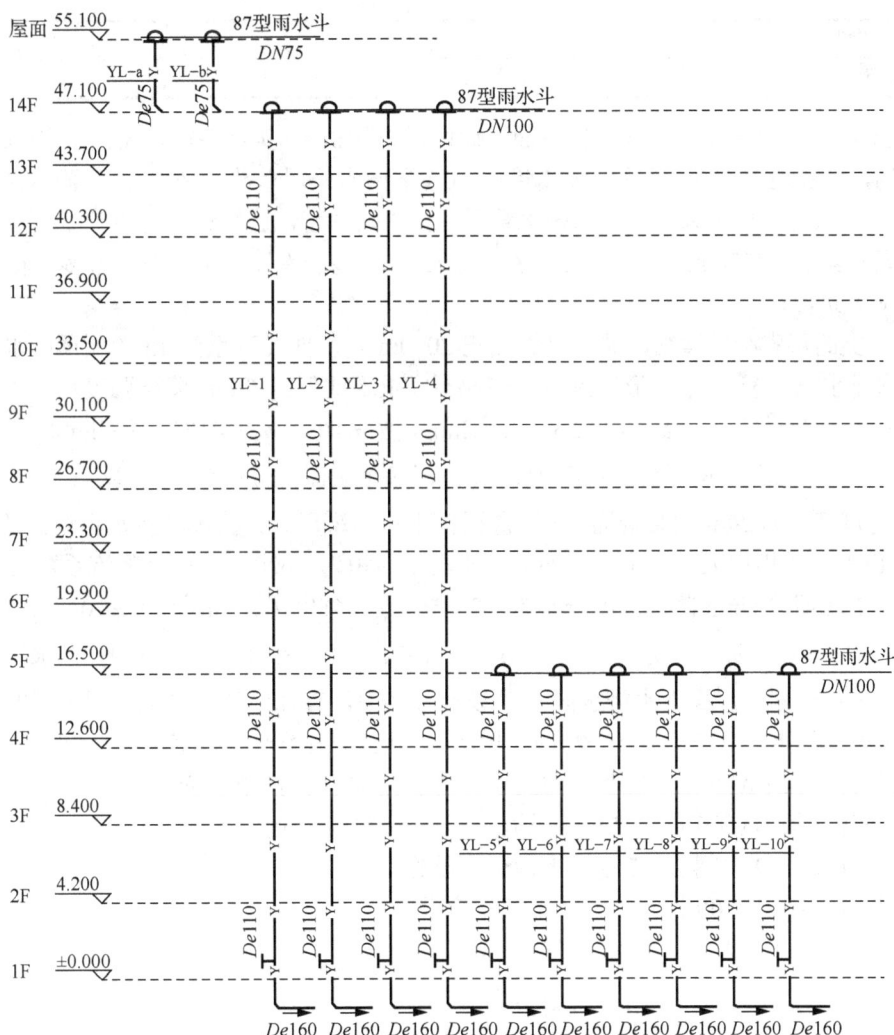

图 4-11　建筑雨水排水管道系统

本 章 习 题

1. 简述雨水内排水系统的组成。

2. 分析满管压力流排水系统中水气流动规律。

3. 雨水流量计算有哪两个常用公式？设计参数怎样确定？

4. 压力流雨水管道系统水力计算中三处校核分别是什么？

5. 某一般建筑屋面面积 2000m²，雨水排水系统设计重现期为 5 年，径流系数按 1.0 计，流量系数 $m=385$；溢流高度 $h=0.3$m；重力加速度 $g=9.81$m/s²。在表 4-14 中参数的条件下，按最小排水能力要求，计算其溢流口最小宽度值为多少？

表 4-14　某地不同重现期的小时降雨厚度

重现期/a	5	10	50
小时降雨厚度/（mm/h）	144	324	468

6. 某 4 层仓库屋面为等分双坡屋面，屋面投影面积长×宽=97.5m×48.7m，沿长边方向设外天沟，且长边方向正中间设有伸缩缝。其屋面雨水采用单斗（采用 87 型雨水斗，规格为 150mm）重力流排水系统，雨水排水管采用排水铸铁管。已知该地区设计暴雨重现期为 5 年的降雨厚度为 200mm/h，仓库柱距为 12m×12m，则该仓库屋面至少应布置多少根 $DN150$ 的雨水排水立管？

7. 一类高层省级档案馆，屋面投影面积 2000m²，屋面径流系数 1.0，屋顶雨水设置重力流雨水排水系统和 2 个矩形溢流口。该地不同重现期下的 5min 降雨强度为：$P=3a$，$q_5=324$L/$(s\cdot hm^2)$；$P=5a$，$q_5=364$L$(s\cdot hm^2)$；$P=10a$，$q_5=417$L/$(s\cdot hm^2)$；$P=50a$，$q_5=541$L/$(s\cdot hm^2)$。矩形溢流口高 150mm，问每个溢流口最小宽度为多少？

8. 建筑高度为 24m 的某普通建筑，屋面雨水排水采用重力流单斗排水系统。屋面设计坡度为 1.0%，采用内天沟集水；屋面的雨水汇水面积为 1000m²，雨水径流系数为 1.00；不同设计重现期的 5min 降雨强度分别为：$P=5a$，$q_5=180$L/$(s\cdot hm^2)$；$P=10a$，$q_5=215$L/$(s\cdot hm^2)$；$P=50a$，$q_5=290$L/$(s\cdot hm^2)$；$P=100a$，$q_5=330$L/$(s\cdot hm^2)$；排水管材采用铸铁管。下述该建筑屋面雨水排水的 4 项设计方案中，有几项是满足现行国家标准《建筑给水排水设计标准》（GB 50015—2019）规定的？应逐一给出方案的编号并说明理由。

1）设计 2 根 $DN75$ 排水立管，溢流设施排水流量不小于 12.9L/s；

2）设计 2 根 $DN100$ 排水立管，溢流设施排水流量不小于 2.5L/s；

3）设计 5 根 $DN75$ 排水立管，不设溢流设施；

4）设计 4 根 $DN100$ 排水立管，不设溢流设施。

A. 1 项　　B. 2 项　　C. 3 项　　D. 4 项

第 5 章

建筑内部热水系统

5.1 热水供应系统分类、组成及供水方式

5.1.1 热水供应系统分类

1. 热水供应系统分类

按热水供应范围，建筑热水供应系统分为集中热水供应系统、局部热水供应系统和区域热水供应系统。

（1）集中热水供应系统

集中热水供应系统是指在热交换站、锅炉房或加热间集中制备热水后，通过热水管网供给一幢（不含单幢别墅）或数幢建筑物所需热水的供应系统。集中热水供应系统优点包括加热设备集中、便于维护管理、建筑物内各热水用水点不需要另设加热设备、占用建筑空间小、加热设备热效率高、制备热水的成本较低等。集中热水供应系统缺点包括设备系统较复杂、投资较大、热水管网较长、热损失较大、需要有专门维护管理人员，以及一旦建成后，改建、扩建较困难等。

集中热水供应系统适用于热水用量较大（设计小时耗热量超过 293100kJ/h，折合 4 个淋浴器的耗热量）、用水点比较集中的建筑，如标准较高的居住建筑、旅馆、公共浴室、医院、疗养院、体育馆、游泳池、大型饭店等公共建筑，布置较集中的工业企业建筑等。

（2）局部热水供应系统

局部热水供应系统是指用设置在热水用水点附近的小型加热器制备热水后、供给单个或数个配水点的热水供应系统。局部热水供应系统优点包括输送热水的管道短，热损失小；设备、系统简单，造价低；系统维护管理方便、灵活；易于改建或增设。局部热水供应系统缺点包括小型加热器的热效率低，制水成本较高；建筑物内的各热水配水点需要单独设置加热器，占用建筑空间。

局部热水供应系统适用于热水用量较小（设计小时耗热量不超过 293100kJ/h，约折合 4 个淋浴器耗热量）、用水点比较分散且耗热量不大的建筑，或采用集中热水供应不合理的

场所，如一般单元式居住建筑，小型饮食店、理发馆、医院、诊所等公共建筑和车间卫生间布置较分散的工业建筑。

（3）区域热水供应系统

区域热水供应系统是指在热电厂、区域性锅炉房或热交换站将冷水集中加热后，通过市政热力管网输送至整个建筑群、居民区、城市街坊或工业企业的热水系统。区域热水供应系统优点包括便于集中统一维护管理和热能的综合利用；有利于减少环境污染；设备热效率和自动化程度较高；热水成本低，设备总容量小，占用总面积少；使用方便舒适，保证率高。区域热水供应系统缺点包括设备、系统复杂，建设投资高；需要较高的维护管理水平；改建、扩建困难。

区域热水供应系统适用于建筑较集中、热水用量较大的城市和工业企业。

2. 热水供应系统选择

热水供应系统选择宜符合下列规定：

1）宾馆、公寓、医院、养老院等公共建筑及有使用集中供应热水要求的居住小区，宜采用集中热水供应系统。

2）小区集中热水供应应根据建筑物的分布情况等采用小区共用系统、多栋建筑共用系统或每幢建筑单设系统，共用系统水加热站室的服务半径不应大于 500m。

3）普通住宅、无集中沐浴设施的办公楼及用水点分散、日用水量（按 60℃ 计）小于 5m³ 的建筑宜采用局部热水供应系统。

4）当普通住宅、宿舍、普通旅馆、招待所等组成的小区或单栋建筑如设集中热水供应时，宜采用定时集中热水供应系统。

5）全日集中热水供应系统中的较大型公共浴室、洗衣房、厨房等耗热量较大且用水时段固定的用水部位，宜设单独的热水管网定时供应热水或另设局部热水供应系统。

5.1.2 热水供应系统组成

由于建筑物类型和规模、热源情况、加热贮热设备的情况以及用水要求等的不同，热水供应系统的组成会有所不同。本书主要介绍集中热水供应系统的组成，如图 5-1 所示，其主要由热媒管网系统（第一循环系统）、热水供水管网系统（第二循环系统）、附件和用水器具等组成。

1. 热媒管网系统

热媒是传递热量的载体，常为高温蒸汽或高温热水等。热媒管网系统（第一循环系统）由热源、水加热器和热媒管网组成。由锅炉产生的高温蒸汽或热水经过热媒管网进入水加热器把冷水加热成热水，而高温蒸汽或高温热水则变成了冷凝水，靠余压经疏水器回到冷凝池，然后再和补充的软水送回锅炉制备热媒，如此循环反复完成热传递作用。

2. 热水供水管网系统

热水供水管网系统（第二循环系统）由水加热器与热水配水管、回水管组成的热水循环系统组成。冷水进入水加热器加热变成一定温度的热水后，由配水管送到各个配水点。

为了保证各用水点随时都有规定温度的热水，在立管和水平干管（甚至配水支管）设有回水管，从而使一定循环流量的热水经过循环水泵在管网中循环以补充配水管网所散失的热量。

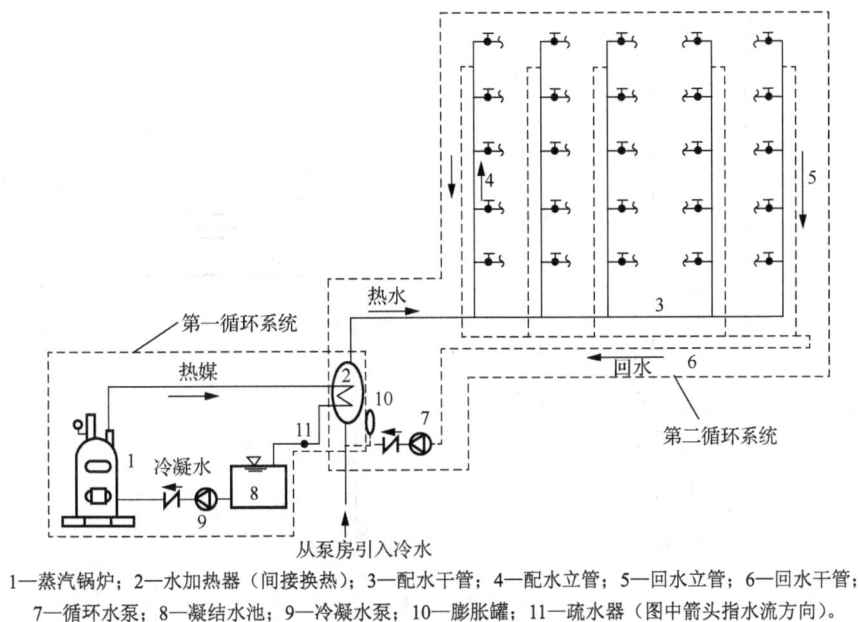

1—蒸汽锅炉；2—水加热器（间接换热）；3—配水干管；4—配水立管；5—回水立管；6—回水干管；
7—循环水泵；8—凝结水池；9—冷凝水泵；10—膨胀罐；11—疏水器（图中箭头指水流方向）。

图 5-1　集中热水供应系统组成

3. 附件

附件包括蒸汽、热水的控制附件及管道的连接附件，如温度自动调节器、疏水器、减压阀、安全阀、膨胀罐、膨胀水箱等。

5.1.3　供水方式

按压力工况、热水加热方式、循环动力、循环管网完善程度、循环管路长度及热水供水制度不同，热水供应系统的供水方式有多种。在实际工程中应根据使用对象、建筑物特点、热水用水量、耗热量、用水规律、用水点分布、热源类型、加热设备及操作管理条件等因素，经技术经济比较后确定。

1. 开式系统与闭式系统

按热水系统的压力工况不同，热水供应系统的供水方式可分为开式系统和闭式系统。判断标准：设有安全阀或膨胀罐的为闭式系统，两者都没有的为开式系统。

开式系统（图 5-2）是指在所有配水点都关闭后热水管系仍与大气相通。该系统一般在管网顶部设有水箱（冷水箱或者热水箱），系统内的水压由水箱的高度决定。开式系统必须设高位冷水箱和膨胀管或者开式的热水箱。开式系统的优点是系统水压稳定、运行较安全；开式系统的缺点是高位水箱占空间，开式水箱易受外界污染。开式系统适用于给水管道的水压变化较大，而用户要求水压稳定，且允许设屋顶水箱的热水供应系统。

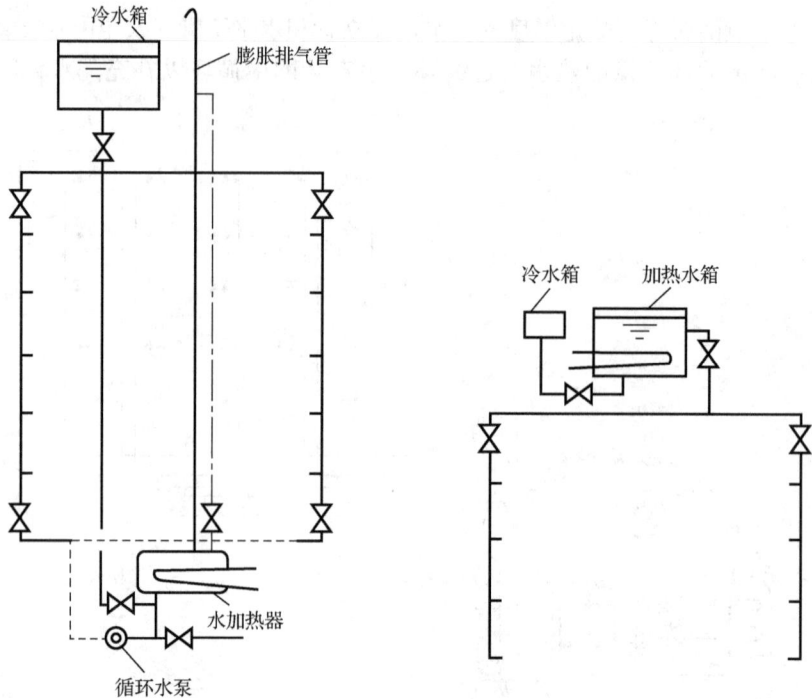

图 5-2 开式系统

　　闭式系统（图 5-3）是指热水管系不与大气相通，即在所有配水点关闭后整个管系与大气隔绝，形成密闭系统。该系统中应采用设有安全阀的承压水加热器，有条件时还要设压力式膨胀罐，以确保系统安全运作。闭式系统的优点是管路简单、水质不易受外界污染；闭式系统的缺点是供水水压稳定性和安全可靠性较差。闭式系统适用于不设屋顶水箱的热水供应系统。

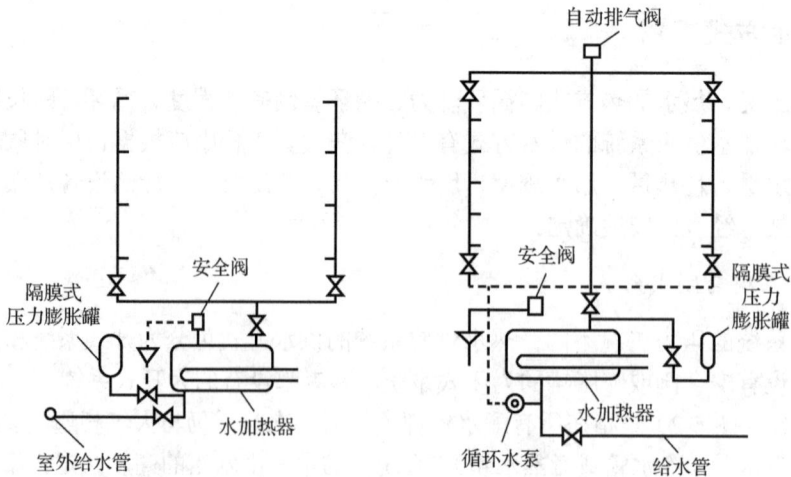

图 5-3 闭式系统

2. 直接加热与间接加热

按热水加热方式不同，热水供应系统的供水方式可分为直接加热和间接加热。

直接加热又称一次换热，是利用以燃气、燃油、燃煤为燃料的热水锅炉，把冷水直接加热到所需热水温度，或者是将蒸汽或高温水通过穿孔管或喷射器直接通入冷水混合制备热水。直接加热具有热效率高、节能效果好、设备简单、无须冷凝水管等优点。但是直接加热也存在噪声大，对蒸汽质量要求高，冷凝水不能回收，热源需大量经水质处理的补充水，运行费用高等缺点。直接加热适用于具有合格的蒸汽热媒，且对噪声无严格要求的公共浴室、洗衣房、工矿企业等用户。

间接加热也称二次换热，是将热媒通过水加热器把热量传递给冷水达到加热冷水的目的，在加热过程中热媒（如蒸汽）与被加热水不直接接触。间接加热的优点是回收的冷凝水可重复利用，只需对少量补充水进行软化处理，运行费用低，且加热时不产生噪声，蒸汽不会对热水产生污染，供水安全稳定；其缺点是增加了换热设备（即水加热器），增大了热损失，造价较高。间接加热适用于要求供水稳定、安全，且噪声要求低的旅馆、住宅、医院、办公楼等建筑。

3. 自然循环和机械循环

按热水供水管网（第二循环系统）的循环动力不同，热水供应系统的供水方式分为自然循环和机械循环。热媒管网系统（第一循环系统）也有自然循环和机械循环之分。

自然循环是指利用配水管与回水管中的热水温差所产生的压差（水的温度不同，其对应的密度也就不同，从而就产生了压差），来维持一部分热水在配水与回水管网中的循环。由于配水管与回水管的水温差仅 5～10℃，自然循环作用水头值很小，使用范围有限，只适用于系统小、管路简单、干管水平方向短，但竖向标高差很大的热水供应系统，以及对水温要求不严格的个别场合。

机械循环是指利用循环泵强制一部分水量在配水与回水管网中循环，以补偿配水管网的散热损失。集中热水供应系统、高层建筑热水供应系统，均应采用机械循环方式。此外，住宅、别墅的局部热水供应系统中有至少 3 个卫生间，且共用水加热设备时，宜采用机械循环，设置热水回水管和循环水泵。

4. 全循环供水方式、半循环供水方式和无循环供水方式

热水循环的作用是补偿配水管网的散热损失，以维持配水点所需的热水水温。按循环管网的完善程度不同，热水供应系统的供水方式分为全循环供水方式、半循环供水方式和无循环供水方式。

全循环供水方式（图 5-4）指所有热水配水干管、立管和支管都设有相应的回水管道，均能保持热水循环，可保证配水管网任意点的水温。

半循环供水方式分为干管循环供水方式和立管循环供水方式。干管循环供水方式（图 5-5）指仅热水干管设置循环管道，保持热水循环。该方式适用于定时供应热水的建筑中。立管循环供水方式（图 5-6）指热水干管和热水立管均设置循环管道，支管不设循环管道，打开配水嘴时只需放掉热水支管中少量的存水，就能获得规定水温的热水。该方式适用于设有全日供应热水的建筑和设有定时供应热水的高层建筑中。

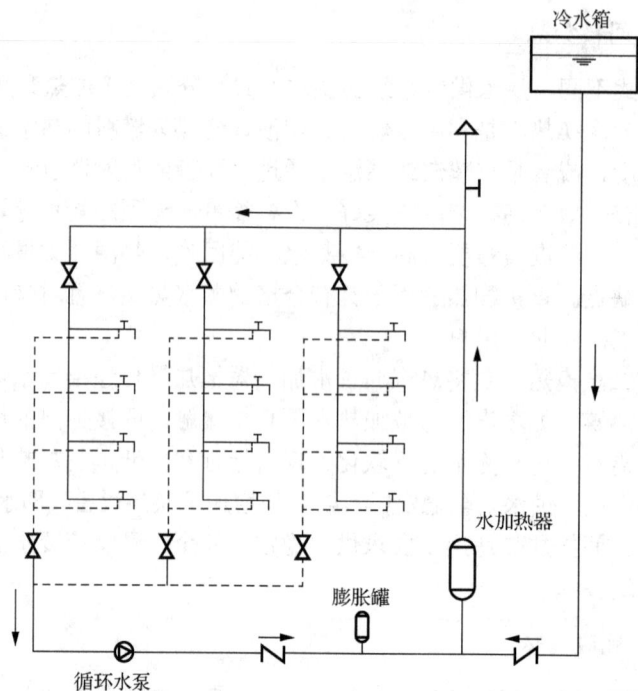

图 5-4　全循环供水方式

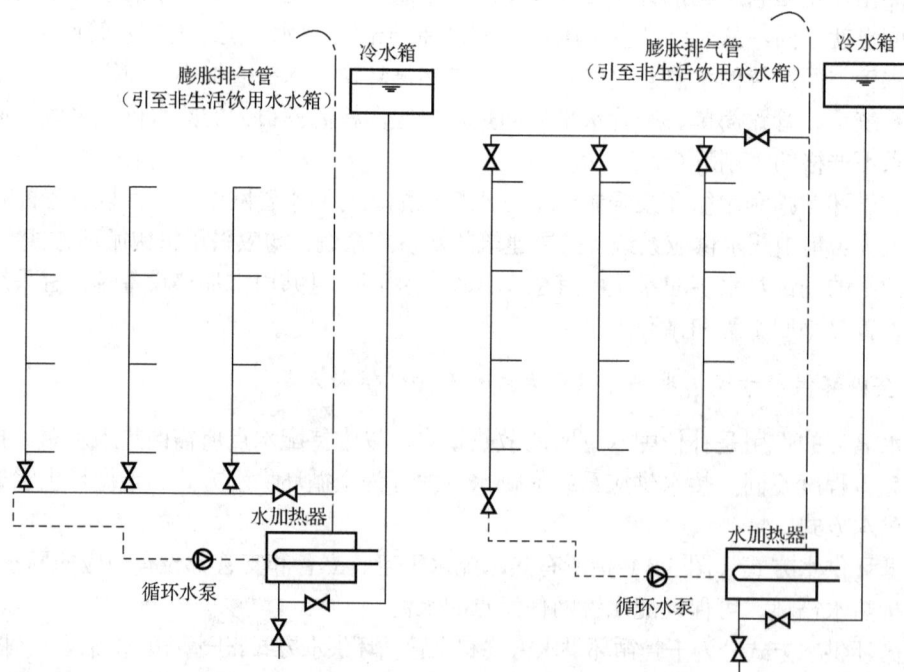

图 5-5　半循环供水方式（干管循环供水方式）

无循环供水方式（图 5-7）指在热水管网中不设任何循环管道。对于热水供应系统较小、使用要求不高的定时热水供应系统，如公共浴室、洗衣房等可采用此方式。

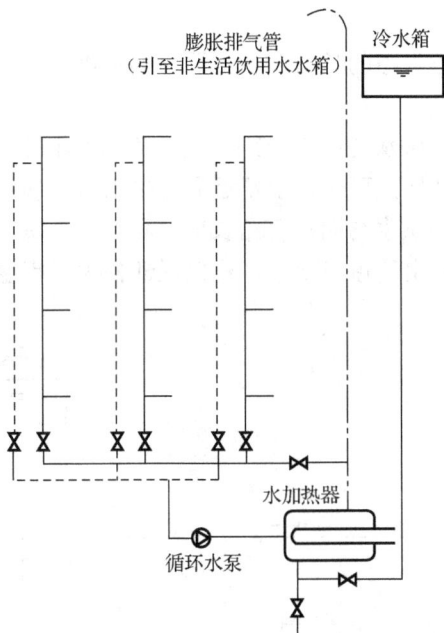

图 5-6 半循环供水方式（立管循环供水方式）

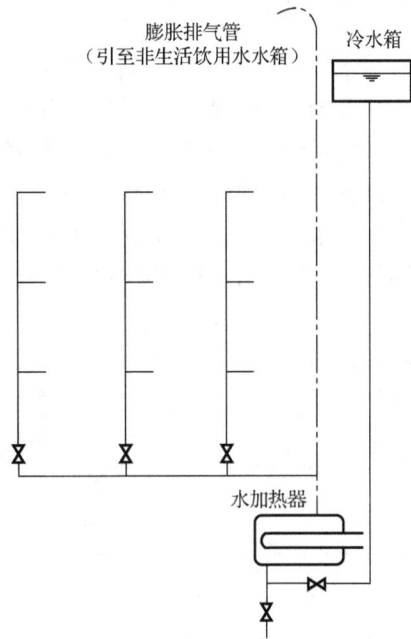

图 5-7 无循环供水方式

5. 上行下给式和下行上给式

按热水供水横干管的位置，热水供应系统的供水方式可分为上行下给式和下行上给式。上行下给式（图 5-8）指给水横干管位于配水管网的上部，通过立管向下供水的方式。下行上给式（图 5-9）指给水横干管位于配水管网的下部，通过立管向上供水的方式。

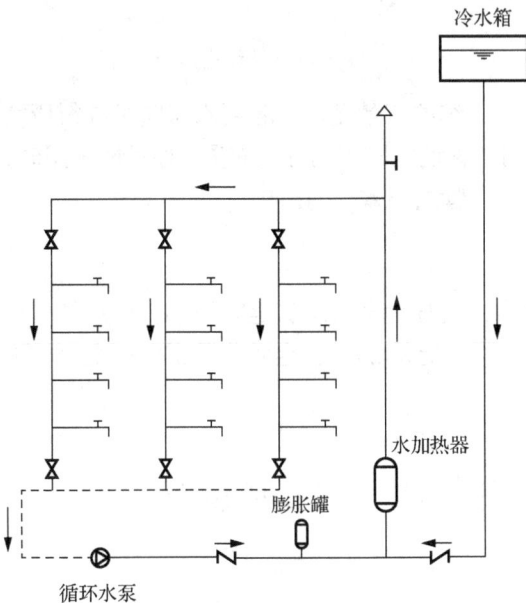

图 5-8 上行下给式

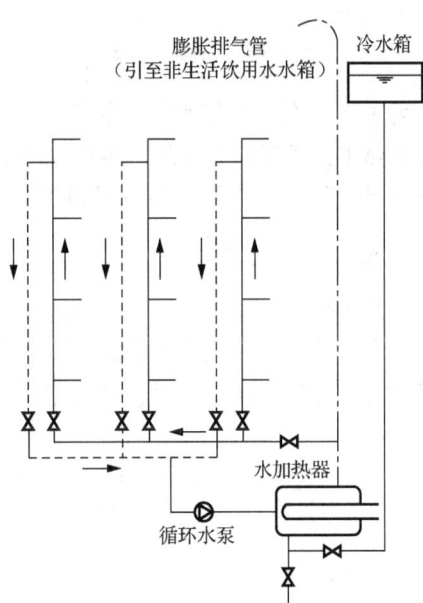

图 5-9 下行上给式

6. 同程式系统与异程式系统

按热水循环管网（第二循环系统）中每支循环管路的长短是否相同，热水供应系统的供水方式分为同程式系统与异程式系统。

同程式系统（图 5-10）是指对应每个配水点的供水与回水管路长度之和基本相等，从而使各立管环路的阻力在均等的条件下进行热水循环，可防止出现近立管热水短路现象出现。异程式系统（图 5-11）是指对应每个配水点的供水与回水管路长度之和不等。每支循环管路长短不同，不利于热水循环，循环过程中会出现短路现象，难以保证各供水点温度稳定。

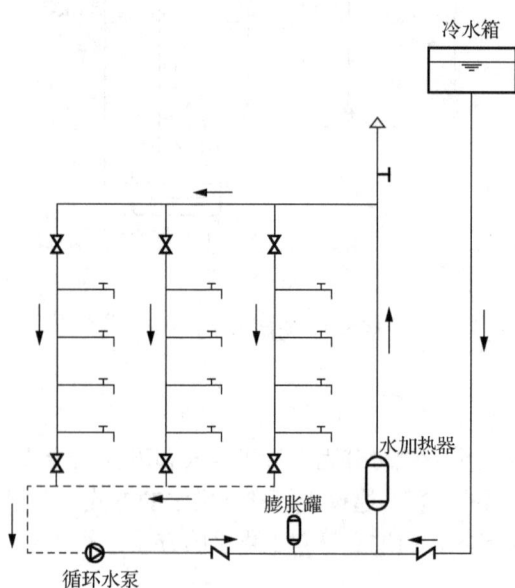

图 5-10　同程式系统　　　　　　　　　图 5-11　异程式系统

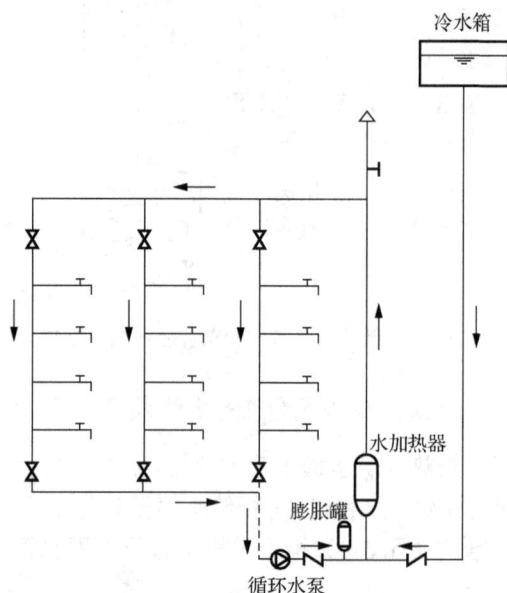

为了防止系统中热水短路循环，有利于热水系统的有效循环，各用水点随时取得所需水温的热水，建筑中集中热水供应系统的热水循环管道宜采用同程式布置；如不能采用时，应采取温控阀、阻流阀、导流三通等保证干管和立管循环效果的措施。

7. 全日制与定时制

按热水供水制度不同，热水供应系统的供水方式分为全日制和定时制。全日制是指全日、工作班或营业时间内不间断供应热水（全日不一定是 24h）。定时制是指仅在全日、工作班或营业时间内的某一时段供应热水。

5.2　热水供应系统的热源与加（贮）热设备

5.2.1　热源

热源是用以制备热水的能源。热源可以是工业废热、余热、太阳能、可再生低温能源、地热、燃气、电能，也可以是城镇热力网、区域锅炉房或附近锅炉房提供的蒸汽或高温水。

1. 集中热水供应系统的热源的选用

集中热水供应系统的热源应通过技术经济比较，并按照下列顺序选择：

1）采用具有稳定、可靠的余热、废热、地热，当以地热为热源时，应按地热水的水温、水质和水压，采取相应的技术措施处理满足使用要求。

2）当日照时数大于 1400h/a 且年太阳辐射量大于 4200MJ/m^2 及年极端最低气温不低于 -45℃的地区，采用太阳能。

3）在夏热冬暖、夏热冬冷地区采用空气源热泵。

4）在地下水源充沛、水文地质条件适宜，并能保证回灌的地区，采用地下水源热泵。

5）在沿江、沿海、沿湖，地表水源充足、水文地质条件适宜，以及有条件利用城市污水、再生水的地区，采用地表水源热泵；当采用地下水源和地表水源时，应经当地水务、交通航运等部门审批，必要时应进行生态环境、水质卫生方面的评估。

6）采用能保证全年供热的热力管网热水。

7）采用区域性锅炉房或附近的锅炉房提供的蒸汽或高温水。

8）采用燃油、燃气热水机组、低谷电蓄热设备制备的热水。

2. 局部热水供应系统的热源的选用

局部热水供应系统的热源宜按照下列顺序选择：

1）当日照时数大于 1400h/a 且年太阳辐射量大于 4200MJ/m^2 及年极端最低气温不低于 -45℃的地区，宜采用太阳能。

2）在夏热冬暖、夏热冬冷地区宜采用空气源热泵。

3）采用燃气、电能作为热源或作为辅助热源。

4）在有蒸汽供给的地方，可采用蒸汽作为热源。

3. 废热作为热媒的要求

当采用废气、烟气、高温无毒废液等废热作为热媒时，应符合下列规定：

1）加热设备应防腐，其构造应便于清理水垢和杂物。

2）应采取措施防止热媒管道渗漏而污染水质。

3）应采取措施消除废气压力波动或除油。

5.2.2 水加（贮）热设备的类型、特点及适用条件

加热设备是用于直接制备热水供应系统所需的热水或是制备热媒后供给水加热器进行二次换热的设备。一次换热设备就是直接加热设备；二次换热设备就是间接加热设备，在间接加热设备中，热媒与被加热水不直接接触。有些加热设备带有一定的容积，兼有贮存、调节热水用水量的作用；贮热设备是仅有贮存热水功能的热水箱或热水罐。加（贮）热设备的常用附件有压力式膨胀罐、安全阀、泄压阀、温度自动调节装置、温度计、压力表、水位计等。

1. 燃油（气）热水机组

燃油（气）热水机组（图 5-12）是以油、气为燃料，由燃烧器、水加热炉体（炉体水套与大气相通，呈常压状态）和燃油（气）供应系统等组成的设备组合体。

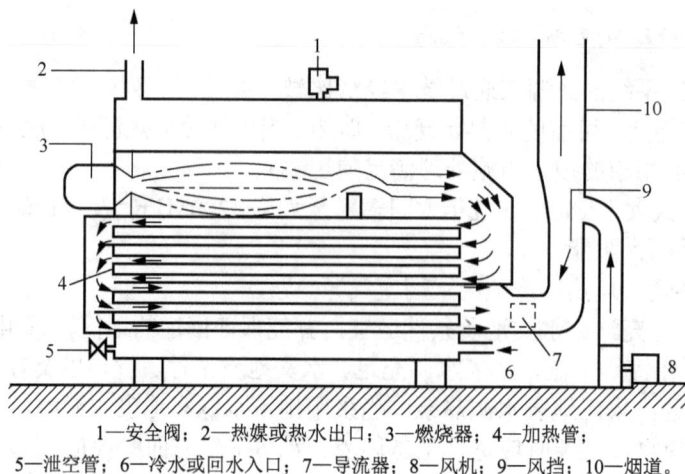

1—安全阀；2—热媒或热水出口；3—燃烧器；4—加热管；
5—泄空管；6—冷水或回水入口；7—导流器；8—风机；9—风挡；10—烟道。

图 5-12 燃油（气）热水机组

2. 快速式水加热器

快速式水加热器（图 5-13）就是热媒与被加热水进行快速换热的一种间接式水加热器，其可以通过提高热媒和被加热水的流动速度来提高热媒对管壁、管壁对被加热水的传热系数，改善传热效果。根据热媒的不同，快速式水加热器有汽—水、水—水两种类型；根据加热导管的构造不同，有单管式、多管式板式、管壳式等多种形式。

3. 导流型容积式水加热器

导流型容积式水加热器（图 5-14）是一种带有热水导流装置的容积式水加热器。导流型容积式水加热器在 U 型盘管外有一组导流盘管，初始加热时冷水进入水加热器的导流筒内被加热成热水而上升，致使加热器上部的冷水返至下部形成自然循环，逐渐将加热器内的水加热。随着升温时间的延续，水加热器上部的热水达到设计水温，位于 U 型管下部的水经过循环被加热。这样就消除了冷水滞水区，提高了贮罐的有效贮热容积。

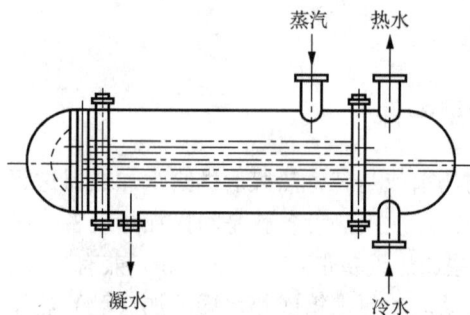

图 5-13 快速式水加热器

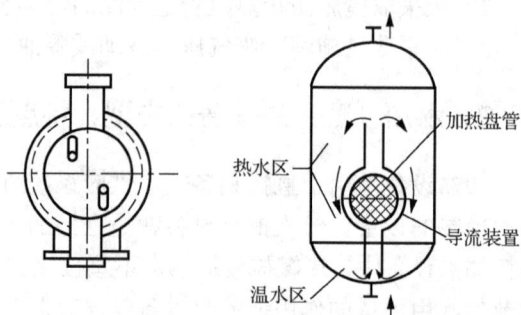

图 5-14 导流型容积式水加热器

4. 半容积式水加热器

半容积式水加热器（图 5-15）是一种内置快速式水加热器并带有适量贮热容积的间接式水加热器。在其内部，加热与贮热两部分完全分开，被加热水（冷水和热水系统的循环回水）进入快速式水加热器被迅速加热，先经下降管强制送至贮热水罐的底部，然后再向上升，以保持整个贮热水罐内的热水温度相同。由于贮热容器内的热水全部是所需温度的热水，水加热器的有效贮热容积可认为等于总贮热容积。

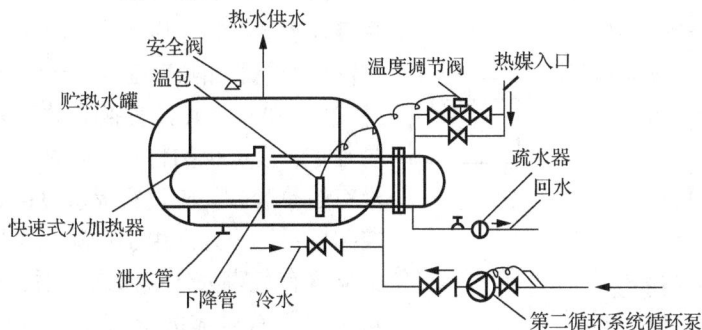

图 5-15 半容积式水加热器

5. 半即热式水加热器

半即热式水加热器（图 5-16）是一种带有预测装置和少量贮存容积的快速式加热器。热媒从底部入口经蒸汽立管进入各层并联盘管与冷水换热，冷凝水汇入冷凝立管后由底部流出。水从底部经孔板进入水加热器，并有少量冷水经分流管送入感温管；冷水流过盘管时被加热，热水从顶部出口流出，也有少量热水从顶部进入感温管。由于冷水按热水用水量成比例的流量由分流管同时进入感温管，感温元件可读出瞬间感温管内的冷热水平均温度，即刻向蒸汽控制阀发出信号，按实际用水需要调节控制阀，以输出所需的热水温度。一旦有热水输出需求，感温元件能在热水出口处温度尚未下降之前发出信号开启控制阀，具有预测性。由于盘管内外温差的作用，盘管不断收缩膨胀，可使传热面上的水垢自动脱落。

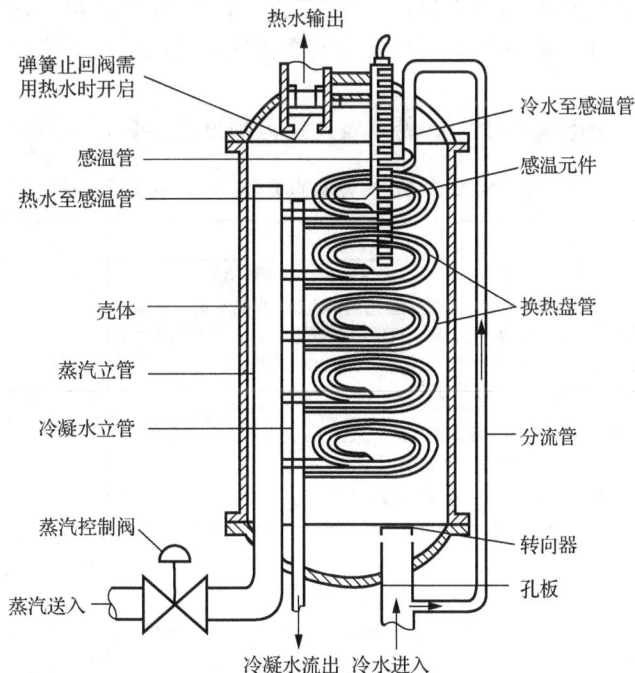

图 5-16 半即热式水加热器

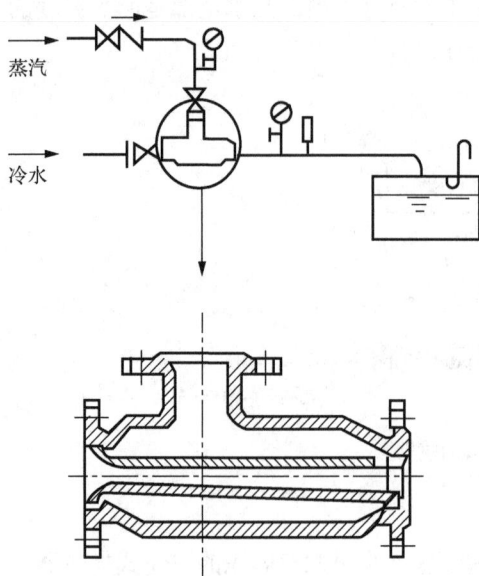

图 5-17　汽—水混合加热器

6. 汽—水混合加热器

汽一水混合加热器（图 5-17）是将热媒蒸汽直接与水混合制备热水的一种直接水加热器。汽一水混合加热器加热速度快，能在 1min 内使水温上升 20～30℃，其具有换热效率高、设备简单、易维护、投资少的特点。同时汽一水混合加热器没有贮热容积，应设置灵敏度高、可靠性高的温控装置；另一方面由于冷凝水不回收，故蒸汽中不能含有危害人体健康的物质。汽一水混合加热器可用于有可靠的蒸汽源、耗热量为 92000～1470000kJ/h（约 12～20 个淋浴器的耗热量）的民用及工矿企业公共浴室、洗衣房以及对噪声要求不高的建筑中。

7. 电热水器

电热水器是把电能通过电阻丝变成热能加热冷水的设备。按加热方式可分为直接式加热器、间接式加热器。直接式加热器是在电热丝与电热管之间用氧化镁粉（导热性和绝缘性良好）填充，电热丝的热量通过填充材料直接传导至电热管并将水加热。间接式加热器是电热丝与护套之间存在间隙，电热丝产生的热量通过辐射传递给护套，再将热水加热。

按贮热容积可分为快速式电热水器、容积式电热水器。快速式电热水器是无贮水容积或贮水容积很小，使用前不需预先加热，在接通水路和电源后即可迅速得到所需热水；容积式电热水器是有一定的贮水容积，在使用前需预先加热，可同时供应多个热水用水点在同一段时间内使用。

各种水加（贮）热设备的类型、特点及适用范围见表 5-1。

表 5-1　水加（贮）热设备的类型、特点及适用范围

加热器名称	优缺点		适用范围
燃油（气）机组	直接加热供水方式	优点：无须换热设备，有利于提高热效率，减少热损失。 缺点：由于一般需要配置调节贮热用的热水箱，当热水箱不能设置在屋顶时，多与燃油（气）热水机组一并设置在地下层或底层的设备间，需另设热水加压泵。由于冷热水供水压力来源不同，不易平衡系统中的冷、热水的压力	采用自备热源时，宜采用
	间接加热供水方式	优点：热水系统能利用冷水系统的供水压力，无须另设热水加压泵，有利于平衡系统中的冷、热水的压力。 缺点：增加了换热设备，热损失增大	
快速式水加热器	优点：效率高、构造简单、体积小、安装搬运方便。 缺点：不能贮存热水，水头损失大，在热媒或被加热水压力不稳定时，出水温度波动较大		① 适用于热媒供应能满足设计秒流量所需耗热量、热水用水量较均匀的建筑热水供应系统。 ② 当热媒不能满足设计秒流量供应，建筑热水用量不均匀，或水加热器未配置完善可靠的温度自动控制装置时，应设贮热容器

加热器名称	优缺点	适用范围
导流型容积式水加热器	优点：换热效果较好，水加热器的有效贮热容积可提高至总贮热容积的80%～90%。 缺点：所需设备用房的占地面积较大	适用于用水不均匀、热源供应不足或要求供水可靠性高、供水温度、水压平稳的热水供应系统
半容积式水加热器	优点：贮热容器内的热水全部是所需温度的热水，水加热器的有效贮热容器可认为等于总贮热容积；有一定的调节容积，对温控阀的要求不高（温控阀的精度为±4℃）；供水水温、水压稳定；体型小、加热快、换热充分、供水温度稳定、罐体容积利用率高（100%）。 缺点：所需设备用房的占地面积大	热媒供应较充足（能满足设计小时耗热量的要求）或要求供水水温、水压较平稳的系统
半即热式加热器	优点：有灵敏、可靠、能够预测温度的安全控制装置，可保证安全供水；由于加热盘管内的热媒不断改向，加热时盘管颤动形成局部紊流区，故传热系数大；加热迅速、传热效果好、设备用房占地面积小等。 缺点：其热水贮存容积小（仅为半容积式水加热器的1/5，没有调节能力），要求温控阀的精度为±3℃，且要求热媒供应充足	适用于热媒能满足设计秒流量所需耗热量，且系统用水较均匀的热水系统
汽一水混合加热器	优点：加热速度快，能在1min内使水温上升20～30℃，具有换热效率高、设备简单、易维护、投资少的特点。 缺点：无贮热容积，应设置灵敏度高、可靠性高的温控装置；由于冷凝水不回收，故蒸汽中不能含有危害人体健康的物质	可用于有可靠的蒸汽源、耗热量为92000～1470000kJ/h（约12～20个淋浴器的耗热量）的民用及工矿企业公共浴室、洗衣房、对噪声要求不高的建筑中
电热水器	按加热方式　间接式加热器特点：热效率低、耗电多、寿命较短。 直接式加热器特点：热效率高、结构简单、寿命长、使用安全	电源供应充沛的地区
	按贮热容积　快速式电热水器优点：体积小、重力轻、热损失少、效率高、容易调节水量和水温、使用安装简便；缺点：耗电量大；适用场所：多用于局部热水供应系统中。 容积式电热水器优点：耗电量较小、管理集中；适用场所：局部热水供应和集中热水供应系统	

5.2.3　水加热器的选择

1）水加热设备应根据使用特点、耗热量、热源、维护管理及卫生防菌等因素选择，并应符合下列规定：

① 热效率高、换热效果好、节能、节省设备用房；

② 生活热水侧阻力损失小，有利于整个系统冷、热水压力的平衡（建议水加热设备热水侧的阻力损失宜小于或等于 0.01MPa）；

③ 设备应留有人孔等方便维护检修的装置，并应按标准配置控温、泄压等安全阀件。

2）选用水加热设备还应遵循下列原则：

① 当采用自备热源时，应根据冷水水质总硬度大小、供水温度等采用直接供应热水或间接供应热水的燃油（气）热水机组。

② 当采用蒸汽、高温水为热媒时，应结合用水的均匀性、水质要求、热媒的供应能力、系统对冷热水压力平衡稳定的要求及设备所带温控安全装置的灵敏度、可靠性等，经综合技术经济比较后选择间接水加热设备。

以蒸汽、高温水为热媒时，可按下列原则选择水加热器：

a. 热媒供应能力小于设计小时耗热量时，选用导流型容积式水加热器或加大贮热容积的半容积式水加热器；

b. 热媒供应能力大于或等于设计小时供热量时，选用半容积式水加热器；

c. 热媒供应能力大于或等于设计秒流量所需耗热量且系统对冷热水压力平衡稳定要求不高时选用半即热式水加热器。

③ 当采用电能作热源时，其水加热设备应采取保护电热元件的措施，如设阴极保护等防止结垢的措施保护电热元件。

3）医院集中热水供应系统的热源机组及水加热设备不得少于 2 台，其他建筑的热水供应系统的水加热设备不宜少于 2 台，当 1 台检修时，其余各台的总供热能力不得小于设计小时供热量的 60%。医院建筑应采用无冷温水滞水区的水加热设备。

4）局部热水供应设备应符合下列规定：

① 选用设备应综合考虑热源条件、建筑物性质、安装位置、安全要求及设备性能特点等因素。

② 当 2 个及 2 个以上用水器具同时使用时，宜采用带有贮热调节容积的热水器。

③ 当以太阳能作热源时，应设辅助热源。

④ 热水器不应安装在下列位置：易燃物堆放处；对燃气管、表或电气设备有安全隐患处；腐蚀性气体和灰尘污染处。

5）燃气热水器、电热水器必须带有保证使用安全的装置。严禁在浴室内安装直接排气式燃气热水器等在使用空间内积聚有害气体的加热设备。住宅的燃气热水器应设置在厨房或与厨房相连的阳台内。

5.3　热水供应系统管道布置、附件与保温

5.3.1　热水供应系统的管材、管道布置及伸缩补偿

1. 热水管材

1）热水系统采用的管材和管件，应符合国家现行标准的有关规定。管道的工作压力和工作温度不得大于国家现行标准规定的许用工作压力和工作温度。

2）热水管道应选用耐腐蚀和安装连接方便可靠的管材，可采用薄壁不锈钢管、薄壁铜管、塑料热水管、复合热水管等。当采用塑料热水管或塑料和金属复合热水管材时，管道的工作压力应按相应温度下的许用工作压力选择；同时设备机房内的管道不应采用塑料热水管。

2. 热水管道布置敷设

1）塑料热水管宜暗设（明设时立管宜布置在不受撞击处）。当不能暗设时，应在管外采取保护措施。对于外径小于或等于 25mm 的聚丁烯管、改性聚丙烯管、交联聚乙烯管等

柔性管一般可以将管道直埋在建筑垫层内，但不允许将管道直接埋在钢筋混凝土结构墙板内。埋在垫层内的管道不应有接头。外径大于或等于 32mm 的塑料热水管可敷设在管井或吊顶内。

2）热水横干管的敷设坡度上行下给式系统不宜小于 0.005，下行上给式系统不宜小于0.003。配水横干管应沿水流方向上升，利于管道中的气体向高点聚集，便于排放；回水横管应沿水流方向下降，便于检修时泄水和排除管内污物。

3）配水干管和立管最高点应设置排气装置。系统最低点应设置泄水装置。如在系统的最低处有配水点时，则可利用最低配水点泄水而不另设泄水装置。

4）下行上给式系统回水立管可在最高配水点以下与配水立管连接。上行下给式系统可将循环管道与各立管连接。

5）热水管穿越建筑物墙壁、楼板和基础处应设置金属套管，穿越屋面及地下室外墙时应设置金属防水套管。一般套管内径应比通过热水管的外径大 2～3 号，中间填不燃烧材料，再用沥青油膏之类的软密封防水填料灌平。套管高出地面应大于或等于 50mm。

6）热水管道系统应采取补偿管道热胀冷缩的措施。

7）公共浴室淋浴器出水水温应稳定，并宜采取下列措施：

① 采用开式热水供应系统。

② 给水额定流量较大的用水设备的管道应与淋浴配水管道分开；这是为了避免因浴盆、浴池、洗涤池等用水量大的卫生器具间断使用时，引起淋浴器管网的压力变化过大，以致造成淋浴器出水温度不稳定。

③ 多于 3 个淋浴器的配水管道宜布置成环形；此项规定是为了在较多的淋浴器之间启闭阀门变化时减少相互影响，要求配水管布置成环状。

④ 成组淋浴器的配水管的沿程水头损失，当淋浴器少于或等于 6 个时，可采用每米不大于 300Pa；当淋浴器多于 6 个时，可采用每米不大于 350Pa；配水管不宜变径，且其最小管径不得小于 25mm。

⑤ 公共淋浴室宜采用单管热水供应系统或采用带定温混合阀的双管热水供应系统，单管热水供应系统应采取保证热水水温稳定的技术措施。当采用公共浴池沐浴时，应设循环水处理系统及消毒设备。

3. 管道伸缩补偿

热水管道因受热膨胀会产生伸长，如管道无自由伸缩的余地，则使管道内承受超过管道所许可的内应力，致使管道弯曲甚至破裂，并对管道两端固定支架产生很大推力。

为了减释管道在膨胀时的内应力，设计时应尽量利用管道的自然转弯。自然补偿是利用管道敷设自然形成的 L 形或 Z 形弯曲管段，来补偿管道的温度变形。当直线管段较长，不能依靠自然补偿作用时，需要每隔一定距离设置伸缩器来补偿管道伸缩量。铜管、不锈钢管及塑料管的膨胀系数均不相同，设计计算中应分别按不同管材在管道上合理布置伸缩器。

（1）管道热伸缩长度

管道热伸缩长度按照公式（5-1）计算：

$$\Delta L = \partial \cdot L \cdot \Delta T \tag{5-1}$$

式中：ΔL ——自固定支撑点起管道的伸缩长度（mm）；

   ∂ ——管道线膨胀系数 [mm/（m·℃）]，见表 5-2；

   L ——直线管段长度（m）；

   ΔT ——计算温差（℃），管内平均温度与室外环境温度的最大温差。

表 5-2 常用管材的线膨胀系数值   [单位：mm/（m·℃）]

管材	碳管	铜	不锈钢	钢塑	CPVC	PP-R	PEX	PB	PAP
∂	0.012	0.0176	0.0173	0.025	0.07	0.15	0.16	0.13	0.025

（2）自然补偿

自然补偿（图 5-18）即利用管道敷设自然形成的 L 形或 Z 形弯曲管段，来补偿管道的温度变形。

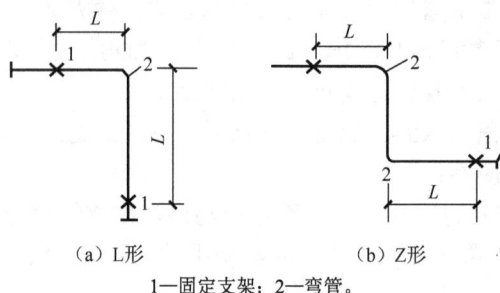

（a）L 形   （b）Z 形

1—固定支架；2—弯管。

图 5-18 自然补偿管道

通常的做法是在转弯前后的直线段上设置固定支架，让其伸缩在弯头处补偿。在直线距离较短、转向多的室内管段上可采用这种技术措施。弯曲两侧管段的长度（L）不宜大于表 5-3 中的数值。

表 5-3 不同管材弯曲两侧管段的允许长度

管材	薄壁铜管	薄壁不锈钢	衬塑钢塑	PP-R	PEX	PB	PAP
允许长度/m	10.0	10.0	8.0	1.5	1.5	2.0	1.5

5.3.2 热水供应系统的附件

1. 自动温度控制装置

为了实现节能节水，安全供水，所有水加热器均应设自动温度控制装置来控制调节出水温度。水加热设备的出水温度应根据其贮热调节容积大小分别采用不同温度控制级别精度要求的自动温度控制装置。不同水加热器对自动温度控制阀的温度控制级别范围见表 5-4。

为了便于操作人员观察设备及系统运行情况，做好运行记录，并减少、避免不安全事故，水加热设备的上部、热媒进出口管、贮热水罐、冷热水混合器上和恒温混合阀的本体或连接管上应装温度计、压力表；热水循环泵的进水管上应装温度计及控制循环水泵开停的温度传感器；热水箱应装温度计、水位计。

表 5-4　水加热器温度控制级别范围

水加热设备	自动温度控制阀温度控制级别范围/℃
导流型容积式水加热器	±5
半容积式水加热器	±4
半即热式水加热器	±3

2. 疏水器

为了保证冷凝水及时排放、防止蒸汽漏失，在以蒸汽为热媒的间接加热系统中必须按照规定设置疏水器。疏水器的作用包括汽水分离，留住汽，水可以通过（阻汽通水）。

（1）疏水器的安装场所

用蒸汽作热媒间接加热的水加热器应在每台开水器凝结水回水管上单独设疏水器，蒸汽立管最低处、蒸汽管下凹处的下部应设疏水器。

（2）疏水器口径计算

1）疏水器如仅用作排出管道中冷凝积水时，可选用 $DN15$、$DN20$ 的规格。

2）当用于排除水加热器等设备的凝结水时，则疏水器管径应按公式（5-2）计算：

$$Q = k_0 G \tag{5-2}$$

式中：Q——疏水器最大排水量（kg/h）；

　　　k_0——附加系数，与进出口压差有关，见表 5-5；

　　　G——水加热设备最大凝结水量（kg/h）。

表 5-5　附加系数 k_0

名称	附加系数 k_0	
	压差 $\Delta P \leqslant 0.2\text{MPa}$	压差 $\Delta P > 0.2\text{MPa}$
上开口浮筒式疏水器	3.0	4.0
下开口浮筒式疏水器	2.0	2.5
恒温式疏水器	3.5	4.0
浮球式疏水器	2.5	3.0
喷嘴式疏水器	3.0	3.2
热动力式疏水器	3.0	4.0

疏水器进出口压差 ΔP，可按式（5-3）计算：

$$\Delta P = P_1 - P_2 \tag{5-3}$$

式中：ΔP——疏水器进出口压差（MPa）。

　　　P_1——疏水器前的压力（MPa），对于水加热器等换热设备，可取 $P_1 = 0.7 P_z$（P_z 为进入设备的蒸汽压力）。如已知是加热设备进口压力及加热设备的压损，就是进口压力减去设备压损。

　　　P_2——疏水器后的压力（MPa），当疏水器后凝结水管不抬高自流坡向开式水箱时，$P_2 = 0$；当疏水器后凝结水管道较长，又需要抬高接入闭式凝结水箱时，P_2 按公式（5-4）计算：

$$P_2 = \Delta h + 0.01H + P_3 \qquad (5-4)$$

式中：Δh ——疏水器后至凝结水箱之间的管道压力损失（MPa）；

H ——疏水器后回水管的抬高高度（m）；

P_3 ——凝结水箱内压力（MPa）。

（3）疏水器的安装要求

1）疏水器的安装位置应便于检修，并尽量靠近所用设备，安装高度应低于设备或蒸汽管道底部150mm以上，以便凝结水排出。

2）浮筒式或钟形浮子式疏水器应水平安装。

3）加热设备宜各自单独安装疏水器，以保证系统正常工作。

4）为了保证疏水器的使用效果，应在其前加过滤器。不宜附设旁通管，目的是杜绝疏水器该维修时不维修，开启旁通，疏水器形同虚设。但对于只偶尔情况下才出现大于或等于80℃高温凝结水（正常工况时低于80℃）的管路亦可设旁通，即正常运行时凝结水从旁通管路走，特殊情况下凝结水经疏水器走。疏水器一般不装设旁通管。对于特别重要的加热设备，如不允许短时间中断排除凝结水或生产上要求速热时，可考虑装设旁通管。旁通管应在疏水器上方或同一平面上安装，避免在疏水器下方安装，如图5-19所示。

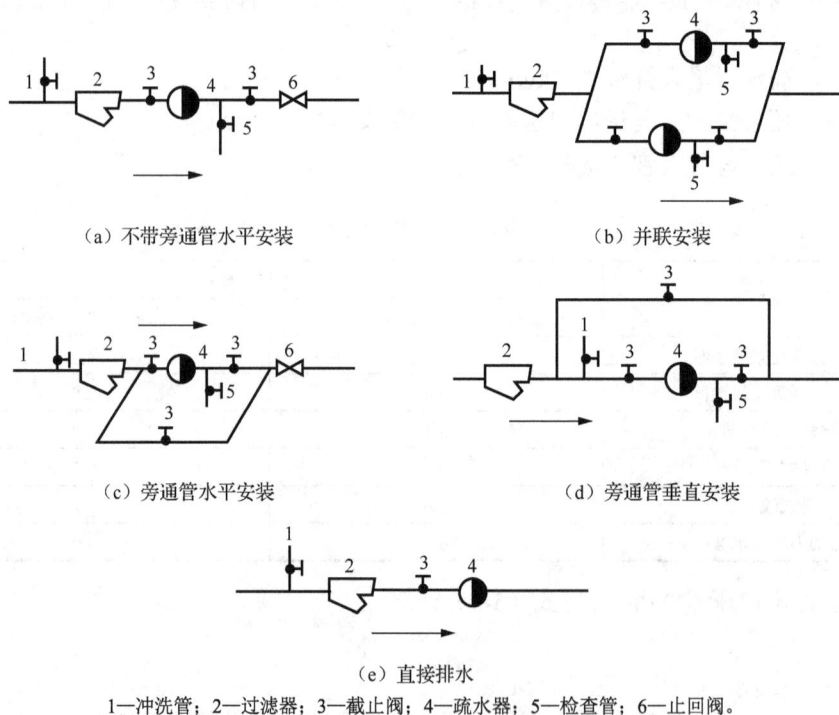

(a) 不带旁通管水平安装　　　　　　　　　(b) 并联安装

(c) 旁通管水平安装　　　　　　　　　(d) 旁通管垂直安装

(e) 直接排水

1—冲洗管；2—过滤器；3—截止阀；4—疏水器；5—检查管；6—止回阀。

图5-19　疏水器的安装方式

5）当采用余压回水系统、回水管高于疏水器时，应在疏水器后装设止回阀。

6）当疏水器距加热设备较远时，宜在疏水器与加热设备之间安装回汽支管，如图5-20所示，使管道流通性好。

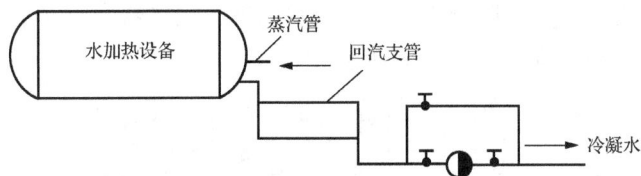

图 5-20　回汽支管安装

7）当凝结水量很大，1 个疏水器不能排除时，则需几个疏水器并联安装。并联安装的疏水器应同型号、同规格，一般适宜并联 2 个或 3 个疏水器，且必须安装在同一平面内。

3. 减压阀

热水供应系统中的加热器常以蒸汽为热媒，若蒸汽管道供应的压力大于水加热器的需求压力时，应在蒸汽管道上设置减压装置。减压阀是利用流体通过阀瓣产生阻力而减压，其阀后压力可在一定范围内进行调整。

（1）减压阀设置要求

减压阀应安装在水平管段上，阀体应保持垂直。阀前、阀后均应安装闸阀和压力表，阀后应装设安全阀，一般情况下还应设置旁通管，如图 5-21 所示。

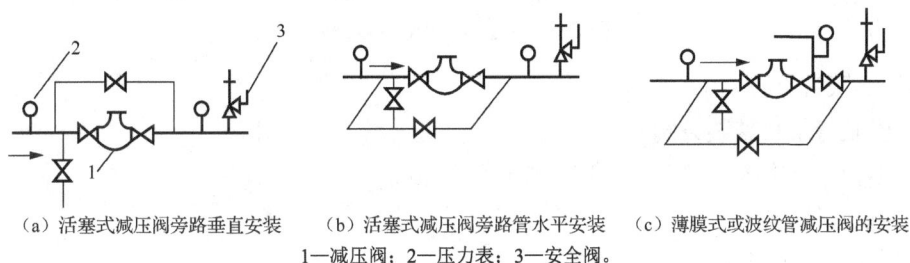

（a）活塞式减压阀旁路垂直安装　（b）活塞式减压阀旁路管水平安装　（c）薄膜式或波纹管减压阀的安装
1—减压阀；2—压力表；3—安全阀。

图 5-21　减压阀安装

（2）蒸汽减压阀计算

蒸汽减压阀的选择应根据蒸汽流量计算出所需阀孔截面积，然后查产品样本确定阀门公称直径。当无资料时，可按高压蒸汽管路的公称直径选用相同孔径的减压阀。

蒸汽减压阀阀孔截面积，可按公式（5-5）计算：

$$f = \frac{G}{0.6q} \tag{5-5}$$

式中：f ——所需阀孔截面积（cm^2）；

　　　　G ——蒸汽流量（kg/h）；

　　　　0.6 ——减压阀流量系数；

　　　　q ——通过每 cm^2 阀孔截面的理论流量 [$kg/(cm^2 \cdot h)$]，可按图 5-22 查得。

4. 膨胀管

在集中热水供应系统中，冷水被加热后，水的体积膨胀，如果热水系统是密闭的，卫生器具不用水时，系统中的压力必然会增加，有胀裂管道的危险。因此必须按照要求设置膨胀管、膨胀罐、安全阀。膨胀管用于由高位水箱向水加热器供应冷水的开式热水供应系统中；膨胀罐、安全阀设置在闭式热水供应系统中。

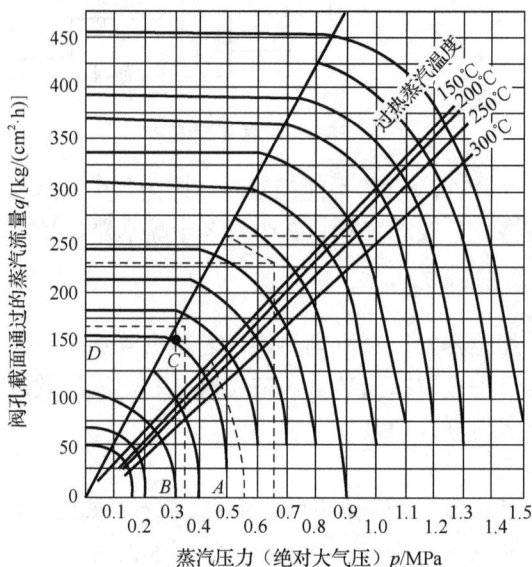

图 5-22　减压阀理论流量曲线

（1）膨胀管设置要求

1）膨胀管上严禁装设阀门。

2）当膨胀管有冻结可能时，应采取保温措施。

（2）膨胀管管径

膨胀管的最小管径按表 5-6 确定。

表 5-6　膨胀管的最小管径

锅炉或水加热器的传热面积/m²	<10	≥10 且<15	≥15 且<20	≥20
膨胀管最小管径/mm	25	32	40	50

（3）膨胀管设置高度

当热水系统由生活饮用高位水箱补水时，不得将膨胀管返至高位冷水箱上空，目的是防止热水系统中的水体升温膨胀时，将膨胀的水量返至生活用冷水箱，引起该水箱内水体的热污染。此时可将膨胀管引至同一建筑物的非生活饮用水箱的上空（图 5-23），膨胀管出口离接入非生活饮用水箱溢流水位的高度不应少于 100mm。

膨胀管设置高度按公式（5-6）计算：

$$h \geqslant H\left(\frac{\rho_1}{\rho_r}-1\right) \tag{5-6}$$

式中：h——膨胀管高出生活饮用高位水箱水面的垂直高度（m）；

H——锅炉、水加热器底部至生活饮用高位水箱水面的高度（m）；

ρ_1——冷水密度（kg/m³）；

ρ_r——热水密度（kg/m³）。

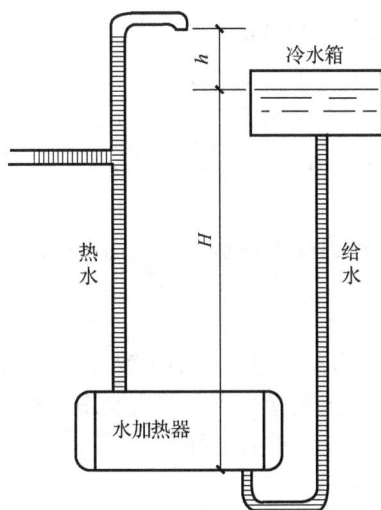

图 5-23　膨胀管设置高度

当热水供水系统上设置膨胀水箱时，膨胀水箱水面高出系统冷水补给水箱水面的高度按公式（5-7）计算：

$$h \geqslant H\left(\frac{\rho_1}{\rho_r}-1\right) \qquad (5\text{-}7)$$

式中：h——膨胀水箱水面高出系统冷水补给水箱水面的垂直高度（m）；

H——锅炉、水加热器底部至系统冷水补给水箱水面的高度（m）；

ρ_1——冷水密度（kg/m^3）；

ρ_r——热水密度（kg/m^3）。

膨胀水箱容积按公式（5-8）计算：

$$V_p = 0.0006\Delta t V_s \qquad (5\text{-}8)$$

式中：V_p——膨胀水箱有效容积（L）；

Δt——系统内水的最大温差（℃）；

V_s——系统内的水容量（L），V_s 包括供、回水管网与加热器的容积。

5. 压力式膨胀罐

在闭式热水供应系统中，最高日用热水量大于 $30m^3$ 的热水供应系统应设置压力式膨胀罐。

（1）压力式膨胀罐的总容积

膨胀罐的总容积应按公式（5-9）计算：

$$V_e = \frac{(\rho_f - \rho_r)P_2}{(P_2 - P_1)\rho_r}V_s \qquad (5\text{-}9)$$

式中：V_e——膨胀罐的总容积（m^3）。

ρ_f——加热前加热、贮热设备内水的密度（kg/m^3），定时供应热水的系统宜按冷水温度确定；全日集中热水供应系统宜按热水回水温度确定。

ρ_r——热水的密度（kg/m^3）。

P_1——膨胀罐处管内水压力（MPa），绝对压力，为管内工作压力加 0.1MPa。

P_2——膨胀罐处管内最大允许压力（MPa），绝对压力，其数值可取 $1.10\,P_1$，但应校核 P_2 值，并应小于水加热器设计压力。

V_s——系统内热水总容积（m^3）。

（2）压力膨胀罐设置要求

膨胀罐宜设置在水加热设备的冷水补水管上或热水回水管上，其连接管上不宜设阀门。

6. 安全阀

在闭式热水供应系统中，最高日用热水量小于或等于 $30m^3$ 的热水供应系统可采用安全阀等泄压的措施。承压热水锅炉应设安全阀，并由制造厂配套。开式热水供应系统的热水锅炉和水加热器可不设安全阀（有要求的除外）。

安全阀设置应符合下列要求：

1）压力容器设备应装安全阀，一般可选用微启式弹簧安全阀。安全阀设防止随意调整螺丝的装置。

2）用于热水系统的安全阀可按泄掉系统温升膨胀产生的压力来计算，其开启压力根据"压力容器"有关规定设定为容器设计压力的 1.05 倍，但不得大于水加热器本体设计压力。

3）安全阀的接管直径应经计算确定，并应符合锅炉及压力容器的有关规定。

4）安全阀应直立安装在水加热器的顶部。

5）安全阀前后不得设阀门，其泄水管应引至安全处。

7. 自动排气阀

为排除热水管道系统中热水汽化产生的气体（通常是溶解氧和二氧化碳），以保证管内热水畅通，防止管道腐蚀，为了使热水供应系统能正常运行，应在热水管道积聚空气的地方装自动放气阀。配水干管和立管最高点应设置排气装置。

8. 循环水泵

在热水供应系统中采用机械循环方式时，必须设置循环水泵，以保证热水配水管网中卫生器具用水的热水温度。

热水循环水泵应选用热水泵，水泵壳体承受的工作压力不得小于其所承受的静水压力加水泵扬程。全日集中热水供应系统的循环水泵由泵前回水管的温度传感器控制开停。定时热水供应系统的循环水泵宜手动控制，或定时自动控制。

热水循环水泵通常安装在回水干管的末端，循环水泵宜设备用泵，交替运行；循环水泵的局部热水供应系统，可设 1 台循环水泵。

5.3.3 热水供应系统保温

热水锅炉、燃油（气）热水机组、水加热设备、贮热水罐、分（集）水器、热水输（配）水、循环回水干（立）管等应做保温，以减少能源浪费，从而保证较远的配水点能得到设计水温的热水。

保温层结构由保温层、防潮层和保护层组成。热水供应系统的保温材料应选用导热系数小、重量轻、无腐蚀性并具有一定机械强度的材料，还应考虑施工维修方便、价格适宜、防火性能等。

热水配水管、回水管、热媒（高温热水）水管常用的保温材料有岩棉、超细玻璃棉、硬聚氨酯、橡塑泡棉等材料，其保温层厚度可按表 5-7 确定。蒸汽热媒管常采用珍珠岩管壳作为保温材料，其厚度按表 5-8 确定。水加热器、开水器设备采用岩棉制品、硬聚氨酯发泡塑料等保温时，其保温层厚度可按 35mm 确定。

管道和设备在保温之前，应做防腐处理。保温材料应与管道或设备的外壁紧密相贴，同时在保温层表面要做防护层。如遇到管道转弯处，其保温层应做伸缩缝，缝内填柔性材料。

表 5-7 热水配水管、回水管、热媒水管常用保温层厚度

管道直径/mm	热水配水管、回水管				热媒水、蒸汽凝结水管	
	15～20	25～50	65～100	>100	≤50	>50
保温层厚度/mm	20	30	40	50	40	50

表 5-8 蒸汽热媒管保温层厚度

管道直径/mm	≤40	50～65	≥80
保温层厚度/mm	50	60	70

5.4 热水供应系统计算

5.4.1 热水用水定额、水温和水质

1. 热水用水定额

生活用热水定额可分别按用水对象的热水用水定额或卫生器具热水用水定额确定。

1）根据建筑物使用性质和内部卫生器具的完善程度以每人每日（或每床位每日等）最高日或平均日热水用水量确定，见表 5-9。选取时应考虑当地气候条件等影响因素。

表 5-9 热水用水定额

序号	建筑物名称		单位	日用水定额/L		使用时间/h
				最高日	平均日	
1	住宅	有热水器和沐浴设备	每人每日	40～80	20～60	24
		有集中热水供应（或家用热水机组）和沐浴设备		60～100	25～70	
2	别墅		每人每日	70～110	30～80	24
3	酒店式公寓		每人每日	80～100	65～80	24
4	宿舍	居室内设卫生间	每人每日	70～100	40～55	24 或定时供应
		设公共盥洗卫生间		40～80	35～45	

续表

序号	建筑物名称		单位	日用水定额/L		使用时间/h
				最高日	平均日	
5	招待所、培训中心、普通旅馆	设公用盥洗室	每人每日	25~40	20~30	24 或定时供应
		设公用盥洗室、淋浴室		40~60	35~45	
		设公用盥洗室、淋浴室、洗衣室		50~80	45~55	
		设单独卫生间、公用洗衣室		60~100	50~70	
6	宾馆客房	旅客	每床位每日	120~160	110~140	24
		员工	每人每日	40~50	35~40	8~10
7	医院住院部	设公用盥洗室	每床位每日	60~100	40~70	24
		设公用盥洗室、淋浴室		70~130	65~90	
		设单独卫生间		110~200	110~140	
		医务人员	每人每班	70~130	65~90	8
	门诊部、诊疗部	病人	每人每次	7~13	3~5	8~12
		医务人员	每人每班	40~60	30~50	8
		疗养院、休养所住房部	每床每位每日	100~160	90~110	24
8	养老院、托老所	全托	每床位每日	50~70	45~55	24
		日托		25~40	15~20	10
9	幼儿园、托儿所	有住宿	每儿童每日	25~50	20~40	24
		无住宿		20~30	15~20	10
10	公共浴室	淋浴	每顾客每次	40~60	35~40	12
		淋浴、浴盆		60~80	55~70	
		桑拿浴（淋浴、按摩池）		70~100	60~70	
11	理发室、美容院		每顾客每次	20~45	20~35	12
12	洗衣房		每千克干衣	15~30	15~30	8
13	餐饮业	中餐酒楼	每顾客每次	15~20	8~12	10~12
		快餐店、职工及学生食堂		10~12	7~10	12~16
		酒吧、咖啡厅、茶座、卡拉 OK 房		3~8	3~5	8~18
14	办公楼	坐班制办公	每人每班	5~10	4~8	8~10
		公寓式办公	每人每日	60~100	25~70	10~24
		酒店式办公		120~160	55~140	24
15	健身中心		每人每次	15~25	10~20	8~12
16	体育场（馆）	运动员淋浴	每人每次	17~26	15~20	4
17	会议厅		每座位每次	2~3	2	4

注：① 表内所列用水定额均已包括冷水用水定额。

② 本表以 60℃ 热水水温为计算温度，卫生器具的使用水温见表 5-10。

③ 学生宿舍使用 IC 卡计费用热水时，可按每人每日最高日用水定额 25~30L、平均日用水定额 20~25L。

④ 表中平均日用水定额仅用于计算太阳能热水系统集热器面积和计算节水用水量。

2）根据建筑物使用性质以卫生器具的单位用水量来确定，卫生器具的一次和小时热水用水定额按表 5-10 确定，该热水定额与卫生洁具使用水温有关。

表 5-10 卫生器具的一次和小时热水用水定额及水温

序号	卫生器具名称			一次用水量/L	小时用水量/L	使用水温/℃
1	住宅、旅馆、别墅、宾馆、酒店式公寓	带有淋浴器的浴盆		150	300	40
		无淋浴器的浴盆		125	250	
		淋浴器		70～100	140～200	37～40
		洗脸盆、盥洗槽水嘴		3	30	30
		洗涤盆（池）		—	180	50
2	宿舍、招待所、培训中心	淋浴器	有淋浴小间	70～100	210～300	37～40
			无淋浴小间	—	450	
		盥洗槽水嘴		3～5	50～80	30
3	餐饮业	洗涤盆（池）		—	250	50
		洗脸盆	工作人员用	3	60	30
			顾客用	—	120	
		淋浴器		40	400	37～40
4	幼儿园、托儿所	浴盆	幼儿园	100	400	35
			托儿所	30	120	
		淋浴器	幼儿园	30	180	
			托儿所	15	90	
		盥洗槽水嘴		15	25	30
		洗涤盆（池）		—	180	50
5	医院、疗养院、休养所	洗手盆		—	15～25	35
		洗涤盆（池）		—	300	50
		淋浴器		—	200～300	37～40
		浴盆		125～150	250～300	40
6	公共浴室	浴盆		125	250	40
		淋浴器	有淋浴小间	100～150	200～300	37～40
			无淋浴小间	—	450～540	
		洗脸盆		5	50～80	35
7	办公楼	洗手盆		—	50～100	35
8	理发室、美容院	洗脸盆		—	35	35
9	实验室	洗脸盆		—	60	50
		洗手盆			15～25	30
10	剧场	淋浴器		60	200～400	37～40
		演员用洗脸盆		5	80	35
11	体育场馆	淋浴器		30	300	35
12	工业企业生活间	淋浴器	一般车间	40	360～540	37～40
			脏车间	60	180～480	40
		洗脸盆	一般车间	3	90～120	30
		盥洗槽水嘴	脏车间	5	100～150	35
13	净身器			10～15	120～180	30

注：① 热水温度按冷热水混合后水温计。

② 本表格最重要的是最后两列，即小时用水量和使用水温。

③ 一般车间指现行国家标准《工业企业设计卫生标准》（GBZ 1—2010）中规定的 3 级、4 级卫生特征的车间，脏车间指该标准中规定的 1 级、2 级卫生特征的车间。

④ 学生宿舍等建筑的淋浴间，当使用 IC 卡计费用水时，其一次用水量和小时用水量可按表中数值的 25%～40% 取值。

2. 热水供应系统水温

（1）冷水计算温度

在计算热水供应系统的耗热量时，冷水温度应以当地最冷月平均水温资料确定。当无水温资料时，可按表 5-11 采用。

表 5-11　冷水计算温度　　　　　　　　　　（单位：℃）

区域	省（区、市）		地面水	地下水	区域	省（区、市）		地面水	地下水
东北	黑龙江		4	6~10	东南	浙江		5	15~20
	吉林		4	6~10		江苏	偏北	4	10~15
	辽宁	大部	4	6~10			大部	5	15~20
		南部	4	10~15		江西大部		5	15~20
华北	北京		4	10~15		安徽大部		5	15~20
	天津		4	10~15		福建	北部	5	15~20
	河北	北部	4	6~10			南部	10~15	20
		大部	4	10~15		台湾		10~15	20
	山西	北部	4	6~10	中南	河南	北部	4	10~15
		大部	4	10~15			南部	5	15~20
	内蒙古		4	6~10		湖北	东部	5	15~20
西北	陕西	偏北	4	6~10			西部	7	15~20
		大部	4	10~15		湖南	东部	5	15~20
		秦岭以南	7	15~20			西部	7	15~20
	甘肃	南部	4	10~15		广东、港澳		10~15	20
		秦岭以南	7	15~20		海南		15~20	17~22
	青海	偏东	4	10~15	西南	重庆		7	15~20
	宁夏	偏东	4	6~10		贵州		7	15~20
		南部	4	10~15		四川大部		7	15~20
	新疆	北疆	5	10~11		云南	大部	7	15~20
		南疆	—	12			南部	10~15	20
		乌鲁木齐	8	12		广西	大部	10~15	20
东南	山东		4	10~15			偏北	7	15~20
	上海		5	15~20		西藏		—	5

（2）热水供应系统的温度

集中热水供应系统的水加热设备出水温度应根据原水水质、使用要求、系统大小及消毒设施灭菌效果等确定，并应符合下列规定。

1）进入水加热设备的冷水总硬度（以碳酸钙计）小于 120mg/L 时，水加热设备最高出水温度应小于或等于 70℃；冷水总硬度（以碳酸钙计）大于或等于 120mg/L 时，最高出水温度应小于或等于 60℃。

2）系统不设灭菌消毒设施时，医院、疗养院等建筑的水加热设备出水温度应为 60~65℃，其他建筑水加热设备出水温度应为 55~60℃；系统设灭菌消毒设施时水加热设备出水温度均宜相应降低 5℃。

3）配水点水温不应低于 45℃。

4）集中热水供应系统的水加热设备出水温度不能满足上述要求时，应设置消灭致病菌的设施或采取消灭致病菌的措施。

3. 热水水质

（1）热水水质要求

1）生活热水的原水水质应符合现行国家标准《生活饮用水卫生标准》（GB 5749—2022）的规定，生活热水的水质应符合现行行业标准《生活热水水质标准》（CJ/T 521—2018）的规定。

2）集中热水供应系统的原水处理，应根据水质、水量、水温、水加热设备的构造、使用要求等因素经技术经济比较按下列规定确定。

① 当洗衣房日用热水量（按 60℃计）≥10m³，且原水总硬度（以碳酸钙计）>300mg/L 时，应进行水质软化处理；原水总硬度（以碳酸钙计）为 150~300mg/L 时，宜进行水质软化处理。

② 其他生活日用热水量（按 60℃计）≥10m³，且原水总硬度（以碳酸钙计）>300mg/L 时，宜进行水质软化或阻垢缓蚀处理。

③ 经软化处理后的水质总硬度（以碳酸钙计）：洗衣房用水为 50~100mg/L；其他用水为 75~120mg/L。

④ 水质阻垢缓蚀处理应根据水的硬度、适用流速、温度、作用时间或管道有效长度及工作电压等，选择合适的物理处理或化学稳定剂处理方法。

⑤ 当系统对溶解氧控制要求较高时，宜采取除氧措施。

（2）水质处理

水质处理有原水软化处理和稳定处理。原水软化处理一般采用离子交换的方法，适用于原水硬度高且对热水供应水质要求高、维护管理水平高的高级旅馆、别墅及大型洗衣房等场所。原水的稳定处理有物理处理和化学稳定剂处理两种方法，物理法主要有磁处理、电场处理和超声波处理等方法；化学法主要是投加聚磷酸盐（硅磷晶）等稳定剂。

为了减少热水管道和设备的腐蚀，水中的溶解氧不宜超过 5mg/L、水中的二氧化碳不宜超过 20mg/L。否则，集中热水供应系统制备热水的原水宜在进入加热设备前进行除气处理。

5.4.2 设计小时耗热量、热水量

1. 设计小时耗热量

1）宿舍（居室内设卫生间）、住宅、别墅、酒店式公寓、招待所、培训中心、旅馆、宾馆的客房（不含员工）、医院住院部、养老院、幼儿园、托儿所（有住宿）、办公楼等建筑的全日集中热水供应系统的设计小时耗热量应按公式（5-10）计算：

$$Q_h = K_h \frac{m q_r C (t_r - t_1) \rho_r}{T} C_r \qquad (5\text{-}10)$$

式中：Q_h——设计小时耗热量（kJ/h）；

　　　m——用水计算单位数，人数或床位数；

　　　q_r——热水用水定额 [L/（人·d）或 L/（床·d）]，按表 5-9 中最高日用水定额采用；

C——水的比热 [kJ/（kg·℃）]，$C = 4.187$kJ/（kg·℃）；

t_r——热水用水定额对应的热水温度（℃），如热水定额取表 5-9 中的数值，则 $t_r = 60$℃；

t_1——冷水计算温度（℃），按表 5-11 采用；

ρ_r——热水密度（kg/L）；

T——每日使用时间（h），按表 5-9 采用；

K_h——小时变化系数，可按表 5-12 采用；

C_r——热水供应系统的热损失系数，C_r 取 1.10～1.15。

表 5-12　热水小时变化系数 K_h 值

类别	住宅	别墅	酒店式公寓	宿舍（居室内设卫生间）	招待所培训中心普通旅馆	宾馆	医院疗养院	幼儿园托儿所	养老院
热水用水定额/{L/[人（床）·d]}	60～100	70～110	80～100	70～100	25～40 40～60 50～80 60～100	120～160	60～100 70～130 110～200 100～160	20～40	50～70
使用人（床）数	100～6000	100～6000	150～1200	150～1200	150～1200	150～1200	50～1000	50～1000	50～1000
K_h	4.8～2.75	4.21～2.47	4.00～2.58	4.80～3.20	3.84～3.00	3.33～2.60	3.63～2.56	4.80～3.20	3.20～2.74

注：① K_h 应根据热水用水定额高低、使用人（床）数多少取值，当热水用水定额高、使用人（床）数多时取低值，反之取高值；使用人（床）数小于等于下限值及大于等于上限值时，K_h 就取上限值及下限值，中间值可用内插法求得。

　　② 设有全日集中供应热水系统的办公楼、公共浴室等表中未列入的其他类建筑的 K_h 值可按给水的小时变化系数取值。

2）定时集中热水供应系统，工业企业生活间、公共浴室、宿舍（设公用盥洗卫生间）、剧院化妆间、体育场（馆）运动员休息室等建筑的全日集中热水供应系统及局部热水供应系统的设计小时耗热量应按公式（5-11）计算：

$$Q_h = \sum q_h C(t_{r1} - t_1)\rho_r n_0 b_g C_r \qquad (5-11)$$

式中：Q_h——设计小时耗热量（kJ/h）。

q_h——卫生器具热水的小时用水定额（L/h），按表 5-10 取用。

t_{r1}——使用温度（℃），按表 5-10 中"使用水温"取用。

n_0——同类型卫生器具数。

b_g——同类型卫生器具的同时使用百分数。住宅、旅馆、医院、疗养院病房、卫生间内浴盆或淋浴器可按 70%～100% 计，其他器具不计，但定时连续供水时间应大于或等于 2h；工业企业生活间、公共浴室、宿舍（设公用盥洗卫生间）、剧院、体育场（馆）等的浴室内的淋浴器和洗脸盆均按表 1-11 的上限取值；住宅 1 户设有多个卫生间时，可按 1 个卫生间计算。

其他参数同上式。

3）具有多个不同使用热水部门的单一建筑或具有多种使用功能的综合性建筑，当其热水由同一全日集中热水供应系统供应时，设计小时耗热量可按同一时间内出现用水高峰的主要用水部门的设计小时耗热量，加其他用水部门的平均小时耗热量计算。

4）设有集中热水供应系统的居住小区，当居住小区内配套公共设施的最大用水时段与住宅的最大用水时时段一致时，小区的设计小时耗热量应按住宅的设计小时耗热量加上公共设施的设计小时耗热量；当居住小区内配套公共设施的最大用水时段与住宅的最大用水时段不一致时，应按住宅的设计小时耗热量加配套公共设施的平均小时耗热量叠加计算。

【例 5-1】　某宾馆共有床位 300 个，设有供客房用水的全日制集中热水供应系统，其加热设备的出口热水温度为 65℃，则该系统最小设计小时耗热量为多少？（冷水温度为 10℃，热水密度以 0.98kg/L 计，$K_h = 5.61$）

【解】　查《建筑给水排水设计标准》（GB 50015—2019）中表 6.2.1-1 可知，当宾馆中 $q_r = 120L /$（床·d）时所求的设计小时耗热量为最小值，对应的热水温度 $t_r = 60℃$。

$$Q_{min} = K_h \frac{mq_r C(t_r - t_1)\rho_r}{T} C_r$$
$$= 5.61 \times \frac{300 \times 120 \times 4.187 \times (60-10) \times 0.98}{24} \times 1.1$$
$$= 1899091.31 （kJ/h）$$

2. 设计小时热水量

设计小时热水量可按公式（5-12）计算：

$$q_{rh} = \frac{Q_h}{(t_{r2} - t_1)C\rho_r C_r} \tag{5-12}$$

式中：　q_{rh}——设计小时热水量（L/h）；

t_{r2}——设计热水温度（℃）；

其他符号同上。

集中热水供应系统无论是全日供应热水还是定时供应热水，均可应用式（5-12）求设计小时热水量。

【例 5-2】　某住宅共 60 户，每户 2 个卫生间，每个卫生间内均设有供应热水的浴盆（无淋浴器）和洗脸盆各 1 个，若采用定时热水供应系统，则该热水供应系统设计小时热水量最小应不小于多少？（热水温度以 60℃计，冷水温度以 10℃计）

【解】　查《建筑给水排水设计标准》（GB 50015—2019）中表 6.2.1-2 可知，浴盆卫生器具使用水温为 40℃，对应的 $q_h = 250L/h$；只计 1 个卫生间 $n_0 = 60$，$b_{min} = 70\%$，则定时热水系统的设计小时耗热量为

$$Q_h = \sum q_h C(t_{t1} - t_1)\rho_r n_0 b_g C_r$$

$$Q_{min} = 250 \times 4.187 \times (40-10) \times 1 \times 60 \times 70\% \times 1.1 = 1450795.5 （kJ/h）$$

设计小时热水量为

$$q_{rh} = \frac{Q_h}{(t_{r2} - t_1)C\rho_r C_r} = \frac{1450795.5}{(60-10) \times 4.187 \times 1 \times 1.1} = 6300 （L/h）$$

5.4.3 设计小时供热量、热媒耗量

1. 设计小时供热量

加热设备的设计小时供热量是指加热设备供水最大时段内的小时产热量。集中热水供应系统中，热源设备、水加热设备的设计小时供热量宜按下列原则确定。

1）导流型容积式水加热器或贮热容积与其相当的水加热器、燃油（气）热水机组应按公式（5-13）计算：

$$Q_g = Q_h - \frac{\eta V_r}{T_1}(t_{r2} - t_1)C\rho_r \qquad (5\text{-}13)$$

式中：Q_g——导流型容积式水加热器的设计小时供热量（kJ/h）。

η——有效贮热容积系数，导流型容积式水加热器 η 取 0.8～0.9；第一循环系统为自然循环时，卧式贮热水罐 η 取 0.80～0.85；立式贮热水罐 η 取 0.85～0.90；第一循环系统为机械循环时，卧、立式贮热水罐 η 取 1.0。

V_r——总贮热容积（L）。

T_1——设计小时耗热量持续时间（h），全日集中热水供应系统 T_1 取 2～4h；定时集中热水供应系统 T_1 等于定时供水的时间。

其他符号同上。

当 Q_g 计算值小于平均小时耗热量时，Q_g 应取平均小时耗热量。

2）半容积式水加热器或贮热容积与其相当的水加热器、燃油（气）热水机组，其设计小时供热量应按设计小时耗热量计算，即公式（5-14）：

$$Q_g = Q_h \qquad (5\text{-}14)$$

式中：Q_g——设计小时供热量（kJ/h）；

Q_h——设计小时耗热量（kJ/h）。

3）半即热式、快速式水加热器及无贮热容积的水加热器，其设计小时供热量应按设计秒流量所需的耗热量计算，即公式（5-15）：

$$Q_g = 3600 q_g(t_y - t_1)C\rho_r \qquad (5\text{-}15)$$

式中：Q_g——半即热式、快速式水加热器的设计小时供热量（kJ/h）；

q_g——集中热水供应系统供水总干管的设计秒流量（L/s）；

t_y——60℃；

其他符号同上。

当半即热式、快速式水加热器配贮热水罐（箱）供热水时，其设计小时供热量可按导流型容积式或半容积式水加热器的设计小时供热量计算。

4）太阳能加热系统辅助热源的水加热器采用蒸汽或高温水为热媒的水加热器时，辅助热源的设计小时供热量可根据选用加热设备的不同，按以上对应的公式计算。

2. 热媒耗量

热媒耗量是第一循环管网水力计算的依据。热媒耗量应根据热平衡关系以及加热设备设计小时供热量来确定。按照不同的加热供水方式，热媒耗量应按下列方法确定。

1）采用蒸汽直接加热时，蒸汽耗量按公式（5-16）计算：

$$G = K \frac{Q_g}{i'' - i_r} \tag{5-16}$$

式中：G——蒸汽耗量（kg/h）；

Q_g——设计小时供热量（kJ/h）；

K——热媒管道热损失附加系数，$K=1.05\sim1.10$，按系统的管线长度取值；

i''——饱和蒸汽热焓（kJ/kg），按表 5-13 选用，表中蒸汽压力为相对压力；

i_r——蒸汽与冷水混合后热水的热焓（kJ/kg），$i_r = 4.187 t_r$，t_r 是蒸汽与冷水混合后的热水温度（℃）。

表 5-13　饱和蒸汽的热焓

蒸汽压力/MPa	0.1	0.2	0.3	0.4	0.5	0.6	0.7	0.8
热焓/（kJ/kg）	2706.9	2725.5	2738.5	2748.5	2756.4	2762.9	2776.8	2771.8

2）采用蒸汽间接加热时，蒸汽耗量按公式（5-17）计算：

$$G = K \frac{Q_g}{i'' - i'} \tag{5-17}$$

式中：G——蒸汽耗量（kg/h）；

Q_g——设计小时供热量（kJ/h）；

i''——饱和蒸汽热焓（kJ/kg），按表 5-13 选用；

i'——凝结水的焓（kJ/kg），$i' = 4.187 t_{mz}$，t_{mz} 是热媒终温即凝结水出水的温度，应由经过热力性能测定的产品样本提供；

K——热媒管道热损失附加系数，$K = 1.05\sim1.10$。

3）采用高温热水间接加热方式时，热媒耗量按公式（5-18）计算：

$$G = K \frac{Q_g}{C(t_{mc} - t_{mz})} \tag{5-18}$$

式中：G——高温热水耗量（kg/h）；

Q_g——设计小时供热量（kJ/h）；

C——水的比热，$C=4.187$ ［kJ/（kg·℃）］；

t_{mc}——热媒初温即高温水供水温度（℃），应由经过热力性能测定的产品样本提供；

t_{mz}——热媒终温即热媒回水温度（℃），应由经过热力性能测定的产品样本提供；

K——热媒管道热损失附加系数，$K = 1.05\sim1.10$。

4）采用燃油（气）机组加热时，燃油（气）耗量按公式（5-19）计算：

$$G = K \frac{Q_g}{Q\eta} \tag{5-19}$$

式中：G——热源耗量（kg/h 或 Nm³/h）；

Q_g——设计小时供热量（kJ/h）；

Q——热源发热量（kJ/kg 或 kJ/Nm³），按表 5-14 采用；

η——水加热设备的热效率，按表 5-14 采用；

K——热媒管道热损失附加系数，$K = 1.05\sim1.10$。

表 5-14 热源发热量及加热装置热效率

热源种类	单位	热源发热量 Q	加热设备效率 η /%
轻柴油	kg/h	41800～44000（kJ/kg）	≈85
重油	kg/h	38520～46050（kJ/kg）	—
天然气	Nm³/h	34400～35600（kJ/Nm³）	65～75（85）
城市煤气	Nm³/h	14653（kJ/Nm³）	65～75（85）
液化石油气	Nm³/h	46055（kJ/Nm³）	65～75（85）

注：表内热源发热量及加热设备热效率系参考值，计算中应根据当地热源与选用加热设备的实际参数为准。

5）采用电加热时，耗电量按公式（5-20）计算：

$$W = \frac{Q_g}{3600\eta} \tag{5-20}$$

式中：W——耗电量（kW）；

Q_g——设计小时供热量（kJ/h）；

η——加热器的热效率，95%～97%。

【例 5-3】 某住宅居住人数为 400 人，50℃热水用水定额为 120L/（人·d），冷水温度为 10℃，采用导流型容积式水加热器集中制备热水。贮热量为 250000kJ，热媒采用蒸汽压力（绝对压力）为 700kPa 的蒸汽，蒸汽的冷凝水温度为 80℃，冷水的温度为 10℃，水加热器制备热水温度为 60℃，热水密度均按 0.986kg/L 计，K_h 为 3，设计小时耗热量持续时间取 2h，则最小蒸汽量应为多少？

【解】 设计小时耗热量：

$$Q_h = K_h \frac{mq_r C(t_r - t_1)\rho_r}{T} C_r$$

$$= 3 \times \frac{400 \times 120 \times 4.187 \times (50 - 10) \times 0.986}{24} \times 1.1$$

$$= 1089892.85 \text{（kJ/h）}$$

设计小时供热量：

$$Q_g = Q_h - \frac{Q_贮}{T} = 1089892.85 - \frac{250000}{2} = 964892.85 \text{（kJ/h）}$$

$$\overline{Q_h} = \frac{400 \times 120 \times (50 - 10) \times 4.187 \times 0.986 \times 1.1}{24} = 363297.62 \text{（kJ/h）}$$

则 $Q_g = 964892.85\text{kJ/h}$。蒸汽压力（相对压力）为 600kPa，查表 5-13 蒸汽的热焓为 2762.9kJ/kg。

蒸汽量：

$$G = K \frac{Q_g}{i'' - i'} = 1.05 \times \frac{964892.85}{2762.9 - 4.187 \times 80} = 417.28 \text{（kg/h）}$$

5.4.4 加热设备的加热面积

1. 水加热器的加热面积

采用间接加热设备时，热媒通过加热器中的加热排管或盘管将热量传递给冷水而制备规定温度的热水。根据热平衡原理，加热器的加热面积按照公式（5-21）计算：

$$F_{jr} = \frac{Q_g}{\varepsilon K \Delta t_j}$$ （5-21）

式中：F_{jr}——水加热器的加热面积（m^2）；

　　　Q_g——设计小时供热量（kJ/h）；

　　　K——传热系数 $[kJ/（m^2 \cdot ℃ \cdot h）]$；

　　　ε——由于传热表面结垢和热媒分布不均匀影响传热效率的系数，采用 0.6～0.8；

　　　Δt_j——热媒与被加热水的计算温度差（℃），应根据水加热器类型按公式（5-22）、

　　　　公式（5-23）计算。

2. 相关参数确定

（1）热媒与被加热水的计算温度差

1）导流型容积式水加热器和半容积式水加热器的计算温度差，按算术平均温度差计算，即公式（5-22）：

$$\Delta t_j = \frac{t_{mc} + t_{mz}}{2} = \frac{t_c + t_z}{2}$$ （5-22）

式中：Δt_j——计算温度差（℃）；

　　　t_{mc}、t_{mz}——热媒的初温和终温（℃）；

　　　t_c、t_z——被加热水的初温和终温（℃）。

2）快速式水加热器、半即热式水加热器的计算温度差，按平均对数温度差计算，即公式（5-23）：

$$\Delta t_j = \frac{\Delta t_{max} - \Delta t_{min}}{\ln \dfrac{\Delta t_{max}}{\Delta t_{min}}}$$ （5-23）

式中：Δt_j——计算温度差（℃）；

　　　Δt_{max}——热媒与被加热水在水加热器一端的最大温度差（℃）；

　　　Δt_{min}——热媒与被加热水在水加热器另一端的最小温度差（℃）。

（2）热媒的计算温度

1）热媒为饱和蒸汽。

热媒的初温 t_{mc}：当热媒压力大于 70kPa 时，按饱和蒸汽温度计算，见表 5-15；当热媒压力不大于 70kPa 时，按 100℃ 计算。

表 5-15　蒸汽压力和蒸汽温度变化 [蒸汽压力（相对压力）>70kPa 时]

蒸汽压力/kPa	80	90	100	120	140	160	180	200
饱和蒸汽温度/℃	116.33	118.01	119.62	122.65	125.46	128.08	130.55	132.88

热媒的终温 t_{mz}：应由经热工性能测定的产品提供，可按终温 $t_{mz} = 50 \sim 90℃$。

2）热媒为热水。

热媒的初温 t_{mc}：应按热媒供水的最低温度计算。

热媒的终温 t_{mz}：应由经热工性能测定的产品提供。当热媒初温 $t_{mc} = 70 \sim 100℃$ 时，可

按终温 t_{mz} =50～80℃。

3）热媒为热力管网的热水。热媒的计算温度应按热力管网供回水的最低温度计算。

【例 5-4】 某宾馆床位数为 200 人（共 100 间客房），50℃热水用水定额为 150L/（人·d），热水小时变化系数为 2.0，每间客房卫生间均设冲洗水箱坐便器、洗脸盆（配混合水嘴）、浴盆（带淋浴转换器）各 1 套。采用半容积式水加热器集中制备热水，热水供应时间为 18:00～24:00。热媒采用 110℃蒸汽，冷凝水温度为 80℃，冷水的温度为 10℃，水加热器制备热水温度为 70℃，热水密度均按 1kg/L 计，水加热器传热系数 K=1250kJ/（m²·h·℃）。选用水加热器加热面积 F_{jr} 最小为多少？

【解】 设计小时耗热量：

$$Q_h = Sq_h C(r_{t1} - t_1)\rho_r n_0 b_g C_r$$
$$= 300 \times 4.187 \times (40 - 10) \times 1 \times 100 \times 70\% \times 1.10$$
$$= 2901591（kJ/h）$$

设计小时供热量：

$$Q_g = Q_h = 2901591（kJ/h）$$

$$\Delta t_j = \frac{t_{mc} + t_{mz}}{2} - \frac{t_c + t_z}{2} = \frac{110 + 80}{2} - \frac{70 + 10}{2} = 55（℃）$$

$$F_{jr} = \frac{Q_g}{\varepsilon K \Delta t_j} = \frac{2901591}{0.8 \times 1250 \times 55} = 52.76（m²）$$

5.4.5 加热设备的贮热容积

热水供应系统中贮热设备主要有加热水箱、热水箱（罐），或者带有贮热容积的水加热器等。贮热容积主要是储存热水，用来调节热媒供热量和系统耗热量的差值。

1. 导流型容积式水加热器、加热水箱的贮热容积

（1）理论公式

导流型容积式水加热器、加热水箱的贮热容积按理论公式（5-24）计算：

$$V_r = \frac{(Q_h - Q_g)T_1}{\eta(t_{r2} - t_1)C\rho_r} \qquad (5-24)$$

式中：V_r——贮热总容积（L）。

Q_h——设计小时耗热量（kJ/h）。

Q_g——设计小时供热量（kJ/h）。

T_1——设计小时耗热量持续时间（h），全日集中热水供应系统 T_1 取 2～4h；定时集中热水供应系统 T_1 等于定时供水的时间。

η——有效贮热容积系数；导流型容积式水加热器取 0.8～0.9；第一循环为自然循环时，卧式贮热水罐取 0.8～0.85，立式贮热水罐取 0.85～0.9；第一循环为机械循环，卧式、立式贮热水罐取 1.0；当采用半容积式水加热器、带有强制罐内水循环水泵的水加热器或贮热水箱（罐）时，其计算容积可不附加。

其他符号同上。

（2）经验公式

当缺乏资料和数据时，按照经验公式（5-25）计算：

$$V_{有效} = \frac{T_{贮热}Q_h}{(t_r - t_1)C\rho_r} \qquad (5-25)$$

式中：$V_{有效}$——热水贮水的有效容积（L）；

　　　$T_{贮热}$—— 储存多长时间的设计小时耗热量（h），见表 5-16；

　　　Q_h——设计小时耗热量（kJ/h）；

　　　t_r——热水温度（℃），按水加热器设计出水温度或贮热温度计；

　　　t_1——冷水温度（℃）；

　　　C——水的比热，$C=4.187$（kJ/kg·℃）；

　　　ρ_r——热水密度（kg/L）。

表 5-16　水加热设备的贮热量

加热设备	以蒸汽或 95℃以上的热水为热媒时		以小于或等于 95℃的热水为热媒时	
	工业企业淋浴室	其他建筑物	工业企业淋浴室	其他建筑物
内置加热盘管的加热水箱	≥30min Q_h	≥45min Q_h	≥60min Q_h	≥90min Q_h
导流型容积式水加热器	≥20min Q_h	≥30min Q_h	≥30min Q_h	≥40min Q_h
半容式式水加热器	≥15min Q_h	≥15min Q_h	≥15min Q_h	≥20min Q_h

注：① 燃油（气）热水机组所配贮热水罐，贮热量宜根据热媒供应情况按导流型容积式水加热器或半容积式水加热器确定。

　　② 表中 Q_h 为设计小时耗热量（kJ/h）。

2. 半即热式水加热器、快速式水加热器贮热容积

半即热式水加热器、快速式水加热器，当热媒按设计秒流量供应且有完善可靠的温度自动调节和安全装置时，可不考虑贮热容积；当热媒不能保证按设计秒流量供应时，或无完善可靠的温度自动调节和安全装置时，则应设热水贮水器，其有效贮热量宜根据热媒条件按导流型容积式水加热器或半容积式水加热器确定。

【例 5-5】某建筑热水供应系统采用半容积式水加热器，热媒为蒸汽，其供热量为 384953W，则该水加热器的最小有效贮水容积应为多少？（热水温度 60℃、冷水温度 10℃，热水密度以 1kg/L 计）

【解】半容积式加热器的设计小时供热量等于设计小时耗热量，故贮热容积计算时直接应用经验公式。

$$Q_g = Q_h = 384953W = 1385830.8（kJ/h）$$

水加热器的有效贮热容积为

$$V_{有效} = \frac{TQ_h}{(t_r - t_1)C\rho_r} = \frac{15 \times 1385830.8}{60 \times (60-10) \times 4.187 \times 1} = 1655（L）$$

5.4.6　热媒管网水力计算

计算热媒管网（第一循环管网）的管径和相应的水头损失，按照热媒不同可以分为蒸

汽为热媒的第一循环管网和高温水为热媒的第一循环系统。

1. 蒸汽为热媒的管网

1）根据公式（5-17）确定热媒蒸汽耗量。

2）根据热媒蒸汽耗量和流速确定管径、单位管长压力损失。蒸汽热媒管径一般不大，常按允许流速法确定。蒸汽管道的管径和流速见表 5-17。

表 5-17　蒸汽管道的管径和流速

管径/mm	15～20	25～32	40	50～80	100～150	≥200
流速/（m/s）	10～15	15～20	20～25	25～35	30～40	40～60

3）确定凝结水回水管的管径，一般按照热水管道系统方法与步骤计算。

2. 高温水为热媒的管网

高温水为热媒的第一循环管网水力计算主要是确定热媒供水管、热媒回水管的管径，通过计算热媒循环管路的总水头损失、自然循环所需的作用压力，确定循环方式。

1）根据公式（5-18）确定高温水热媒耗量。

2）根据高温水耗量和热水管中流速的规定值，确定热媒供水、回水管的管径。因热水管道容易结垢，热媒管道的计算内径应考虑结垢和腐蚀引起的过水断面缩小的因素。

3）热媒管道管径初步确定后，应确定其循环方式。按海澄-威廉公式（1-14）和公式（1-15）确定热媒循环管网的沿程水头损失、用管（配）件当量长度法或管网沿程水头损失百分数法确定局部水头损失，据此计算出热媒管路的总水头损失。

热水锅炉或水加热器与贮水器连接如图 5-24 所示，第一循环管网（热媒循环管网）的自然循环压力 H_{zr} 应按公式（5-26）计算：

$$H_{zr} = 10\Delta h(\rho_2 - \rho_1) \tag{5-26}$$

式中：H_{zr} ——热水自然循环压力（Pa）；

　　　Δh ——锅炉中心与水加热器内盘管中心或贮水器中心垂直高度（m）；

　　　ρ_1 ——锅炉出水的密度（kg/m³）；

　　　ρ_2 ——水加热器或贮水器的出水密度（kg/m³）。

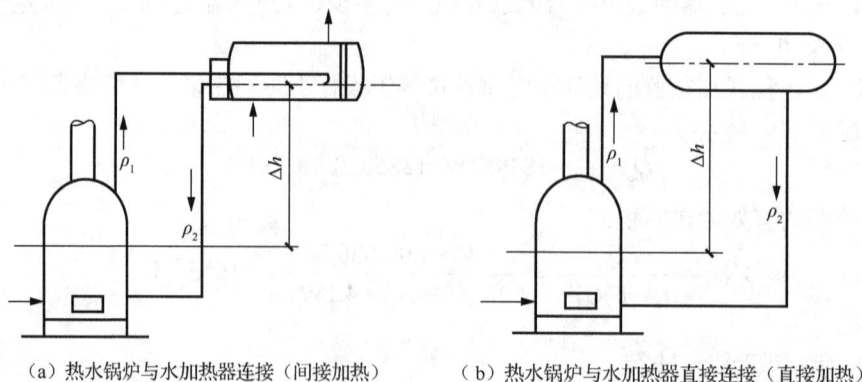

（a）热水锅炉与水加热器连接（间接加热）　　　（b）热水锅炉与水加热器直接连接（直接加热）

图 5-24　热媒管网自然循环压力

4）H_{zr} 值应大于热媒管路的总水头损失 H_h。热水锅炉或水加热器及贮水器的热水管道，一般采用自然循环。当 H_{zr} 不满足上式要求时，应将管径适当放大，减少水头损失。当放大管径在经济上不合理时，应设置循环水泵进行机械循环。

5.4.7　第二循环管网水力计算

第二循环管网的水力计算内容包括：确定热供水管网的管径；确定热水配水管网中各管段的热损失及循环流量；确定热水回水管的管径；计算热水循环管网的总水头损失；确定循环水泵的流量和扬程以选型。

1. 确定热水供水管网的管径

（1）基本原则

确定热水供水管网管径所采用的计算公式和方法与冷水管网水力计算基本相同。

（2）确定方法

1）建筑物内热水供水管网的设计秒流量可按冷水配水管网的设计秒流量公式确定。卫生器具热水给水额定流量、当量、支管管径和最低工作压力，应符合表 1-8 的规定。

2）热水管网的沿程及局部阻力计算公式也与冷水管路的计算公式相同，但由于热水水温高，其黏滞性和重度与冷水有所不同，且考虑到热水管网容易结垢、腐蚀常引起过水断面缩小的因素，热水管道水力计算时热水管道的流速，宜按表 5-18 选用。确定管径时应采用热水管道水力计算表。

表 5-18　热水管道的流速

公称直径/mm	15～20	25～40	≥50
流速/（m/s）	≤0.8	≤1.0	≤1.2

2. 确定热水配水管网中各管段的热损失及循环流量

热水配水管道中由于环境温度低于供水管道中热水温度，因此存在热损失从而导致配水点的热水温度低于设计温度。所以要设置回水管道，用来保证有一定的热水在管道中循环而抵消热损失。

（1）热损失

1）热损失理论计算法。由于配水管网在充有热水时与环境温度有温差，因而产生了热损失，管网各管段的热损失可按公式（5-27）计算：

$$q_s = \pi DLK(1-\eta)\left(\frac{t_c+t_z}{2}-t_j\right) \tag{5-27}$$

式中：q_s——计算管段热损失（kJ/h）；

D——计算管段外径（m）；

L——计算管段长度（m）；

K——无保温时管道的传热系数 [kJ/（m^2·℃·h）]；

η——保温系数，无保温时 $\eta=0$，简单保温时 $\eta=0.6$，较好保温时 $\eta=0.7\sim0.8$；

t_c——计算管段的起点水温（℃）；

t_z——计算管段的终点水温（℃）；

t_j——计算管段周围的空气温度（℃），可按表 5-19 确定。

表 5-19　管道周围的空气温度

管道敷设情况	t_j /℃
采暖房间内明管敷设	18~20
采暖房间内暗管敷设	30
敷设在不采暖房间的顶棚内	采用一月份室外平均温度
敷设在不采暖的地下室内	5~10
敷设在室内地下管沟内	35

该管网中各管段的热损失之和就是热水配水管网的总热损失 Q_s，即 $Q_s = \sum q_s$。

2）热损失估算法。如缺少详细资料和数据，配水管道的热损失可以按经验估算。一般单体建筑可取（2%~4%）Q_h；小区可取（3%~5%）Q_h。

（2）热水循环流量

热水循环流量按照全日制集中热水供应系统和定时制集中热水供应系统分别计算。

1）全日集中热水供应系统的热水循环流量应按公式（5-28）计算：

$$q_x = \frac{Q_s}{C \rho_r \Delta t} \tag{5-28}$$

式中：q_x——全日集中供应热水的循环流量（L/h）；

$\quad\quad Q_s$——配水管道的热损失（kJ/h），经计算确定；

$\quad\quad \Delta t$——配水管道的热水温度差（℃），按系统大小确定，单体建筑可取 5~10℃，小区可取 6~12℃。

2）定时集中热水供应系统的热水循环流量可按循环管网总水容积的 2~4 倍计算，即按照公式（5-29）计算。循环管网总水容积包括配水管、回水管的总容积，不包括不循环管网、水加热器或贮热水设施的容积。系统较大时取下限；反之取上限。

$$q_x \geqslant (2 \sim 4) V \tag{5-29}$$

式中：q_x——循环的流量（L/h）；

$\quad\quad V$——热水循环管网系统的水容积（L）。

3. 确定热水回水管的管径

热水供应系统的循环回水管管径，应按管路的循环流量经水力计算确定，水力计算的方法同冷水管网水力计算方法。

4. 计算热水循环管网的总水头损失

循环管路中通过循环流量的总水头损失按公式（5-30）计算：

$$H = h_p + h_x \tag{5-30}$$

式中：H——循环水泵的扬程（kPa）；

$\quad\quad h_p$——循环水量通过配水管网的水头损失（kPa）；

$\quad\quad h_x$——循环水量通过回水管网的水头损失（kPa）。

当采用半即热式、快速式水加热器时，水泵扬程尚应计算水加热的水头损失。

5. 循环水泵选型

1）循环水泵出水量按公式（5-31）确定：

$$q_{xh} = K_x \cdot q_x \qquad (5\text{-}31)$$

式中：q_{xh}——循环水泵的流量（L/h）；

　　　K_x——相应循环措施的附加系数，取 $K_x = 1.5 \sim 2.5$；

　　　q_x——循环的流量（L/h）。

2）循环水泵扬程 H_b 为管网计算管路中通过循环流量的总水头损失，按公式（5-30）确定，当计算循环水泵扬程 H_b 值较小时，可选 H_b 等于 0.05～0.10MPa。

【例 5-6】某小区全日集中生活热水系统采用半即热式水加热器，水加热器出水温度为 60℃；该热水系统设计小时耗热量 100 000kJ/h，配水管温度最低处为 50℃，循环流量通过配水管及回水管总水头损失之和为 5m，水加热器水头损失为 0.05MPa。本系统热水循环水量及循环水泵扬程最小选取值是多少？（热水密度为 1kg/L）

【解】因为该小区采用全日集中生活热水系统：

$$Q_s = (3\% \sim 5\%)Q_h = 100\,000 \times 3\% = 3000 \text{（kJ/h）}$$

则循环流量：

$$q_x = \frac{Q_s}{C \cdot \rho_r \Delta t_s} = \frac{3000}{4.187 \times 1 \times (60-50)} = 71.7 \text{（L/h）}$$

《建筑给水排水设计标准》（GB 50015—2019）第 6.7.10-2 条：采用半即热式水加热器时，水泵扬程还要加上水加热器的水头损失，即 $H_b = 5 + 5 = 10$（mH$_2$O）。

5.5　太阳能热水供应系统与热泵热水供应系统

5.5.1　太阳能热水供应系统

1. 太阳能热水供应系统选择原则

1）太阳能热水供应系统的选择应遵循下列原则：

① 公共建筑宜采用集中集热、集中供热太阳能热水供应系统。

② 住宅类建筑宜采用集中集热、分散供热太阳能热水供应系统或分散集热、分散供热太阳能热水供应系统。

③ 太阳能热水供应系统应根据集热器构造、冷水水质硬度及冷热水压力平衡要求等经比较确定采用直接太阳能热水供应系统或间接太阳能热水供应系统。

④ 太阳能热水供应系统应根据集热器类型及其承压能力、集热系统布置方式、运行管理条件等经比较采用闭式太阳能集热系统或开式太阳能集热系统；开式太阳能集热系统宜采用集热、贮热、换热一体间接预热承压冷水供应热水的组合系统。

⑤ 集中集热、分散供热太阳能热水供应系统采用由集热水箱或由集热、贮热、换热一体间接预热承压冷水供应热水的组合系统直接向分散带温控的热水器供水，且至最远热水器热水管总长不大于 20m 时，热水供水系统可不设循环管道。

2）太阳能热水供应系统应设辅助热源及加热设施，并应符合下列规定：

① 辅助热源宜因地制宜选择，分散集热、分散供热太阳能热水供应系统和集中集热、分散供热太阳能热水供应系统宜采用燃气、电；集中集热、集中供热太阳能热水供应系统宜采用城市热力管网、燃气、燃油、热泵等。

② 辅助热源的供热量宜按无太阳能时确定，参照本书 5.4.3 节相关内容计算。

③ 辅助热源的控制应在保证充分利用太阳能集热量的条件下，根据不同的热水供水方式采用手动控制、全日自动控制或定时自动控制。

④ 辅助热源的水加热设备应根据热源种类及其供水水质、冷热水系统形式采用直接加热或间接加热设备。

3）集热系统附属设施相关规定。

① 太阳能集热系统应设防过热、防爆、防冰冻、防倒热循环及防雷击等安全设施，并应符合下列规定：

a. 太阳能集热系统应设放气阀、泄水阀、集热介质充装系统。

b. 闭式太阳能热水供应系统应设安全阀、膨胀罐、空气散热器等防过热、防爆的安全设施。

c. 严寒和寒冷地区的太阳能集热系统应采用集热系统倒循环、添加防冻液等防冻措施；集中集热、分散供热的间接太阳能热水供应系统应设置电磁阀等防倒热循环阀件。

② 集热系统的管道、集热水箱等应作保温层，并应按当地年平均气温与系统内最高集热温度或贮水温度计算保温层厚度。

③ 开式太阳能集热系统应采用耐温不小于 100℃的金属管材、管件、附件及阀件；闭式太阳能集热系统应采用耐温不小于 200℃的金属管材、管件、附件及阀件。直接太阳能集热系统宜采用不锈钢管材。

2. 太阳能集热器总面积计算

太阳能集热器总面积应根据日用水量、当地年平均日太阳辐射量和集热器集热效率等因素计算。

1）直接太阳能热水供应系统的集热器总面积，可按公式（5-32）计算：

$$A_{jz} = \frac{Q_{md} \cdot f}{b_j \cdot J_t \cdot \eta_j (1-\eta_1)} \tag{5-32}$$

式中：A_{jz}——直接太阳能热水供应系统集热器总面积（m²）。

Q_{md}——平均日耗热量（kJ/d），按公式（5-34）计算。

f——太阳能保证率，按表 5-21 规定取值。

b_j——集热器面积补偿系数（集热器总面积补偿系数 b_j 应根据集热器的布置方位及安装倾角确定。当集热器朝南布置的偏离角小于或等于 15℃，安装倾角为当地纬度 φ ±10℃时，b_j 取 1；当集热器布置不符合上述规定时，应按照现行的国家标准《民用建筑太阳能热水系统应用技术标准》（GB 50364—2018）的规定进行集热器面积的补偿计算）。

J_t——集热器总面积的平均日太阳能辐照量 [kJ/（m²·d）]，按《建筑给水排水设计标准》（GB 50015—2019）中附录 H 确定。

5

η_j——集热器总面积的年平均集热效率，集热器总面积的平均集热效率 η_j 应根据经过测定的基于集热器总面积的瞬时效率方程在归一化温差为 0.03 时的效率值确定。分散集热、分散供热系统的 η_j 经验值为 40%～70%；集中集热系统的 η_j 应考虑系统形式、集热器类型等因素的影响，经验值为 30%～45%。

η_l——集热系统的热损失率，集热系统的热损失 η_l 应根据集热器类型、集热管路长短、集热水箱（罐）大小及当地气候条件、集热系统保温性能等因素综合确定，当集热器或集热器组紧靠集热水箱（罐）时，η_l 取 15%～20%；当集热器或集热器组与集热水箱（罐）分别布置在两处时，η_l 取 20%～30%。

2）间接太阳能热水供应系统的集热器总面积，可按公式（5-33）计算：

$$A_{jj} = A_{jz}\left(1 + \frac{U_L \cdot A_{jz}}{K \cdot F_{jr}}\right) \tag{5-33}$$

式中：A_{jj}——间接太阳能热水供应系统集热器总面积（m^2）。

U_L——集热器热损失系数 $[kJ/(m^2 \cdot h \cdot ℃)]$，应根据集热器产品的实测值确定，平板型集热器可取 14.4～21.6 $kJ/(m^2 \cdot h \cdot ℃)$；真空管型集热器可取 3.6～7.2 $kJ/(m^2 \cdot h \cdot ℃)$。

K——水加热器的传热系数 $[kJ/(m^2 \cdot h \cdot ℃)]$。

F_{jr}——水加热器的加热面积（m^2）。

3. 太阳能热水供应系统主要设计参数确定

太阳能热水供应系统主要设计参数的选择应符合下列规定。

1）太阳能热水供应系统的设计热水用水定额应按表 5-9 平均日热水用水定额确定。

2）平均日耗热量应按公式（5-34）计算：

$$Q_{md} = q_{mr} \cdot m \cdot b_l \cdot C \cdot \rho_r \cdot (t_r - t_L^m) \tag{5-34}$$

式中：q_{mr}——平均日热水用水定额 $[L/（人 \cdot d），L/（床 \cdot d）]$，见表 5-9；

m——用水计算单位数（人数或床位数）；

b_l——同日使用率（住宅建筑为入住率）的平均值应按实际使用工况确定，当无条件时可按表 5-20 确定；

t_L^m——年平均冷水温度（℃），可按照城市当地自来水厂年平均水温值确定。

表 5-20　不同类型建筑的 b_l 值

建筑物名称	b_l
住宅	0.5～0.9
宾馆、旅馆	0.3～0.7
宿舍	0.7～1.0
医院、疗养院	0.8～1.0
幼儿园、托儿所、养老院	0.8～1.0

注：分散供热、分散集热太阳能热水系统的 $b_l = 1$。

3）太阳能保证率 f 应根据当地的太阳能辐照量、系统耗热量的稳定性、经济性及用户要求等因素综合确定。太阳能保证率 f 应按表 5-21 取值。

表 5-21　太阳能保证率 f 值

年太阳能辐照量/ [MJ/ (m² · a)]	f/%
≥6700	60～80
5400～6700	50～60
4200～5400	40～50
≤4200	30～40

注：① 宿舍、医院、疗养院、幼儿园、托儿所、养老院等系统负荷较稳定的建筑取表中上限值，其他类建筑取下限值。

② 分散集热、分散供热太阳能热水系统可按表中上限取值。

4. 集热系统附属设施的设计

（1）有效容积计算

1）集中集热、集中供热太阳能热水系统的集热水加热器或集热水箱（罐）宜与供热水加热器或供热水箱（罐）分开设置，串联连接。当辅助热源设在供热设施内时，其有效容积计算应按以下要求确定。

① 集热水加热器或集热水箱（罐）的有效容积应按公式（5-35）计算：

$$V_{rx} = q_{rjd} \cdot A_j \tag{5-35}$$

式中：V_{rx}——集热水加热器或集热水箱（罐）有效容积（L）；

A_j——集热器总面积（m²），$A_j = A_{jz}$ 或 $A_j = A_{jj}$；

q_{rjd}——集热器单位轮廓面积平均日产 60℃ 热水量 [L/ (m² · d)]，根据集热器产品的实测结果确定。

当无条件时，根据当地太阳能辐照量、集热面积大小等选用下列参数：直接太阳能热水系统 $q_{rjd} = 40～80$L/ (m² · d)；间接太阳能热水系统 $q_{rjd} = 30～55$L/ (m² · d)。

② 供热水加热器或供热水箱（罐）的有效容积应按本书 5.4.5 节相关内容确定。

2）分散集热、分散供热太阳能热水系统采用集热、供热共用热水箱（罐）时，其有效容积应按公式（5-35）计算。

3）集中集热、分散供热太阳能热水系统，当分散供热用户采用容积式热水器间接换热时，其集热水箱的有效容积宜按公式（5-36）计算：

$$V_{rx1} = V_{rx} - b_1 \cdot m_1 \cdot V_{rx2} \tag{5-36}$$

式中：V_{rx1}——集热水箱的有效容积（L）；

m_1——分散供热用户的个数（户数）；

V_{rx2}——分散供热用户设置的分户容积式热水器的有效容积（L），应按每户实际用水人数确定，一般 V_{rx2} 取 60～120L。

V_{rx1} 除按上式计算外，还宜留有调节集热系统超温排回的一定容积，其最小有效容积不应小于 3min 热媒循环泵的设计流量且不宜小于 800L。

4）集中集热、分散供热太阳能热水系统，当分散供热用户采用热水器辅热直接供水时，其集热水箱的有效容积应按公式（5-35）计算。

（2）太阳能集热系统的循环水泵计算

强制循环的太阳能集热系统应设循环水泵，其流量和扬程的计算要符合下列规定。

1）集热循环水泵的流量等同集热系统循环流量可按公式（5-37）计算：

$$q_x = q_{gz}A_j \qquad (5\text{-}37)$$

式中：q_x——集热系统循环流量（L/s）。

　　　　q_{gz}——单位采光面积集热器对应的工质流量［L/(s·m²)］，按集热器产品实测数据

　　　　　　确定。无条件时，可取 $0.015 \sim 0.020 \, L/(s \cdot m^2)$。

　　　　A_j——集热器的集热总面积（m²）。

2）开式直接加热太阳能集热系统循环泵的扬程应按公式（5-38）计算：

$$H_b = h_{jx} + h_j + h_z + h_f \qquad (5\text{-}38)$$

式中：H_b——循环泵扬程（kPa）；

　　　　h_{jx}——集热系统循环管道的沿程与局部阻力损失（kPa）；

　　　　h_j——循环流量流经集热器的阻力损失（kPa）；

　　　　h_z——集热器顶与集热水箱最低水位之间的几何高差（kPa）；

　　　　h_f——附加压力（kPa），取 20～50 kPa。

3）闭式间接加热太阳能集热系统循环泵的扬程应按公式（5-39）计算：

$$H_b = h_{jx} + h_e + h_j + h_f \qquad (5\text{-}39)$$

式中：h_e——循环流量经集热水加热器的阻力损失（kPa）；

　　　　其他符号含义同上。

【例 5-7】　上海某 5 层酒店每层客房 20 间（每间按 2 床计），设有坐便器、洗脸盆、淋浴器。拟采用太阳能直接供热和电辅热的方式制备生活热水。供水系统采用 24h 全日制机械循环集中热水系统，供水温度 60℃，回水温度 50℃。酒店加热系统采用集中集热、集中供热太阳能热水供应系统，其集热水加热器的有效容积最小是多少？

　　［有关参数：热水定额（60℃）最高日为 150L/（床·d），平均日为 120L/（床·d），最冷月平均水温按 5℃计，年平均冷水温按 22℃计。太阳能保证率取 0.6，集热器年平均集热效率取 0.45，同时使用率取 0.7，集热系统热损失率按 20%计，太阳能集热器面积补偿比为 85%，年平均日辐照量 17220kJ/（m²·d）。60℃热水密度为 0.9832kg/L，50℃热水密度为 0.9881kg/L，22℃冷水密度为 0.9978kg/L，5℃冷水密度为 1.000kg/L。］

【解】　根据《建筑给水排水设计标准》（GB 50015—2019）第 6.6.3 条：

$$Q_{md} = q_{mr}mb_1C\rho_r(t_r - t_1^m) = 20 \times 5 \times 120 \times 2 \times 0.7 \times 4.187 \times 0.9832 \times (60 - 22)$$
$$= 2628074.72 \, (kJ/h)$$

根据《建筑给水排水设计标准》（GB 50015—2019）第 6.6.2-1 条：

$$A_{jz} = \frac{Q_{md}f}{b_jJ_t \cdot \eta_j \cdot (1-\eta_l)} = \frac{2628074.72 \times 0.6}{85\% \times 17220 \times 0.45 \times (1-20\%)} = 299.25 \, (m^2)$$

$$V_{rx} = q_{rjd}A_{jz} = 40 \times 299.25 = 11970(L) = 11.97 \, (m^3)$$

5.5.2　热泵热水供应系统

1. 热泵热水供应系统选择原则

1）水源热泵热水供应系统设计应符合下列规定：

① 水源热泵应选择水量充足、水质较好、水温较高且稳定的地下水、地表水、废水为热源。

② 水源总水量应按供热量、水源温度和热泵机组性能等综合因素确定。

③ 水源水质应满足热泵机组或水加热器的水质要求，当其不满足时，应采取有效的过滤、沉淀、灭藻、阻垢、缓蚀等处理措施。当以污水、废水为水源时，应先对污水、废水进行预处理。

2）空气源热泵热水供应系统设计应符合下列规定：

① 最冷月平均气温不小于 10℃ 的地区，空气源热泵热水供应系统可不设辅助热源；

② 最冷月平均气温小于 10℃ 且不小于 0℃ 的地区，空气源热泵热水供应系统宜采取设置辅助热源，或采取延长空气源热泵的工作时间等满足使用要求的措施；

③ 最冷月平均气温小于 0℃ 的地区，不宜采用空气源热泵热水供应系统；

④ 空气源热泵辅助热源应就地获取，经过经济技术比较，选用投资省、低能耗热源；

⑤ 辅助热源应只在最冷月平均气温小于 10℃ 的季节运行，供热量可按补充在该季节空气源热泵产热量不满足系统耗热量的部分计算。

2. 热泵热水供应系统主要设计参数确定

（1）设计小时供热量

1）水源热泵的设计小时供热量，应按公式（5-40）计算：

$$Q_g = \frac{mq_r C(t_r - t_1)\rho_r C_r}{T_5} \qquad (5\text{-}40)$$

式中：Q_g——水源热泵设计小时供热量（kJ/h）；

q_r——热水用水定额 [L/（人·d）或 L/（床·d）]，按不高于表 5-9 的最高日用水定额或表 5-10 中用水定额中下限取值；

T_5——热泵机组设计工作时间（h/d），取 8～16h。

2）空气源热泵的设计小时供热量计算公式同水源热泵的设计小时供热量计算公式（5-40）。当未设辅助热源时应按最不利条件设计，即取当地最冷月平均气温和冷水供水温度计算；当设有辅助热源时，宜按当地农历春分、秋分所在月的平均气温和冷水供水温度计算，以合理经济选用热泵机组。

（2）容积计算

水源、空气源热泵热水供应系统的水加热器、贮热水箱（罐）的贮热水量应按下列方法确定。

1）水源热泵宜采用快速水加热器配贮热水箱（罐）间接换热制备热水，设计应符合下列规定：

① 全日集中热水供应系统的贮热水箱（罐）的有效容积应按公式（5-41）计算：

$$V_r = k_1 \frac{(Q_h - Q_g)T_1}{(t_r - t_1)C\rho_r} \qquad (5\text{-}41)$$

式中：V_r——贮热水箱（罐）有效容积（L）；

Q_h——设计小时耗热量（kJ/h）；

Q_g——设计小时供热量（kJ/h）；

T_1——设计小时耗热量持续时间（h）；

k_1——用水均匀性的安全系数，按用水均匀性选值，$k_1 = 1.25～1.50$。

② 定时热水供应系统的贮热水箱（罐）的有效容积，宜为定时供应热水的全部热水量。

2）空气源热泵采取直接加热系统时，直接加热系统要求冷水进水总硬度（以碳酸钙计）不应大于 120mg/L，其贮热水箱（罐）的总容积应按公式（5-41）计算。

（3）水源热泵系统的循环水泵计算

水源热泵宜采用快速水加热器配贮热水箱（罐）间接换热制备热水。快速水加热器两侧与热泵、贮热水箱（罐）连接的循环水泵的流量和扬程应按公式（5-42）、公式（5-43）计算：

$$q_{xh} = \frac{k_2 \cdot Q_g}{3600C \cdot \rho_r \cdot \Delta t} \tag{5-42}$$

$$H_b = h_{xh} + h_{el} + h_f \tag{5-43}$$

式中：q_{xh}——循环水泵流量（L/s）；

k_2——考虑水温差因素的附加系数，k_2=1.2～1.5；

Δt——快速水加热器两侧的热媒进水、出水温差或热水进水、出水温差，可按 Δt=5～10℃取值；

H_b——循环水泵扬程（kPa）；

h_{xh}——循环流量通过循环管道的沿程与局部阻力损失（kPa）；

h_{el}——循环流量通过热泵冷凝器、快速水加热器的阻力损失（kPa），冷凝器阻力由产品提供，板式水加热器阻力为 40～60kPa；

h_f——附加压力（kPa），取 20～50 kPa。

【例 5-8】某宾馆采用全日集中热水供应系统供给客房部热水用水，客房部有 100 个带单卫生间房间，计 200 床位。最高日 60℃热水用水定额为 120L/（床·d），平均日 60℃热水用水定额为 110L/(床·d)。热源采用江水源热泵系统，冷水计算温度冬季 5℃，春秋 10℃，夏季 20℃，热泵机组设计工作时间为 10h/d，水源热泵需配置的贮热水箱有效容积为多少？（参数取值：设计小时耗热量持续时间取 2h，用水均匀性安全系数取 1.25，热损失系数取 1.10，热水小时变化系数取 3.0，C 取 4.187kJ/（kg·℃）；ρ_r 取 0.9832kg/L）

【解】根据《建筑给水排水设计标准》（GB 50015—2019）第 6.6.7-3 条：

$$Q_h = K_h \times \frac{mq_r C(t_r - t_1)\rho_r}{T} C_\gamma$$

$$= 3 \times \frac{200 \times 120 \times (60-5) \times 4.187 \times 0.9832}{24} \times 1.1 = 747173.4996（kJ/h）$$

$$Q_g = \frac{mq_r C(t_r - t_1)\rho_r}{T_5} C_\gamma$$

$$= \frac{200 \times 120 \times (60-5) \times 4.187 \times 0.9832}{10} \times 1.1 = 597738.7997（kJ/h）$$

$$V_r = k_1 \frac{(Q_h - Q_g)T}{(t_r - t_1)C \cdot \rho_r}$$

$$= 1.25 \times \frac{(747173.4996 - 597738.7997)}{(60-5) \times 4.187 \times 0.9832} \times 2 = 1650（L）$$

5.6 建筑热水工程设计案例

设计基础资料如本书 1.6 节所示，该建筑采用全日制集中热水供应系统，热水供应 5~13 层的客房，热水管道为同程布置。热水供应系统同冷水系统压力同源。屋顶水箱采用专管将被加热的冷水送至地下室加热间的导流型容积式水加热器。热水供水管网采用上行下给式，热水供水干管敷设在 13 层的吊顶内，各客房卫生间供水立管布置在管道井中，立管在 4 层的吊顶内汇总，再通过管道井回到地下室加热间。热水供应系统采用机械循环，设有 2 台热水循环泵。热水循环泵由泵前回水管上的电接点温度计自动控制：启泵温度为 60℃，停泵温度为 70℃。热水管材为薄壁不锈钢管。

1. 设计小时耗热量、设计小时热水量计算

该建筑为宾馆，每个客房内供应热水的卫生器具为洗脸盆和浴盆，24h 供应热水。采用的是导流型容积式水加热器，制备热水的温度为 70℃，冷水温度为 4℃。根据《建筑给水排水设计标准》（GB 50015—2019）第 6.2.1 条：60℃热水定额取 130（L/床·d），时变化系数为 3.28，5~13 层共有床位数 234 张。

集中热水供应系统的设计小时耗热量：

$$Q_h = K_h \frac{mq_r C(t_r - t_1)\rho_r}{T} C_r$$

$$= 3.28 \frac{234 \times 130 \times 4.187 \times (60 - 4) \times 0.9832}{24} \times 1.1$$

$$= 1054259 \text{（kJ/h）}$$

设计小时热水量：

$$q_{rh} = \frac{Q_h}{(t_{r2} - t_1)C\rho_r C_r}$$

$$= \frac{1054259}{(70 - 4) \times 4.187 \times 0.9832 \times 1.10} = 3527 \text{（kJ/h）}$$

2. 热水配水管网的水力计算

1）根据计算草图如图 5-25 所示，对管网节点进行编号，选择最不利点，确定计算管路。

2）确定各计算管道的长度和热水设计秒流量，然后查热水水力计算表，方法同冷水管网计算，确定各管段的管径、单位水头损失，并计算沿程水头损失。局部水头损失按沿程水损的 20% 估算，其中热水的设计秒流量公式采用 $q_g = 0.2 \cdot \alpha \cdot \sqrt{N_g}$，$\alpha$ 取 2.5。管材为薄壁不锈钢管，所以查钢管的水力计算表。

热水管道系统最不利管路水力计算结果见表 5-22。热水给水立管 RL-9 水力计算结果见表 5-23（RL-1、RL-3 水力计算结果同 RL-9）；热水给水立管 RL-2 水力计算结果见表 5-24。

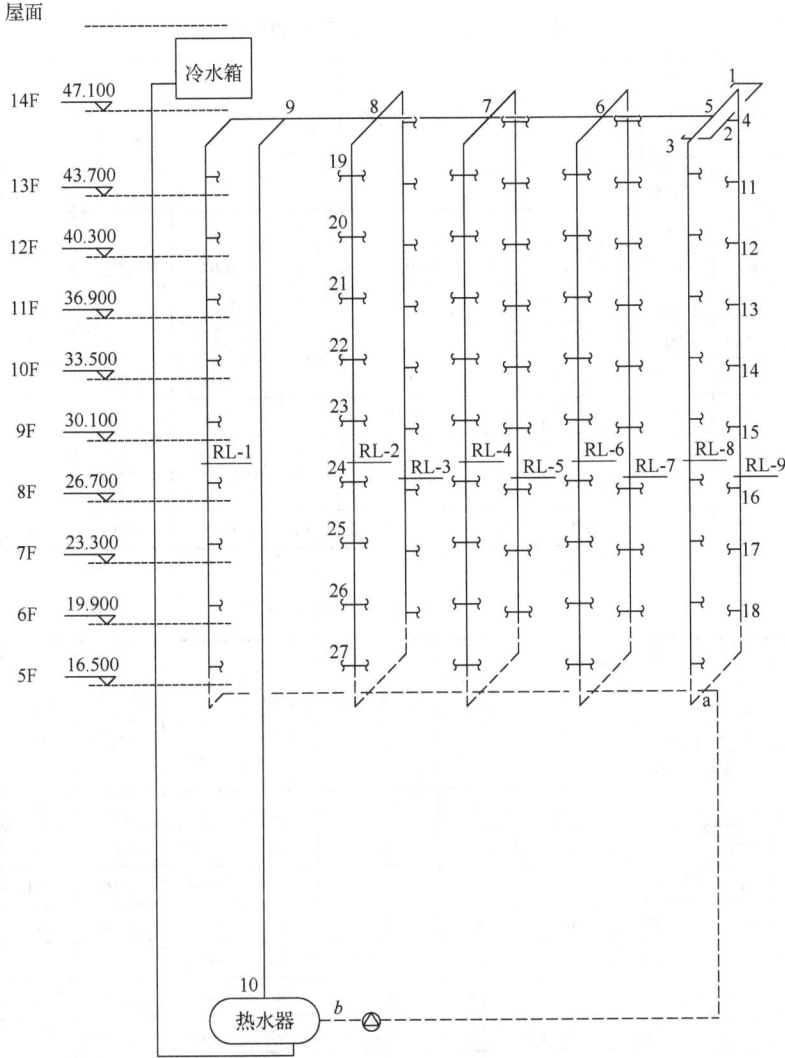

图 5-25　热水管道系统水力计算

表 5-22　热水管道系统最不利管路水力计算结果

顺序编号	管段编号		卫生器具当量	当量总数		当量总数	设计秒流量 q（L/s）	DN/mm	v/（m/s）	单位水头损失 i/（kPa/m）	管长/m	沿程水头损失 h=i·L/kPa	备注
	自	至	(n/N)	洗脸盆 0.5	浴盆 1	∑N							
1	2		3	4	5	6	7	8	9	10	11	12	
1	1	2	(n/N)		1/1	1	0.2	15	1.46	5.53	2.82	15.59	最不利计算管路为 1-2-4-5-6-7-8-9-10，2-4 不计入
2	2	3	(n/N)	1/0.5		0.5	0.1	15	0.73	1.50	1.06	1.59	
3	2	4	(n/N)	1/0.5	1/1	1.5	0.3	20	1.09	2.14	0.26	0.56	
4	4	5	(n/N)	9/4.5	9/9	13.5	1.84	50	0.94	0.45	3.4	1.53	
5	5	6	(n/N)	18/9	18/18	27	2.60	50	1.32	0.89	6.7	5.96	
6	6	7	(n/N)	54/27	54/54	81	4.50	70	1.36	0.66	7.2	4.75	
7	7	8	(n/N)	90/45	90/90	135	5.81	80	1.23	0.44	7.2	3.17	
8	8	9	(n/N)	117/58.5	117/117	175.5	6.62	80	1.40	0.56	3.82	2.14	
9	9	10	(n/N)	126/63	126/126	189	6.87	100	0.83	0.13	65.5	8.52	
												42.22	

表 5-23　立管 RL-9 水力计算结果

顺序编号	管段编号		卫生器具当量	卫生器具名称数量、当量		当量总数	设计秒流量 q（L/s）	DN/mm	v/（m/s）	单位水头损失 i/（kPa/m）	管长/m	沿程水头损失 h=i·L/kPa
	自	至	（n/N）	洗脸盆 0.5	浴盆 1	ΣN						
1	2		3	4	5	6	7	8	9	10	11	12
1	18	17	（n/N）	1/0.5	1/1	1.5	0.3	25	0.64	0.52	3.4	1.77
2	17	16	（n/N）	2/1	2/2	3	0.6	32	0.69	0.41	3.4	1.39
3	16	15	（n/N）	3/1.5	3/3	4.5	0.9	40	0.77	0.43	3.4	1.46
4	15	14	（n/N）	4/2	4/4	6	1.2	40	1.03	0.76	3.4	2.58
5	14	13	（n/N）	5/2.5	5/5	7.5	1.37	40	1.08	0.99	3.4	3.37
6	13	12	（n/N）	6/3	6/6	9	1.5	50	0.76	0.30	3.4	1.02
7	12	11	（n/N）	7/3.5	7/7	10.5	1.62	50	0.82	0.35	3.4	1.19
8	11	4	（n/N）	8/4	8/8	12	1.73	50	0.88	0.39	3.4	1.33

表 5-24　立管 RL-2 水力计算结果

顺序编号	管段编号		卫生器具当量	卫生器具名称数量、当量		当量总数	设计秒流量 q/（L/s）	DN/mm	v/（m/s）	单位水头损失 i/（kPa/m）	管长/m	沿程水头损失 h=i·L/kPa
	自	至	（n/N）	洗脸盆 0.5	浴盆 1	ΣN						
1	2		3	4	5	6	7	8	9	10	11	12
1	27	26	（n/N）	2/1	2/2	3	0.6	32	0.69	0.41	3.4	1.39
2	26	25	（n/N）	4/2	4/4	6	1.2	40	1.03	0.76	3.4	2.58
3	25	24	（n/N）	6/3	6/6	9	1.5	50	0.76	0.30	3.4	1.02
4	24	23	（n/N）	8/4	8/8	12	1.73	50	0.88	0.39	3.4	1.33
5	23	22	（n/N）	10/5	10/10	15	1.94	50	0.99	0.50	3.4	1.70
6	22	21	（n/N）	12/6	12/12	18	2.12	50	1.08	0.59	3.4	2.01
7	21	20	（n/N）	14/7	14/14	21	2.29	50	1.17	0.69	3.4	2.35
8	20	19	（n/N）	16/8	16/16	24	2.45	50	1.25	0.79	3.4	2.69
9	19	8	（n/N）	18/9	18/18	27	2.60	50	1.32	0.89	4.7	4.18

由表 5-22 可知，该建筑热水配水管网最不利计算管路（1-2-4-5-6-7-8-9-10）的总水头损失为

$$\sum h = 1.2 \times 42.22 = 50.66 \text{（kPa）}$$

冷水箱冷水专用管设计秒流量为 6.87L/s，采用 $DN100$ 的塑料管，查水力计算表得其水头损失为 9kPa；导流型容积式水加热器的水头损失按照 8kPa；最不利点为洗脸盆，其最低工作压力为 50kPa。则热水给水系统所需的水压为

$$H = 50.66 + 9 + 8 + 50 = 117.66 \text{（kPa）}$$

已知高位冷水箱最低液面标高为 48m，而最不利配水点洗脸盆的标高为 44m，因此有 $H_z = 48 - 44 = 4$（m）$= 40$（kpa）；所以冷水箱的安装高度不满足要求，应采用生活水箱间的冷水增压设备。

3. 热水回水管水力计算

1）热水系统的配水管网给水管段的热损失。根据《建筑给水排水设计标准》（GB 50015—2019）第 6.7.5 条：热水系统的配水管道的热损失 Q_s 可以按照设计小时耗热量 Q_h 的 3%～5%，该建筑取 4%，则

$$Q_s = 0.04 \times 1054259 = 42170.36 \text{（kJ/h）}$$

2）热水系统的循环流量。全日制集中热水供应系统的热水循环流量根据《建筑给水排水设计标准》（GB 50015—2019）第 6.7.5 条计算：

$$q_x = \frac{Q_s}{C \rho_r \Delta t_s} = \frac{42170.36}{4.187 \times 0.9832 \times 10} = 1024 \text{（L/h）} = 0.28 \text{（L/s）}$$

3）热水循环管路各管段通过的循环流量。总循环流量 $q_x = 0.28$ L/s，每个立管的循环流量分配采用估算分配法。按照各立管的热水用水器具进行分配，RHL-1、RHL-3、RHL-8、RHL-9 的循环流量均为 0.02L/s；RHL-2、RHL-4、RHL-5、RHL-6、RHL-7 的循环流量均为 0.04L/s。

4）热水循环水头损失计算。热水循环管路循环水头损失计算结果如表 5-25 所示。

表 5-25　循环水头损失计算

	管段	管长/m	管径	循环流量/（L/s）	沿程水头损失		流速/（m/s）
					Pa/m	Pa	
配水管	10-9	65.5	100	0.28	0.35	22.93	0.04
	9-8	3.82	80	0.26	1.35	5.16	0.05
	8-7	7.2	80	0.20	0.88	6.34	0.04
	7-6	7.2	70	0.12	0.78	5.62	0.04
	6-5	6.7	50	0.04	0.39	2.61	0.02
	5-13	13.6	50	0.02	0.1	1.36	0.01
	13-16	10.2	40	0.02	0.39	3.98	0.02
	16-17	3.4	32	0.02	0.88	2.99	0.02
	17-18	3.4	25	0.02	3.73	12.68	0.04
回水管	18-a	0.5	25	0.02	3.73	1.87	0.04
	a-b	20.5	50	0.28	12.55	257.28	0.14
						322.80	

该热水系统的循环水量通过循环管路的水头损失为

$$H_x = 1.25 \times 322.8 = 403.5 \text{（Pa）}$$

5）循环水泵确定。根据《建筑给水排水设计标准》（GB 50015—2019）第 6.7.10 条，热水的循环的流量：

$$q_{xb} = K_x q_x = 1.5 \times 0.28 = 0.42 \text{（L/s）}$$

循环水泵的扬程为循环水量通过循环管路的水头损失，因此 $H_b = 403.5$ Pa。当循环水泵的扬程计算值较小时，循环水泵的扬程可取 0.05～0.10MPa，因此循环水泵的流量取 0.05MPa。选择 WDSR 型立式多级离心泵，型号为 WDSR25-110 共 2 台，其中 1 台备用。

建筑物热水管道系统如图 5-26 所示。

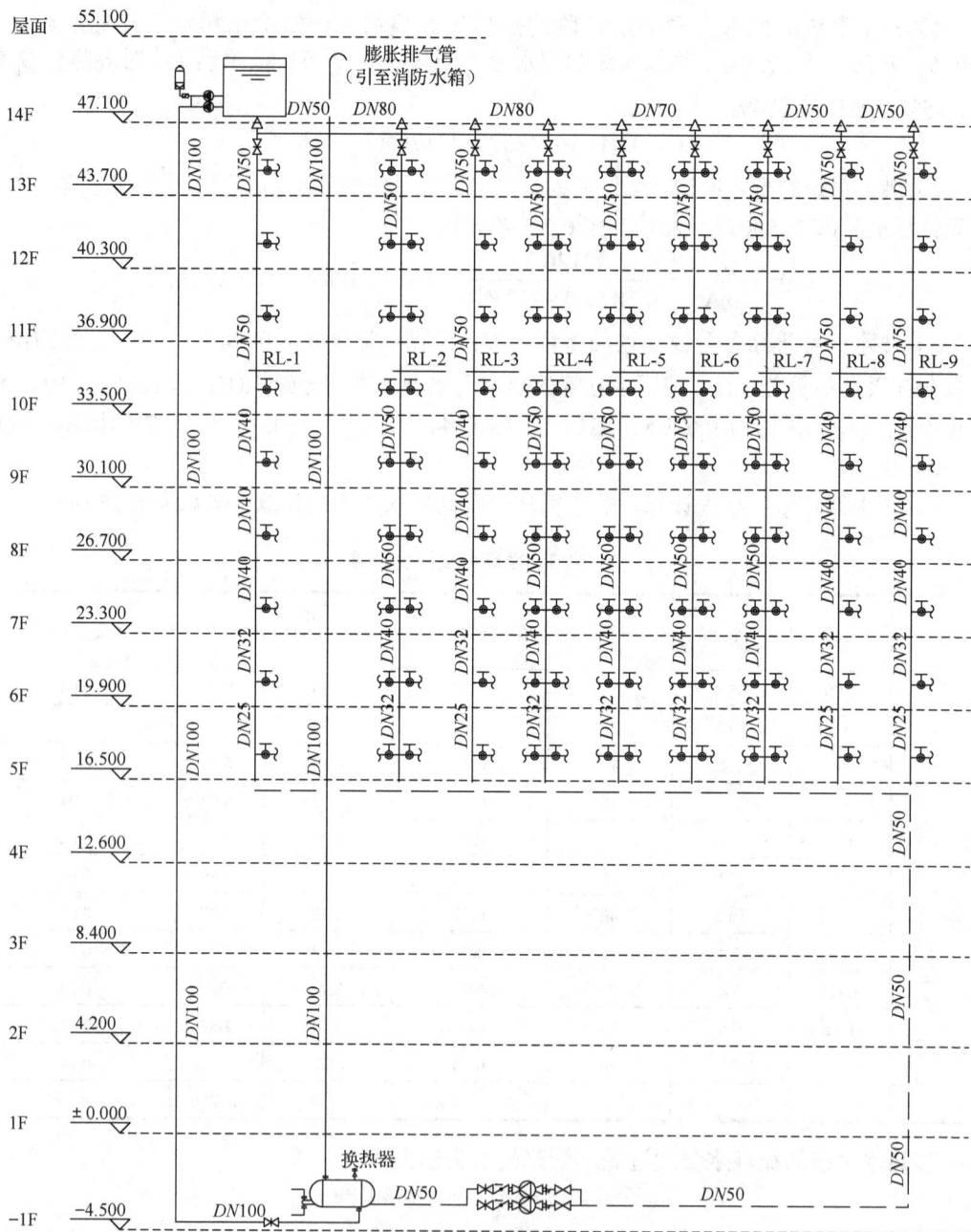

图 5-26　热水管道系统

本 章 习 题

1. 热水供应系统可分为哪几类？什么是集中热水供应系统、局部热水供应系统、区域热水供应系统？各类热水供应系统分别适用于什么条件？

2. 什么是开式热水供应系统和闭式热水供应系统？哪些情况宜采用开式热水供应系统？开式热水系统与闭式热水系统应如何区分？

3. 加（贮）热设备有哪些类型？各类型的加（贮）热设备分别有什么特点及适用于什么条件？

4. 热水供应系统有哪些主要附件？不同的水加热器对自动温控阀的温级范围有何规定？安全阀和压力式膨胀罐分别适用于什么热水系统？安全阀安装时有什么规定？

5. 什么是膨胀管、膨胀水箱和压力式膨胀罐？膨胀管有什么设置要求？其管径应如何确定？膨胀管的设置高度应如何计算？热水系统中膨胀水箱的容积应如何计算？压力式膨胀罐的总容积应如何计算？

6. 第二循环管网的水力计算包括哪些内容？水力计算的步骤有哪些？热水配水管网中各管段的热损失应如何计算？全日热水供应系统及定时热水供应系统的热水循环流量分别如何确定？

7. 某普通旅馆共设 70 间客房，每间 2 个床位，设独立卫生间，其内设淋浴器、洗脸盆和坐便器各 1 个。最高日热水用水定额 60L/人（60℃），目前每天 20:00～23:00 定时供水，水加热器是按最小设计参数确定的设计小时耗热量选型，冷水计算温度 10℃。现拟采用 24h 集中热水供应，扩大用于客房的楼层增加床位数量（增加的客房仍按 2 床/间计），但不增加、不更换原有的水加热器。仅从水加热器供热能力考虑，至少能增加多少间客房？有关参数：热水小时变化系数 K_h 取上限值，且不考虑床位数增加对 K_h 值的影响，系统热损失系数 C_r 统按 1.10 考虑，水温 10℃（$\rho=0.9997kg/L$），水温 40℃（$\rho=0.9922kg/L$），水温 37℃（$\rho=0.9933kg/L$），水温 60℃（$\rho=0.9832kg/L$），给出参数见表 5-26。

表 5-26 相关卫生器具的一次和小时热水用水定额及水温

洁具	小时用水量/L	一次用水量/L	使用水温/℃
淋浴器	140～200	70～100	37～40
洗脸盆	30	3	30

8. 某住宅楼 25 户（按 75 人）采用全日集中热水供应系统，其供应热水的温度为 60℃，每户设有 2 个卫生间（每个卫生间设淋浴器、洗脸盆、坐便器各 1 个）、1 个厨房（双格洗涤盆 1 个）。有关参数：热水用水定额（55℃）60L/（人·d），热水小时变化系数为 3，冷水温度取 10℃。水温 60℃（$\rho=0.983kg/L$）；水温 55℃（$\rho=0.985kg/L$）；水温 10℃（$\rho=0.999kg/L$）；水温 40℃（$\rho=0.992kg/L$）；水温 37℃（$\rho=0.993kg/L$）。该楼热水供应系统的设计小时热水量应至少为多少？

9. 某宾馆生活热水供应系统半容积式水加热器设计小时供热量为 3600000kJ/h，采用蒸汽间接加热。有关参数：蒸汽引入管表压为 0.12MPa，疏水温度 70℃；热水出水温度 65℃，回水温度 55℃，半容积式水加热器的传热系数 $K=10800kJ/（m^2·℃·h）$，则该半容积式水加热器的加热面积最小应不小于多少？

10. 北京某 5 层酒店共有客房 120 间（每间按 2 床计），设有坐便器、洗脸盆、淋浴器、浴缸。拟采用太阳能直接供热、电辅热的方式制备生活热水。供水系统采用 24h 全日制机械循环集中热水系统，供水温度 60℃，回水温度 50℃。太阳能集热器布置在酒店屋面，安装方位南偏东 40°，按全年使用设计，安装倾角为当地纬度。根据屋面情况并按照无遮挡及安装检修要求实际布置的集热器总面积为 300m²。该酒店实际设置的太阳能集热器面积占所需集热器面积的百分数是多少？有关参数：热水定额（60℃）最高日为 150L/（床·d），平均日为 120L/（床·d），最冷月平均水温按 4℃计，年平均水温按 22℃计。太阳能保证率取 0.6，集热器平均集热效率取 0.45，同时使用率取 0.7，集热系统热损失率按 20%计，年平均日辐照量 17220kJ/（m²·d）。水温 60℃（$\rho = 0.983$kg/L）；水温 50℃（$\rho = 0.988$kg/L）；水温 22℃（$\rho = 0.998$kg/L）；水温 4℃（$\rho = 1.000$kg/L）。

11. 某宾馆设置定时集中热水供应系统，采用 2 台 5.5m³ 导流型容积式水加热器，回水管上设压力膨胀罐，该处管内压力 0.4MPa。设计热水供水温度为 60℃（$\rho = 0.983$kg/L），回水温度为 40℃（$\rho = 0.992$kg/L），冷水温度为 4℃（$\rho = 1.000$kg/L）；热水管网水容量 4000L。则膨胀罐的总容积应为多少？

12. 某招待所（设计使用人数为 600 人）客房设置单独卫生间，全日制供应热水。加热设备采用半容积式水加热器，加热设备设计每小时供热量为 1 580 000kJ/h；热水设计供水温度为 60℃，冷水设计温度为 5℃。则该热水供应系统循环流量最小为多少？有关参数：水温 5℃（$\rho = 0.9997$kg/L）；水温 60℃（$\rho = 0.9832$kg/L）；热水用水定额 q_r=60～100（L/人·d），小时变化系数 K_h=3.48。

第 6 章

居住小区给水排水系统

6.1 居住小区给水系统

居住小区给水系统主要是将城市给水管网（或自备水源）的水通过居住小区给水系统输送到小区各建筑物给水引入管处。居住小区给水系统由小区（给水）引入管、管网（干管、支管等）、室外消火栓、加压设施、调节与贮水构筑物（水塔、水池）、管道附件、阀门井、洒水栓等组成。当小区内某些建筑物设有管道直饮水系统，并经技术经济比较后确定采用集中处理方式时，还需要考虑设置直饮水处理和管道供应系统。

居住小区给水系统按用途可分为生活用水、消防用水、生活—消防共用给水系统三类。居住小区的给水系统宜采用生活—消防共用系统，若可利用其他水源作消防水源时，则应分别设置。

6.1.1 居住小区给水水源

居住小区给水水源可以直接采用市政供水管网中的自来水，也可用自备水源。位于市区或厂矿区供水范围内的居住小区，为了减少工程投资，应采用市政或厂区给水管网的水作为给水水源；远离市区或厂矿区的居住小区，可自备水源。自备水源居住小区给水系统严禁与城市给水管网直接连接。当用户需要将城市给水作为自备水源的备用水或补充水时，则只能将城市给水管网的水放入自备水源的贮水（或调节）池，经自备系统加压后使用。放水口与水池溢流水位之间必须有有效的空气隔断。小区给水系统设计应综合利用各种水资源，充分利用再生水、雨水等非传统水源；优先采用循环和重复利用给水系统。

6.1.2 居住小区给水系统的供水方式

居住小区给水系统的供水方式应根据小区内建筑物类型、建筑物的高度、市政给水管网中可利用的水压和水量等因素综合考虑。居住小区给水系统要确保供水安全，同时还要考虑供水技术、投资和运营费用等因素。居住小区给水系统的供水方式一般可分为直接供水方式、调蓄增压供水方式和分区供水方式。

1. 直接供水方式

由城镇给水管网直接供水，小区室外给水管网中不设升压、贮水设备。直接供水方式适用于城镇给水管网能满足小区内所有建筑的水压、水量要求；或能满足小区大部分建筑供水要求，仅不能满足少数建筑的供水要求（建筑内部升压）的供水方式。

2. 调蓄增压供水方式

当市政给水管网水压不满足小区全部建筑或多数建筑的供水要求，需在小区室外管网中设置升压、贮水设备的供水方式。常见的小区的调蓄增压设施有以下三种。

1）小区室外给水管网中仅设置升压设备（不设置贮水调节池），由水泵直接从市政给水管网或吸水井抽水供至各用水点，适用于市政给水管网水量充足（满足小区高峰用水时段的用水量要求）的情况。

2）小区仅设置水塔（不设升压设备），由市政给水管网供至水塔，再从水塔供至各用水点；或夜间由市政给水管网供水至水塔，由水塔供小区全天用水。

3）小区设置升压、贮水设备。由市政给水管网供至小区低位贮水池，加压水泵从水池中抽水加压供至各个用水点。

3. 分区供水方式

当小区内既有高层建筑又有多层建筑物，市政给水管网的水压能满足多层建筑物的水压要求时，就可以采用分区供水。这样可以减少能耗，充分利用市政管网中水压。

小区的加压给水系统，应根据小区的规模、建筑高度、建筑物的分布和物业管理等因素确定加压站的数量、规模和水压。二次供水加压设施服务半径应符合当地供水主管部门的要求，不宜大于500m，且不宜穿越市政道路。

6.1.3　居住小区设计用水量

小区的室外给水系统的水量应满足小区内全部用水的要求。建筑给水设计用水量应根据下列各项确定。

1. 居民生活用水量

居住小区的居民生活用水量，应按小区人口和表 1-7 规定的住宅最高日生活用水定额经计算确定。

2. 公共建筑用水量

居住小区内的公共建筑用水量，应按其使用性质、规模采用表 1-8 中的用水定额经计算确定。

3. 绿化用水量

绿化浇灌用水定额应根据气候条件、植物种类、土壤理化性状、浇灌方式和管理制度等因素综合确定。当无相关资料时，小区绿化浇灌最高日用水定额可按浇灌面积×（1.0～3.0）L/（m² · d）计算，干旱地区可酌情增加。

4. 水景、娱乐设施用水量

水景和娱乐设施（游泳池、水上游乐池）用水量计算可按《建筑给水排水设计标准》（GB 50015—2019）第 3.10.18 条、第 3.10.19 条、第 3.12.2 条的规定确定。

5. 道路、广场用水量

小区道路、广场的浇洒最高日用水定额可按浇洒面积×（2.0～3.0）L/（$m^2 \cdot d$）计算。

6. 公用设施用水量

居住小区内的公用设施水量，应由该设施的管理部门提供用水量计算参数。

7. 未预见用水量及管网漏失水量

小区管网漏失水量和未预见水量之和可按上述 1～6 项用水量之和的 8%～12%计。

8. 消防用水量

建筑物室内外消防用水的设计流量、供水水压、火灾延续时间、同一时间内的火灾起数等，应按国家现行消防规范的相关规定确定。消防用水量仅用于校核管网计算，不计入正常用水量。

9. 其他用水量

按照实际情况确定。

6.1.4　居住小区给水系统的水力计算

居住小区给水系统的水力计算主要目的是确定供水方式、布置给水管道，然后计算各管道的设计流量、确定各管道的管径和水头损失，并确定需要的水表和加压贮水调节设施。

1. 居住小区室外给水管道设计流量

居住小区室外给水管道设计流量的确定步骤：第一步，以引入管为起点，确定最不利点作为计算管路；第二步，进行节点编号；第三步，计算各管段的设计流量。

1）居住小区的室外给水管道的设计流量应根据管段服务人数、用水定额及卫生器具设置标准等因素确定，并应符合下列规定。

① 当住宅建筑采用直接供水，按照公式（1-4）计算管段流量；当住宅建筑物采用加压供水方式，则按照贮水调节池的设计补水量确定。

② 当居住小区内配套的文体、餐饮娱乐、商铺及市场等设施采用直接供水方式，则按公式（1-8）计算节点流量；如采用加压供水方式则按照贮水调节池的设计补水量确定计算节点流量。

③ 居住小区内配套的文教、医疗保健、社区管理等设施，以及绿化和景观用水、道路及广场洒水、公共设施用水等，均以平均时用水量计算节点流量。

④ 设在居住小区范围内，不属于居住小区配套的公共建筑节点流量应另计。

2）居住小区的室外生活、消防合用给水管道设计流量，应按居住生活确定给水管道设计流量，并应对管道进行水力计算校核，其结果应符合现行的国家标准《消防给水及消火栓系统技术规范》（GB 50974—2014）的规定（表 6-1）。

表 6-1 叠加消防水量归纳总结

当小区内未设消防贮水池,消防用水直接从室外合用给水管上抽取时	在最大用水时生活用水设计流量基础上叠加最大消防设计流量进行复核。绿化、道路及广场浇洒用水可不计算在内,小区如有集中浴室,则淋浴用水量可按 15%计算
当小区设有消防贮水池,消防用水全部从消防贮水池抽取时	叠加的最大消防设计流量应为消防贮水池的补给流量
当部分消防水量从室外管网抽取,部分消防水量从消防贮水池抽取时	叠加的最大消防设计流量应为从室外给水管抽取的消防设计流量再加上消防贮水池的补给流量

注：最终水力计算复核结果应满足管网末梢的室外消火栓从地面算起的流出水头不低于 0.10MPa。

3）居住小区生活给水引入管的设计流量及管径确定。居住小区给水引入管的设计流量应按小区室外给水管道设计流量的规定计算，并应考虑未预计水量和管网漏失量（按 8%～12%计）；不少于 2 条引入管的小区室外环状给水管网，当其中 1 条发生故障时，其余的引入管应能保证不小于 70%的流量；小区引入管的管径不宜小于室外给水干管的管径。

2. 居住小区管道的管径和水头损失

在确定各节点流量和管道设计流量的基础上，求管道的管径和水头损失。居住小区给水管网中管道内水流的流速一般控制在 1～1.5m/s（校核消防时可按 1.5～2.5m/s）。管道的局部水头损失可按沿程水头损失的 15%～20%计算。环状管网需要进行管网平差，大环闭合差应小于等于 15kPa，小环闭合差应小于等于 5kPa。计算所得的干管管径不得小于支管管径或建筑物引入管管径。设有室外消火栓的室外给水管道管径不得小于 100mm。

3. 居住小区水表

居住小区由于人数多、规模大，虽然按设计秒流量计算，但已接近最大用水时的平均秒流量，应以此流量选择小区引入管水表的常用流量。如引入管为 2 条及 2 条以上时，则应平均分摊流量。该生活给水设计流量还应按消防规范的要求叠加区内一起火灾的最大消防流量校核，不应大于水表的"过载流量"。

4. 加压贮水调节设施

当城市给水管网供水不能满足居住小区用水需求时，必须在小区设加压贮水调节设施，以满足居住小区用水要求。

（1）水泵

当小区设有高位水箱或水塔时，水泵的扬程应满足把水送到高位水箱或水塔中去；水泵出水量可按小区最大时流量确定；当小区没有高位水箱或水塔调节时，宜采用调速泵组或额定转速泵编组运行供水，水泵组的扬程应满足最不利点的工作压力，水泵的出水量按照小区生活给水设计流量。

（2）贮水池

小区生活用贮水池设计应符合相关规定及要求。

1）小区生活用水池的有效容积应根据生活用水调节量和安全贮水量等确定，并应符合下列规定：

① 生活用水调节量应按流入量和供出量的变化曲线经计算确定，资料不足时可按小区加压供水系统的最高日生活用水量的 15%～20%确定；

② 安全贮水量应根据城镇供水制度、供水可靠程度及小区供水的保证要求确定；

③ 当生活用水贮水池贮存消防用水时，消防贮水量应符合现行的国家标准《消防给水及消火栓系统技术规范》（GB 50974—2014）的规定。

2）小区贮水池设计应符合国家现行相关二次供水安全技术规程的要求。

（3）水塔

小区采用水泵-水塔联合供水时，宜采用前置方式。水塔作为生活用水的调节构筑物时，水塔的有效容积应经计算确定。当资料不全时按表 6-2 估算。

表 6-2　小区水塔有效容积

居住小区最高日用水量/m³	<100	101～300	301～500	501～1000	1001～2000	2001～4000
调蓄贮水量占最高日用水量的百分数	30～20	20～15	15～12	12～8	8～6	6～4

由外网夜间直接进水充满水塔（供全天使用），其有效调节应按供水的用水人数和最高日用水定额确定。

6.1.5　管材、管道附件及其敷设

1. 管材

埋地的给水管道，既要承受管内的水压力，又要承受地面荷载的压力。管内壁要耐水的腐蚀，管外壁要耐地下水及土壤的腐蚀。目前使用较多的有塑料给水管、球墨铸铁给水管、有衬里的铸铁给水管。当必须使用钢管时，要特别注意钢管的内外防腐处理，常见的防腐处理有衬塑、涂塑或涂防腐涂料。另外，需要注意的是镀锌层不是防腐层，而是防锈层，所以镀锌钢管也必须做防腐处理。

2. 管道附件及其敷设要求

1）由城镇管网直接供水的小区室外给水管网应布置成环状网，或与城镇给水管连接成环状网。环状给水管网与城镇给水管的连接管不应少于 2 条。

2）小区的室外给水管道应沿街区内道路敷设，宜平行于建筑物敷设在人行道、慢车道或草地下。管道外壁距建筑物外墙的净距不宜小于 1m，且不得影响建筑物的基础。

3）小区的室外给水管道与其他地下管线（构筑物）及乔木之间的最小净距，应符合表 6-3 规定。

表 6-3　小区室外给水管道与其他地下管线（构筑物）及乔木之间的最小净距

种类	净距/m					
	给水管		污水管		雨水管	
	水平	垂直	水平	垂直	水平	垂直
给水管	0.5～1.0	0.10～0.15	0.8～1.5	0.10～0.15	0.8～1.5	0.10～0.15
污水管	0.8～1.5	0.10～0.15	0.8～1.5	0.10～0.15	0.8～1.5	0.10～0.15
雨水管	0.8～1.5	0.10～0.15	0.8～1.5	0.10～0.15	0.8～1.5	0.10～0.15
低压煤气管	0.5～1.0	0.10～0.15	1.0	0.10～0.15	1.0	0.10～0.15
直埋式热水管	1.0	0.10～0.15	1.0	0.10～0.15	1.0	0.10～0.15
热力管沟	0.5～1.0	—	1.0	—	1.0	—
乔木中心	1.0	—	1.5	—	1.5	—
电力电缆	1.0	直埋 0.50 穿管 0.25	1.0	直埋 0.50 穿管 0.25	1.0	直埋 0.50 穿管 0.25
通讯电缆	1.0	直埋 0.50 穿管 0.15	1.0	直埋 0.50 穿管 0.15	1.0	直埋 0.50 穿管 0.15
通信及照明电缆	0.5	—	1.0	—	1.0	—

注：① 净距指管外壁距离，管道交叉设套管时指套管外壁距离，直埋式热力管指保温管壳外壁距离。

　　② 电力电缆在道路的东侧（南北方向的路）或南侧（东西方向的路），通信电缆在道路的西侧或北侧，均应在人行道下。

4）室外给水管道与污水管道交叉时，给水管道应敷设在污水管道上面，且接口不应重叠。当给水管道敷设在污水管道下面时，应设置钢套管，钢套管的两端应采用防水材料封闭。

5）室外给水管道的覆土深度，应根据土壤冰冻深度、车辆荷载、管道材质及管道交叉等因素确定。管顶最小覆土深度不得小于土壤冰冻线以下 0.15m，行车道下的管线覆土深度不宜小于 0.70m。

6）敷设在室外综合管廊（沟）内的给水管道，宜在热水、热力管道下方，冷冻管和排水管的上方。给水管道与各种管道之间的净距，应满足安装操作的需要，且不宜小于 0.3m。

7）生活给水管道不应与输送易燃、可燃或有害的液体或气体的管道同管廊（沟）敷设。

8）室外给水管道阀门宜采用暗杆型的阀门，并宜设置阀门井或阀门套筒。

【例 6-1】　某住宅小区设有 6 栋住宅，设有定时（19～22 时）集中供应热水系统，每栋住宅楼设计人数 230 人，用水定额取高限值，时变化系数取低值；小区配套建设 1 座无寄宿小学，最高日最大小时用水量 22.5m³/h，最高日平均小时用水量 15 m³/h，小区未预见及管网漏失水量取 10%，本小区最高日最大小时用水量是多少？（注：不计小区内绿化等其他用水。）

【解】　本题中住宅设定时热水"19～22 时"（用水最大时在晚上），而小学无寄宿（用水最大时不在晚上），因此可判断两者用水最大时不在同一时段，故小学用水量按平均时计。本小区最高日最大小时用水量：

$$\left(\frac{6\times230\times320}{24\times1000}\times2+15\right)\times1.1=56.98 \ (\text{m}^3/\text{h})$$

6.2　居住小区排水系统

居住小区排水体制必须采用分流制，即污水与雨水分别采用两套不同的管道收集排放。居住小区排水系统由建筑物接户管（污水）、检查井、排水支管、排水干管、小型污水处理设施等组成。

6.2.1　居住小区生活排水系统

1. 排水量和排水流量

居住小区生活排水最大小时排水流量应按住宅生活给水最大小时流量与公共建筑生活给水最大小时流量之和的 85%～95%确定。住宅和公共建筑的生活排水定额和小时变化系数应与其相应生活给水用水定额和小时变化系数相同，按表 1-6 和表 1-7 确定，相关的归纳总结见表 6-4。

表 6-4　小区排水流量计算总结

排水流量计算相关内容	计算方法
单体公共建筑生活排水定额	与公共建筑生活用水定额相同
单体公共建筑生活排水小时变化系数	与公共建筑生活用水小时变化系数相同
居住小区排水定额	为居住小区给水定额
居住小区排水小时变化系数	与居住小区给水小时变化系数相同
居住小区最大时排水量	居住小区最大小时给水量的 85%～95%
居住小区生活排水设计流量	住宅生活排水最大小时流量+公共建筑生活排水最大小时流量

2. 室外排水管网水力计算

（1）计算公式

排水横管的水力计算，应按公式（3-15）、公式（3-16）计算。

（2）设计参数

居住小区室外埋地生活排水管道最小管径、最小设计坡度和最大设计充满度宜按表 6-5 确定。生活污水单独排至化粪池的室外生活污水接户管道当管径为 160mm 时，最小设计坡度宜为 0.010～0.012；当管径为 200mm 时，最小设计坡度宜为 0.010。

表 6-5　小区室外排水管道设计参数确定

管别	最小管径/mm	最小设计坡度	最大设计充满度
接户管支管	160（150）	0.005	0.5
	160（150）		
干管	200（200）	0.004	
	≥315（300）	0.003	

注：接户管管径不得小于建筑物排出管管径。

3. 室外排水管道管材选择

小区室外生活排水管道系统，宜采用埋地排水塑料管和塑料污水排水检查井。

4. 室外排水管道敷设要求

（1）基本要求

居住小区生活排水管的布置应根据小区规划、地形标高、排水流向等相关因素设计；按管线短、埋深小、尽可能自流排出的原则确定。当生活排水管道不能以重力自流排入市政排水管道时，应设置生活排水泵站。

排水管道宜沿建筑平行方向敷设，应在与室内排出管连接处设排水检查井，小区排水管道或排水检查井中心至建筑物外墙的距离不宜少于 2.5～3m。

施工安装和检修管道时，不应造成互相影响；管道损坏时，管内污水不得冲刷或侵蚀建筑物以及构筑物的基础和污染生活饮用水水管；管道应避免机械振动引起损坏，敷设在可能发生冰冻的场合时应保温；排水管道及合流制管道与生活给水管道交叉时，应敷设在给水管道下面。

小管径管道避让大管径管道；可弯的管道避让不能弯的管道；新建管道避让现状管道；临时管道避让永久管道；有压管道避让自流管道。

（2）最小埋地敷设深度

居住小区生活排水管道最小埋地敷设深度应根据道路的行车等级、管材受压强度、地基承载力等因素经计算确定，并应符合下列规定：

1）居住小区干道和组团道路下的生活排水管道，其覆土深度不宜小于 0.70m；

2）生活排水管道埋设深度不得高于土壤冰冻线以上 0.15m，且覆土深度不宜小于 0.30m；当采用埋地塑料管道时，排出管埋设深度可不高于土壤冰冻线以上 0.50m。

5. 室外生活排水管道检查井

1）为了清通室外生活排水管道方便，应在管道转弯和连接处、在管道的管径或坡度改变以及跌水处设置检查井，同时当室外生活排水管道上检查井井距超过表 6-6 时，在井距中间处也要设检查井。

表 6-6　室外生活排水管道检查井井距

管径/mm	检查井井距/m
≤160（150）	≤30
≥200（200）	≤40
≥315（300）	≤50

注：表中括号内的数值为埋地塑料管内径系列。

2）检查井与生活排水管的连接应符合下列规定：

① 连接处的水流转角（水流原来的流向与其改变后的流向之间的夹角）不得小于 90°；当排水管管径小于或等于 300mm 且跌落差大于 0.3m 时，可不受角度的限制。

② 室外排水管除有水流跌落差以外，管顶宜平接。

③ 排出管管顶标高不得低于室外接户管管顶标高。

④ 居住小区排出管与市政管渠衔接处，排出管的设计水位不应低于市政管渠的设计水位。

3）检查井的内径应根据所连接的管道管径、数量和埋设深度确定。当井内径大于或等于 600mm 时，应采取防堕落措施。

4）生活排水管道的检查井内应有导流槽或顺水构造。

5）当小于或等于 150mm 的排水管道敷设于室外地下室顶板上覆土层时，可用清扫口替代检查井，且清扫口宜设在井室内。

6. 污水泵及排水调节池

当居住小区污水排水管不能重力流流入城市污水管网中，需要在其设污水调节池和污水泵站。居住小区污水水泵的流量应按其最大小时生活排水流量选定。居住小区污水水泵的扬程应按提升高度、管路系统水头损失、另附加 1.5～2.0m 流出水头计算。生活排水调节池的有效容积不得大于 6h 生活排水平均小时流量。

6.2.2　居住小区雨水排水系统

1. 原则

居住小区雨水排放应遵循源头减排的原则，宜利用地形高程采取有组织地表排水方式。

2. 雨水口

居住小区必须设雨水管网时，雨水口的布置应根据地形、土质特征、建筑物位置设置。下列部位宜布置雨水口：道路交会处和路面最低点；地下坡道入口处。如果小区设有雨水控制利用设施时，小区雨水排水口应设置在雨水控制利用设施末端，以溢流形式排放；超过雨水径流控制要求的降雨溢流进入市政雨水管渠。

3. 连接管

雨水口连接管的长度不宜超过 25m，连接管上串联的雨水口不宜超过 3 个。单篦雨水口连接管最小管径为 200mm，坡度为 0.01，管顶覆土厚度不宜小于 0.7m。连接管埋设在路面或有重负荷处地面的下面时，其做法详见国标图集《雨水口》（16s518）。

4. 检查井

（1）检查井设置的位置

在管道的交接处和转弯处、管径或坡度的改变、跌水和直线管道上每隔一定距离之处应设置检查井。检查井应尽量避免布置在道路主入口处。检查井在车行道上时应采用重型铸铁井盖。雨水检查井的最大间距见表 6-7。

表 6-7　雨水检查井的最大间距

管径/mm	最大距离/m
160（150）	30
200～315（200～300）	40
400（400）	50
≥500（≥500）	70

注：括号内数据为埋地塑料管内径系列管径。

（2）检查井设置的要求

1）管道在检查井内宜采用管顶平接法，井内出水管管径不宜小于进水管。

2）检查井内同高度上接入的管道数量不宜多于 3 条。

3）室外地下或半地下式供水水池的排水口、溢流口，游泳池的排水口，内庭院、下沉式绿地或地面、建筑物门口的雨水口，当标高低于雨水检查井处的地面标高时，不得接入该检查井，以防止雨季时出现泛水现象。

4）排水接户管埋深小于 1.0m 时，可采用小井径检查井。

5）雨水检查井连接处的水流转角不得小于 90°；当雨水管管径小于或等于 300mm 且跌落差大于 0.3m 时，可不受角度的限制。

5. 跌水井

当管道跌水水头大于 2.0m 时，应设跌水井；跌水水头 1.0～2.0m 时，宜设跌水井。跌水井最大跌水水头高度见表 6-8。管道转弯处不宜设置跌水井。跌水井不得有支管接入。跌水方式一般采用竖管、矩形竖槽和阶梯式。

表 6-8　跌水井最大跌水水头高度

进水管管径/mm	≤200	300～600	>600
最大跌水高度/m	≤6.0	≤4.0	水力计算确定

6. 室外雨水管道

（1）室外雨水管道布置的原则

室外雨水管道布置应按管线短、埋深小、自流排出的原则确定。

（2）室外雨水管道布置的位置

1）宜沿道路和建筑物的周边平行布置，且在人行道、车行道下或绿化带下。

2）雨水管道与其他管道及乔木之间最小净距，应符合表 6-3 的规定。

3）管道与道路交叉时，宜垂直于道路中心线。

4）干管应靠近主要排水建筑物，并应布置在连接支管较多的路边侧。

（3）室外雨水管道埋地敷设深度

居住小区室外雨水管道最小埋地敷设深度应根据道路的行车等级、管材受压强度、地基承载力等因素经计算确定，并应符合下列规定：居住小区干道和组团道路下的管道，其覆土深度不宜小于 0.70m；当冬季管道内不会贮留水时，雨水管道可埋设在冰冻层内。

7. 明沟（渠）

1）明沟底宽一般不小于 0.3m，超高不得小于 0.2m。成品排水沟底宽可小于 0.3m。

2）明沟与管道相连接时，连接处必须采取措施以防冲刷管道基础。

3）明沟下游与管道连接处应设格栅和挡土墙。明沟应加铺砌，铺砌高度不低于设计超高，长度自格栅算起 3～5m。如明沟与管道衔接处有跌水，且落差为 0.3～2.0m 时，应在跌水前 5～10m 处开始铺砌。

4）明沟支线与干线的交汇角应大于 90° 并做成弧形。交汇处应加铺砌，铺砌高度不低于设计标高。

5）下列场所宜设置排水沟：室外广场、停车场、下沉式广场；道路坡度改变处；水景池周边、超高层建筑周边；采用管道敷设时覆土深度不能满足要求的区域。此外，有条件时宜采用成品线性排水沟，土壤等具备入渗条件时，宜采用渗水沟等。

8. 雨水集水池、调蓄池和排水泵

1）雨水集水池和排水泵设计应符合下列要求。

① 排水泵的流量应按排入集水池的设计雨水量确定。

② 排水泵不应少于 2 台，不宜大于 8 台，紧急情况下可同时使用。

③ 雨水排水泵应有不间断的动力供应。

④ 下沉式广场地面排水集水池的有效容积，不应小于最大 1 台排水泵 30s 的出水量，并应满足水泵安装和吸水要求。当下沉式广场汇水面积大，设计重现期高，排水量大时，集水池的有效容积计算宜取最大 1 台排水泵出水量的小值；当下沉式广场汇水面积小，设计重现期低，排水量小时，集水池的有效容积计算可取最大 1 台排水泵出水量的大值；当下沉式广场与地铁、建筑物的出入口相连接时，集水池有效容积宜按最大 1 台排水泵 5min 的出水量计算，并可配置 1 台小泵，用于小水量时排水。排水泵需要不间断动力供应，可以采用双电源或双回路供电。

⑤ 集水池除满足有效容积外，还应满足水泵设置、水位控制器等安装、检查要求。

2）当市政雨水管无法全部接纳小区雨水量时，应设置雨水贮存调节设施。雨水调蓄池的建设宜与雨水利用设施、景观水池、绿化和雨水泵站等设施统筹考虑。雨水调蓄池的有效容积应根据当地降雨特征和建设基地规划控制综合径流系数，按现行国家标准《城镇雨水调蓄工程技术规范》（GB 51174—2017）和《建筑与小区雨水控制及利用工程技术规范》（GB 50400—2016）的规定确定。雨水调蓄池宜设于室外，当雨水调蓄池设于地下室时，应在室外设有超调蓄能力的溢流措施。

9. 居住小区雨水管道水力计算

（1）计算公式

1）居住小区雨水管道设计雨水量按公式（4-3）、公式（4-4）计算。

2）居住小区雨水管道的设计降雨历时，按公式（6-1）计算：

$$t = t_1 + t_2 \tag{6-1}$$

式中：t——降雨历时（min）；

t_1——地面集水时间（min），视距离长短、地形坡度和地面铺盖情况而定，可选用 5～10min；

t_2——排水管内雨水流行时间（min）。

（2）设计参数

1）重现期 q。小区雨水排水管道的排水设计重现期应根据汇水区域性质、地形特点、气象特征等因素确定，各种汇水区域的设计重现期不宜小于表 6-9 中的规定值。

表 6-9　各种汇水区域的设计重现期

汇水区域名称	设计重现期 q/a
居住小区	3～5
车站、码头、机场的基地	5～10
下沉式广场、地下车库坡道出入口	10～50

注：下沉式广场设计重现期应由广场的构造、重要程度、短期积水即能引起较严重后果等因素确定。

2）径流系数。地面的雨水径流系数按表 6-10 取，其综合径流系数按各类地面（含屋面）的加权平均值。

表 6-10　各种地面雨水径流系数

地面种类	ψ
混凝土和沥青路面	0.90
块石路面	0.60
级配碎石路面	0.45
干砖及碎石路面	0.40
非铺砌地面	0.30
绿地	0.15

3）汇水面积。地面的雨水汇水面积应按水平投影面积计算。汇水面积应为汇入的地面、屋面面积和墙面面积。墙面设计流量应按下列条件计算：当建筑高度大于或等于 100m 时，按夏季主导风向迎风墙面 1/2 面积作为有效汇水面积；径流系数取 1.0；设计重现期与居住小区雨水设计重现期相同。

注：由于超高层建筑屋面并不大，但墙面面积大，降雨受风力影响在迎风墙面形成水幕流，必须在超高层建筑周围设置排水沟接纳这部分雨水。在居住小区雨水管道计算时可以不计入超高层外墙面面积。

4）流速。居住小区雨水管道宜按满管重力流设计，管内流速不宜小于 0.75m/s。管道流速在最小流速和最大流速之间选取，见表 6-11。

表 6-11　居住小区雨水管道流速

流速	金属管	非金属管	明渠（混凝土）
最大流速/（m/s）	10	5	4
最小流速/（m/s）	0.75	0.75	0.4

5）管径、坡度。居住小区雨水管道的最小管径和横管的最小设计坡度宜按表 6-12 确定。

表 6-12　居住小区雨水管道最小管径、最小设计坡度

管别	最小管径/mm	横管的最小设计坡度
居住小区建筑物周围雨水接户管	200（200）	0.0030
居住小区道路下的干管、支管	315（300）	0.0015
建筑物周围明沟雨水口的连接管	160（150）	0.0100

注：表中括号内数值是埋地塑料管内径系列管径。

【例 6-2】　某居住小区由 6 栋高层住宅楼、1 栋酒店式公寓、地下车库及商业网点组成，上述建筑用水资料详见表 6-13。则该小区生活排水的设计流量最小是多少？

表 6-13　某小区建筑用水资料

序号	用水部门	最高日用水量/（m³/d）	用水时间/h	小时变化系数
1	6 栋高层住宅楼	720	24	2.5
2	酒店式公寓	200	24	2.5
3	商业网点	80	12	1.2
4	地下车库	60	8	1.0

【解】　《建筑给水排水设计标准》（GB 50015—2019）第 4.10.5-1 条规定：居住小区内生活排水的设计流量应按住宅生活排水最大小时流量与公共建筑生活排水最大小时流量之和确定。

$$q_{p\min}=85\%\times720\times2.5/24+85\%\times(200\times2.5/24+80\times1.2/12+60\times1.0/8)$$
$$=94.63（\text{m}^3/\text{h}）$$

本 章 习 题

1. 居住小区给水系统的设计用水量包括哪几个部分？居住小区消防用水量是否应包含在设计用水量内？

2. 居住小区生活给水引入管的设计流量与室外生活给水管段的设计流量有何区别及联系？标准对于居住小区室外生活给水管道的布置及管径的确定有哪些规定？

3. 居住小区生活排水系统的设计流量应如何确定？居住小区生活排水系统的排水定额和小时变化系数与相应的生活给水系统有何关系？

4. 居住小区雨水排水系统由哪些主要的部分组成？居住小区雨水管道的设计降雨历时应如何确定？地面的雨水径流系数如何确定？各种汇水面积的综合径流系数应如何计算？

5. 某居住小区有 2 幢 8 层（高层）普通住宅，每层 4 户，每户 3 人，用水定额 200L/（人·d），K_h 为 2.5，每户卫生器具当量 3；5 栋 6 层（多层）住宅楼，每层 3 户，每户 4 人，用水定额 220L/（人·d），K_h 为 2.5，每户卫生器具当量为 4；该小区内另设有 200m² 商业网点，其卫生器具的给水当量为 50；80 人幼儿园 1 座，其卫生器具给水当量为 120，用水定额为 80L/（人·d），K_h 为 3，用水时间为 10h。2 栋 8 层（高层）住宅设 1 个小区贮水池，采用贮水池水泵联合供水；其他用水点采用市政管道直供。该小区未预见及管网漏失水量取 10%，且设有 1 条引入管，则该小区的引入管设计流量至少为多少？（注：幼儿园员工用水以及小区内其他设施用水不计。）

6. 某居住小区有 8 幢普通住宅（Ⅱ），居住人数共计 3000 人，另设有 400m² 商场和 100 人无住宿幼儿园各 1 座，则该小区的生活排水最小设计流量应为多少？（注：商场和幼儿园员工用水以及小区内其他设施用水和未预见用水量不计。）

第 7 章

建筑给水排水工程 BIM 设计

7.1　BIM 技术简介

7.1.1　BIM 技术概念

建筑信息模型（Building Information Model，BIM）是以三维数字技术为基础，利用计算机三维软件工具创建包含各种详细工程信息的建筑工程数据模型，可以为不同责任主体在建筑全生命周期的各种决策提供可靠的共享信息资源。

7.1.2　BIM 技术的特性

1. 可视化

与传统二维图纸不同，BIM 技术可以用线条绘制三维图形，呈现直观的立体模型。BIM 技术可以反映建筑的真实形态，在建筑工程规划设计、施工和运营阶段意义重大。

2. 协调性

建设单位、设计单位、施工单位及物业管理单位之间的协调是建筑全生命周期中重点和难点，特别是复杂的建筑物，设计专业及施工工种众多，协调工作量极大。将 BIM 技术应用于建筑工程设计过程中，可以在建筑物建造前期对各专业的碰撞问题进行协调。施工阶段，BIM 技术可以协调各工种之间矛盾，例如管线综合可以避免管道冲突。

3. 模拟性

BIM 技术能够在建筑实施各阶段模拟各种所需工况。例如，在规划设计阶段可以进行节能模拟和日照模拟，在招投标和施工阶段模拟施工流程，在运营阶段模拟消防疏散等。

4. 优化性

从本质上看，建筑业的整个设计、施工、运营过程是一个不断优化的过程。通过 BIM 技术的应用，可以做到更好的优化。

5. 可出图性

BIM 技术不仅可以对建筑设计图纸和管线图纸进行绘制，还可以通过对建筑物进行可视化展示、协调、模拟、优化等操作，形成各个专业图纸和深化图纸。

6. 信息完备性

BIM 除对建筑工程对象的三维几何信息和拓扑关系进行描述外，还涵盖了完整的工程信息描述，如设计信息（对象名称、建筑材料、结构类型等）、施工信息（施工工序、施工进度、施工成本等）、维护信息（工程安全性能、材料耐久性能等）、对象之间的施工逻辑联系等。

7. 信息关联性

在建筑信息模型中，对象之间是可互相识别且互相产生关联的，计算机系统可以在收集模型信息后对模型信息进行统计和分析，然后产生对应的图片或文档。无论建筑信息模型中的哪个对象发生修改，所有与它有联系的对象也会实时更新，以实现模型所有数据的一致性和完整性。

8. 信息一致性

在建筑全寿命期，各个阶段的模型信息是一致的且相互共享，不需要重复输入相同的信息，而且信息模型能够自动演化。在不同阶段，模型对象可以简单地进行修改和完善，而无须重新创建，这避免了信息不一致的错误。

7.1.3　BIM 相关软件

BIM 体系覆盖了建设工程项目全生命周期的各个阶段，包括设计阶段、施工阶段、运营管理阶段，各个阶段由不同专业人员参与，不同阶段的不同专业都有对应软件。主要 BIM 软件介绍如下：

1. Autodesk Revit

Autodesk Revit（建筑设计和施工软件）为欧特克（Autodesk）公司针对 BIM 所开发的软件，是我国建筑业 BIM 体系中使用最广泛的软件之一。Autodesk Revit 系列软件主要针对工业建筑与民用建筑。它基于 BIM 技术，可进行自由形状建模和参数化设计，并且能够对早期设计进行分析。

Autodesk Revit 系列软件（简称为 Revit）包含 Revit Architecture，Revit Structure 和 Revit MEP。Revit Architecture 应用于建筑设计；Revit Structure 应用于结构设计；Revit MEP 是一套专为机电工程师量身开发的机电系统仿真软件，应用于给排水、暖通、电气等建筑设备的设计，主要功能着重于建筑机械与设备管线配置规划。

2. AutoCAD Civil 3D

AutoCAD Civil 3D 软件是由 Autodesk 公司推出的、针对土木工程设计的软件。它的设计理念与 Autodesk Revit 系列软件十分相似，是基于三维动态的土木工程模型，能够帮助从事交通运输、土地开发和水利项目的土木工程专业人员快速完成道路工程、雨污水排放系统及场地规划设计。所有曲面、横断面、纵断面、标注等均以动态方式链接，可更快、更轻松地评估多种设计方案、作出更明智的决策并生成最新的图纸。

3. Bentley

奔特力（Bentley）工程软件有限公司在 1984 年创立于美国宾州，是一家全球性的土木工程和基础设施软件供应商，致力于改进建筑、道路、制造设施、公共设施和通讯网路等永久资产的创造与运作过程。目前国内应用较少，其主要应用在基础设施建设、海洋石油建设、厂房建设等。该公司旗下软件 Bentley Architecture 可应用于建筑专业，Bentley Structual 可应用于建筑结构专业，Bentley Building Electrical Systems 可应用于建筑电气专业，Bentley Building Mechanical Systems 可应用于通风、空调和给排水专业等。

Bentley 基于 BIM 的解决方案，提供了各种软件来解决建筑行业各个阶段的专业问题，能够实现各类建筑工程的设计、建造和运维。

4. Autodesk Robobat

Autodesk Robobat 是由 Robobat 公司推出的一款功能非常强大的有限元理论结构分析软件，主要用于建筑行业，很多大型建筑设计过程中都会使用它，如上海地铁、上海海洋水族馆、中国交通银行大厦、深圳城市广场等。

5. Autodesk Navisworks

Autodesk Navisworks 是一个协同的校审工具，它的出现使设计人员对于三维工具的运用不仅局限于设计阶段，使用人员也不再仅局限于设计人员。Autodesk Navisworks 软件的功能特性和使用方式，使得施工、运营、总包等各个项目的参与方都能有效地利用三维模型，并参与到整个模型的创建和审核过程中，从而使设计人员在项目设计、投标、建造等各个阶段和环节都能有效地发挥三维模型所带来的优势和能量。

6. Autodesk Infrastructure Modeler

Autodesk Infrastructure Modeler 是针对基础建设行业的方案设计软件，它帮助工程师和规划者创建三维模型并基于立体动态的模型进行相关评估和交流，通过非常直观的方式使专业和非专业人员迅速地了解和理解设计方案。

7.2　Revit 软件简介

7.2.1　Revit 软件的基本概念

Revit 软件应用较为广泛，特别是在房屋建筑项目上的应用。Revit 软件中除项目、对象类别、族，还包括参数化及类型和实例等常用术语都是掌握 Revit 软件的用户界面、操作原理及基本操作技巧的前提条件，同时也为 Revit 软件的项目应用提供基础。

1. 项目

项目是指系统默认的后缀名为 ".rvt" 的数据格式保存的文件。项目文件包含工程中所有的模型信息和其他工程信息，如三维模型、材质、造价、数量等，还可以包括设计中生成的各种图纸和视图。

2. 对象类别

Revit 中的轴网、墙、尺寸标注、文字注释等，均以对象类别的方式进行自动归类和管理。Revit 按照对象类别进行细分管理，例如模型图元类别包括墙、楼梯、楼板等，注释类别包括门窗标记、尺寸标注、轴网、文字等。

3. 族

Revit 的项目是由墙、门、窗、楼板、楼梯等一系列基本图元组成，这些基本图元被称为族。除基本图元外，文字、尺寸标注等基本对象也被称为图元。在 Revit 软件中，所有的图元都使用族来创建，族是 Revit 项目的基础。由 1 个族产生的各图元均具有相似的属性或参数，例如对于 1 个门窗族，由该族创建的图元均含有高度、宽度等参数，但具体每个门窗的具体高度、宽度可以不同。族涵盖了许多可以自由调节的参数，这些参数记录着图元在项目中的尺寸、材质、位置等信息，修改这些参数可以改变图元的尺寸、材质、位置等信息。

在 Revit 软件中，族可分为可载入族、系统族、内建族 3 种。随着项目文件的存储，项目中所用到的族也会一同存储，用户可以通过展开"项目浏览器"中的"族"类别，查看项目中所有能够使用的族。

1) 可载入族。可载入族是指单独保存为族 ".rfa" 格式的独立族文件，且可以随时载入到项目中的族，是 Revit 软件中最常创建和修改的族。项目建模时用户既可根据需求选择使用现有族，也可以创建自定义族。用户可以在外部 RFA 文件中创建可载入族，并导入项目。

2) 系统族。系统族仅能利用系统提供的默认参数进行定义，不能作为单个族文件载入或创建。系统族用于创建基本图元包括墙、天花板、屋顶、楼板、标高、轴网、尺寸标注等。系统族中定义的族类型可以使用"项目传递"功能在不同的项目之间进行传递。

3) 内建族。内建族是指由用户在项目中创建的族，既不能保存为 ".rfa" 格式的族文件，也不能像系统族那样通过项目传递功能将其传递给其他项目。

7.2.2　Revit 软件界面简介

启动 Revit 2023 软件，将显示如图 7-1 所示的软件界面，包含"模型"和"族"两大区域，单击选择后可分别打开或创建模型或族。最新 Revit 软件已整合建筑、结构、机电等专业的功能于一体。因此，软件中样例文件是对应于各专业的创建模型或族使用的，"建筑样例"应用于建筑专业，"结构样例"应用于结构专业，"系统样例"应用于水电暖等机电专业。

单击对应类型的快捷方式创建项目，将提取相应项目默认的项目样板进入新项目创建界面。Revit 软件界面支持按需要调整界面布局，项目编辑模式下的界面如图 7-2 所示。完整的 Revit 软件操作界面包括应用程序菜单、功能区、快速访问工具栏、视图控制栏、属性栏、项目浏览器、绘图区和状态栏等。

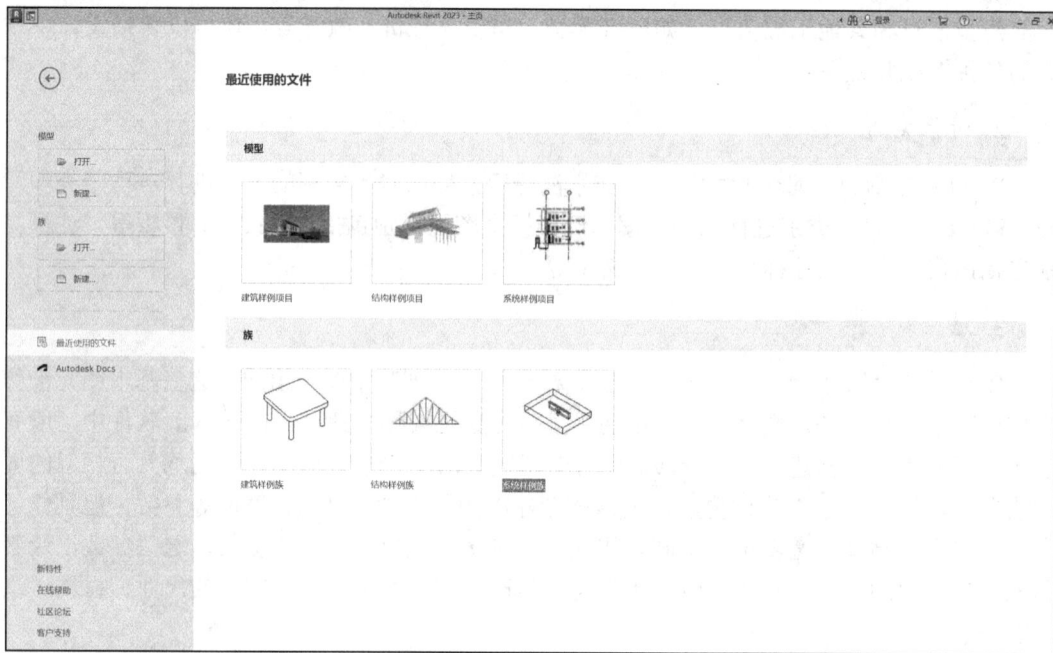

图 7-1 Revit 2023 软件界面

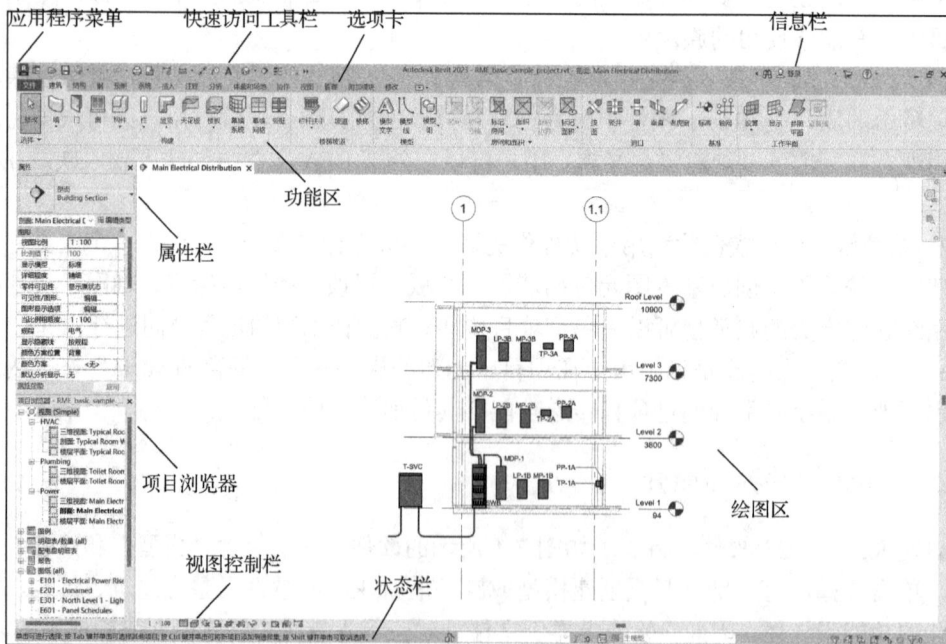

图 7-2 Revit 2023 工作界面

单击工作界面左上角"应用程序菜单"按钮，可打开菜单列表。列表包括新建文件、打开文件、保存文件、导出文件、打印文件、关闭文件、选项等操作选项。功能区提供了创建项目或族所需的全部工具。快速访问工具栏包含频繁使用的可执行命令。视图控制栏用于控制当前视图显示样式。属性栏主要用于查看和修改图元属性特征，由类型选择器、属性过滤器、编辑类型和实例属性四个部分组成。项目浏览器用来管理整个项目所涉及的视图、明细表、图纸、族等内容。绘图区主要用于设计操作，显示项目浏览器所涉及的视图、图纸、明细表等相关内容。状态栏用于提示或显示模型操纵过程中的各类信息。

7.3　建筑给水排水工程 BIM 设计

由于本书为建筑给水排水专业教材，因此对于 Revit 软件的相关基础操作不再细述，可以参考相关书籍或教程。建筑给水排水系统一般包含生活给水（含热水）系统、排水（含污废水及雨水）系统及消防给水系统等子系统，以下各小节仅对各子系统的 Revit 软件相关操作做相关介绍。

7.3.1　建筑给水排水工程 BIM 设计准备工作

建筑设计是一项错综复杂的系统工程，需要建筑、结构、给水排水、暖通、电气等至少五大专业相互配合。建筑给水排水工程设计属于建筑工程设计中的一部分，其设计成果高度依赖其他专业成果，特别是建筑专业。因此，建筑给水排水工程 BIM 设计需要以建筑和结构专业 BIM 设计成果为基础。若其他专业提供的设计成果为 Revit 或者相关软件制作的，可以直接导入 Revit 软件作为建筑给水排水的设计条件。若其他专业不能提供支持 Revit 软件的设计成果，则首先需要根据相关教程进行翻模。

本节以某建筑工程检测中心项目为例，利用 Revit 2023 软件展示建筑给水排水工程 BIM 设计的相关过程。该项目总建筑面积 8674m²，包含东区办公楼和西区实验楼两部分，办公楼部分地上 3 层、实验楼地上 2 层，建筑附有 1 层地下车库。该项目建筑专业 Revit 成果文件如图 7-3 所示。

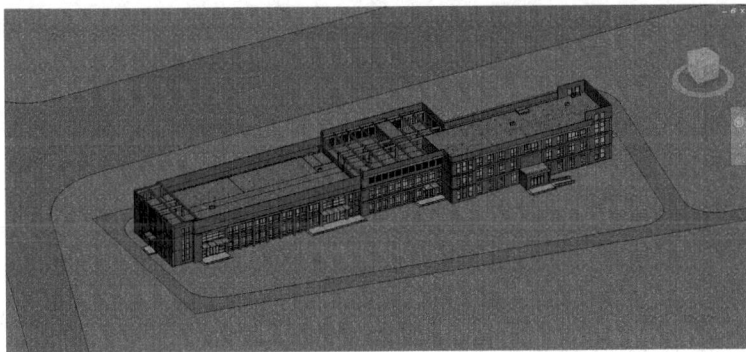

图 7-3　建筑专业 Revit 成果文件

进行建筑给水排水工程设计准备工作的 Revit 软件具体操作如下。

1. 新建项目

打开 Revit 2023 软件，利用"机械样板"新建项目。在新建项目中打开项目浏览器选择"卫浴"视图中任一立面，删除原始标高信息。将新建项目命名后保存至目标文件夹中待用。

2. 插入建筑提供 Revit 文件

选择"插入"选项卡，单击"链接 Revit"后，将建筑专业提供的 Revit 条件图导入软件。

3. 建立项目标高及平面视图

选择"协作"选项卡，点击"复制/监视"按钮，单击"选择链接"后选择任一立面，复制各楼层标高并确认。

选择"视图"选项卡，单击"平面视图"按钮后选择"楼层平面"。在"楼层平面"右侧点击"编辑类型"按钮，进入"类型属性"对话框，将"查看应用到新视图的样板"修改为"卫浴平面"，然后回到"新建楼层平面"对话框添加各楼层平面（图 7-4）。至此，可以在"项目浏览器"中"卫浴"子目中查看各楼层平面图。

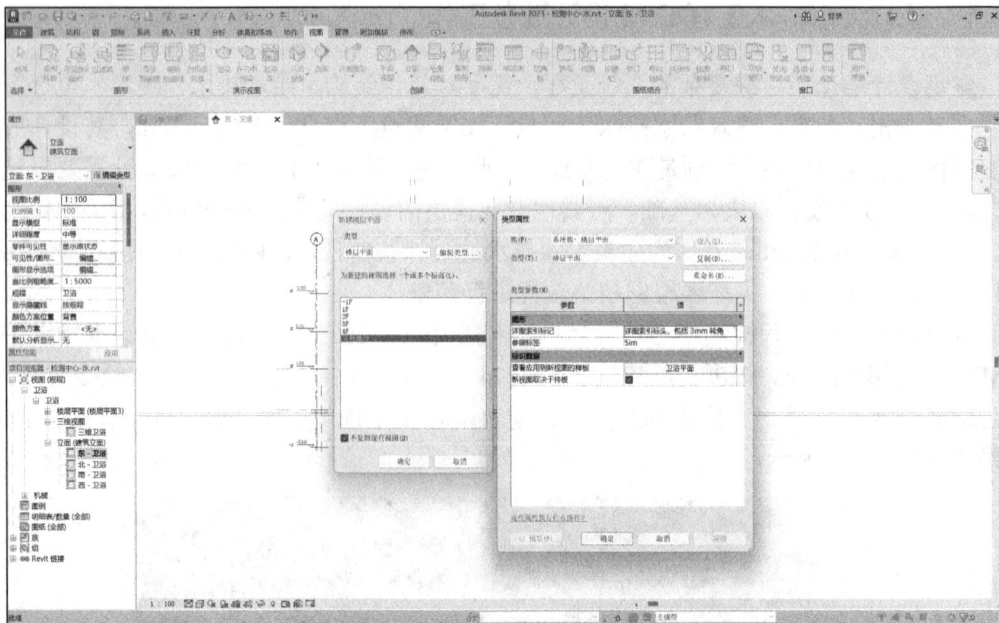

图 7-4 新建楼层平面

7.3.2 建筑生活给水系统 BIM 设计

建筑给水系统的设计应满足生活用水对水质、水量、水压、安全供水，以及消防给水的要求。本节仅突出 Revit 软件建模的相关流程，建筑生活给水系统的基本方法及要点并没有因设计工具的变化而产生变化。案例为多层办公建筑，生活给水系统设计内容主要包含卫生间生活给水系统及实验室预留给水，Revit 2023 主要操作步骤如下。

1. 统一绘图规则

为了统一绘图规则方便管理，应首先建立生活给水管网系统的过滤器。在"项目浏览器"中，选择"族—管道系统—家用冷水"后将其重命名为"给水系统"。将"属性"浏览器中楼层平面中"标识数据—视图样板"由"卫浴平面"改为"无"。选择"视图选项卡"，单击"可见性/图形替换"进入对话框后选择"过滤器"，将系统中自带的"循环"过滤器删除。点击左下角"添加"按钮增加新的过滤器，具体操作如图 7-5 所示。设置完成后可以替换视图中给水管网系统颜色和填充等外观显示。

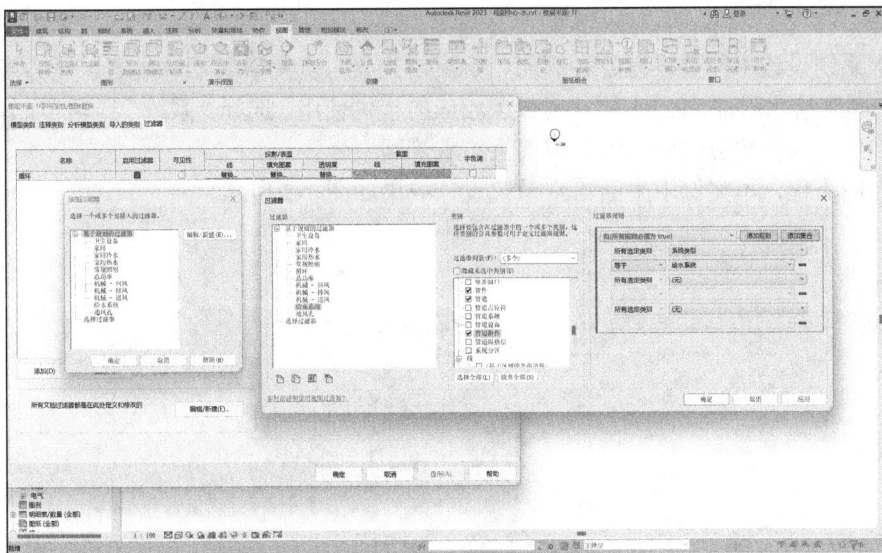

图 7-5　添加新的过滤器

建筑给水管道系统管材和连接方式的确定是建筑给水系统设计的重要内容。在软件中，选择"系统"选项卡后单击"管道"，在"属性"浏览器中点击"编辑类型"进入对话框后按图 7-6 选择管材及管道附件。本案例选用钢塑复合管及其管道附件。

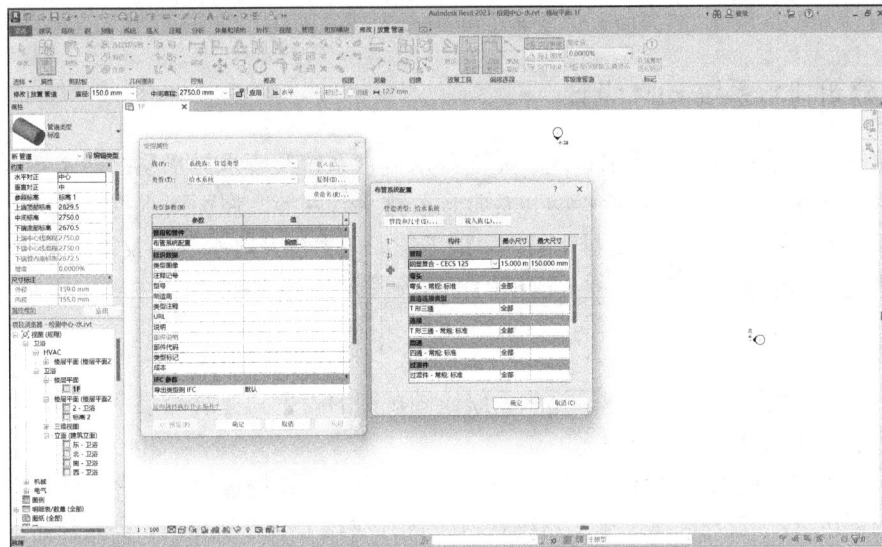

图 7-6　管材及管道附件设置

2. 给水管道绘制

在软件中选择"系统"选项卡，单击管道可以在各楼层平面中进行给水立管、干管及支管的平面布置，同时点击卫生洁具给水点后可以拖动支管管道与给水管道相连。管道绘制过程中可以自动产生相关管件，同时管道管径、标高可以在软件中赋值与修改。

3. 给水附件绘制

给水系统设计中需要设置各种阀门、倒流防止器、真空破坏器、水表、压力表、减压阀、排气阀等给水附件，Revit 软件提供了相应的族供使用。选择"系统"选项卡，单击"管路附件"可以选择相应的阀门附件增加至给水管网中。

经上述流程，本案例中生活给水系统设计成果如图 7-7 所示。

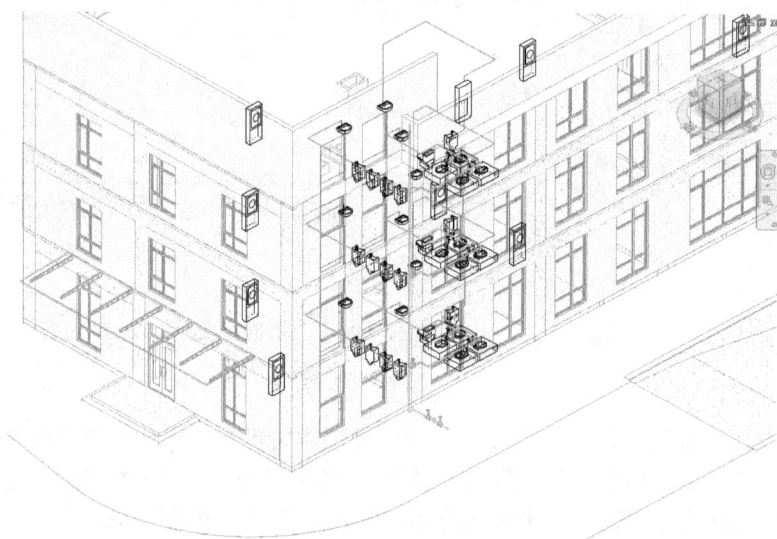

图 7-7　建筑生活给水系统 Revit 成果

7.3.3　建筑排水系统 BIM 设计

建筑排水系统包含生活污水系统、屋面雨水排水系统及废水排水系统。本案例生活污水系统主要包含卫生间污废合流管网和食堂预留排水管网等，屋面雨水排水系统为重力流排水，废水排水包含实验室预留排水管网、地下车库压力提升排水管网及消防排水管网等。与上节相同，本节仅突出 Revit 软件建模的相关流程，Revit 2023 操作主要步骤如下。

1. 统一绘图规则

为方便统一管理及统计，建筑排水系统绘图规则的设置与建筑给水系统相同，按照上述方案建立相应的过滤器及规则。

建筑排水管材根据项目特点选用，本案例中压力废水系统选用钢塑复合管，其他重力流管道均采用 PVC 管材。建筑排水系统管材设置方法与上节方法相同，需要注意的是排水管道附件需要根据排水管道特点重新设置，例如排水用三通需要更改为顺水三通。

2. 排水管道绘制

在软件中选择"系统"选项卡,单击管道可以在各楼层平面中进行排水立管、干管及支管的平面布置。排水干管和支管为重力流排水,因此需要注意管道坡度,软件功能区中有相应的坡度方向及坡度值可供设置,如图 7-8 所示。

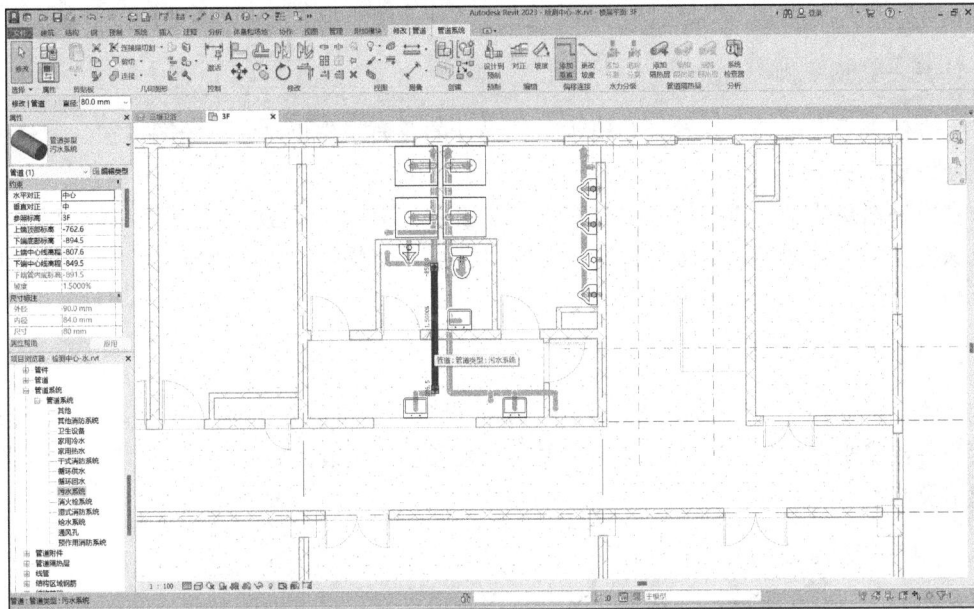

图 7-8　排水管道坡度方向及坡度值设置

与给水系统设计类似,点击卫生洁具排水点后可以拖动排水支管与已设计的排水管道相连,软件连接过程中可以自动生成相应排水管件,同时管道管径、标高等值可以在软件中赋值与修改。

3. 排水管件及附件绘制

通过载入相应族文件可以在 Revit 软件中插入存水弯、地漏、检查口、清扫口、通气帽、雨水斗、排水泵等。

经上述流程,本案例中建筑排水系统设计成果如图 7-9 所示。

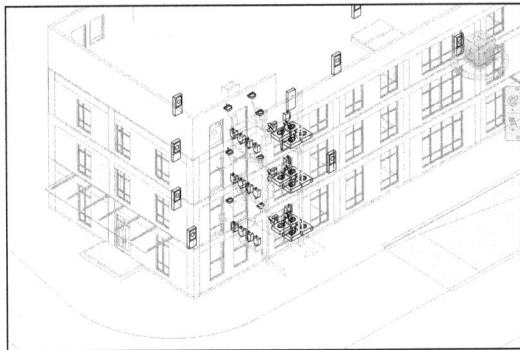

图 7-9　建筑排水系统 Revit 成果

7.3.4 建筑消防给水系统 BIM 设计

建筑消防给水系统一般包括建筑室内消火栓给水系统、自动喷水灭火系统、室外消火栓给水系统等。本案例为多层公共建筑，总建筑面积约 8600m²，地上 1～3 层为办公建筑、地下 1 层为机动车库，根据相关规范标准，需要设置室内消火栓给水系统、自动喷水灭火系统及室外消火栓系统。本节仅突出 Revit 2023 软件建模的相关流程，主要操作步骤如下。

1. 统一绘图规则

为方便查看及管理，建筑消防给水系统设计的首要工作仍是统一绘图规则。过滤器的建立及设置应与上文相同。

室内外消防给水管道管材应根据系统工作压力、管道耐腐蚀能力、管道荷载变形影响、覆土深度及土壤性质等因素综合比选。管材设置可以在软件"属性浏览器"中选用，上文已有相应介绍。

2. 室内消火栓布置

在软件中选择"系统选项卡"，单击"机械设备"可以载入相应类型的室内消火栓族，并且在各楼层平面布置室内消火栓。室内消火栓类型、安装方式等也能在"属性浏览器"中选用及修改。

3. 消防给水管道绘制

在软件中选择"系统"选项卡，单击管道可以在各楼层平面中进行消防给水立管、横管及支管的平面布置。软件中可以根据设计要求设置管道管材、管径、标高及管件等相关信息，管道绘制过程中软件支持自动生成连接管件。点击消火栓节点后，可以自动绘制支管与消防给水系统相连接。选择"系统"选项卡后单击"管路附件"可以在软件中载入各种阀门并布置在项目中，形成完整的消防给水管网。

4. 自动喷水灭火系统

根据相关规范标准，该案例需要设置自动喷水灭火系统。自动喷水灭火系统的消防给水管网及附件与其他给水系统建模方法基本相同；另外，Revit 软件同时支持载入喷头族以及进行建模后其与给水系统相连。

经上述流程，本案例中建筑消防给水系统设计成果如图 7-10 所示。

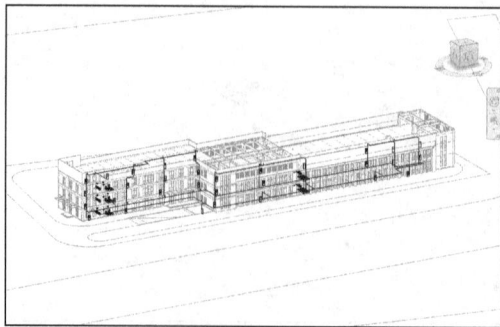

图 7-10　建筑消火栓系统 Revit 成果

本 章 习 题

1. 简述 BIM 技术在建筑给水排水专业中的作用。
2. 建筑给水排水 BIM 技术运用中如何与其他专业配合？
3. 简述建筑给水排水 BIM 设计流程及重点步骤。

第8章

建筑中水系统

随着城市发展，水资源短缺的问题日趋严重，为了节约水资源、实现污水、废水资源化利用，有必要对建筑中产生的污水、废水进行适当的处理再回用。这样既可以减少城市污水的外排，又可以有效地节约水资源，具有显著的经济效益、环境效益和社会效益。中水是相对于上水（又称为给水）、下水（又称为排水）派生而来的。中水是指各种排水经处理后，达到规定的水质标准，可作为生活、市政、环境等范围内的杂用水。

8.1　中水系统的分类、组成与形式

8.1.1　中水系统的分类

按服务范围，中水系统可分为建筑物中水系统、小区（区域）中水系统和城市（市政）中水系统。建筑物中水系统指在一栋或几栋建筑物内建立的中水系统。小区（区域）中水系统指在小区内建立的中水系统。居住小区、院校、机关大院等集中建筑区，这些都统称为建筑小区。城市（市政）中水系统指在城市规划区内设置的污水回用系统，中水水源多为城市污水处理厂的二级处理出水。

8.1.2　中水系统的组成

中水系统由原水系统、处理系统和供应系统三部分组成。

1. 中水原水系统

中水原水即中水水源。中水原水系统是指收集、输送中水原水到中水处理设施的管道系统及附属构筑物。中水原水收集方式可以分为合流集水系统、分流集水系统。

合流集水系统：污、废水共用一套管道系统收集并排至中水处理站。合流集水系统因为只有一套管道收集系统，其具有管道布置设计简单、水量充足稳定等优点。同时，由于合流集水系统将生活污废水合并，该系统存在原水水质较差、中水处理工艺复杂、用户对中水接受程度低、处理站容易对周围环境造成污染等缺点。

分流集水系统：污、废水分别用独立的管道系统收集，水质差的污水排至城市排水管网进入城镇污水厂处理后排放，水质较好的废水作为中水原水排至中水处理站。因为分流

集水系统以优质的杂排水作为中水水源，所以其具有中水原水水质好、处理工艺简单、处理设施造价低、中水水质保障性好、符合人们的习惯和心理要求（用户容易接受）、处理站对周围环境造成的影响较小的优点。另外，由于分流集水系统设置两套排水收集系统，其既增加了管道系统的费用，也使原水的水量更为有限。分流集水系统适用于设置在洗浴设备与厕所分开布置的住宅、公寓，有集中盥洗设备的办公楼、写字楼，旅馆、招待所、集体宿舍，大型宾馆、饭店的客房和职工浴室，以及公共浴室、洗衣房等。

2. 中水处理系统

中水处理系统由预处理、主处理、后处理三部分组成。预处理主要是指截留大的漂浮物、悬浮物，调节水质和水量。主处理一般是指二级生物处理，去除有机和无机污染物等。后处理是指当中水供水水质要求较高的情况下进行的深度处理。

3. 中水供水系统

中水供水系统的任务是把中水通过输配水管网送至各用水点。该系统由中水贮水池、中水配水管网、中水高位水箱、控制和配水附件、计量设备等组成。

8.1.3　中水系统的形式

1. 建筑物中水系统形式

建筑物中水系统宜采用原水污废分流，中水专供的完全分流系统（图 8-1）。"完全分流系统"是指中水原水的收集系统和建筑物的生活污水排水系统是完全分开的（污、废分流），而建筑物的生活给水与中水供水也是完全分开的系统称为"完全系统"；也就是有粪便污水和杂排水 2 套排水管，给水和中水 2 套供水管的系统（2 套上水、2 套下水）。

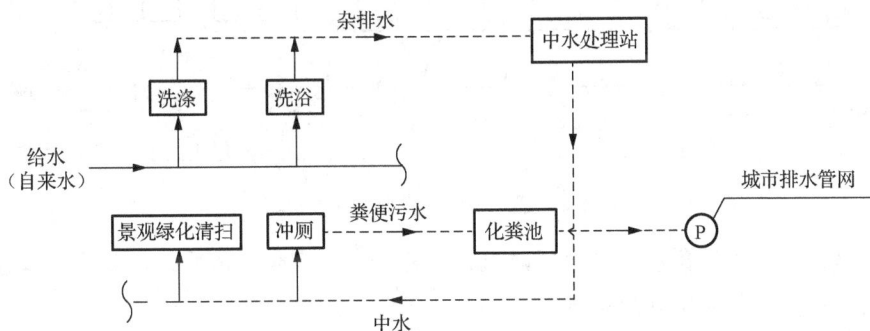

图 8-1　建筑物完全分流中水系统

在建筑物完全分流中水系统中，一套给水供水系统是从城市给水管道系统引入室内供沐浴、洗涤及厨房用水；一套给水供水系统将中水处理站处理后的中水送到冲厕、景观绿化清扫等对水质要求不高的用水点；一套排水系统是收集洗浴、洗涤等优质杂排水作为中水源水送到中水处理站；一套排水系统是收集冲厕排水送至城市污水管网。

2. 建筑小区中水系统形式

建筑小区中水系统形式应根据工程的实际情况、原水和中水用量的平衡和稳定、系统的技术经济合理性等因素综合考虑确定。建筑小区中水系统的形式汇总见表8-1。

表8-1　建筑小区中水系统的形式汇总

建筑小区中水系统的形式	系统的给水排水组成
完全分流系统	全部完全分流系统：建筑都有自来水、中水供水管系；有污、废水分流排水管系
	部分完全分流系统：部分建筑有自来水、中水供水管系，有污、废水分流管系，部分建筑只有自来水供水、污废合流排水管系
半完全分流系统	各建筑都有自来水、中水供水管系，污废合流排水管系
	各建筑物采用污、废分流排水管系，杂排水作为中水水源，处理后的中水用于室外，建筑内未设置中水供水管系
无分流简化系统	各建筑物内污废合流排水管系，只设自来水给水系统；处理后的中水用于室外

（1）完全分流系统

完全分流系统（图8-2）指中水原水分流管系和中水供水管系覆盖小区所有建筑物。在小区内的建筑物内部都设有污废水分流管系（杂排水、粪便污水2套下水管道系统）和中水、自来水供水管系（2套上水管道系统）。

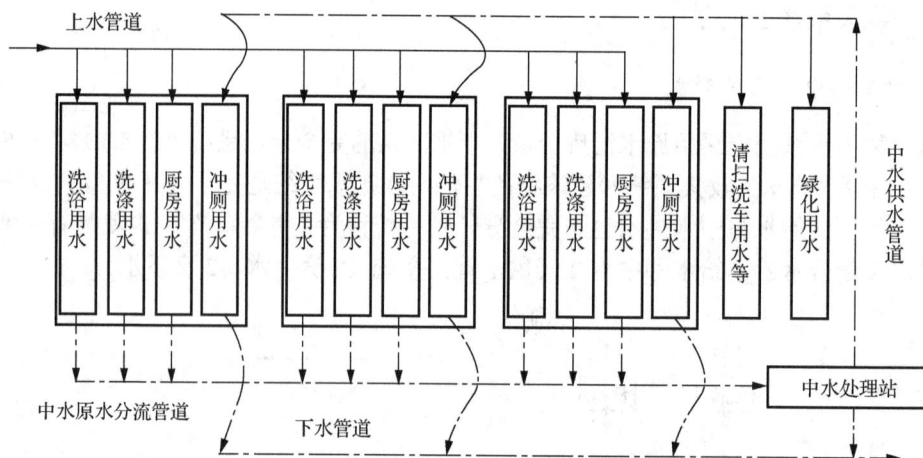

图8-2　建筑小区完全分流中水系统

如果这种分流系统覆盖小区全部建筑物，称为全部完全分流系统，如果只覆盖小区部分建筑物，称为部分完全分流系统。

（2）半完全分流系统

半完全分流系统常有以下两种形式。

1）各建筑物内均设置中水、自来水2套供水管道系统（2套上水管道系统），采用污、废水合流排水系统（1套下水管道系统），如图8-3所示。以生活排水作为中水水源，经中水处理后通过中水供水管道供室外绿化及道路清扫和建筑内冲厕。

2）各建筑物采用分流排水，杂排水作为中水水源，处理后的中水只用于室外杂用，各建筑内未设置中水供水管道系统（图8-4）。各建筑物内只有1套供水系统，即从城市给水管道系统引入室内供建筑物内所有的用水点。各建筑物内设有两套排水管道系统，一套排水系统是收集各建筑物内洗浴、洗涤等优质杂排水作为中水源水送到中水处理站；另一套排水系统是收集各建筑物内冲厕排水送至城市污水管网。

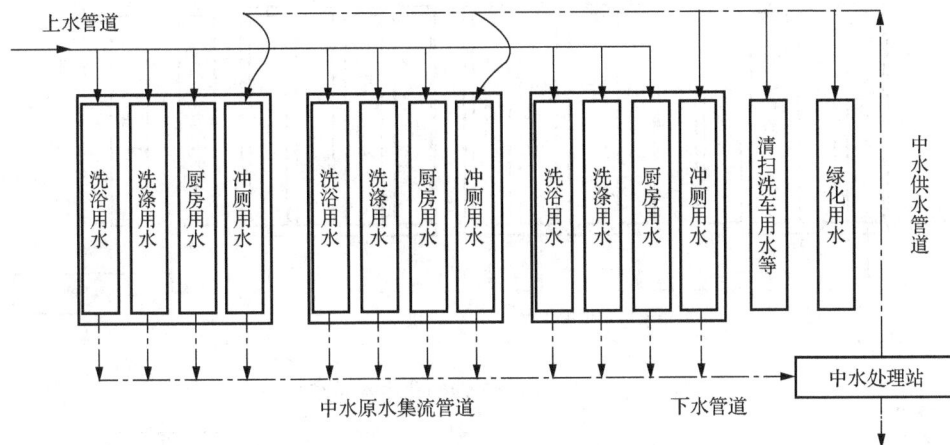

图 8-3 建筑小区半完全分流中水系统（1）

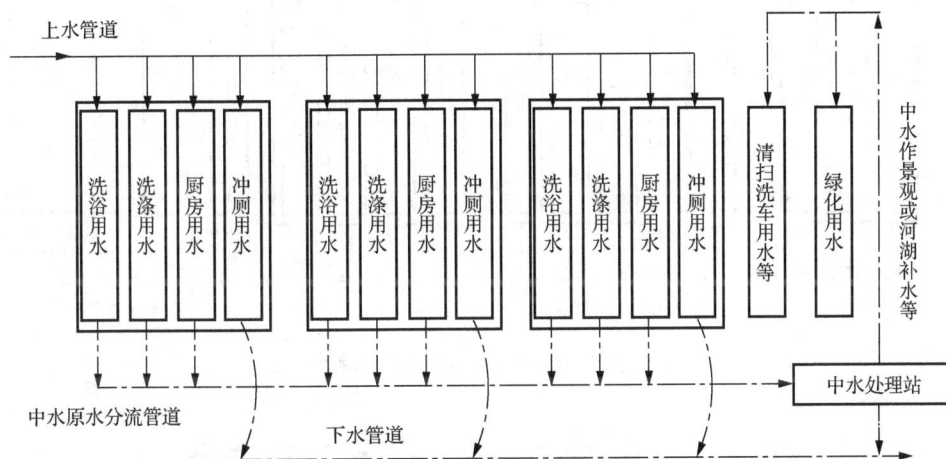

图 8-4 建筑小区半完全分流中水系统（2）

（3）无分流简化系统

在无分流简化系统中，各建筑物只有一套给水供水系统，即从城市给水管道系统引入室内供建筑物内所有的用水点。各建筑物内也只有一套排水管道系统。中水水源是综合生活污水（图 8-5）或外接水源（图 8-6），处理后的中水用于室外杂用。

无分流简化系统中水用于河道景观、绿化及室外其他杂用。中水不进居民的住房内，中水只用于地面绿化、喷洒道路、水景观和人工河湖补水、地下车库地面冲洗和汽车清洗等。由于中水不上楼，使楼内的管路设计更为简化，投资较低，居民易于接受。但限制了中水的使用范围，降低了中水的使用效益。因此，在已建小区增设中水较为合适。

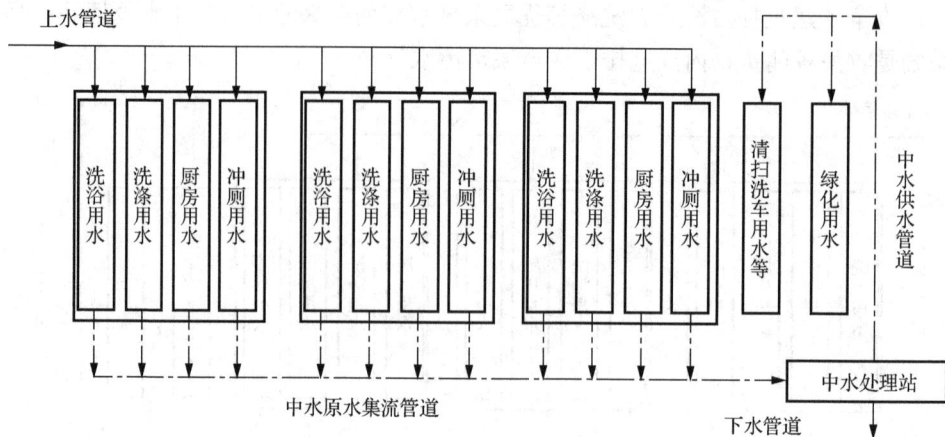

图 8-5　建筑小区的无分流简化中水系统（1）

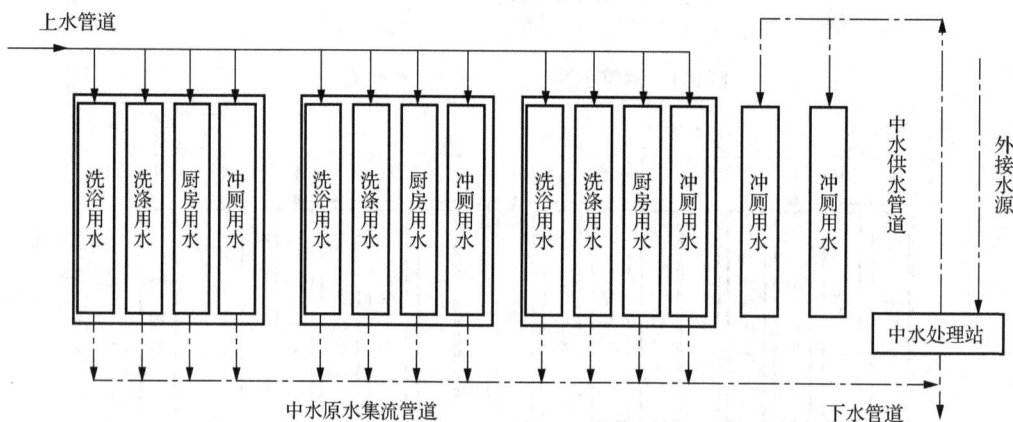

图 8-6　建筑小区的无分流简化中水系统（2）

8.2　中水原水、供水的水质及选择

8.2.1　中水原水的水质及选择

中水原水是指被选作为中水水源的水。建筑物中水原水应根据排水的水质、水量、排水状况和中水回用的水质、水量选定。建筑物的排水及其他一切可以利用的水源，如空调循环冷却水系统排污水、游泳池排污水、供暖系统排水等，均可作为建筑物中水的原水。

1. 建筑物中水原水水质及选择

（1）建筑物中水原水的水质

中水原水水质应以类似建筑的实测资料为准；当无实测资料时，建筑物排水的污染浓度可按表 8-2 确定。

（2）建筑物中水原水的选择

1）建筑物中水原水可选择的种类和选取顺序应为：①卫生间、公共浴室的盆浴和淋浴等的排水；②盥洗排水；③空调循环冷却水系统排水；④冷凝水；⑤游泳池排水；⑥洗衣排水；⑦厨房排水；⑧冲厕排水。

表 8-2　建筑物排水污染物浓度　　　　　　　　　　　（单位：mg/L）

类别	住宅			宾馆、饭店			办公楼、教学楼			公共浴室			职工及学生食堂		
	BOD_5	COD_{cr}	SS	BOD_5	COD_{cr}	SS	BOD_5	COD_{cr}	SS	BOD_5	COD_{cr}	SS	BOD_5	COD_{cr}	SS
冲厕	300~450	800~1100	350~450	250~300	700~1000	300~400	260~340	350~450	260~340	260~340	350~450	260~340	260~340	350~450	260~340
厨房	500~650	900~1200	220~280	400~550	800~1100	180~220	—	—	—	—	—	—	500~600	900~1100	250~280
沐浴	50~60	120~135	40~60	40~50	100~110	30~50	—	—	—	45~55	110~120	35~55	—	—	—
盥洗	60~70	90~120	100~150	50~60	80~100	80~100	90~110	100~140	90~110	—	—	—	—	—	—
洗衣	220~250	310~390	60~70	180~220	270~330	50~60	—	—	—	—	—	—	—	—	—
综合	230~300	455~600	155~180	140~175	295~380	95~120	195~260	260~340	195~260	50~65	115~135	40~65	490~590	890~1075	255~285

注：综合是对包括以上五项生活排水的统称。

2）下列排水严禁作为中水原水：医疗污水、放射性废水、生物污染废水、重金属及其他有毒有害物质超标的排水。

2. 建筑小区中水原水水质及选择

（1）建筑小区中水原水的水质

建筑小区中水原水的水质应以类似建筑小区实测资料为准。当无实测资料时，生活排水可按本表 8-2 中综合水质指标取值；当采用城镇污水处理厂出水为原水时，可按城镇污水处理厂实际出水水质或相应标准执行。其他种类的原水水质则应实测。

建筑小区中水原水组合方式不尽相同，所以建筑中水原水水质应以实测资料为准。建筑中水发展已有十余年，通过对已建中水工程的数据统计分析，当无实测资料时，可按表 8-3 取值。

表 8-3　建筑小区中水原水水质　　　　　　　　　　　（单位：mg/L）

类别	优质杂排水	杂排水	初步处理后小区污水（合流污水）	小区/城镇污水处理厂出水		
				一级标准		二级标准
				A 标准	B 标准	
BOD_5	50~80	80~150	150~200	10	20	30
COD_{cr}	90~150	100~250	250~400	50	60	100
SS	80~130	60~150	200~300	10	20	30

注：初步处理后的小区污水是指按《建筑给水排水设计标准》（GB 50015—2019）中"小型污水处理"章节相关措施处理后的污水。

（2）建筑小区中水原水的选择

1）建筑小区中水可选择的原水有小区内建筑物杂排水；小区或城镇污水处理站（厂）出水、小区附近污染较轻的工业排水、小区生活污水。［注：小区内雨水在《建筑中水设计标准》（GB 50336—2018）中已经没有列入小区中水的源水。］

2）当城市污水回用处理厂出水达到中水水质标准时，建筑小区可直接连接中水管道使用；当城市污水回用处理厂出水未达到中水水质标准时，宜优先作为中水水源。作为中水原水进一步处理，达到中水水质标准后，方可使用。

8.2.2 中水的水质

中水的水质就是中水供水的水质。建筑中水主要用于建筑杂用水和城市杂用水，如冲厕、浇洒道路、绿化用水等。建筑中水除了安全可靠、卫生指标（如大肠菌群数等）必须达标，还应符合人们的感官要求，如浊度、色度、臭等各项均应达标，从以解除人们使用中水的心理障碍。

1）中水水质标准按中水回用用途进行分类，各中水系统水质查相应的水质指标的规定。

① 中水用作建筑杂用水和城市杂用水，如冲厕、道路清扫、消防、城市绿化、车辆冲洗、建筑施工等杂用水，其水质应符合国家标准《城市污水再生利用 城市杂用水水质》（GB/T 18920—2020）的规定。

② 中水用于景观环境用水的水质应符合国家标准《城市污水再生利用 景观环境用水水质》（GB/T 18921—2019）的规定。

③ 中水用于食用作物，蔬菜浇灌用水时，应符合《城市污水再生利用 农田灌溉用水水质》（GB 20922—2007）的规定。

④ 中水用于供暖、空调系统补充水时，其水质应符合现行国家标准《采暖空调系统水质》（GB/T 29044—2012）的规定。

⑤ 中水用于冷却、洗涤、锅炉补给等工业用水时，其水质应符合现行国家标准《城市污水再生利用 工业用水水质》（GB/T 19923—2024）的规定。

2）中水用于多种用途时，应按不同用途水质标准进行分质处理；当中水同时用于多种用途时，其水质应按最高水质标准确定。

8.3 水量计算与水量平衡

8.3.1 水量计算

1. 建筑物中水原水量

建筑物中水原水量，按公式（8-1）计算：

$$Q_Y = \sum \beta \cdot Q_{pj} \cdot b \tag{8-1}$$

式中：Q_Y——中水原水量（m³/d）；

β——建筑物按给水量计算排水量的折减系数，一般取 0.85～0.95；

Q_{pj}——建筑物平均日生活给水量（m^3/d），按现行国家标准《民用建筑节水设计标准》（GB 50555—2010）中的节水用水定额计算确定；

b——建筑物分项给水百分率，建筑物的分项给水百分率应以实测资料为准，在无实测资料时，可按表 8-4 选取。

表 8-4　建筑物分项给水百分率 b　（单位：%）

项目	住宅	宾馆、饭店	办公楼、教学楼	公共浴室	职工及学生食堂	宿舍
冲厕	21.3～21	10～14	60～66	2～5	6.7～5	30
厨房	20～19	12.5～14	—	—	93.3～95	—
沐浴	29.3～32	50～40	—	98～95	—	40～42
盥洗	6.7～6.0	12.5～14	40～34	—	—	12.5～14
洗衣	22.7～22	15～18	—	—	—	17.5～14
总计	100	100	100	100	100	100

2. 小区中水原水量

小区中水原水量应根据小区中水用水量和可回收排水项目水量的平衡计算确定。小区中水原水量可按下列方法计算：

1）按公式（8-1）分项计算小区各建筑物的分项排水原水量，然后累加。

2）用合流排水为中水水源时，小区综合排水量，应按现行国家标准《民用建筑节水设计标准》（GB 50555—2010）的规定计算小区平均日给水量，再乘以排水折减系数的方法计算确定，如公式（8-2）：

$$Q_0 = Q_d \cdot \beta \tag{8-2}$$

式中：Q_0——小区综合排水量（m^3/d）；

Q_d——小区平均日给水量（m^3/d）；

β——建筑物按给水量计算排水量的折减系数，一般取 0.85～0.95。

3. 中水用水量

根据中水的不同用途，分别计算冲厕、洗车、浇洒道路、绿化等各项中水最高日用水量，然后将各项用水量汇总，即小区或建筑物中水系统的总用水量。

建筑中水用水量应根据不同用途用水量累加确定，并应按公式（8-3）计算：

$$Q_z = Q_c + Q_{js} + Q_{cx} + Q_j + Q_n + Q_x + Q_t \tag{8-3}$$

式中：Q_z——最高日中水用水量（m^3/d）；

Q_c——最高日冲厕中水用水量（m^3/d）；

Q_{js}——浇洒道路或绿化中水用水量（m^3/d）；

Q_{cx}——车辆冲洗中水用水量（m^3/d）；

Q_j——景观水体补充中水用水量（m^3/d）；

Q_n——供暖系统补充中水用水量（m^3/d）；

Q_x——循环冷却水补充中水用水量（m^3/d）；

Q_t——其他用途中水用水量（m^3/d）。

8.3.2 水量平衡

1. 水量平衡计算

水量平衡是对原水量、处理水量与用水量和自来水补水量进行计算、协调，使其达到供需平衡。水量平衡图是将水量平衡计算的结果用图示方法表示出来，如图 8-7 所示。图中直观反映了设计范围内各种水量的来源、出路及相互关系，水的合理分配及综合利用情况。水量平衡图是选定中水系统形式、确定中水处理系统规模和处理工艺流程的重要依据，也是量化管理所必须做的工作和必备的资料。

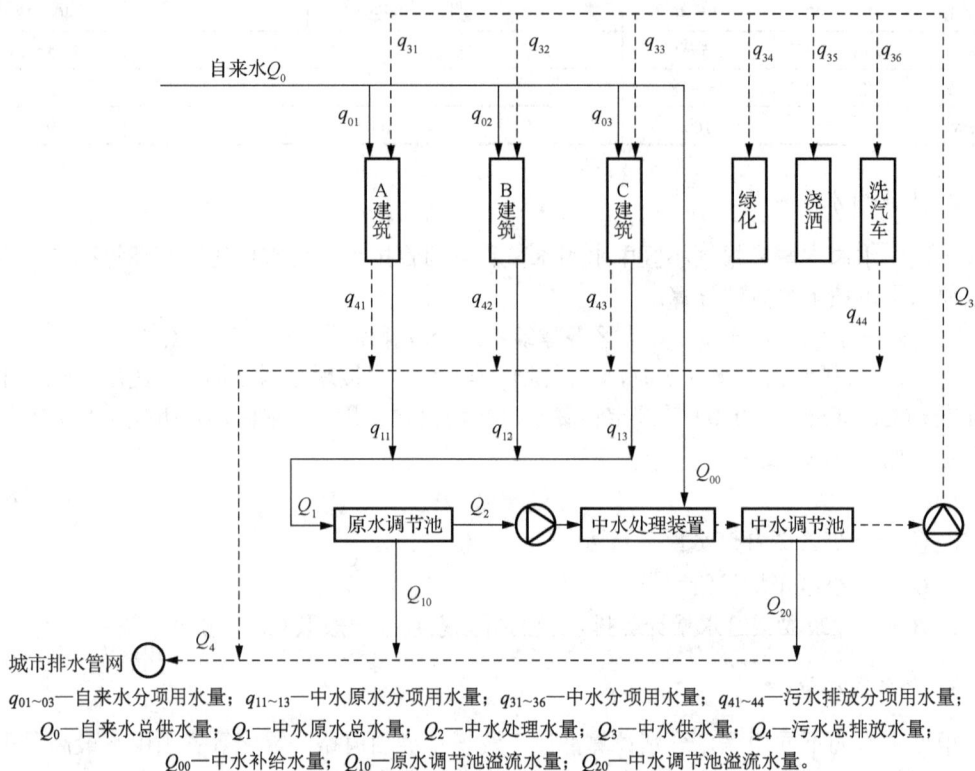

自来水 Q_0 — q_{31} q_{32} q_{33} q_{34} q_{35} q_{36}
q_{01} q_{02} q_{03}
A建筑 B建筑 C建筑 绿化 浇洒 洗汽车
q_{41} q_{42} q_{43} q_{44} Q_3
q_{11} q_{12} q_{13}
Q_{00}
Q_1 原水调节池 Q_2 中水处理装置 中水调节池
Q_{10} Q_{20}
城市排水管网 Q_4

$q_{01\sim03}$—自来水分项用水量；$q_{11\sim13}$—中水原水分项用水量；$q_{31\sim36}$—中水分项用水量；$q_{41\sim44}$—污水排放分项用水量；
Q_0—自来水总供水量；Q_1—中水原水总水量；Q_2—中水处理水量；Q_3—中水供水量；Q_4—污水总排放水量；
Q_{00}—中水补给水量；Q_{10}—原水调节池溢流水量；Q_{20}—中水调节池溢流水量。

图 8-7　建筑小区水量平衡图

水量平衡图中主要包括以下内容：
1）建筑物各用水点的排水量（包括中水原水量和直接排放水量）；
2）水处理水量、原水调节水量；
3）中水供水量和各用水点的供水量；
4）中水消耗量（包括处理设备自用水量、溢流水量和泄空水量）、中水调节量；
5）自来水总用量（包括各用水点的分析给水量和对中水系统的补充水量）；
6）自来水水量、中水用水量、污水排放量三者之间的关系。

当经过水量计算，发现建筑物内水量不平衡时，就必须采取水量平衡措施。水量平衡措施是指通过设置调贮设备使中水处理量适应中水原水量和中水用水量之间的不均匀变化。主要措施有以下几种，具体见表 8-5。

表 8-5　水量平衡措施

贮存调节	贮存调节是通过原水调节池、中水贮水池、中水高位水箱等进行水量调节，用来调节原水量、处理水量和用水量之间的不均衡
运行调节	运行调节是利用水位信号控制处理设备自动运行，通过合理调整运行时间和班次有效调节水量平衡
用水调节	充分开辟其他中水用途，如浇洒道路、绿化、施工用水、冷却水补水等，用以调节中水使用的季节性不平衡
溢流和超越	当原水量出现瞬间高峰或中水用水发生短时间中断等情况时，溢流是水量平衡原水量与处理水量的手段之一。超越是在处理设备故障检修或其他偶然事故发生时采用的方法
补充自来水	在中水贮存池或中水高位水箱上设置自来水应急补水管，用于设备发生故障或中水供水不足时用自来水补充。但不允许自来水补水管与中水供水管道直接连接，必须采取隔断措施

2. 原水调节池和中水贮存池

（1）原水调节池

原水调节池设在中水处理前，是用来调节原水量和处理水量之间的水量平衡，同时原水调节池还有调节原水水质的作用。原水调节池容积应按中水原水水量和中水处理水量逐时变化曲线计算，当资料不足时，原水调节池（箱）调节容积可按下列方法计算。

连续运行时，按公式（8-4）计算：

$$Q_{yc} = （0.35 \sim 0.50） Q_d \tag{8-4}$$

间歇运行时，按公式（8-5）计算：

$$Q_{yc} = 1.2Q_h \cdot T \tag{8-5}$$

式中：Q_{yc}——原水调贮量（m^3）；

Q_d——中水日处理量（m^3）；

Q_h——处理系统设计处理能力（m^3/h）；

T——设备日最大连续运行时间（h）。

（2）中水贮存池

中水贮存池在中水处理后调节，是用来调节中水处理水量和中水用水量之间的平衡。中水储存池容积应按中水处理水量和中水用水量逐时变化曲线计算，当资料不足时，中水储存池调节容积可按下列方法计算。

连续运行时，按公式（8-6）计算：

$$Q_{zc} = （0.25 \sim 0.35） Q_z \tag{8-6}$$

间歇运行时，按公式（8-7）计算：

$$Q_{zc} = 1.2(Q_h \cdot T - Q_{zt}) \tag{8-7}$$

式中：Q_{zc}——中水调贮量（m^3）；

Q_z——最高日中水用水量（m^3/d）；

Q_{zt}——日最大连续运行时间内的中水用水量（m^3）；

Q_h、T 符号意义同前。

此外，当中水供水系统采用水泵、水箱联合供水时，其水箱的调节容积不得小于中水系统最大小时用水量的 50%。中水系统的总调节容积，包括原水调节池（箱）、中水处理工艺构筑物、中水贮存池（箱）及高位水箱等调节容积之和，不宜小于中水日处理量的 100%。

8.4　原水收集系统与供水系统

8.4.1　原水收集系统

1. 原水预处理

建筑物原水一般通过原水收集系统进入中水调节池。职工食堂和营业餐厅的含油脂污水进入原水收集系统时，应经除油装置处理后，方可进入。

2. 原水收集系统管道设计要求

1）原水管道系统宜按重力流设计，靠重力流不能直接接入的排水可采用局部提升等措施接入。

2）原水系统应设分流、溢流设施和超越管，宜在流入处理站之前满足重力排放要求。分流井（管）的构造应既能把原水引入处理系统，又能把多余水量或事故停运时的原水排入排水系统，而不影响原建筑的使用；其可以采用隔板、网板倒换方式或水位平衡溢流方式，或分流管、阀，且最好与格栅井相结合。

3）室内外原水收集管道及附属构筑物均应采取防渗、防漏措施，并应有防止不符合水质要求的排水接入的措施。

3. 原水计量

原水宜被进行计量，以便于整个系统的量化管理，可设置瞬间和累计流量的计量装置，如设置超声波流量计和沟槽流量计等。

4. 原水收集率

原水系统应计算原水收集率，收集率不应低于回收排水项目给水量的 75%。原水收集率按公式（8-8）计算：

$$\eta_2 = \frac{\sum Q_p}{\sum Q_J} \times 100\% \tag{8-8}$$

式中：η_2——原水收集率；

$\sum Q_p$——中水系统回收排水项目的回收水量之和（m³/d）；

$\sum Q_J$——中水系统回收排水项目的给水量之和（m³/d）。

建筑中水设计应合理确定中水用户，充分提高中水设施的中水利用率。建筑中水利用率可按公式（8-9）计算：

$$\eta_1 = \frac{Q_{za}}{Q_{Ja}} \times 100\% \tag{8-9}$$

式中：η_1——建筑中水利用率；

Q_{za}——项目中水年总供水量（m³/a）；

Q_{Ja}——项目年总用水量（m³/a）。

5. 中水水源的设计原水量

中水水源的设计原水量，不宜小于中水用水量的 110%～115%。

$$Q_1 \geqslant （1.1\sim1.15）Q_3 \tag{8-10}$$

式中：Q_1——中水原水量（m^3/d）；

Q_3——中水用水量（m^3/d）。

8.4.2　中水供水系统

1. 中水供水系统设计

中水供水系统的设计秒流量和管道的水力计算同建筑给水，具体见本教材第 1 章。中水供水系统上应根据使用要求安装计量装置。

中水贮存池（箱）上应设自动补水管，补水能力应满足中水中断时系统的用水量要求，其补水管管径按中水最大时供水量计算确定。补水的水质应满足中水供水系统的水质要求，同时补水应采取最低报警水位控制的自动补给方式。

2. 中水供水系统安全防护

1）中水供水系统与生活饮用水给水系统应必须独立设置。

2）中水管道严禁与生活饮用水给水管道连接。不允许以任何形式与自来水系统连接，包括通过倒流防止器或者防污隔断阀等连接形式，以防对自来水系统造成污染。

3）中水管道上不得装设取水嘴。当装有取水接口时，必须采取严格的防止误饮、误用的措施。如供专人使用的带锁龙头、明显标示"不得饮用"等。

4）中水贮存池（箱）内的自来水补水管应采取防污染措施。自来水补水管应从水箱上部或顶部接入或采用在中水贮存池（箱）的顶部另设小补水箱的做法，将补水管设在小补水箱内，小补水箱与中水贮存池（箱）之间采用连通管连接，补水控制水位由设在中水贮存池（箱）的水位信号控制。补水管出水口必须高于最高溢流水位，且间距不得小于 150mm。

5）中水贮存池（箱）设置的溢流管、泄水管，均应采用间接排水方式。溢流管应设隔网，溢流管管径比补水管大一号。

6）中水管道应采取下列防止误接、误用、误饮的措施：

① 中水管网中所有组件和附属设施的显著位置应配置"中水"耐久标识，中水管道应涂浅绿色，埋地、暗敷中水管道应设置连续耐久标志带；

② 中水管道取水接口处应配置"中水禁止饮用"的耐久标识；

③ 公共场所及绿化、道路喷洒等杂用的中水用水口应设带锁装置；

④ 中水管道设计时，应进行检查防止错接，工程验收时应逐段进行检查，防止误接。

7）为了避免污染饮用水，室外中水管道与生活饮用给水管道、排水管道平行埋设时，水平净距不小于 0.5m；交叉埋设时，中水管道应设在生活饮用给水管道下面，排水管道上面，其净距不小于 0.15m；中水管道与其他专业管道的间距按给水管道要求执行。

3. 中水供水系统材质

1）中水供水管道宜采用塑料给水管、钢塑复合管或其他具有可靠防腐的给水管材，不得采用非镀锌钢管。

  2）中水贮存池（箱）宜采用耐腐蚀、易消垢的材料制作。

8.5 中水处理工艺流程及设施

8.5.1 中水处理工艺流程

  中水处理工艺流程应根据中水原水的水质、水量和中水的水质、水量及使用要求等因素，经过水量平衡，进行技术经济比较后确定。

  中水处理工艺按组成段可分为预处理（格栅、调节池）、主处理（絮凝沉淀或气浮、生物处理、膜分离、土地处理等）及后处理部分（砂过滤、活性炭过滤、消毒等）。同时，也有将其处理工艺分为以物理化学处理方法为主的物化处理工艺；以生物化学处理为生化处理工艺；生化处理与物化处理相结合的处理工艺以及土地处理四类。中水的处理常用生物处理作为主体工艺。

  1）当以盥洗排水、污水处理厂（站）二级处理出水或其他较为清洁的排水作为中水原水时，可采用以物化处理为主的工艺流程。工艺流程应符合下列规定。

  ① 絮凝沉淀或气浮工艺流程应为：

原水 → 格栅 → 调节池 → 絮凝沉淀或气浮 → 过滤 → 消毒 → 中水

  ② 微絮凝过滤工艺流程应为：

原水 → 格栅 → 调节池 → 微絮凝过滤 → 消毒 → 中水

  ③ 膜分离工艺流程应为：

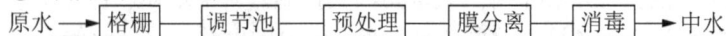

原水 → 格栅 → 调节池 → 预处理 → 膜分离 → 消毒 → 中水

  2）当以含有洗浴排水的优质杂排水、杂排水或生活排水作为中水原水时，宜采用以生物处理为主的工艺流程；在有可供利用的土地和适宜的场地条件时，也可以采用生物处理与生态处理相结合或者以生态处理为主的工艺流程。工艺流程应符合下列规定。

  ① 生物处理和物化处理相结合的工艺流程应为：

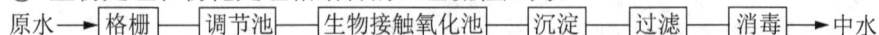

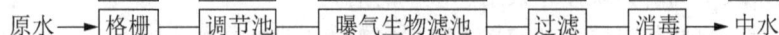

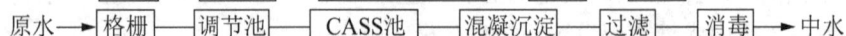

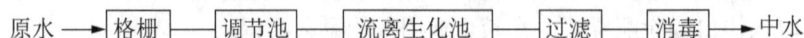

原水 → 格栅 → 调节池 → 生物接触氧化池 → 沉淀 → 过滤 → 消毒 → 中水

原水 → 格栅 → 调节池 → 曝气生物滤池 → 过滤 → 消毒 → 中水

原水 → 格栅 → 调节池 → CASS池 → 混凝沉淀 → 过滤 → 消毒 → 中水

原水 → 格栅 → 调节池 → 流离生化池 → 过滤 → 消毒 → 中水

  ② 膜生物反应器（MBR）工艺流程应为：

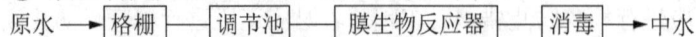

原水 → 格栅 → 调节池 → 膜生物反应器 → 消毒 → 中水

  ③ 生物处理与生态处理相结合的工艺流程应为：

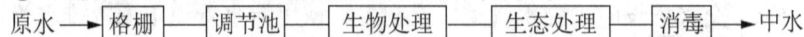

原水 → 格栅 → 调节池 → 生物处理 → 生态处理 → 消毒 → 中水

  ④ 以生态处理为主的工艺流程应为：

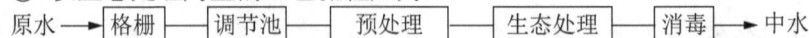

原水 → 格栅 → 调节池 → 预处理 → 生态处理 → 消毒 → 中水

3）当中水用于供暖、空调系统补充水等其他用途时，应根据水质需要增加相应的深度处理措施。常用的软化除盐工艺为离子交换树脂。

4）当采用膜处理工艺时，应有保障其可靠进水水质的预处理工艺和易于膜的清洗、更换的技术措施。

5）在确保中水水质的前提下，可采用耗能低、效率高、经过实验或实践检验的新工艺流程。

6）对于中水处理产生的初沉污泥、活性污泥和化学污泥，当污泥量较小时，可排至化粪池处理；当污泥量较大时，可采用机械脱水装置或其他方法进行妥善处理。污泥脱水前应经过污泥浓缩池，然后再进行机械脱水。

8.5.2　中水处理设施

1. 化粪池

以生活污水为原水的中水处理工程，宜在建筑物粪便排水系统中设置化粪池。化粪池的具体设计要求见本书第 3 章相关内容。

2. 格栅

格栅用来截留去除原水中较大的漂浮物、悬浮物。格栅宜选用机械格栅。当原水为杂排水时，可设置 1 道格栅，栅条空隙净宽为 2.5～10mm；当原水为生活排水时，可设置 2 道格栅，第 1 道为中格栅，栅条空隙净宽为 10～20mm，第 2 道为细格栅，栅条空隙净宽取 2.5mm。水流通过格栅的流速宜取 0.6～1.0m/s。格栅设在格栅井内时，格栅倾角不宜小于 60°。格栅井应设工作台，其高度应高出格栅前设计最高水位 0.5m，工作台宽度不宜小于 0.7m。格栅井应设置活动盖板。

3. 毛发聚集器

以洗浴（涤）排水为原水的中水系统，污水泵吸水管上应设置毛发聚集器。毛发聚集器内过滤筒（网）的孔径宜为 3mm，由耐腐蚀材料制造，其有效过水面积应大于连接管截面积的 2 倍。毛发聚集器应具有反洗功能和便于清污的快开结构。

4. 调节池

调节池用来调节原水的水量和水质。调节池内宜设置预曝气管，曝气量不宜小于 $0.6m^3/(m^2 \cdot h)$。调节池底部应设有集水坑和泄水管，池底应有不小于 0.02 坡度坡向集水坑，池壁应设置爬梯和溢水管。当采用地埋式时，顶部应设置人孔和直通地面的排气管。中、小型工程调节池可兼作提升泵的集水井。

5. 沉淀池

初次沉淀池的设置应根据原水水质和处理工艺等因素确定。当原水为优质杂排水或杂排水时，设置调节池后可不再设置初次沉淀池。

对于生物处理后的二次沉淀池和物化处理的混凝沉淀池，当其规模较小时，宜采用斜板（管）沉淀池或竖流式沉淀池。斜板（管）沉淀池宜采用矩形，沉淀池表面水力负荷宜采用 $1\sim3m^3/(m^2\cdot h)$，斜板（管）间距（孔径）宜大于 80mm，板（管）斜长宜取 1000mm，倾角宜为 60；斜板（管）上部清水深不宜小于 0.5m，下部缓冲层不宜小于 0.8m。竖流式沉淀池的设计表面水力负荷宜采用 $0.8\sim1.2m^3/(m^2\cdot h)$，中心管流速不宜大于 30mm/s，中心管下部应设喇叭口和反射板，板底面距泥面不宜小于 0.3m，排泥斗坡度应大于 45°。

沉淀池宜采用静水压力排泥，静水头不应小于 1500mm，排泥管直径不宜小于 80mm。沉淀池集水应设出水堰，其出水负荷不应大于 $1.70L/(s\cdot m)$。

6. 生物处理

中水生物处理主要有接触氧化法、膜生物反应器、曝气生物滤池法、活性污泥法、流离生化处理法。下面主要介绍接触氧化池与膜生物反应器。

（1）接触氧化池

当接触氧化池处理优质杂排水时，水力停留时间不应小于 2h；处理杂排水或生活排水时，应根据原水水质情况和出水水质要求确定水力停留时间，但不宜小于 3h。接触氧化池宜采用易挂膜、耐用、比表面积较大、维护方便的固定填料或悬浮填料；填料的体积可按填料容积负荷和平均日污水量计算，容积负荷宜为 $1000\sim1800gBOD_5/(m^3\cdot d)$，当采用悬浮填料时，装填体积不应小于有效池容积的 25%。接触氧化池曝气量可按 BOD_5 的去除负荷计算，宜为 $40\sim80m^3/kgBOD_5$。接触氧化池宜连续运行，当采用间歇运行时，在停止进水时要考虑采用间断曝气的方法来维持生物活性。

（2）膜生物反应器

处理优质杂排水时，水力停留时间不应小于 2h；处理杂排水或生活排水时，应根据原水水质情况和出水水质要求确定水力停留时间，但不宜小于 3h。容积负荷取值宜为 $0.2\sim0.8kgBOD_5/(m^3\cdot d)$，污泥负荷取值宜为 $0.05\sim0.1kgBOD_5/(kgMLSS\cdot d)$；污泥浓度宜为 $5\sim8g/L$。膜分离装置的总有效膜面积应根据处理系统设计处理能力和膜制造商建议的膜通量计算确定；当采用中空纤维膜或平板膜时，设计膜通量不宜大于 $30L/(m^2\cdot h)$；当采用管式膜时，设计膜通量不宜大于 $50L/(m^2\cdot h)$。中水处理站内应设置膜清洗装置，膜清洗装置应同时具备对膜组件实施反向化学清洗和浸泡化学清洗的功能，并宜实现在线清洗。

7. 消毒设施

中水是由各种排水经处理后，达到规定的水质标准，并在一定范围内使用的非饮用水。中水的卫生指标是保障中水安全使用的重要指标，而消毒则是保障中水卫生指标的重要环节，因此，中水处理必须设有消毒设施，在进行中水工程设计时，处理单元中必须设置消毒设施。

中水消毒的消毒剂宜采用次氯酸钠、二氧化氯、二氯异氰尿酸钠或其他消毒剂。投加消毒剂宜采用自动定比投加，与被消毒水充分混合接触。如采用氯消毒时，加氯量宜为有效氯 $5\sim8mg/L$，消毒接触时间应大于 30min。当中水原水为生活污水时，应适当增加加氯量。

8.6　中水处理站设计

8.6.1　中水处理站选址

中水处理站位置应根据建筑的总体规划、中水原水的来源、中水用水的位置、环境卫生和管理维护要求等因素确定。

建筑物内的中水处理站宜设在建筑物的最底层，或主要排水汇水管道的设备层。处理站设在最底层有如下优点：站内水池、设备等荷载较重，如放在最底层给建筑结构专业增加的处理难度可降低；设备的运行不会影响下层房间；中水原水容易实现靠重力进入站内或事故排放。但对于一些超高层建筑，亦有将中水处理站设于避难层的，处理后的中水重力供下部建筑使用，具体位置应由设计人员根据排水汇水管道具体设置情况等因素综合确定。

建筑小区中水处理站和以生活污水为原水的中水处理站宜在建筑物外部按规划要求独立设置，且与公共建筑和住宅的距离不宜小于 15m。

8.6.2　中水处理站设置要求

中水处理站应根据站内各建、构筑物的功能和工艺流程要求合理布置，满足构筑物的施工、设备安装、管道敷设、运行调试及设备更换等维护管理要求，并宜留有适当发展余地，还应考虑最大设备的进出要求。设于建筑物内部的中水处理站的层高不宜小于 4.5m，各处理构筑物上部人员活动区域的净空不宜小于 1.2m。

中水处理站除设置处理设备的房间外，还应根据规模和需要设药剂贮存、配制、系统控制、化验及值班室等用房。建筑物内中水处理站的盛水构筑物（不包括为中水处理站设置的集水井），应采用独立的结构形式，不得利用建筑物的本体结构作为各池体的壁板、底板及顶盖。

中水处理站设计应满足主要处理环节运行观察、水量计量、水质取样化验监（检）测和进行中水处理成本核算的要求。中水处理站应设有适应处理工艺要求的供暖、通风、换气、照明、给水排水设施。中水处理站地面应设有可靠的排水设施，当机房地面低于室外地坪时，应设置集水设施并用污水泵排出。

中水处理站设计中，对采用药剂可能产生的危害（腐蚀、对环境的污染、爆炸等）应采取有效的防护措施，对处理过程中产生的臭气应采取有效的除臭措施，如化学法除臭、活性炭吸附等。中水处理站应有良好的通风设施。当中水处理站设在建筑物内部或室外地下空间时，处理设施房间应设机械通风系统，当处理构筑物为敞开式时，每小时换气次数不宜小于 12 次；当处理构筑物为有盖板时，每小时换气次数不宜小于 8 次。

【例 8-1】　某大学宿舍区共有 5 栋居室内设卫生间的宿舍，每栋宿舍在校住宿学生人数均为 2000 人。现进行节水改造，宿舍卫生间冲厕用水拟采用中水，由新建的校区中水处理站供水；中水处理站每日在 6:00～15:00 和 17:00～23:00 期间运行。则该中水处理站设置的原水调节池有效调节容积最小为多少？［注：宿舍用水定额最高日为 200L/（人·d），平均日为 150L/（人·d），时变化系数按 2.5 计；中水处理站处理设施自耗水系数取 10%。］

【解】 中水总用水量：

$$Q_z = 200 \times 2000 \times 5 \times 30\% \div 1000 = 600 \ (\text{m}^3/\text{d})$$

则处理系统的处理能力：

$$Q_h = 600 \times (1+0.1)/(9+6) = 44 \ (\text{m}^3/\text{h})$$

由题中已知条件可知，该中水处理设备为间歇运行，根据《建筑中水设计标准》（GB 50336—2018）第5.5.8-2条，可得原水调节池的有效容积为

$$Q_l = 1.2Q_h \cdot T = 1.2 \times 44 \times 9 = 475.2 \ (\text{m}^3)$$

【例 8-2】 某宾馆最高日生活给水量为 150m³/d，平均日生活给水量为 120m³/d。沐浴、洗漱排水收集作为中水原水，中水处理站连续处理后的出水用于道路和绿化浇洒、景观用水，中水用水量为 80m³/d。则中水处理站中水贮存池需要城市自来水补水量最小为多少？

【解】 收集原水量：

$$Q_y = 120 \times (50\% + 14\%) \times 0.95 = 72.96 \ (\text{m}^3/\text{d})$$

产水量：

$$Q_{产} = 72.96 \div (1+0.05) = 69.49 \ (\text{m}^3/\text{d})$$

中水用水量为 80 m³/d，则本系统需要补水，自来水补水到中水贮水池。因此本系统中水补水量为

$$80 - 69.49 = 10.51 \ (\text{m}^3/\text{d})$$

本 章 习 题

1. 根据服务范围，中水系统可分为哪几类？其中小区中水系统有哪几种形式？不同形式的小区中水系统各设置哪些不同的管路系统？中水系统由哪几部分组成？其中中水处理系统又可分为哪几个组成部分？

2. 可选择的建筑物中水水源有哪些？什么是杂排水？什么是优质杂排水？可选择的小区中水水源有哪些？哪些污水不能作为中水水源？中水的供水水质应符合哪些规定？

3. 建筑物生活排水中可回收的原水量应如何计算？小区生活排水中可回收的原水量应如何计算？中水水源的设计原水量与中水用水量之间有何关系？小区或建筑物中水系统的总用水量应如何计算？

4. 如何进行中水的水量平衡计算？中水系统在什么情况下需要溢流、什么情况下需要补水？中水处理设施的日处理水量应如何计算？

5. 某住宅小区设计居住人口 12000 人，拟收集生活优质杂排水作为中水水源，中水供水系统供应冲厕，小区绿化和洗车用水，该小区可收集的中水原水量应为多少？

6. 某旅馆中水用于冲厕，总用水量为 14.5m³/d，中水处理设备每天运行 6h，处理水量 16m³/d，则中水贮水池的有效容积应为多少？

7. 某宾馆最高日用水量 120m³/d，沐浴排水单独收集作为中水原水，中水处理站处理后的出水用于小区绿地浇洒，中水设计用水量为 15m³/d，则中水处理站原水调节池溢流设施的最小溢流量应为多少？

第 9 章

建筑小区雨水利用系统

随着城市化建设的加快，越来越多的建筑屋面、路面、广场、停车场等都进行了表面硬化处理，使原有的透水的植被、土壤被不透水或弱透水地面所覆盖，导致大量的雨水以地面径流形式排出，而地面入渗量大为降低。这就造成了地下水补给不足、水涝灾害频繁出现。

雨水是自然界生态循环的资源，一般水质较好，经过简单处理后可以作为小区杂用水使用。建筑小区雨水利用是水资源综合利用中的一种系统工程，对于实现雨水资源化、节约用水、修复水环境与生态环境、减轻城市洪涝有重要意义。

9.1 系统型式及选用

9.1.1 系统型式

雨水利用系统有雨水入渗、收集回用、调蓄排放三种型式。

1）雨水入渗系统——雨水入渗系统包括收集设施和渗透设施。雨水入渗系统对涵养地下水、抑制暴雨径流的作用显著，同时还削减了外排雨水的总流量及总量。如具备自然入渗无须设置专门的收集、储存渗透设施。

2）雨水收集回用系统——雨水收集回用系统由收集、储存、水质处理设施及回用水管网等组成。雨水收集回用系统是将雨水收集后进行水质净化处理，达到相应水质用于杂用水系统，具有削减外排雨水总流量及总量的作用。

3）雨水调蓄排放系统——通过雨水储存调节设施来减缓雨水排放的流量峰值、延长雨水排放时间，具有快速排出场地地面雨水、削减外排雨水高峰流量的作用（但没有消减外排雨水总量的作用）。调蓄排放系统由收集、调蓄设施和排放管道等设施组成。可利用天然洼地、池塘、景观水体等作为调蓄池，把径流高峰流量暂存在池内，待洪峰径流量下降后雨水从调蓄池缓慢排出，以削减洪峰、减小下游雨水管道的管径、节省工程造价。

9.1.2 系统选用

在一个建设项目中，雨水利用可以是以上三种系统中的一种，也可以是多种系统的组合，如雨水入渗、收集回用、调蓄排放、雨水入渗—收集回用、雨水入渗—调蓄排放等。

1）雨水利用系统的型式、各系统负担的雨水量，应根据当地降雨量、降雨时间分布、下垫面（降雨受水面的总称，包括屋面、地面、水面等）的入渗能力、供水和用水情况等工程项目具体特征经技术、经济比较后确定。

① 雨量：雨量充沛而且降雨时间分布较均匀的城市，雨水收集回用的效益相对较好。雨量太少的城市，则雨水收集回用的效益较差。

② 下垫面：下垫面的类型有绿地、水面、路面、屋面等。绿地及路面雨水入渗、水面雨水收集回用比较经济；屋面雨水在室外绿地很少、渗透能力不够的情况下，则需要回用，否则可能达不到雨水控制及利用总量的控制目标。

③ 供用水条件：城市供水紧张、水价高，则雨水收集回用的效益提高。用水系统中若杂用水用量小，则雨水回用的规模就受到限制。

2）雨水控制及利用系统的选用应符合下列规定：

① 土壤渗透系数应为 $10^{-6} \sim 10^{-3}$ m/s 之间，且渗透面距地下水位应大于 1.0m，宜采用雨水入渗系统。

② 年均降雨量大于 400mm 的城市，雨水利用宜采用收集回用系统。

③ 调蓄排放系统宜用于有防洪排涝要求的场所或雨水资源化受条件限制的场所。

3）不得采用雨水入渗系统的场所。

① 雨水入渗不应引起地质灾害及损害建筑物。下列场所不能采用雨水入渗系统：可能造成坍塌、滑坡灾害的场所，对居住环境以及自然环境造成危害的场所；自重湿陷性黄土、膨胀土和高含盐土等特殊土壤地质场所。

② 传染病医院的雨水、含有重金属污染和化学污染等地表污染严重的场地雨水不得采用雨水收集回用系统。有特殊污染源的建筑与小区，雨水控制及利用工程应经专题论证。

9.2 雨水入渗、收集回用与调蓄排放系统

9.2.1 雨水入渗系统

1. 入渗系统的型式

雨水入渗有地面渗透系统和地下渗透系统两类。

（1）地面渗透系统

地面渗透设施有下凹绿地、浅沟与洼地、地面渗透池塘和透水铺装地面等多种。下凹绿地、浅沟与洼地、地面渗透池塘的特点是蓄水空间敞开，可接纳各地硬化面上雨水径流。下凹绿地、浅沟与洼地还具有投资费用较少、维护方便、适用推广的特点；地面渗透池塘还具有占地面积小，维护方便的特点；透水铺装地面的特点是雨水就地入渗，在面层渗透、土壤渗透面之间蓄水，因路面硬化便于人行走。

（2）地下渗透系统

地下渗透设施有埋地渗透管沟、埋地渗透渠和埋地渗透池等多种。地下渗透系统由汇水面、雨水管道收集系统和固体分离、渗透设施组成。地下渗透系统可设于绿地和硬化地面下，但不宜设于行车路面下。地下渗透设施还包括渗透作用在内的两种功能的雨水利用

设施，如渗透雨水口是将集水、截污、集水功能的一体式成品集水口；集水—渗透检查井是将收集、渗透功能和一定沉砂容积的管道检查维护装置；储存—渗透设施是指能够储存雨水径流量并有渗透作用的设施，如渗透管沟、入渗池、入渗井等。

2．入渗设施选用

选择雨水渗透设施时宜优先采用下凹绿地、浅沟洼地、透水铺装入渗等地表入渗方式。人行、非机动车通行的硬质地面、广场等宜采用透水地面，硬化地面中透水铺装的面积不宜低于40%。非种植屋面雨水的入渗方式应根据现场条件，经技术经济和环境效益比较确定。

（1）下凹绿地

绿地宜设置为下凹绿地。涉及绿地指标率要求的建设工程，下凹绿地面积占绿地面积的比例不宜低于50%。下凹绿地应接纳硬化面的径流雨水，并应符合下列规定：

1）周边雨水宜分散进入下凹绿地，当集中进入时应在入口处设置缓冲措施。

2）绿地应低于周边地面5~10cm，并有保证雨水进入绿地的措施。

3）绿地植物应选用耐淹品种。

4）下凹绿地的有效贮水容积应按溢水排水口标高以下的实际贮水容积计算。

（2）浅沟与洼地入渗

当绿地入渗面积不足或土壤入渗性太小时采用浅沟与洼地（图9-1），浅沟与洼地入渗应符合以下要求：

1）积水深度不宜超过300mm，种植耐浸泡植物。

2）积水区的进水宜沿沟长多点分散布置，宜采用明沟布水。

3）浅沟宜采用平沟，并能储存雨水，底面尽量无坡度。

4）有效贮水容积应按积水深度内的容积计算。

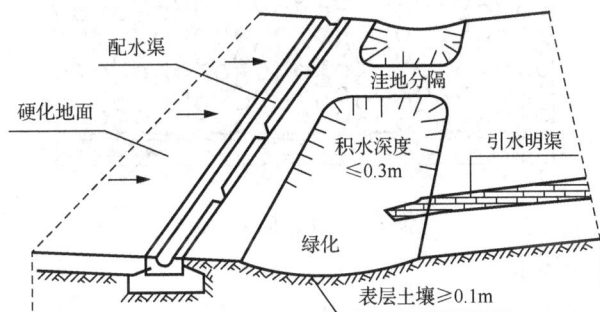

图 9-1　浅沟与洼地入渗系统

（3）地面渗透池（塘）

不透水面积与有效渗透面积之比大于15倍或土壤渗透系数 $K \geqslant 1 \times 10^{-5}\,\text{m/s}$ 时，可采用地面渗透池（塘）。地面渗透池（塘）应符合以下要求：

1）上游应设置沉沙或前置塘等预处理设施，并应能去除大颗粒污染物或减缓流速。

2）边坡坡度不宜大于1：3，池面宽度与池深的比例应大于6：1。

3）底部应为种植土，植物应在接纳径流之前成型，应种植抗涝耐旱、适应洼地内水位变化的植物。

4）宜能排空，排空时间不应大于 24h。

5）应设有确保人身安全的措施。

6）有效贮水容积应按设计水位和溢流水位之间的容积计算。

（4）透水铺装地面

需硬化的地面可采用透水铺装地面（图 9-2），透水铺装地面应符合以下要求：

1）透水铺装地面宜在土基上建造，自上而下设置透水面层、找平层、基层和底基层。

2）透水面层的渗透系数应大于 1×10^{-4} m/s；可采用硅砂透水砖等透水砖、透水混凝土、草坪砖等；透水面砖的有效孔隙率不应小于 8%，透水混凝土的有效孔隙率不应小于 10%；当面层采用透水砖和硅砂透水砖时，其抗压强度、抗折强度、抗磨长度及透水性能等应符合国家现行有关标准的规定。

3）找平层的渗透系数和有效孔隙率不应小于面层，宜采用细石透水混凝土、干砂、碎石或石屑等。

4）基层和底基层的渗透系数应大于面层；底基层宜采用级配碎石、中、粗砂或天然级配砂砾料等，基层宜采用级配碎石或透水混凝土；透水混凝土的有效孔隙率应大于 10%，砂砾料和砾石的有效孔隙率应大于 20%。

5）铺装地面应满足相应的承载力要求，北方寒冷地区还应满足抗冻要求。

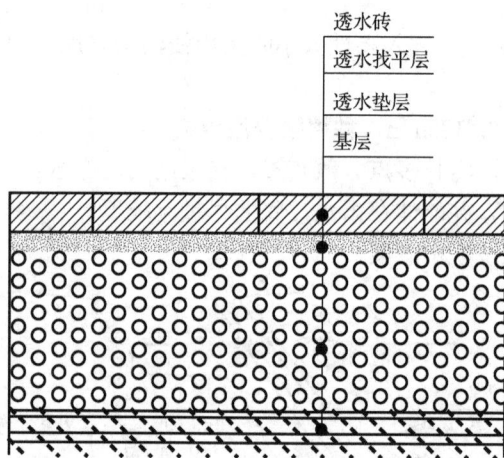

图 9-2　透水铺装地面

（5）浅沟—渗渠组合渗透

在土壤渗透系数小于等于 5×10^{-5} m/s 时，采用浅沟—渗渠组合渗透设施，其由洼地及下部的渗渠组成（图 9-3）。浅沟—渗渠组合渗透应符合以下要求：

1）沟底表面的土壤厚度不应小于 100mm，渗透系数不应小于 1×10^{-5} m/s。

2）渗渠中的砂层厚度不应小于 100mm，渗透系数 k 不应小于 1×10^{-4} m/s。

3）渗渠中的砾石层厚度不应小于 100mm。

（6）渗透管沟

当绿地入渗面积不足以承担硬化面上的雨水时，可采用渗透管沟（图 9-4）。渗透管沟应符合以下要求：

1）渗透管沟宜采用塑料模块，也可采用穿孔塑料管、无砂混凝土管或排疏管等材料，并外敷渗透层，渗透层宜采用砾石；渗透层外或塑料模块外应采用透水土工布包覆。

2）塑料管的开孔率宜取 1.0%～3.0%，无砂混凝土管的孔隙率不应小于 20%。渗透管沟应能疏通，疏通内径不应小于 150mm，检查井之间的管沟敷设坡度宜采用 0.01～0.02。

3）渗透管沟应设检查井或渗透检查井，井间距不应大于渗透管管径的 150 倍。井的出水管口标高应高于入水管口标高，但不应高于上游相邻井的出水管口标高。渗透检查井应设 0.3m 沉砂室。

4）渗透管沟不应设在行车路面下；地面雨水进入渗透管前宜设泥沙分离井渗透检查井或集水渗透检查井（渗透检查井是具有渗透功能和一定沉砂容积的管道检查维护装置）；地面雨水集水宜采用渗透雨水口。

5）在适当的位置设置测试段，长度宜为 2～3m，两端设置止水壁，测试段应设注水孔和水位观察孔。

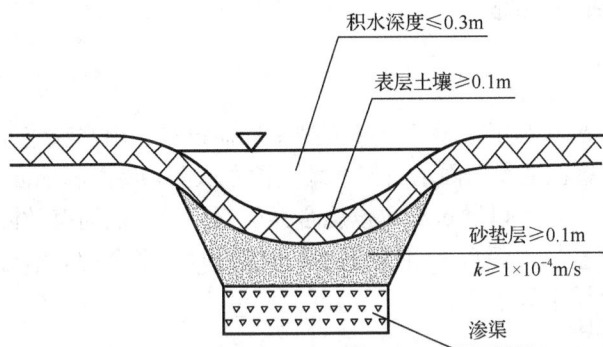

图 9-3　浅沟—渗渠组合

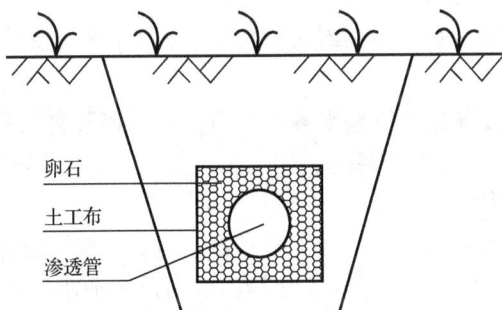

图 9-4　渗透管沟断面

（7）入渗井

入渗井（图 9-5）是雨水通过侧壁和井底进行入渗的设施。渗透井应符合以下要求：

1）井壁外应配置砾石层，井底渗透面距地下水位的距离不应小于 1.5m；硅砂砌块井壁外可不敷砾石。

2）底部及周边的土壤渗透系数应大于 5×10^{-6} m/s。

3）入渗井砾石层外应采用透水土工布或性能相同的材料包覆。

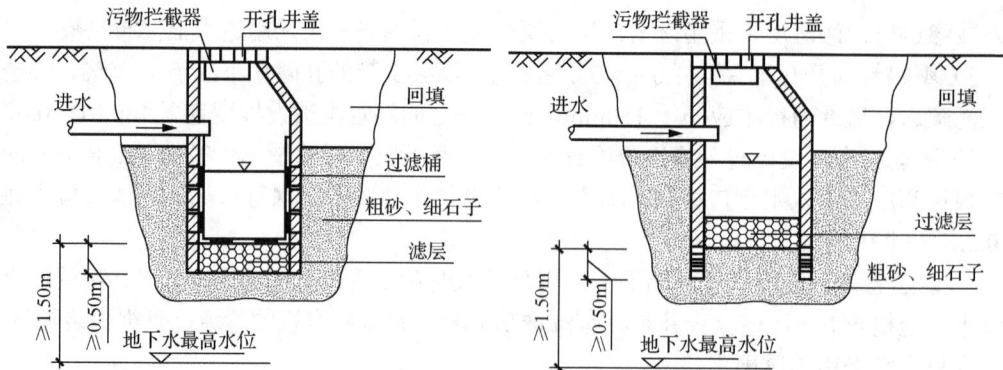

图 9-5　入渗井

9.2.2　雨水收集回用系统

1. 雨水收集系统

雨水收集系统在雨水利用系统的三种类型中均需设置。雨水收集系统就是对雨水利用的原水收集。雨水收集包括屋面雨水收集和地面雨水收集。屋面和地面的初期雨水径流中，污染物浓度高而水量小，可以通过弃流设施舍弃这部分雨量从而有效降低收集雨水中污染物浓度。当实际降雨量超过雨水利用设施的蓄水能力时，多余的雨水会形成径流或溢流，经雨水外排系统排至城市雨水管网。

（1）屋面雨水收集

1）屋面雨水收集系统应独立设置，严禁与建筑生活污水、废水排水连接。严禁在民用建筑室内设置敞开式检查口或检查井。

2）屋面表面应采用对雨水无污染或污染较小的材料，不宜采用沥青或沥青油毡。有条件宜采用种植屋面。

3）屋面雨水系统中设置弃流设施服务的各雨水斗至该装置的管道长度宜相同。屋面雨水宜采用断接方式排至地面雨水资源化利用生态设施。当排向建筑散水面进入下凹绿地时，散水面宜采取消能防冲刷措施。

4）屋面雨水收集管道汇入地下室内的雨水蓄水池、蓄水罐或弃流池时，应设置紧急关闭阀门和超越管向室外重力排水，紧急关闭阀门应由蓄水池水位控制，并能手动关闭。

5）屋面雨水收集系统和雨水储存设施之间的室外输水管道，当设计重现期比上游管道的重现期小时，应在连接点设检查井或溢流设施。埋地输水管上应设检查口或检查井，间距宜为 25～40m。

屋面雨水汇入雨水储存设施时，会出现设计降雨重现期的不一致。雨水储存设施的重现期按雨水控制及利用的要求设计，一般 1～2 年；而屋面雨水的设计重现期按排水安全的要求设计，一般大于前者。当屋面雨水管道出户到室外后，室外输水管道的重现期可按雨水储存设施的值设计。由于其重现期比屋面雨水的小，所以屋面雨水管道出建筑外墙处应设雨水检查井或溢流井，并以该井为输水管道的起点。溢流井可用检查井替代，但井盖应采用格栅形式，以实现溢水。格栅井盖应与井体或井座固定。

6）种植屋面上设置雨水斗时，雨水斗宜设置在屋面结构板上，斗上方设置带雨水算子的雨水口，并应有防止种植土进入雨水斗的措施。

（2）地面雨水收集

地面雨水收集系统主要是收集硬化地面上的雨水及从屋面引至地面的雨水。当雨水排至地面雨水渗透设施（如下凹绿地、浅沟洼地等）时，雨水经地面组织径流或明沟收集和输送；当雨水排至地下雨水渗透设施（如渗透管渠、浅沟渗渠组合入渗）时，雨水经雨水口、雨水管道进行收集和输送。

1）建设用地内平面及竖向设计应考虑地面雨水收集要求，硬化地面雨水应有组织地重力排向收集设施。雨水口宜采用平箅式，担负的汇水面积不应超过其集水能力，且最大间距不宜超过 40m。雨水收集系统中设有集中式雨水弃流时，各雨水口至容积式弃流装置的管道长度宜相同。硬化地面上的雨水口宜设置在汇水面的低洼处，顶面标高宜低于地面10～20mm。

2）当绿地标高低于道路标高时，雨水口宜设置在道路两边的绿地内，其顶面标高应高于绿地 20～50mm，且低于路面 30～50mm。

（3）弃流设施

初期径流指一场降雨初期产生一定厚度的降雨径流。弃流设施是利用降雨量、雨水径流厚度控制初期径流排放量的设施。弃流设施有自控弃流装置、渗透弃流装置、弃流池等。其中，渗透弃流装置是具有一定储存容积和截污功能，将初期径流渗透至地下的装置。

1）弃流设施设置场所。雨水收集回用系统均应设置弃流设施，雨水入渗收集系统宜设弃流设施。

2）弃流雨水的处置。截流的初期径流宜排入绿地等地表生态入渗设施，也可就地入渗。当雨水弃流排入污水管道时，应确保污水不倒灌至弃流装置内和后续雨水不进入污水管道。弃流雨水排入污水管道时，建议从化粪池下游接入，但污水管道的排水能力应以合流制计算方法复核，并应采取防止污水管道积水时向弃流装置倒灌的措施；同时应设置防止污水管道内的气体向雨水收集系统返逸的措施。

3）设置要求。

① 屋面雨水收集系统的弃流装置宜设于室外，当设在室内时，应为密闭形式。雨水弃流池宜靠近雨水蓄水池，当雨水蓄水池设在室外时，弃流池不应设在室内。

② 屋面雨水收集系统宜采用容积式弃流装置。当弃流装置埋于地下时，宜采用渗透弃流装置。

③ 地面雨水收集系统宜采用渗透弃流井或弃流池。分散设置的弃流设施，其汇水面积应根据弃流能力确定。

④ 弃流装置及其设置应便于清洗和运行管理。弃流装置应能自动控制弃流。

⑤ 当采用初期径流弃流池时，应符合下列规定：

a. 截流的初期径流雨水宜通过自流排除；

b. 当弃流雨水采用水泵排水时，池内应设置将弃流雨水与后期雨水隔离的分隔装置；

c. 应具有不小于 0.10 的底坡，并坡向集泥坑；

d. 雨水进水口应设置格栅，格栅的设置应便于清理并不得影响雨水进水口通水能力；

e. 排除初期径流水泵的阀门应设置在弃流池外；

f. 宜在入口处设置可调节监测连续两场降雨间隔时间的雨停监测装置，并与自动控制系统联动；

g. 应设有水位监测措施；

h. 采用水泵排水的弃流池内应设置搅拌冲洗系统。

⑥ 当渗透弃流井时，应符合下列规定：

a. 井体和填料层有效容积之和不应小于初期径流弃流量；

b. 井外壁距建筑物基础净距不宜小于 3m；

c. 渗透排空时间不宜超过 24h；

d. 弃流量计算。

初期径流弃流量应按式计公式（9-1）算：

$$W_i = 10 \times \delta \times F \tag{9-1}$$

式中：W_i——初期径流弃流量（m³）；

δ——初期径流弃流厚度（mm）；

F——硬化汇水面积（hm²）。

初期径流弃流量应按下垫面实测收集雨水的 COD_{cr}、SS、色度等污染物浓度确定。当无资料时，屋面弃流径流厚度可采用 2～3mm，地面弃流可采用 3～5mm。

硬化汇水面面积应按硬化地面、非绿化屋面、水面的面积之和计算，并应扣减透水铺装地面面积。

（4）雨水外排

设有雨水利用系统的建筑和小区应设置雨水外排系统。雨水排水系统（外排）排除的是场地上或汇水面上的溢流雨水，而不是需要控制、利用的雨水。

渗透地面雨水径流量较小，可尽量沿地面的自然坡降在低洼处收集雨水，透水铺装地面的雨水排水设施宜采用排水沟。

当绿地标高低于道路标高时，路面雨水应引入绿地，雨水口宜设在道路两边的绿地内，其顶面标高应高于绿地 20～50mm，且不应高于路面；雨水口宜采用平算式，设置间距应根据汇水面积确定，且不宜大于 40m。

渗透管排放系统应满足排除雨水流量的要求，管道水力计算可采用有压流。雨水排除系统的出水口不宜采用淹没出流。淹没出流会造成排水管道内淤积沉积物，向市政雨水管或雨水沟排水、向小区内的水体排水都不宜采用淹没出流。

室外下沉式广场、局部下沉式庭院，当与建筑连通时，其雨水排水系统应采用加压提升排放系统；当与建筑物不连通且下沉深度小于 1m 时，可采用重力排放系统，并应确保排水出口为自由出流。处于山地或坡地且不会雨水倒灌时，可采用重力排放系统。

2. 雨水储存设施

雨水收集回用系统应设置雨水储存设施，优先收集屋面雨水，不宜收集机动车道路等污染严重的下垫面上的雨水。雨水收集回用系统的雨水储存设施应采用景观水体、旱塘、湿塘、蓄水池、蓄水罐等。景观水体、湿塘应优先用作雨水储存。

1）雨水储存设施应设有溢流排水措施，溢流排水措施宜采用重力溢流。室内蓄水池的重力溢流管排水能力应大于 50 年雨水设计重现期设计流量。

2）当蓄水池和弃流池设在室内且溢流口低于室外地面时，应符合下列要求：

① 当设置自动提升设备排除溢流雨水时，溢流提升设备的排水标准应按 50 年降雨重现期 5min 降雨强度设计，并不得小于集雨屋面设计重现期降雨强度；

② 自动提升设备应采用双路电源；

③ 雨水蓄水池应设溢流水位报警装置，报警信号引至物业管理中心；

④ 雨水收集管道上应设置能以重力流排放到室外的超越管，超越转换阀门宜能实现自动控制。

3）蓄水池兼作沉淀池时，应使进水端均匀布水、出水端避免扰动沉积物，防止水流短流。设计沉淀区高度不宜小于 0.5m，缓冲区高度不宜小于 0.3m，应具有排除池底沉淀物的条件或设施。

9.2.3 雨水调蓄排放系统

雨水调蓄排放系统由雨水收集管网、调蓄池及排水管道组成。雨水调蓄排放设施能储存一定时间的雨水，削减向下游排放的雨水洪峰径流量，延迟排放时间的时间。调蓄池应尽量利用天然洼地、池塘、景观水体等地面设施。当条件不具备时可采用地下调蓄池（溢流堰式和底部流槽式）。

1）雨水调蓄容积应能排空，且应优先采用重力排空。雨水调蓄设施采用重力排空时，应控制出水管渠流量，可采用设置流量控制井或利用出水管管径控制。雨水调蓄设施采用机械排空时，宜在雨后启泵排空。设于埋地调蓄池内的潜水泵应采用自动耦合式。

2）雨水汇水管道或沟渠应接入调蓄设施。当调蓄设施为埋地调蓄池时，应符合下列规定：

① 雨水进入埋地调蓄池之前应进行沉沙和漂浮物拦截处理；

② 水池进水口处和出水口处应设检修维护人孔，附近宜设给水栓；

③ 池内构造应保证具备泥沙清洗条件；

④ 宜设溢流设施，溢流雨水宜重力排除。

3）调蓄池设于机动车行道下方时，宜采用钢筋混凝土池；设于非机动车行道下方时，宜采用装配式模块拼装组合水池，并采取防止机动车误入池上行驶的措施。

4）景观水体和湿塘用于调蓄雨水时，应符合下列规定：

① 在景观设计水位和湿塘常水位的上方应设置调蓄雨水的空间；

② 雨水调蓄空间的雨水应能够排空，排空最低水位宜设于景观设计水位和湿塘的常水位处；

③ 景观水体宜设前置区，并能沉淀径流中大颗粒污染物；前置区和水体之间宜设水生植物种植区；

④ 湿塘的常水位水深不宜小于 0.5m；

⑤ 湿塘应设置护栏、警示牌等安全防护与警示措施。

9.3 雨水水质、处理与回用

9.3.1 雨水水质

1. 雨水原水水质

屋面雨水经初期径流弃流后的水质，宜根据当地实测资料确定。当无实测资料时，可采用下列经验值：COD_{Cr}：70～100 mg/L；SS：20～40 mg/L；色度：10～40 度。

2. 雨水回用水质

1）回用雨水集中供应系统的水质应根据用途确定，COD_{Cr} 和 SS 指标应符合表 9-1 的规定，其余指标应符合国家现行相关标准的规定。

表 9-1　回用雨水 COD_{Cr} 和 SS 指标

项目指标	循环冷却系统补水	观赏性水景	娱乐性水景	绿化	车辆冲洗	道路浇洒	冲厕
COD_{Cr}/（mg/L）	≤30	≤30	≤20	—	≤30	—	≤30
SS/（mg/L）	≤5	≤10	≤5	≤10	≤5	≤10	≤10

2）当雨水同时用于多种用途时，其水质应按最高水质标准确定。

9.3.2 雨水处理

雨水原水的水质特点包括屋面雨水经初期径流弃流后水质较清洁；但可生化性较差、降雨随机性较大、季节性强、原水水源不稳定、处理设施经常闲置。因此雨水处理工艺不宜选择生物处理技术，而一般多采用适合间断运行的物理、化学处理技术。当雨水用户对水质有较高要求时，应增加相应的深度处理措施。雨水处理设施产生的污泥也宜进行处理。

雨水处理工艺流程应根据收集雨水的水量、水质，以及雨水回用水质要求等因素，经技术、经济比较后确定。

1）雨水用于景观水体时，宜采用下列工艺流程：

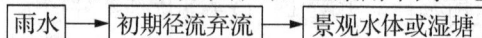

雨水 → 初期径流弃流 → 景观水体或湿塘

注：景观水体或湿塘宜配置水生植物净化水质。

2）屋面雨水用于绿地和道路浇洒时，可采用下列处理工艺：

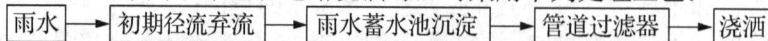

雨水 → 初期径流弃流 → 雨水蓄水池沉淀 → 管道过滤器 → 浇洒

3）屋面雨水与路面混合的雨水用于绿地和道路浇洒时，宜采用下列处理工艺：

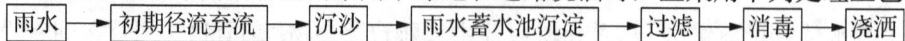

雨水 → 初期径流弃流 → 沉沙 → 雨水蓄水池沉淀 → 过滤 → 消毒 → 浇洒

4）屋面雨水或其与路面混合的雨水用于空调冷却塔补水、运动草坪浇洒、冲厕或相似用途时，宜采用下列处理工艺：

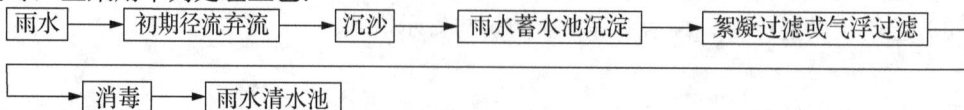

雨水 → 初期径流弃流 → 沉沙 → 雨水蓄水池沉淀 → 絮凝过滤或气浮过滤 → 消毒 → 雨水清水池

雨水进入蓄水储存设施之前宜利用植草沟、卵石沟、绿地等生态净化设施进行预处理。如果雨水在植草沟或绿地的停留时间内，入渗的雨量不小于初期径流弃流量，或者卵石沟储存雨水的有效贮水容积不小于初期径流弃流量时，雨水收集回用系统可不设初期径流弃流设施。

回用雨水的水质应根据雨水回用用途确定，当有细菌学指标要求时，应进行消毒。绿地浇洒和水体宜采用紫外线消毒。当采用氯消毒时，如雨水处理规模不大于 $100 \, m^3/d$，消毒剂可采用氯片；如雨水处理规模大于 $100 \, m^3/d$，可采用次氯酸钠或其他氯消毒剂消毒。

9.3.3　雨水回用供水系统

雨水回用供水系统是将处理后的雨水通过管道系统送到雨水回用的用水点。雨水供水管道应与生活饮用水管道分开设置，无论回用雨水的水质是否高于生活饮用水水质，都严禁回用的雨水进入生活饮用水给水系统。

当采用生活饮用水补水时，应采取防止生活饮用水被污染的措施，清水池（箱）内的自来水补水管出水口应高于清水池（箱）内溢流水位，其间距不得小于 2.5 倍补水管管径，且不应小于 150mm；向蓄水池（箱）补水时，补水管口应设在池外，且应高于室外地面。

雨水供水管道上不得装设取水嘴，并应采取下列防止误接、误用、误饮的措施。雨水供水管外壁应按设计规定涂色或标识；当设有取水口时，应设锁具或专门开启工具；水池（箱）、阀门、水表、给水栓、取水口均应有明显的"雨水"标识。

供水管道和补水管道上应设水表计量装置。供水管道可采用塑料和金属复合管、塑料给水管或其他给水管，但不得采用非镀锌钢管。

由于原水雨水水源不稳定，因此雨水供水系统应设自动补水。补水应在净化雨水供量不足时进行，补水能力应满足雨水中断时系统用水量要求，补水的水质应满足雨水供水系统的水质要求。

9.4　雨水利用系统的用水量与降雨量

9.4.1　雨水利用系统的用水量

1）绿化、道路及广场浇洒、车库地面冲洗、车辆冲洗、循环冷却水补水等的最高日用水量应按现行国家标准《建筑给水排水设计标准》（GB 50015—2019）的规定执行，平均日用水量应按现行国家标准《民用建筑节水设计标准》（GB 50555—2010）的规定执行。

2）各类建筑物最高日冲厕用水量应按现行国家标准《建筑中水设计规范》（GB 50336—2018）的规定执行。

3）景观水体的水量损失主要有水面蒸发和水体底面及侧面的土壤渗透，因此景观水体补水量应根据当地水面蒸发量和水体渗透量、水处理自用水量等因素综合确定。

9.4.2　降雨量

降雨量应根据当地近期 20 年以上降雨量资料确定。当缺乏资料时可采用《建筑与小区雨水控制及利用工程技术规范》（GB 50400—2016）附录 A 的数据。

建设用地内应对雨水径流峰值进行控制，需要控制及利用的雨水设计径流总量应按公式（9-2）计算：

$$W = 10(\psi_c - \psi_0)h_y F \tag{9-2}$$

式中：W ——需控制及利用的雨水径流总量（m³）；

ψ_c ——雨量径流系数，雨量系数宜按表 9-2 采用，汇水面积的综合径流系数应按下垫面种类加权平均计算；

ψ_0 ——控制径流峰值所对应的径流系数，应符合当地规划控制要求；

h_y ——设计日降雨量（mm）；

F ——硬化汇水面面积（hm²），应按硬化汇水面水平投影面积计算。

表 9-2　雨量径流系数

下垫面类型	雨量径流系数 ψ_c
硬屋面、未铺石子的平屋面、沥青屋面	0.80～0.90
铺石子的平屋面	0.60～0.70
绿化屋面	0.30～0.40
混凝土和沥青路面	0.80～0.90
块石等铺砌路面	0.50～0.60
干砌砖、石及碎石路面	0.40
非铺砌的土路面	0.30
绿地	0.15
水面	1.00
地下建筑覆土绿地（覆土厚度≥500mm）	0.15
地下建筑覆土绿地（覆土厚度<500mm）	0.30～0.40
透水铺装地面	0.29～0.36

9.5　雨水利用系统计算

1. 收集系统

雨水收集与输送管道的设计与本教材第四章相关内容相同。

2. 收集回用系统

1）雨水收集回用系统设计应进行水量平衡计算。单一雨水回用系统的平均日设计用水量不应小于汇水面控制和利用径流总量的 30%，见公式（9-3）；当不满足时，应在储存设施中设置排水泵，其排水能力应在 12h 内排空雨水。

$$\sum q_i \cdot n_i \geqslant 0.3W \tag{9-3}$$

式中：W ——需要控制及利用的雨水径流总量（m³）；

q_i ——某类用水户的平均日用水定额（m³/d）；

n_i ——某类用水户的户数。

上述公式不满足时，说明用户的用水能力偏小，而雨水量 W 又需要拦蓄控制、储存在蓄水池中，水池雨水无法及时（3d 或 72h）被用户用完，这种情况需要增设排水泵。排水泵按 12h 排空水池确定，该时间参考调蓄排放水池的 6～12h，取上限 12h。

2）当雨水回用系统设有清水池时，其有效容积应根据产水曲线、供水曲线确定，并应满足消毒的接触时间要求。当缺乏上述资料时，按雨水回用系统最高设计用水量 25%～35% 计算。

3）当采用中水清水池接纳处理后的雨水时，中水清水池应考虑容纳雨水的容积。

3. 雨水收集回用系统储存设施

雨水收集回用系统应设置储存设施，其储水量应按公式（9-4）计算。当具有逐日用水量变化曲线资料时，也可根据逐日降雨量和逐日用水量经模拟计算确定。

$$V_h = W - W_i \tag{9-4}$$

式中：V_h ——收集回用系统雨水贮存设施的贮水量（m^3）；

W ——需控制及利用的雨水径流总量（m^3），应按公式（9-2）计算；

W_i ——初期径流弃流量（m^3），应按公式（9-1）计算。

4. 渗透设施

1）渗透量。渗透设施的渗透量按公式（9-5）计算：

$$W_s = \alpha K J A_s t_s \tag{9-5}$$

式中：W_s ——渗透量（m^3）；

α ——综合安全系数，一般可取 0.5～0.8；

K ——土壤渗透系数（m/s）；

J ——水力坡降，一般可取 $J = 1.0$；

A_s ——有效渗透面积（m^2）；

t_s ——渗透时间（s），按 24h 计。

2）土壤渗透系数。土壤渗透系数应根据实测资料确定。当无实测资料时，可按表 9-3 选用。

表 9-3 土壤渗透系数

地层	地层粒径		渗透系数 K/（m/s）	渗透系数 K/（m/h）
	粒径/mm	所占重量/%		
黏土			$<5.70\times10^{-8}$	—
粉质黏土			$(5.70\times10^{-8})\sim(1.16\times10^{-6})$	—
粉土			$(1.16\times10^{-5})\sim(5.79\times10^{-6})$	$0.0042\sim(0.0208$
粉砂	>0.075	>50	$(5.79\times10^{-6})\sim(1.16\times10^{-5})$	$0.0208\sim(0.0420$
细砂	>0.075	>85	$(1.16\times10^{-5})\sim(5.79\times10^{-5})$	$0.0420\sim(0.0208$
中砂	>0.25	>50	$(5.79\times10^{-5})\sim(2.31\times10^{-4})$	$0.2080\sim(0.8320$
均质中砂			$(4.05\times10^{-4})\sim(5.79\times10^{-4})$	—
粗砂	>0.50	>50	$(2.31\times10^{-4})\sim(5.79\times10^{-4})$	—

3）有效渗透面积。渗透设施的有效渗透面积应按下列要求确定：

① 水平渗透面按投影面积计算（水平渗透面是笼统地指平缓面，投影面积指水平投影面积）；

② 竖直渗透面按有效水位高度所对应的垂直面积的 1/2 计算（有效水位指设计水位）；

③ 斜渗透面按有效水位高度的 1/2 所对应的斜面实际面积计算（实际面积指 1/2 高度下方的部分）；

④ 埋入地下的渗透设施的顶面积不计。

4）蓄积雨水量。入渗系统应设置雨水贮存设施，单一系统储存容积应能蓄存入渗设施内产流历时的最大蓄积水量，并应按公式（9-6）计算：

$$V_s = \max(W_c - \alpha K J A_s t_c) \tag{9-6}$$

式中：V_s——入渗系统的贮存水量（m³）；

W_c——渗透设施进水量（m³）；

t_c——渗透设施设计产流历时（min），不宜大于 120min；

其他参数同上式。

5）渗透设施进水量。渗透设施进水量应按公式（9-7）计算，且不宜大于公式（9-2）计算的日雨水设计径流总量。

$$W_c = [60 \times \frac{q_c}{1000} \times (F_y \psi_c + F_0)]t_c \tag{9-7}$$

式中：W_c——渗透设施进水量（L）；

F_y——渗透设施受纳的汇水面积（hm²）；

F_0——渗透设施的直接受水面积（hm²），埋地渗透设施取为 0；

t_c——渗透设施设计产流历时（min），不宜大于 120min；

ψ_c——雨量径流系数；

q_c——渗透设施设计产流历时对应的暴雨强度 [L/（s·hm²）]，按 2 年重现期计算。

6）渗透弃流井的渗透排空时间应经计算，且不宜超过 24h。

5. 雨水调蓄排放系统的储存设施容积

1）降雨过程中排水时，调蓄排放系统的雨水储存设施容积宜根据设计降雨过程变化曲线和设计出水流量变化曲线经模拟计算确定，资料不足时可按公式（9-8）计算：

$$V_t = \max\left[\frac{60}{1000}(Q - Q')t_m\right] \tag{9-8}$$

式中：V_t——调蓄排放系统雨水贮存设施的贮水量（m³）；

t_m——调蓄池设计蓄水历时（min），不大于 120min；

Q——调蓄池进水流量（L/s）；

Q'——出水管设计流量（L/s），按公式（9-9）确定。

$$Q' = \psi_0' q F \tag{9-9}$$

式中：ψ_0'——控制径流峰值所对应的径流系数，宜取 0.2；

q——暴雨强度 [L/（s·hm²）]，按 2 年重现期计算。

2）当雨后才排空时，调蓄排放系统的雨水储存设施容积应按汇水面雨水设计径流总量 W 取值。

6. 净化处理设施

1）当设有雨水清水池时，净化处理设施处理能力按公式（9-10）计算：

$$Q_y = \frac{W_y}{T} \tag{9-10}$$

式中：Q_y——设施处理能力（m^3/h）；

$\quad W_y$——回用系统的最高日用水量（m^3）；

$\quad T$——雨水处理设施的日运行时间（h），宜取 20～24h。

2）当无雨水清水池和高位水箱时，净化处理设施处理能力应按回用雨水的设计秒流量计算。

【例 9-1】 某小区雨水收集回用系统，设计日降雨量 38.3mm（重现期 2 年），控制径流峰值所对应的径流系数取 0.2。集水面包括：建筑屋面 $2300m^2$（$\psi_1 = 0.9$），道路广场 $13000m^2$（$\psi_2 = 0.8$），绿地 $24000m^2$（$\psi_3 = 0.15$）。则该小区需控制利用的雨水径流总量至少为多少？

【解】 需要控制利用的雨水径流总量计算公式中的 F 为硬化汇水面积，不包括绿地面积。

1）雨量径流综合系数：

$$\psi = \frac{\sum F_i \psi_i}{\sum F_i} = \frac{2300 \times 0.9 + 13000 \times 0.8}{2300 + 13000} = 0.82$$

2）需要控制及利用的雨水径流总量为

$$W = 10(\psi_c - \psi_0)h_y F = 10 \times (0.82 - 0.2) \times 38.3 \times (2300 + 13000) \times 10^{-4} = 363.3 \text{（m^3）}$$

【例 9-2】 某雨水利用工程收集建筑屋面雨水回用，屋面集水面积为 $5000m^2$，雨水蓄水池设于地下室，且设水泵提升排除溢流雨水。则其提升水泵设计流量应为多少？已知：$\psi = 1.0$；屋面（混凝土屋面）雨水排水管道设计重现期 $P = 10a$；当地暴雨强度公式为

$$q = [1386(1 + 0.69 \lg P) / (t + 1.4)^{0.64}] \times 10^{-4}$$

式中：q——降雨强度，$L/(s \cdot m^2)$；

$\quad P$——设计重现期（a）；

$\quad t$——降雨历时（min）。

【解】 1）依据《建筑与小区雨水控制及利用工程技术规范》（GB 50400—2016）第 7.2.5.1 条：当设置自动提升设备排除溢流雨水时，溢流提升设备的排水标准应按 50 年降雨重现期 5min 降雨强度设计，并不得小于集雨屋面设计重现期降雨强度；由此可知，该提升水泵的设计重现期 $P = 50a$，设计降雨历时 $t = 5min$，$\psi = 1.0$。

2）将以上参数代入题中给出的当地暴雨强度公式，得

$$q = [1386(1 + 0.69 \lg P) / (t + 1.4)^{0.64}] \times 10^{-4} = [1386(1 + 0.69 \lg 50) / (5 + 1.4)^{0.64}] \times 10^{-4}$$

$$= 0.0918 \text{ } [L/(s \cdot m^2)]$$

3）屋面雨水设计流量即溢流雨水提升泵设计流量为

$$Q_b = 1.0 \times 0.0918 \times 5000 = 459 \ (\text{L/s})$$

本 章 习 题

1. 雨水利用有哪几种型式？各型式的适用条件是什么？

2. 雨水设计径流总量应如何计算？初期径流弃流量应如何计算？

3. 渗透设施的渗透量应如何计算？有效渗透面积应如何确定？渗透设施产流历时内的蓄积雨水量应如何计算？渗透设施进水量应如何计算？渗透设施的贮存容积应如何计算？

4. 为保证回用雨水使用安全，规范对雨水回用供水系统有哪些安全防护规定？

5. 某小区收集汇水面积 12000m² 非绿化屋面（径流系数 0.9）和 3000 万 m² 碎石路面（径流系数 0.55）的雨水回用，处理后用于绿化。该地区雨水设计日降雨量 100mm，当地规划控制要求建设后不大于该小区建设前自然地面径流系数是 0.3。则控制及利用雨水径流总量是多少？

6. 某小区雨水收集回用系统，设计日降雨量 40mm（重现期 2 年），控制径流峰值所对应的径流系数取 0.2。集水面积包括：建筑屋面 2000m²（$\psi_1 = 0.9$），道路广场 1000m²（$\psi_2 = 0.8$），绿地 20000m²（$\psi_3 = 0.15$）。小区设有渗透井收集利用雨水，土壤渗透系数为 4.05×10^{-4} m/s。求渗透井的有效渗透面积最小为多少？

第 10 章

游泳池给水排水系统

游泳池是人工建造的供人们在水中进行游泳、健身、戏水、休闲等各种活动的不同形状、不同水深的水池。游泳池是竞赛游泳池、热身游泳池、公共游泳池、专用游泳池、多用途游泳池、多功能游泳池、私人游泳池、健身池、休闲游乐池、文艺演出池、放松池和水上游乐池的总称。游泳池的设计应以实用性、经济性、节约水资源、技术先进、环境优美、安全卫生、管理维护方便为原则。

1）竞赛游泳池：用于竞技比赛的游泳池。池子的尺寸、深度及设施均符合相应级别赛事的标准要求，并获得相应赛事体育主管部门或赛事组织者的认可。

2）热身游泳池（又称热身池）：设置在竞赛用游泳池附近的、供参加游泳竞赛的运动员赛前进行适应性准备活动的水池。池子的尺寸、深度应符合相应级别赛事的标准要求，并获得赛事组织者的认可。

3）公共游泳池：设置在社区、企业、学校、宾馆、会所、俱乐部等处的游泳池，以满足该区域、该单位人员使用，也可对社会其他公众有偿开放使用，或为业余比赛、游泳训练和教学服务。

4）专用游泳池：供给运动员训练、专业教学、潜水员训练和特殊用途等行业内部使用，或不向社会公众开放的游泳池。该类游泳池的平面尺寸、深度及形状均根据使用要求确定。

5）私人游泳池：建造在别墅、住宅内非商业用途的水池。只供家庭成员及受邀客人使用，其水池较小，形状多样。

6）多用途游泳池：在同一座水池内既能满足游泳、水球、花样游泳、跳水竞赛和训练要求，且这些项目又不能同时进行使用的游泳池。

7）多功能游泳池：指设有移动分隔墙和可升降池底板，通过该设施可将游泳池调整为具有不同大小及不同水深的游泳区域。

10.1　水质与水温

1. 游泳池的水质

不同用途的游泳池对水质、水温的要求各不相同。游泳池水质应符合国家现行行业标准《游泳池水质标准》（CJ/T 244—2016）的规定；举办重要国际游泳竞赛和有特殊要求的游泳池池水水质，应符合国际游泳联合会及相关专业部门的要求。

2. 原水水质

游泳池的初次充水、换水和运行过程中补充水的水质应符合现行国家标准《生活饮用水卫生标准》（GB 5749—2022）的规定。

游泳池、水上游乐池和文艺演出用水池初次充水、重新换水和池水在使用过程中的补充水应优先采用城镇自来水。当采用地下水（含地热水）、泉水或河（江）水、水库水作为游泳池的初次充水、换水和正常使用过程中的补充水时，其水质也应符合上述规定。

3. 池水水温

1）室内游泳池的池水设计温度，应根据其用途和类型，按表 10-1 选用。

表 10-1 室内游泳池的池水设计温度

序号	游泳池的用途及类型		池水设计温度/℃	备注
1	竞赛类	游泳池	26～28	含标准 50m 长池和 25m 短池
2		花样游泳池		
3		水球池		
4		热身池		
5		跳水池	27～29	—
6		放松池	36～40	与跳水池配套
7	专用类	训练池	26～28	—
8		健身池		
9		教学池		
10		潜水池		
11		俱乐部		
12		冷水池	≤16	室内冬泳池
13		文艺演出池	30～32	以文艺演出要求选定
14	公共类	成人池	26～28	含社区游泳池
15		儿童池	28～30	—
16		残疾人池	28～30	—
17	水上游乐类	成人戏水池	26～28	含水中健身池
18		儿童戏水池	28～30	含青少年活动池
19		幼儿戏水池	30	
20		造浪池	26～30	
21		环流河		
22		滑道跌落池		
23	其他类	多用途池	26～30	—
24		多功能池		—
25		私人泳池		—

2）室外游泳池的池水设计温度，应符合表 10-2 的规定。

表 10-2　室外游泳池的池水设计温度

序号	类型	池水设计温度/℃
1	有加热装置	≥26
2	无加热装置	≥23

10.2　游泳池循环净化给水系统与池水循环方式

游泳池给水系统分直流给水系统和循环净化给水系统。直流给水系统为保证游泳池正常使用中的水质要求，就需要不断地向池内注入新水，则所需水量相当大。这在我国水资源不充足的条件下，水的消耗量难以承受。因此出于节水考虑，游泳池必须采用循环给水的供水方式，并应设置池水循环净化处理系统。

池水循环净化处理系统（又称循环净化水系统）是指将使用过的池水通过管道用水泵按规定的流量从池内或与池子相连通的均（平）衡水池内抽出，利用泵的压力依次送入过滤、加药、加热和消毒等工艺工序设备单元，使池水得到澄清、消毒、温度调节达到卫生标准要求后，再送回相应的池内重复使用的水净化处理系统。

功能性循环给水系统是指为满足水上游乐池游乐设施的运行，需要以所在水池池水作为水源而设置的相应的循环给水系统。如漂流河推动水流和保证滑道戏水者安全设置的润滑水等。

10.2.1　游泳池循环净化给水系统

游泳池循环净化给水系统（简称循环系统）由游泳池附件、管道、循环水泵、净化处理设备、附属构筑物等组成。游泳池循环净化给水系统设置必须满足以下要求：

1）池水循环应保证经过净化处理过的水能均匀地被分配到游泳池、水上游乐池及文艺演出池的各个部位，并使池内尚未净化的水能均匀被排出，回到池水净化处理系统。

2）不同使用要求的游泳池应设置各自独立的池水循环净化处理系统。

3）多座水上游乐池共用 1 套池水循环净化处理系统时，应符合下列规定：

① 水池不宜超过 3 个，且每个水池的容积不应大于 150m³；

② 各水上游乐池不应相互连通；

③ 净化处理后的池水应经过分水器分别设置管道送至不同用途的水上游乐池；

④ 应有确保每座水上游乐池循环水量、水温的措施。

4）水上游乐池的池水循环应符合下列规定：

① 池水循环净化处理系统、游乐设施的功能循环水系统和水景循环水系统均应分开设置；

② 功能循环和水景循环水系统的水源宜取自该游乐设施和水景所在的水池；

③ 水景小品应根据数量、分布位置、水量、水压等情况适当组合成一个或若干个水景功能循环水系统。

10.2.2　池水循环方式

循环方式应使池中的进水均匀分布，在池内不产生急流、涡流、死水区，且回水不产生短流，应使池内各部位水温和消毒剂均匀分布。游泳池循环方式有顺流式池水循环、逆流式池水循环和混合流式池水循环三种方式。

1. 顺流式池水循环方式

顺流式池水循环方式（图10-1）（又称顺流式循环方式）是指游泳池的全部循环水量，经设在池子端壁或侧壁水面以下的给水口送入池内，由设在池底的回水口取回，经净化处理后再送回池内继续使用的水流组织方式。

顺流式池水循环方式特点：池底回水、池壁送水，池四周一般是干的。顺流式池水循环方式优点：投资小、运行简单、维护方便。顺流式池水循环方式缺点：池水表面水质较差。

顺流式池水循环方式适用于公共游泳池、露天游泳池或水上娱乐设施。

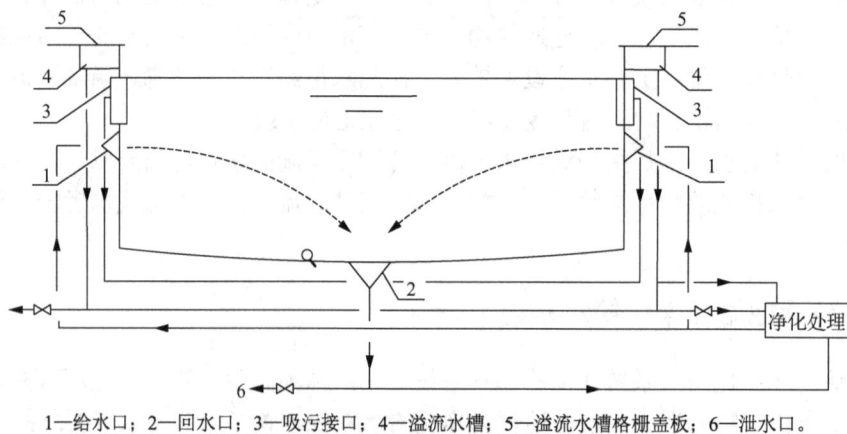

1—给水口；2—回水口；3—吸污接口；4—溢流水槽；5—溢流水槽格栅盖板；6—泄水口。

图 10-1　顺流式池水循环方式

2. 逆流式池水循环方式

逆流式池水循环方式（图10-2）是指游泳池的全部循环水量，经设在池底的给水口或给水槽送入池内，再经设在沿池壁外侧的溢流回水槽取回，进行净化系统处理后再经池底给水口送回池内继续使用的水流组织方式。

逆流式池水循环方式特点：

1）将相当数量的进水口均匀地布置在池底，水流垂直向上，能防止涡流产生。

2）由于是池底均匀向上给水，能有效做到被净化水与未净化的水替换更新，同时能尽快使池表面较脏的水快速溢流到池岸溢流回水沟，并送至池水净化设备；不会出现死水区。

3）池水水位稳定，能做到循环水泵自灌式吸水。如果给水口布置不当，可调节流量范围较小，会在2个给水口水流交界处产生微量积污。池壁四周溢流回水槽回水，池底送水，池四周一般是有水的。

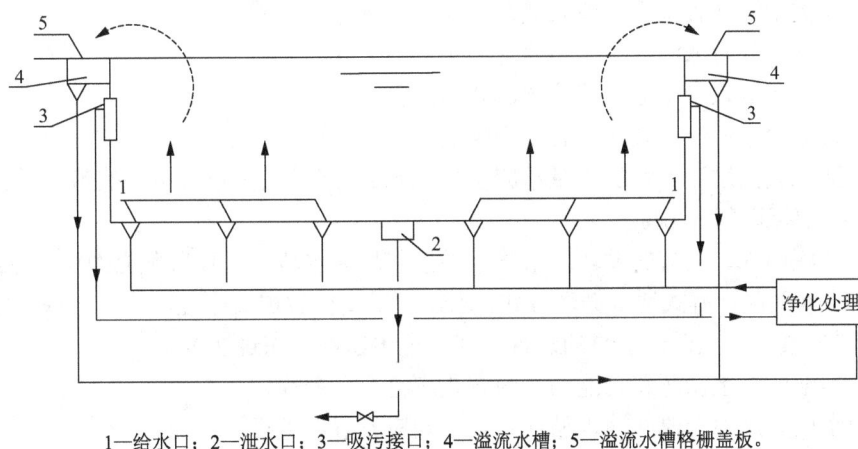

1—给水口；2—泄水口；3—吸污接口；4—溢流水槽；5—溢流水槽格栅盖板。

图 10-2　逆流式池水循环方式

逆流式池水循环方式优点包括有效去除池水表面污物和池底沉积物、流水均匀、避免产生涡流等。

逆流式池水循环方式适用于竞赛游泳池、训练游泳池。

3. 混合流式池水循环方式

混合流式池水循环方式指的是游泳池全部循环水水量由池底给水口送入池内，而将循环水量的 60%～70%，经设在沿池壁外侧的溢流回水槽取回；另外 30%～40%的水量，经设在池底的回水口取回。将这两部分循环水量合并进行净化系统处理后，再经池底给水口送回池内继续使用的水流组织方式。

混合流式池水循环方式特点：

1）具有逆流式池水循环的全部优点；

2）利用水流将池底微量积污冲刷带至池底回水口，最终送至池水净化系统。

混合流式池水循环方式具有综合顺流式和逆流式的优点。

混合流式池水循环方式适用于要求较高的游泳竞赛池、训练池或水上游乐场。

4. 游泳池池水循环方式设计要求

1）池水循环水流组织应符合下列规定：

① 经净化处理后的池水与池内待净化处理的池水应能有序更新、交换和混合；

② 水池的给水口和回水口的布置应使被净化后的水流在池内不同水深区域内分布均匀，不应出现短流、涡流和死水区；

③ 应有利于保持水池周围环境卫生；

④ 应满足池水循环水泵自灌式吸水；

⑤ 应方便循环给水、回水管道及附件、设施或装置的施工安装、维修。

2）池水的循环方式应符合下列规定：

① 竞赛类游泳池、专用类游泳池和文艺演出用水池，应采用逆流式或混合流的池水循环方式；

② 公共类游泳池宜采用逆流式或混合流的池水循环方式；

③ 季节性室外游泳池宜采用顺流式池水循环方式；

④ 水上游乐池宜采用顺流式或混流式池水循环方式。

3）混合流池水循环方式应符合下列规定：

① 从池水表面溢流回水的水量不应小于池水循环流量的 60%，从池底流回的回水量不应大于池水循环流量的 40%；

② 从池底回水口回流的循环回水管不得接入均衡水池，应设置独立的循环水泵。

4）当池水采用顺流式池水循环方式，应在位于安全救护员座位的附近墙壁上安装带有玻璃保护罩的紧急停止循环水泵的装置，其供电电压不应超过 36V。

5）造浪池的池水循环和功能循环的方式应符合下列规定。

① 池水应采用混合流式池水循环方式，并应设置以下设施：

a. 深水区、中深水区应采用在池岸水面位置处设置撇沫器回水口；

b. 室内造浪池在浅水区末端应设置带格栅盖板的回水排水沟；

c. 室外造浪池的浅水区应在末端设置带格栅盖板和填有小粒径卵石的回水排水沟；

d. 室外造浪池距浅水区末端回水排水沟之外不小于 1.0m 处应设置地面雨水截流沟。

② 造浪机房制浪水池应采取防止池水回流淹没机房的措施，并应设置供电、照明、通风及给水排水设施。

6）滑道跌落池的池水循环应符合下列规定：

① 滑道跌落池应采用高沿水池，池水应采用顺流式循环方式；

② 滑道润滑水的水源应采用滑道跌落池池水。

7）环流河的池水循环和功能循环应符合下列规定：

① 环流河应采用高沿水池和顺流式池水循环方式；

② 吸水口和出水口应设置格栅，出水口位置应远离上、下河道的扶梯。

③ 环流河功能循环的推流水泵设计应符合下列规定：

a. 推流水泵的吸水口应设在河道底，吸水口应设格栅盖板且缝隙水流速度不应大于 0.5m/s；

b. 推流水泵出水口应设在河道侧壁靠近河道底部位，其出水口流速不宜小于 3.0m/s；

c. 推流水泵房宜设在河道侧壁外的地下，且泵房应设置配电、照明、通风和排水设施。

10.3 池水循环系统设计

10.3.1 充水与补水

1）游泳池初次充满水所需要的时间应满足竞赛和专用类游泳池不宜超过 48h，休闲用游泳池不宜超过 72h。

2）游泳池运行过程中每日所需补水的水量，应根据池水的表面蒸发、池水排污、游泳者带出池外和过滤设备反冲洗（如用池水冲洗时）所损耗的水量确定；当资料不完备时，可按表 10-3 确定。游泳池和水上游乐池的最小补充水量应保证一个月内池水全部更新一次。

表 10-3　游泳池的每日补充水量

序号	游泳池的用途及类型	游泳池的环境	补水量/%（按水池容积的百分数计）	备注
1	竞赛类和专用类	室内	3～5	含多用途、多功能和文艺演出池
		室外	5～10	
2	公共类和水上游乐类	室内	5～10	
		室外	10～15	
3	儿童幼儿类	室内	不小于 15	
		室外	不小于 20	
4	私人类	室内	3	
		室外	5	

3）游泳池的充水和补水方式应符合下列规定：

① 应通过平（均）衡水池及缓冲池间接向池内充水和补水；

② 当未设置均（平）衡水池时，宜设置补水水箱向池内充水和补水；

③ 充水管、补水管的管口设置应符合现行国家标准《建筑给水排水设计标准》（GB 50015—2019）的规定；

④ 充水管、补水管应设水量计量仪表。

4）当私人游泳池及小型游泳池利用生活饮用水管道直接向池内补水、充水时，应采取防止生活饮用水管道回流污染措施。

10.3.2　设计负荷

1）游泳池的设计负荷应按表 10-4 的规定确定。

表 10-4　游泳池的设计负荷

游泳池水深/m	<1.0	1.0～1.5	1.5～2.0	>2.0
人均池水面积/（m²/人）	2.0	2.5	3.5	4.0

注：① 游泳池包含比赛类、专用类和公共类等；

　　② 本表各项参数不适用于跳水池。

2）水上游乐池的设计负荷应按表 10-5 的规定确定。

表 10-5　水上游乐池的设计负荷

游乐池类型	健身池	戏水池	造浪池	环流河	滑道跌落池
人均游泳面积/（m²/人）	3.0	2.5	4.0	4.0	按滑道形式、高度、坡度计算确定

3）文艺演出池的设计负荷应根据文艺表演工艺确定，且人均水面面积不应小于 4.0m²。

10.3.3　循环周期与循环流量

1. 循环周期

循环周期是指将池水完全更新处理一次所需要的时间。池水循环周期越短，其水净化处理就频繁，水质越有保证，但费用就越高。合理确定循环周期关系到净化设备和管道的规模、池水水质卫生条件、设备性能与成本以及净化系统的效果。因此循环周期是一个重要的设计数据。

1）池水循环净化周期，应根据水池类型、使用对象、游泳负荷、池水容积、消毒剂品种、池水净化设备的效率和设备运行时间等因素，按表 10-6 的规定采用。

表 10-6　游泳池池水循环净化周期

游泳池水上游乐池和文艺演出池分类			使用有效池水深度/m	循环次数/（次/d）	循环周期/h
竞赛类	竞赛游泳池		2.0	8～6	3～4
			3.0	6～4.8	4～5
	水球、热身游泳池		1.8～2.0	8～6	3～4
	跳水池		5.5～6.0	4～3	6～8
	放松池		0.9～1.0	80～48	0.3～0.5
专用类	训练池、健身池、教学池		1.35～2.0	6～4.8	4～5
	潜水池		8.0～12.0	2.4～2	10～12
	残疾人池、社团池		1.35～2.0	6～4.5	4～5
	冷水池		1.8～2.0	6～4	4～6
	私人泳池		1.2～1.4	4～3	6～8
公共类	成人泳池（含休闲池、学校泳池）		1.35～2.0	8～6	3～4
	成人初学池、中小学校泳池		1.2～1.6	8～6	3～4
	儿童泳池		0.6～1.0	24～12	1～2
	多用途池、多功能池		2.0～3.0	8～6	3～4
水上游乐池	成人戏水休闲池		1.0～1.2	6	4
	儿童戏水池		0.6～0.9	48～24	0.5～1.0
	幼儿戏水池		0.3～0.4	>48	<0.5
	造浪池	深水区	>2.0	6	4
		中深水区	2.0～1.0	8	3
		浅水区	1.0～0	24～12	1～2
	滑道跌落池		1.0	12～8	2～3
	环流河（漂流河）		0.9～1.0	12～6	2～4
文艺演出池				6	4

注：① 池水的循环次数按游泳池和水上游乐池每日循环运行时间与循环周期的比值确定；
　　② 多功能游泳池宜按最小使用水深确定池水循环周期。

2）同一游泳池和水上游乐池有两种及两种以上使用水深区域时，池水循环周期应根据不同水深区域按表 10-6 确定。

2. 循环流量

循环流量是计算净化和消毒设备的重要数据，循环流量确定分下列几种情况。

1）池水净化循环系统的循环水流量，应按公式（10-1）计算：

$$q_c = \frac{V \times \alpha_p}{T} \tag{10-1}$$

式中：q_c——水池的循环水流量（m^3/h）；

V——水池等的池水容积（m^3）；

α_p——水池等的管道和设备的水容积附加系数，一般取 $1.05\sim1.10$；

T——水池等的池水循环周期（h），按表 10-6 的规定选用。

2）当不设滑道跌落池而设置滑道跌落延伸水道时，其池水循环净化的循环水量按每条滑道不应小于 $30m^3/h$ 计算确定。

3）滑道润滑水量应按滑道设施专业公司根据滑道形式、长度和数量计算确定。

4）当水上游乐池设置水景小品时，其功能供水量应根据水景小品形式、数量及相应的技术参数计算确定。

10.3.4　循环水泵与管道

1. 循环水泵

1）池水循环净化处理系统的循环水泵、水上游乐设施的功能循环水泵和水景系统的循环水泵应分开设置。

2）池水循环净化处理系统循环工作水泵的选择应符合下列规定：

① 水泵组的额定流量不应小于按公式（10-1）计算出的保证该池池水循环周期所需要的流量。

② 水泵的扬程不应小于吸水池最低水位至泳池出水口的几何高差、循环净化处理系统设备和管道系统阻力损失及水池进水口所需流出水头之和。当采用并联水泵运行时，宜乘以 $1.05\sim1.10$ 的安全系数。

③ 水泵应为高效节能、耐腐蚀、低噪声的泳池离心水泵，并宜采用变频调速水泵。

④ 颗粒过滤器的循环水泵的工作泵不宜少于 2 台，且应设置备用泵，并应能与工作泵交替运行。对于私用泳池及水上游乐池允许个别池子在短时间内停止开放，故可不设备用。

3）水上游乐池游乐设施的功能循环水泵的设置应符合下列规定：

① 供应滑道润滑水的水泵应设置备用水泵，并应能交替运行；

② 环流河的推流水泵按多处设置，并应同时联动运行。

4）水景给水水泵应按多台泵并联运行工况设计，可不设置备用水泵。

5）池水净化循环水泵、游乐设施功能循环水泵及水景循环水泵的设计应符合下列规定：

① 池水为逆流式循环时应靠近均衡水池；池水顺流式循环方式时应靠近游泳池的回水口处或平衡水池。

② 应采用自灌式吸水，当设有均（平）衡水池时，每台水泵应设置独立的吸水管。

③ 每台水泵应配置下列附件：吸水管上应装设可曲挠软接头、阀门、毛发聚集器和真空压力表；出水管上应装设可曲挠软接头、止回阀、阀门和压力表；水泵吸水、出水管上应先安装变径管再安装其他附件；从池底直接吸水的水泵吸水管上应设置专用的防吸附装置；水泵机组和管道应设置减振和降低噪声的装置。

2. 循环管道

1）循环管道设计时，循环给水管道内的水流速度应为 1.5～2.5m/s；循环回水管道内的水流速度应为 1.0～1.5 m/s；循环水泵吸水管内的水流速度应为 0.7～1.2 m/s。

2）循环水管的敷设应符合下列规定：

① 室内的游泳池应沿池体周边设置专用的管廊或管沟，并应设置下列设施：吊装运输管道、阀门及附件的吊装孔或通道、人孔或检修门；检修用的低压照明和排水装置及通风换气装置。

② 当室外游泳池设管廊或管沟有困难时，循环管道宜埋地敷设，并应采取下列措施：采取防止管道受重压损坏、防止产生不均匀沉降损坏及防冰冻的措施；金属管道应采取防腐蚀措施；阀门处应设置套筒。

3）当采用池底给水时，池底配水管的敷设应符合下列规定：

① 配水管敷设在架空池底板下面时，池底板与所在层建筑地面应预留有效高度不小于 1.20m 的管道安装空间。

② 配水管埋设在池底垫层内或沟槽内时，其垫层厚度或沟槽尺寸应符合下列规定：

a. 池长度不大于 25m 时，垫层厚度不宜小于 300mm；沟槽不宜小于 300mm×300mm。

b. 池长度大于 25m 时，垫层厚度不宜小于 500mm；沟槽不宜小于 500mm×500mm。

c. 应采取措施保证配水管在浇筑垫层时不移位、不被损坏。

4）逆流式和混合流式的池水循环净化处理系统中溢流回水槽、回水管的设计应符合下列规定：

① 当溢流回水槽设有多个回水口时，应采用分路等流程布管方式设置溢流回水管；连接溢流回水口的管道应以不小于 0.5% 的坡度坡向均衡水池。

② 溢流回水槽的回水管管径应经计算确定。

③ 接入均衡水池的溢流回水管管底应预留高出均衡水池最高水位不小于 300mm 的空间。

5）池水循环系统的供水和回收管道、阀门和附件的材质应符合下列规定：

① 管道、阀门和附件的材质应卫生无毒、不滋生细菌、耐腐蚀、抗老化、内壁光滑、不易结垢、不二次污染水质、强度高、耐久性好。丙烯腈-丁二烯-苯乙烯共聚（ABS）塑料管耐臭氧性能较差，池水如采用臭氧消毒时，不宜采用此种材质的管道。

② 管材应与管件应相匹配，连接应采用管材专用胶黏剂。

③ 当管径大于 150mm 时，宜选用带齿轮操作的蝶形阀门。

④ 循环给水管、循环回水管和阀门、附件等的公称压力应经计算确定，且不宜小于 1.0MPa。

⑤ 管材、管件、阀门、附件等均应符合现行国家标准《生活饮用水输配水设备及防护材料的安全性评价标准》（GB/T 17219—1998）的规定。

10.3.5 均衡水池、平衡水池与补水水箱

1. 均衡水池

均衡水池（图 10-3）是对采用逆流式、混合流式循环给水系统的游泳池，为保证循环

水泵有效工作而设置的低于池水水面的供循环水泵吸水的水池，其作用是收集池岸溢流回水槽中的循环回水，调节系统水量平衡和储存过滤器反冲洗时的用水，以及间接向池内补水。

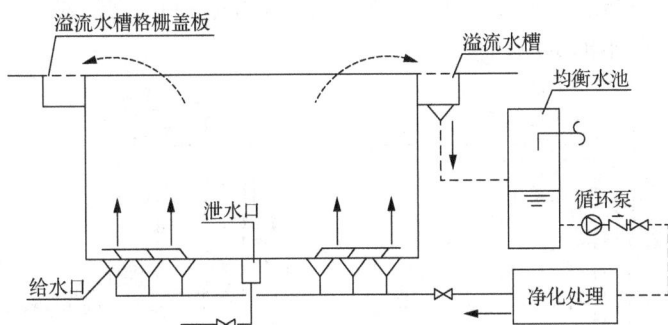

图 10-3　逆流式循环给水系统中的均衡水池

（1）均衡水池设置场所

池水采用逆流式或混合流式循环时，应设置均衡水池。

（2）均衡水池有效容积

均衡水池的有效容积按公式（10-2）、公式（10-3）计算：

$$V_j = V_a + V_d + V_c + V_s \tag{10-2}$$

$$V_s = A_s \cdot h_s \tag{10-3}$$

式中：V_j——均衡水池的有效容积（m^3）；

$\quad\quad V_a$——最大游泳及戏水负荷时每位游泳者入池后所排出水量（m^3），取 $0.06 m^3/$人；

$\quad\quad V_d$——单个过滤器反冲洗时所需水量（m^3）；

$\quad\quad V_c$——充满池水循环净化处理系统管道和设备所需的水量（m^3），当补水量充足时，可不计此容积；

$\quad\quad V_s$——池水循环净化处理系统运行时所需的水量（m^3）；

$\quad\quad A_s$——水池的池水表面面积（m^2）；

$\quad\quad h_s$——池水溢流回水时的溢流水层厚度（m），可取 $0.005\sim0.01m$。

（3）均衡水池的构造设计要求

均衡水池构造的目的是确保溢流回水管是非满流状态，其原因是避免溢流回水槽个别回水口出现吸气所产生的噪声；避免个别溢流回水口因管内气体释放产生向外喷气水所产生的噪声。为满足上述两项要求，均衡水池应低于游泳池、游乐池和文艺演出池水面和满足溢流回水管有足够的坡度。同时均衡水池的构造应符合下列规定：

1）均衡水池应为封闭形，且池内最高水位应低于溢流回水管管底 300mm 以上；

2）均衡水池应设多水位程序显示和控制装置；

3）当补水管管底与池内最高水位的间距不满足现行国家标准《建筑给水排水设计标准》（GB 50015—2019）的规定时，接入均衡水池的补水管上应装设真空破坏器；

4）水池应设检修人孔、水泵吸水坑及有防虫网的溢流管、泄水管、通气管、液位管和超高水位报警装置。

2. 平衡水池

平衡水池（图 10-4）是对采用顺流式循环给水系统的游泳池，为保证池水有效循环和减小循环水泵阻力损失、平衡水池水面、调节水量和间接向池内补水而设置的与游泳池水面相平供循环水泵吸水的水池。

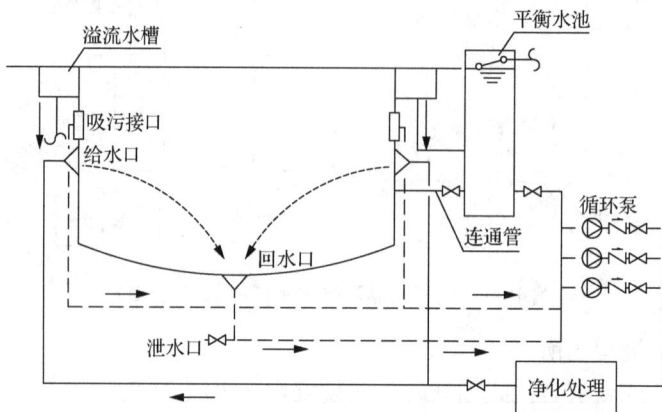

图 10-4 顺流式循环给水系统中的平衡水池

（1）平衡水池设置的场所

以下场所必须设置平衡水池：

1）顺流式池水循环水泵从池底直接吸水时，吸水管过长影响循环水泵汽蚀余量时；

2）多座水上游乐池共用 1 组池水循环净化设备系统时；

3）循环水泵采用自吸式水泵吸水时。

（2）平衡水池的有效容积

平衡水池的有效容积按公式（10-4）计算：

$$V_p = V_d + 0.08q_c \tag{10-4}$$

式中：V_p——平衡水池的有效容积（m^3）；

V_d——单个过滤器反冲洗所需水量（m^3）；

q_c——游泳池的循环水量（m^3/h）。

（3）平衡水池的构造设计要求

平衡水池的构造应符合下列规定：

1）平衡水池应为封闭形，且池内最高水位应与游泳池及水上游乐池的最高水面相平；

2）平衡水池内底表面应低于游泳池及水上游乐池回水管底标高不少于 700mm；

3）游泳池、游乐池补水管应接入该池，补水管口与池内最高水位的间距应符合现行国家标准《建筑给水排水设计标准》（GB 50015—2019）的规定；

4）平衡水池应设有检修人孔、水泵吸水坑及有防虫网的溢水管、泄水管和通气管；

5）平衡水池的有效尺寸应满足施工安装和检修要求。

（4）均衡水池、平衡水池的材质

采用钢筋混凝土材质时，内壁应衬贴或涂刷不污染水质的材质或耐腐涂料。采用金属或玻璃纤维材质时，应保证不变形、不透水、耐腐蚀、寿命长；表面涂料不应污染水质，应光滑，易于清洁；外表面宜设绝热防结露措施。与池水接触的材料应符合现行国家标准《生活饮用水输配水设备及防护材料的安全性评价标准》（GB/T 17219—1998）的规定。

3. 补水水箱

不设置平衡水池、循环水泵直接从游泳池池底回水吸水的顺流式池水循环系统，为防止游泳池的池水回流污染补充水水管内的水质而设置的使补充水间接注入游泳池具有隔断作用的水箱。

（1）补水水箱设置的场所

游泳池、水上游乐池采用顺流式池水循环净化处理系统且不设平衡水池时，应设置补水水箱。补水水箱的出水管应与循环水泵吸水管相连接。

（2）补水水箱的有效容积

1）单纯作补水用途时，补水水箱的有效容积应按计算补水量确定，且不应小于 2.0m³；

2）同时兼做回收溢流水用途时，宜按 10%的池水循环流量计算确定。

（3）补水水箱的设计要求

1）补水水箱进水管管径应按计算的补水量、溢流水流量确定。进水管管底与水箱内最高水位的间距应符合现行国家标准《建筑给水排水设计标准》（GB 50015—2019）的规定。补水箱进水管应装设阀门、水表。补水箱进水管与溢流水进水管宜分开设置。

2）补水水箱仅用于补水用途时，补水水箱出水管应按游泳池、水上游乐池的小时补水量确定；补水水箱兼做溢流水回收用途时，补水水箱出水管应按游泳池、水上游乐池等小时补水量与小时溢流水量之和确定。出水管应装置阀门。当补水水箱水面低于游泳池、水上游乐池水面时，出水管还应装设止回阀。

3）当补水水箱兼做初次和再次充水隔断水箱时，宜另行配置进水管和出水管。

4）补水箱应设置人孔、通气管、溢流管、泄水管及水位计。当水箱有效水深大于 1.5m时，应设内外扶梯。

（4）补水水箱的材质

补水水箱应采用不污染水质、耐腐蚀、不变形和高强度材料，并应符合现行国家标准《生活饮用水输配水设备及防护材料的安全性评价标准》（GB/T 17219—1998）的规定。

10.3.6　给水口、回水口和泄水口

1. 给水口

给水口安装在游泳池、水上游乐池及文艺演出池池壁或池底向池内送水的专用配件。给水口由格栅盖、流量调节装置、扩散喇叭口及连接短管组成。

给水口的数量应按水池的全部循环水流量计算确定。给水口的设置位置应保证池内水流均匀，同时给水口应具有调节出水量的功能。

2. 回水口

回水口（又称主回水口）是安装在游泳池、水上游乐池及文艺演出池池底或池岸溢流回水槽内，设有格栅进水盖板的专用配件。

（1）溢流回水槽内回水口

1）溢流回水槽回水口数量应按公式（10-5）计算：

$$N = 1.5 \times \frac{Q}{q_d} \qquad (10\text{-}5)$$

式中： N——溢流回水槽内回水口数量（个）；

Q——溢流回水槽计算回水量（m³/h），逆流式池水循环净化系统按游泳池的全部循环水量计算，混合流式池水循环净化系统的池水表面溢流回水的水量不应小于池水循环流量的 60%；

q_d——单个回水口流量（m³/h）。

2）设有多个溢流回水口时，单个溢流回水口的接管直径不应小于 50mm，设置间距不宜大于 3.0m。

3）设有安全气浪设施的跳水池溢流回水槽内溢流回水口的总流量应按循环流量的 2 倍计算。

4）应采用有消声措施的溢流回水口。

（2）池底回水口

池底回水口的设置及安装应符合下列规定：

1）应具有防旋流、防吸入、防卡入功能；

2）每座水池的池底回水口数量不应少于 2 个，间距不应小于 1.0m，且回水流量不应小于池子的循环水流量；

3）设置位置应使水池各给水口的水流至回水口的行程一致；

4）应配置水流通过的顶盖板，盖板的水流孔（缝）隙尺寸不应大于 8mm，孔（缝）隙的水流速度不应大于 0.2m/s。

3. 泄水口

泄水口是安装在游泳池池底最低处，能将游泳池、水上游乐池及文艺演出池的池水彻底泄空的专用配件。泄水口的设置应符合下列规定：

1）逆流式池水循环系统应独立设置池底泄水口；

2）顺流式和混流式池水循环系统宜采用池底回水口兼作泄水口；

3）重力式泄水时，泄水管不应与其他排水管道直接连接；

4）泄水口数量宜按泄空时间不宜超过 6h 计算确定，且不应少于 2 个；

5）应设在水池的最低位置处；

6）格栅表面应与池底最低处表面相平。

4. 回水口及泄水口的构造和材质

1）池底成品回水口和泄水口应为喇叭口形式，回收口顶盖应设表面光洁、无毛刺的过水格栅。

2）池底回水口和泄水口的格栅表面积不应小于接管截面积的 6 倍。格栅开孔面积不宜超过格栅表面积的 30%。

3）池底成品回水口和泄水口的格栅盖板材质应与主体材质一致；坑槽式回水口及泄水

口格栅盖板、盖座应采用耐冲击、耐腐蚀、耐老化、不污染水质、不变形和高强度的材料制造。

5. 其他相关构造规定

1）溢流回水沟的设置及过水断面的确定应符合下列规定：

① 沿池岸四周或两侧应紧贴池壁设置，且溢水沟顶应与池岸相平；

② 标准游泳池及跳水池回水沟断面的宽度不应小于 300mm，沟深不应小于 300mm；

③ 溢流回水沟底应有不小于 1%的坡度坡向溢流回水口。

2）顺流式池水循环净化系统的游泳池、水上游乐池及文艺演出池应沿池壁四周或两侧壁池岸设置溢水沟，并应符合下列规定：

① 溢水沟的最小尺寸不宜小于 300mm×300mm；

② 溢水沟内应设溢水排水口，且接管管径不应小于 50mm，间距不宜大于 3.0m，并应均匀布置；

③ 溢水沟底应以 1%的坡度坡向溢水排水口。

3）溢流回水沟和溢水沟的构造应符合下列规定：

① 游泳池向溢流回水沟及溢水沟溢水的溢流堰应保持水平，其标高误差应为 2.0mm；

② 溢流水沟内与游泳池相邻的沟壁与铅垂线由上至下向回水沟内应有 10°～12°的倾斜夹角；

③ 沟内表面应衬贴耐腐蚀、不污染水质、表面光滑、易清洗、不变形、坚固耐用的材料；

④ 沟顶应设可拆卸组合格栅盖板，并应与池岸相平。

10.4　池水净化、消毒与水质平衡

10.4.1　池水净化

池水循环净化工艺流程应根据游泳池用途、设计负荷、过滤器类型、消毒剂种类等因素，并在符合池水水质的要求的前提下经技术经济比较确定。不同用途的游泳池的池水净化处理系统应分开设置。

池水循环净化处理工艺流程应按下列规定选用：

1）采用颗粒过滤介质时，应包括循环水泵、颗粒过滤器、加热和消毒等水净化处理工序，其工艺流程应为：

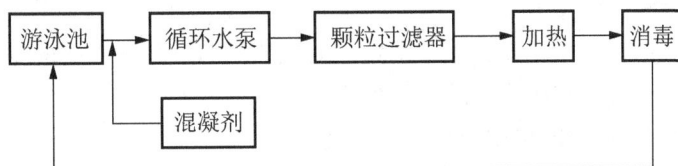

2）采用硅藻土过滤介质时，应包括硅藻土过滤机组、加热和消毒池水净化处理工序，其工艺流程应为：

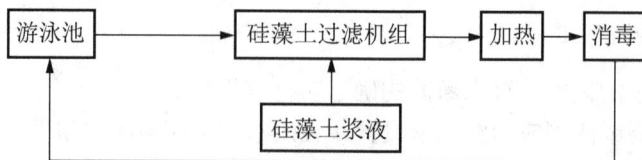

```
┌────────┐      ┌──────────────┐     ┌──────┐     ┌──────┐
│ 游泳池 │ ───→ │ 硅藻土过滤机组 │ ──→ │ 加热 │ ──→ │ 消毒 │
└────────┘      └──────────────┘     └──────┘     └──────┘
    ↑                    ↑
    │              ┌──────────┐
    │              │ 硅藻土浆液 │
    └──────────────┴──────────┘
```

小型游泳池，宜采用一体化过滤设备的池水净化处理设施。池水宜采用最大余氯量消除水藻，不宜采用硫酸铜等重金属盐类化学药品除藻剂。铜离子是重金属，投加过多对人体有害，当池水 pH 值大于 7.4 时，池水会导致头发、池面变色，所以不推荐采用。

1. 预净化设备（毛发聚集器）

1）池水在进行过滤净化之前，应先经过毛发聚集器对池水进行预净化。

2）毛发聚集器应安装在每台循环水泵的吸水管上；当循环水泵与毛发聚集器为一体化设备时，不应重复安装；当循环水泵无备用泵时，宜设置备用过滤筒（网框）。

3）毛发聚集器的构造和材质应符合下列规定：

① 内部过滤筒（网框）孔眼（网眼）的总面积不应小于进水管接管道截面面积的 2 倍，并应符合下列规定：采用过滤筒时，孔眼直径不应大于 3.0mm；采用网框时，网眼不应大于 15 目；过滤筒（网框）的材质应耐腐蚀、不变形。

② 毛发聚集器外壳构造应简单。采用碳钢、铸铁材质时，内外表面应进行防锈蚀处理；顶盖应开启、关闭灵活方便，并宜设透明观察窗；同时应设有排气装置，并宜装真空压力表。

③ 毛发聚集器的耐压不应小于 0.40MPa。

2. 过滤器

池水过滤器是池水循环净化处理系统中的核心工艺设备单元之一。过滤器对降低池水浑浊度，提高池水透明度起到至关重要的作用。池水过滤器的过滤效率应高效，过滤精度应确保滤后出水水质稳定。池水过滤器内部配水、布水均匀，不应产生短流。池水过滤器应选用体积小、安装方便、操作简单、反冲洗水量小的设备。池水过滤设备应设置过滤参数实时在线监测控制装置，并应采用运行高效、节能、节水、安全可靠、材质耐腐蚀的产品。

过滤器可不设备用，每座大、中型游泳池的过滤设备不应少于 2 台，其总过滤能力不应小于 1.10 倍的池水循环水量。其中大、中型游泳池指池水的总水容积等于或大于 200m³ 的游泳池。

（1）压力式颗粒过滤器

压力式颗粒过滤器是指在设计压力下使被处理的水通过装有单层或多层颗粒过滤器介质，去除水中悬浮杂质达到净化水的密闭容器。

1）压力式颗粒过滤器的选用应符合下列规定：

① 立式过滤器的直径不应超过 2.40m；卧式过滤器的直径不应小于 2.20m，且过滤面积不应超过 10.0m²。

② 过滤器的工作压力不应小于池水循环净化系统工作压力的 1.5 倍；非金属过滤器的

耐热温度不应小于 50℃。

③ 过滤器的外壳材质、内部和外部的配套附件的材质应耐腐蚀、不透水、不变形和不污染水质，并符合现行行业标准《游泳池用压力式过滤器》（CJ/T 405—2012）的规定。

④ 过滤器内的支承层底部不应产生死水区。

2）压力过滤器过滤流量的计算。压力过滤器过滤流量，按公式（10-6）计算：

$$Q = n \cdot A \cdot v \qquad (10\text{-}6)$$

式中：Q——压力过滤器过滤流量（m³/h）；

　　　n——压力过滤器的个数；

　　　A——单个压力过滤器的面积（m²）；

　　　v——压力过滤器的过滤速度（m/h），按表 10-7 选用。

表 10-7　滤料层组成、有效厚度和过滤速度

滤料层组成	滤料层材质及特征	粒径/mm	不均匀系数 K_{80}	厚度/mm	过滤速度/（m/h）
单层滤料	均质石英砂	$D_{min}=0.45$ $D_{max}=0.55$	<1.6	≥700	15～25
		$D_{min}=0.40$ $D_{max}=0.60$	<1.4		
		$D_{min}=0.60$ $D_{max}=0.80$			
双层滤料	无烟煤	$D_{min}=0.85$ $D_{max}=1.60$	<2.0	>350	14～18
	石英砂	$D_{min}=0.50$ $D_{max}=1.00$			
多层滤料	无烟煤	$D_{min}=0.85$ $D_{max}=1.60$	<1.70	>350	20～30
	石英砂	$D_{min}=0.50$ $D_{max}=0.85$		>600	
	重质矿石	$D_{min}=0.80$ $D_{max}=1.20$		>400	

（2）硅藻土过滤器

硅藻土过滤器能滤除不小于 2μm 的污染颗粒，同时能滤除大肠菌、隐孢子虫、贾第鞭毛虫等细菌、病毒，出水清澈透明、出水水质好，可达到 0.1NTU。

由于池水与人体接触紧密，为保证游泳者的健康，规定游泳池采用的硅藻土应为食品级的产品。游泳池过滤池水用硅藻土的卫生要求和物理化学特性应符合国家现行标准《食品安全国家标准　硅藻土》（GB 14936—2012）的规定。

硅藻土过滤器的过滤速度宜为 5～10m/h。采用硅藻土过滤器的游泳池的池水循环净化处理系统中配置的硅藻土过滤器不应少于 2 组，总过滤能力宜为 1.05～1.10 倍循环流量。

（3）负压颗粒过滤器

负压颗粒过滤器（又称真空过滤器）是将需要处理的水自流送入装有颗粒过滤介质的容器，通过设在过滤介质底部的集配水系统将过滤介质表面需要净化的水经水泵抽吸使其经过过滤介质达到去除水中杂质的水过滤器。

负压颗粒过滤器的滤料应采用均质石英砂；负压颗粒过滤器应采用中阻力配水系统；负压过滤器的循环水泵吸水高度不应小于 0.06MPa。

3. 有机物降解器

有机物降解器是将需要处理的池水送入以活性炭、石英砂（或陶粒）作为载体，对池水中的尿素等有机物进行生物降解并予以去除的密闭容器。

1）游泳池有机物降解器在池水循环净化系统中，应设置在过滤器之后加热设备之前，生物降解器的出水应回流至过滤器之前。有机物降解器工艺流程应为：

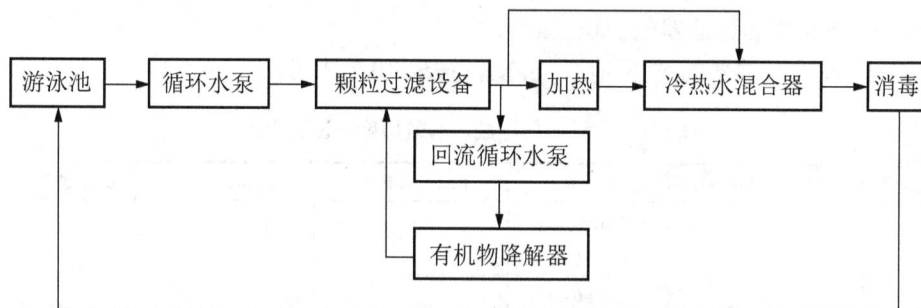

2）有机物降解器按旁流量设计，旁流量应根据游泳负荷按池水容积的 2%～10%计算确定。

3）有机物降解过滤器采用活性炭—石英砂组合过滤层，并应符合下列规定：

① 池水在生物降解器中的停留时间不应少于 3min；

② 活性炭应符合现行国家标准《煤质颗粒活性炭 净化水用煤质颗粒活性炭》（GB/T 7701.2—2008）或《木质净水用活性炭》（GB/T 13803.2—1999）的规定；

③ 活性炭滤层的有效厚度不宜小于 1000mm，石英砂层的厚度不宜小于 150mm；

④ 水流速度应控制在 5～10m/h 范围内；

⑤ 采用水冲洗，每 90～180d 反冲洗一次，冲洗持续时间宜为 3～5min。

10.4.2　池水消毒

游泳池的循环水净化处理系统中必须设有池水消毒工艺。消毒剂的基本要求是消毒能力强、有持续杀菌能力；不改变池水水质；对人体无刺激或刺激性很小；对管道、设备等无腐蚀或腐蚀性很小；费用低。

常用消毒剂有臭氧、氯及其制品、紫外线等。除紫外线消毒外，其他消毒剂均应采取湿式投加消毒方式。投加点应有消毒剂液与水充分混合的装置；不同消毒剂或化学药剂不能合用一个投加系统，以防发生安全事故。

1. 臭氧

臭氧是非常好的高效杀菌剂和氧化剂，但无持续消毒能力。

1）臭氧的消毒方式、工艺工序及设备、装置配置应符合下列规定：

① 臭氧消毒系统应辅以长效消毒剂系统。

② 竞赛类游泳池及公共类游泳池的消毒工艺应在池水过滤工序之后加热工序之前设

置，宜采用全流量半程式臭氧消毒工艺，其工艺流程应为：

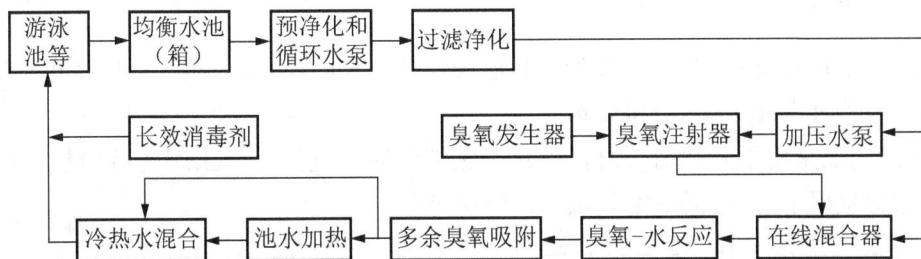

```
游泳      均衡水池    预净化和
池等  →  （箱）  →  循环水泵  →  过滤净化 ─────────────────────┐
 ↑                                                          │
 │      长效消毒剂        臭氧发生器 → 臭氧注射器 ← 加压水泵 ←─┤
 │          ↓                    ↓                           │
 └─ 冷热水混合 ← 池水加热 ← 多余臭氧吸附 ← 臭氧-水反应 ← 在线混合器 ←┘
```

③ 游泳负荷稳定的游泳池和原有游泳池增设臭氧消毒时，消毒工艺流程宜在池水过滤净化工序之后加热工序之前设置，宜采用分流量全程式臭氧消毒工艺，其工艺流程应为：

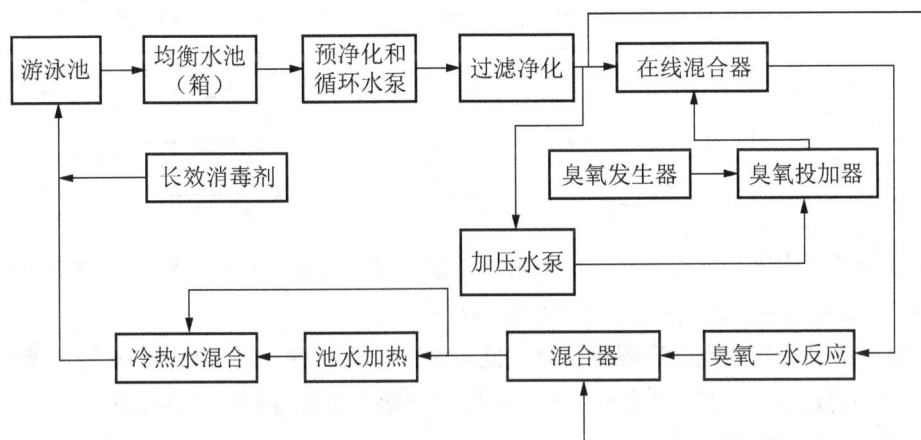

```
游泳池 → 均衡水池 → 预净化和 → 过滤净化 → 在线混合器
 ↑        （箱）     循环水泵
 │
 │    长效消毒剂            臭氧发生器 → 臭氧投加器
 │
 │                         加压水泵
 │
 └─ 冷热水混合 ← 池水加热 ← 混合器 ← 臭氧—水反应
```

2）臭氧的投加应采用负压方式投加在水过滤器滤后的循环水中；同时应采用全自动控制投加系统，并应与循环水泵连锁。

2. 氯

用于游泳池的氯消毒剂应选用有效氯含量高、杂质少、对健康危害小的氯消毒剂。氯消毒剂应投加在过滤器过滤后的循环水中，其氯消毒剂的消耗量应按下列规定计算确定：

1）当以臭氧消毒为主时，池水中余氯量应按 0.3～0.5mg/L（有效氯计）计算；

2）当以氯消毒为主时，池水中余氯量应按 0.5～1.0mg/L（有效氯计）计算；

3）池水中的余氯含量要保持在游离性余氯在 0.3～1.0mg/L，化合性余氯小于 0.4mg/L。

严禁采用将氯消毒剂直接注入游泳池内的投加方式。游泳池、水上游乐池和文艺演出池的池水中采用氯制品消毒剂时，应采用湿式投加方式：即将片状、粉状消毒剂先溶解成液体，再用计量泵抽吸将其送入池水净化设备加热工艺工序后的循环水管道内与水充分混合后送入游泳池内。氯制品消毒剂的投加应采用全自动投加，加氯所用管道、阀门和附件均应为耐氯腐蚀材质。氯制品消毒剂的投加房间应有良好的通风、照明及急救防护装置。

3. 紫外线消毒

池水采用紫外线消毒时，必须配合其他长效消毒剂同时使用。为了保护婴儿的皮肤，婴儿亲水池不再增设其他长效消毒单元。

1）游泳池采用紫外线消毒时，消毒工艺流程应在过滤净化工序之后加热工序之前设置，并应采用全流量工序设备，其工艺流程应为：

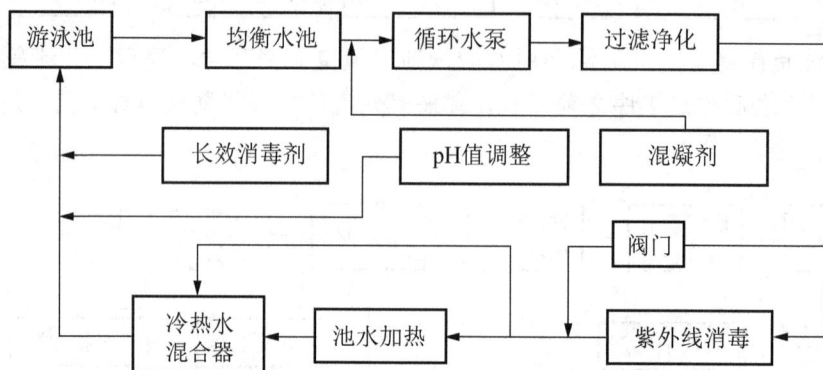

```
┌──────┐   ┌────────┐   ┌────────┐   ┌────────┐
│ 游泳池 │──▶│ 均衡水池 │──▶│ 循环水泵 │──▶│ 过滤净化 │
└──────┘   └────────┘   └────────┘   └────────┘

┌────────┐   ┌────────┐   ┌────────┐
│ 长效消毒剂 │   │ pH值调整 │   │ 混凝剂 │
└────────┘   └────────┘   └────────┘

                        ┌──────┐
                        │ 阀门 │
                        └──────┘

┌──────┐   ┌────────┐   ┌──────────┐
│ 冷热水 │◀─│ 池水加热 │   │ 紫外线消毒 │
│ 混合器 │   └────────┘   └──────────┘
└──────┘
```

2）游泳池采用紫外线消毒时，宜采用中压紫外灯消毒器，室内池紫外线剂量不应小于 $60mJ/cm^2$；露天池紫外线剂量不应小于 $40mJ/cm^2$。

3）紫外线消毒器的安装应保证水流方向与紫外灯管长度方向平行，使水流被紫外线充分照射，并应预留更换灯管和检修空间。采用多个紫外线消毒器时应并联连接。

4）紫外线消毒器的出水口应设置安全过滤器。紫外线消毒器石英玻璃套管容易破裂，过滤器内的网眼不大于 $250\mu m$。由于过滤网眼较小，其阻力损失较大，所以在计算循环水泵扬程时，此项阻力不可忽视。

10.4.3 水质平衡

为使池水水质符合标准规定而向池中投加一定浓度的化学药品溶液，使池水保持既不析出沉淀结垢，又不产生腐蚀性和溶解水垢的中间状态。水质平衡设计就是在恒定的池水温度条件下，向池水中投加相应的化学药品，调整池水的 pH 值、总碱度、钙硬度、水温和溶解性总固体等参数，从而使其达到最佳范围。

游泳池应进行水质平衡设计。水质平衡设计应使池水的 pH 值应控制为 7.2～7.8；池水的总碱度应控制在 60～200mg/L；池水的钙硬度应控制为 200～450mg/L；池水的溶解性总固体不应超过原水的溶解性总固体 1000mg/L。

池水水质平衡使用的化学药品应对人体健康无害，且不应对池水产生二次污染，同时能快速溶解，且方便检测，并符合当地卫生监督部门的规定。

10.5　排 水 系 统

1. 池岸清洗排水

游泳池、水上游乐池及文艺演出水池应设清洁池岸排水设施，并应符合下列规定：清洗池岸的排水不得排入逆流和混流式游泳池的溢流回水槽。逆流和混流式游泳池池岸清洗排水应在池岸外侧另设独立的排水系统。设有观众看台的游泳池应沿看台墙设置排水沟；无观众看台的游泳池应沿建筑墙设置排水沟，且不应与其他排水系统直接连接。排水沟宜选用线性排水沟，且池岸应以不小于 0.5% 的坡度坡向排水沟或排水收集装置。

露天游泳池及水上游乐池的池岸排水应沿围护栏设置排水沟，并应符合下列规定：排水沟的断面尺寸应考虑受水面积内的雨水量；雨水量应按工程总图设计重现期计算；排水沟排水应接入工程地块内的雨水管道或雨水回用系统。当接入雨水排水系统时，应采取防止雨水系统回流污染的措施。

2. 游泳池泄水

游泳池等应设置紧急泄水系统，泄水时间不应超过 6h。设在地面层以上的游泳池，当池水换水或池体检修泄水时，可采用重力泄水方式排至雨水排水管道，并应设置防止雨水倒灌的措施。利用循环水泵压力泄水时，循环水泵应设置不经过水处理设备的超越管接至室外雨水排水系统。当池水排放至天然水体时，应按当地卫生监督部门、环境保护部门的规定排放标准进行处理后排放。经无害化处理后的池水可排至小区或城市雨水管道。当因池水出现传染性病毒、致病微生物而泄水时，应按当地卫生监督部门的要求，对池水进行无害化处理后，方可排放。

3. 其他排水

硅藻土的反冲洗排水宜将硅藻土回收后的排水作为中水原水予以回收利用。供游泳者泳前及泳后的淋浴废水宜作为中水原水进行回收利用。清洗化学药品、设备等的废水，应与其他排水进行中和、稀释或处理后，再排入排水管道。

【例 10-1】　某专业游泳池，平面尺寸为 6m×20m。水深为 1.5m，循环水采用 2 台可逆式硅藻土过滤器过滤。则一次反冲洗至少需要多少水量？

【解】　该游泳池的循环流量：$q_c = \dfrac{V \times \alpha_P}{T}$，求最小，$\alpha_p = 1.05$，$T_p$ 取 4h，$q_c = \dfrac{6 \times 20 \times 1.5 \times 1.05}{4} = 47.25$（$m^3/h$）。

根据《游泳池给水排水工程技术规程》（CJJ 122—2017）第 5.6.4 条：其总过滤能力不应小于 1.05 倍的池水循环水量。单个过滤器过滤能力：

$$Q_{单个} = \frac{47.25 \times 1.05}{2} = 24.81（m^3/h）$$

根据《游泳池给水排水工程技术规程》（CJJ 122—2017）第 5.6.3 条：

$$A_{\min} = \frac{Q}{v} = \frac{24.81}{10} = 2.48 \ (\text{m}^2)$$

查《游泳池给水排水工程技术规程》(CJJ 122—2017)第 5.6.5-2 条：反冲洗水量为

$$V = 0.06 \times qAT = 0.06 \times 1.4 \times 2.48 \times 1 = 0.21 \ (\text{m}^3)$$

【例 10-2】 建设 1 座公共游泳池，池长 50m，池宽 25m，有效水深 1.5m，最大承载的游泳者人数为 250 人。采用单层石英砂均质滤料过滤系统（滤速为 25m/h），设置 3 个相同的钢制压力滤罐净化池水，采用气水反冲洗，其中水的冲洗强度及持续时间分别为 8 [L/(s·m²)]、5min。游泳池补水量充分。设置一座平衡水池供水泵吸水，则平衡水池的最小有效容积应为多少？

【解】 根据《游泳池给水排水工程技术规程》(CJJ 122—2017)第 4.8.1-2 条：

$$V_p = V_d + 0.08q_c$$

$$q_c = \frac{V \times \alpha_p}{T}$$

$$q_c = \frac{50 \times 25 \times 1.5 \times 1.05}{4} = 492.19 \ (\text{m}^3/\text{h})$$

根据《游泳池给水排水工程技术规程》(CJJ 122—2017)第 5.2.2 条：每座大、中型游泳池的过滤设备不应少于 2 台，其总过滤能力不应小于 1.10 倍的池水循环水量：

$$A_{\text{单min}} = \frac{Q}{v} = \frac{492.19 \times 1.1}{3 \times 25} = 7.22 \ (\text{m}^2)$$

则

$$V_d = qAT = 7.22 \times 8 \times 5 \times 60 = 17\,328(\text{L}) = 17.33 \ (\text{m}^3)$$

$$V_p = 17.33 + 0.08 \times 492.19 = 56.71 \ (\text{m}^3)$$

【例 10-3】 建设 1 座公共游泳池，池长 50m，池宽 20m，有效水深 1.5m，最大承载的游泳者人数为 250 人。采用单层石英砂均质滤料过滤系统，设置 3 个相同的钢制压力滤罐净化池水，采用气水反冲洗，其中水的冲洗强度及持续时间分别为 8 [L/(s·m²)]、5min。设置 1 座均衡水池供水泵吸水，则均衡水池的最小有效容积应为多少？

【解】 根据《游泳池给水排水工程技术规程》(CJJ 122—2017)第 4.8.1-1 条：

$$V_j = V_a + V_d + V_c + V_s$$

$$V_a = 250 \times 0.06 = 15 \ (\text{m}^3)$$

$$q_c = \frac{V \times \alpha_p}{T}$$

$$q_c = \frac{50 \times 20 \times 1.5 \times 1.05}{4} = 393.75 \ (\text{m}^3/\text{h})$$

根据《游泳池给水排水工程技术规程》(CJJ 122—2017)第 5.2.2 条：每座大、中型游泳池的过滤设备不应少于 2 台，其总过滤能力不应小于 1.1 倍的池水循环水量：

$$A_{\text{单min}} = \frac{Q}{v} = \frac{393.75 \times 1.1}{3 \times 25} = 5.78 \ (\text{m}^2)$$

则

$$V_d = qAT = 5.78 \times 8 \times 5 \times 60 = 13\,872 \ (\text{L}) = 13.87 \ (\text{m}^3)$$

根据题意该游泳池补水充分，所以

$$V_c = 0 \text{；} V_s = A_s \times h_s = 50 \times 20 \times 0.005 = 5 \text{（m}^3\text{）}$$

$$V_j = 15 + 13.87 + 0 + 5 = 33.87 \text{（m}^3\text{）}$$

本 章 习 题

1. 游泳池池水循环方式有几种？对应的优缺点及适用场所分别是什么？

2. 池水补水、充水有哪些规定？池水循环周期及循环流量如何确定？池水循环水泵的相关设计参数及要求如何确定？

3. 均衡水池、平衡水池、补水水箱基本概念是什么？分别设置在哪些场所？相关的容积怎么确定？

4. 游泳池池水净化基本规定是什么？其基本流程是什么？毛发聚集器、过滤器、有机物降解器、消毒的设计要求是什么？

5. 某竞赛游泳池，平面尺寸为 50m×25m，水深为 2.0m，采用逆流式循环方式，单个回水口的流量为 50m³/h，则至少需要设置多少个回水口？

6. 某游泳池平面尺寸为 50m×25m，平均水深为 1.6m，采用石英砂过滤，滤速为 20m/h，循环周期 8h 选用 3 台过滤罐，其反冲洗强度为 15 [L/（s·m²）]，反冲洗时间 5min。则一次反冲洗至少需要多少水量？

7. 某室内游泳池循环水流量为 550m³/h，循环水过滤拟采用 4 个立式压力滤罐，其滤料采用单层石英砂，粒径为 0.5～0.85mm，滤层厚度为 800mm，取滤速为 20m/h。单个压力滤罐的直径应为多少？

8. 某室外儿童游泳池的池水面积为 150m²，平均有效水深为 0.8m，设补水水箱补水，且泳池循环水泵从补水水箱中吸水加压至净化处理设施进行净化处理。则该补水水箱的最小有效容积应不小于多少？

第 11 章

建筑与小区集中饮水供应

集中饮水供应系统根据供水水温和水处理方法不同,分为管道直饮水系统和开水供应系统。采用何种系统应根据当地的生活习惯和建筑物的使用性质确定。管道直饮水系统是原水经过深度净化处理达到标准后,通过管道供给人们直接饮用的供水系统。开水供应系统是将原水经开水器煮沸后供饮用,开水计算温度应按 100℃ 计算。

管道直饮水系统和开水供应系统的原水均是未经深度净化处理的生活饮用水或与生活饮用水水质相近的水。

11.1 管道直饮水系统

11.1.1 系统选择与供水方式

1)建筑与小区管道直饮水系统必须独立设置,不得与市政或建筑供水系统直接连接,以保证饮水水质安全。

2)管道直饮水系统中建筑物内部和外部供回水系统的形式应根据小区总体规划和建筑物性质、规模、高度以及系统维护管理和安全运行等条件确定。可采用集中供水系统或分片区供水系统或在一幢建筑物中设一个或多个供水系统,以保证供水和循环回水的合理性和安全性。

3)建筑与小区管道直饮水系统供水采用变频调速泵供水系统(图 11-1),调速泵可兼作循环泵。如采用处理设备置于屋顶的水箱重力式供水系统(图 11-2),系统应设循环泵。

4)高层建筑管道直饮水供水应竖向分区。住宅各分区最低饮水嘴处的静水压力不宜大于 0.35MPa,公共建筑各分区最低饮水嘴处的静水压力不宜大于 0.40MPa。各分区最不利饮水嘴的水压应满足用水水压的要求。

5)居住小区集中供水系统可在净水机房内设分区供水泵或设不同性质建筑物的供水泵,或在建筑物内设减压阀竖向分区供水。具体如图 11-3 所示。

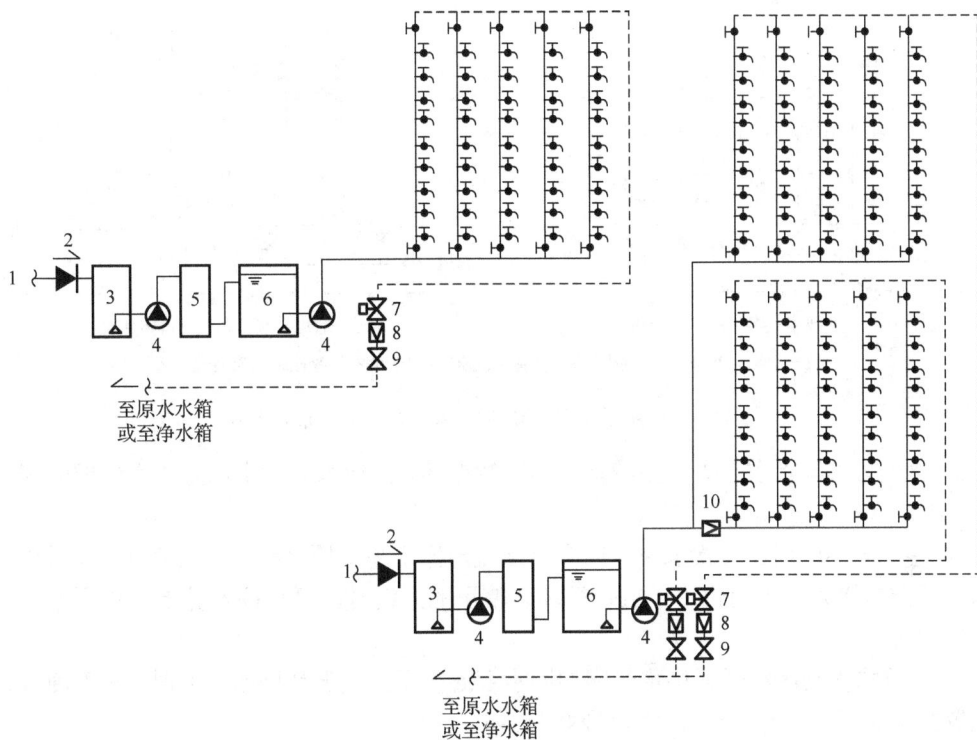

1—城市供水；2—倒流防止器；3—预处理；4—水泵；5—膜过滤；6—净水箱（消毒）；

7—电磁阀；8—可调式减压阀；9—流量调节阀（限流阀）；10—减压阀。

图 11-1   变频调速供水泵系统

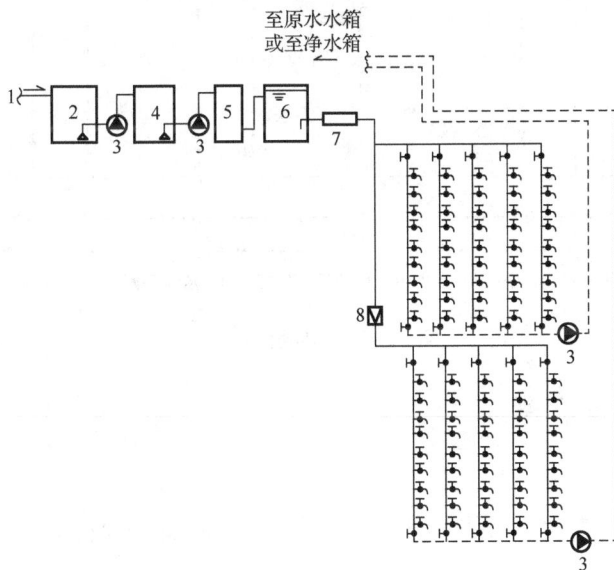

1—城市供水；2—原水水箱；3—水泵；4—预处理；5—膜过滤；6—净水水箱；7—消毒器；8—减压阀。

图 11-2   屋顶水箱重力供水系统

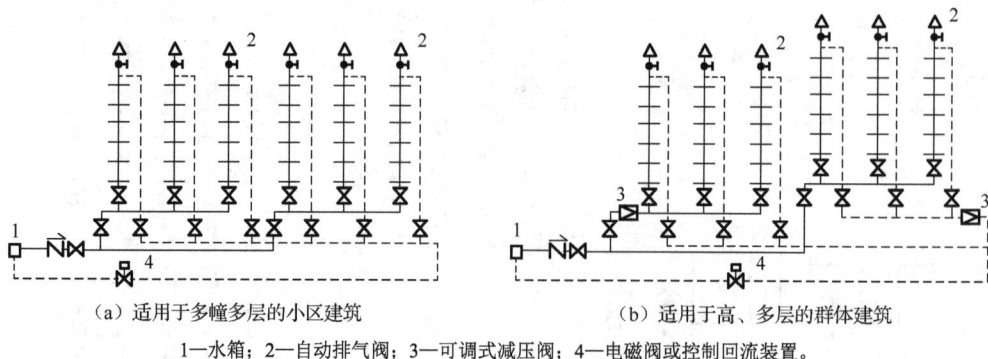

（a）适用于多幢多层的小区建筑　　　　　　　　（b）适用于高、多层的群体建筑

1—水箱；2—自动排气阀；3—可调式减压阀；4—电磁阀或控制回流装置。

图 11-3　适用于小区直饮水管网的集中供水布置形式

6）建筑与小区管道直饮水系统宜采用定时循环，供配水系统中的直饮水停留时间不应超过 12h。

7）建筑与小区管道直饮水系统回水宜回流至净水箱或原水水箱。回流到净水箱时，应在消毒设施前接入。采用供水泵兼作循环泵使用的系统时，循环回水管上应设置循环回水流量控制阀。

8）建筑物内高区和低区供水管网的回水管连接至同一循环回水干管时，高区回水管上应设置减压稳压阀，并应保证各区管网的循环。

9）居住小区集中供水系统中，每幢建筑的循环回水管接至室外回水管之前宜采用安装流量平衡阀等措施。

10）建筑与小区管道直饮水应设循环管道，供、回水管网应同程布置（图 11-4）。

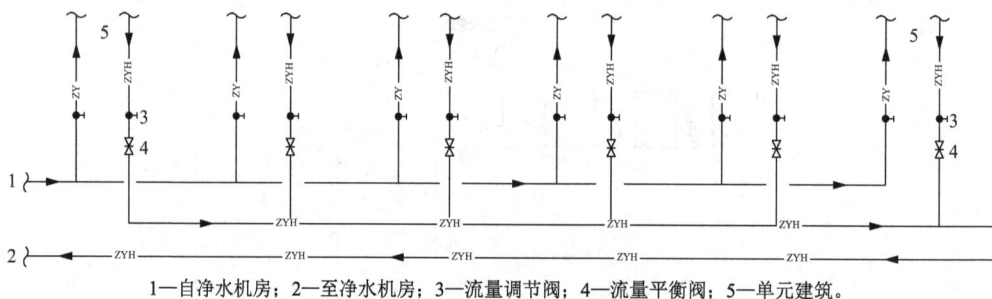

1—自净水机房；2—至净水机房；3—流量调节阀；4—流量平衡阀；5—单元建筑。

图 11-4　全循环同程系统

11.1.2　水质和饮水定额

1. 水质

建筑与小区管道直饮水系统用户端的水质应符合现行行业标准《饮用净水水质标准》（CJ/T 94—2005）的规定。

2. 饮水定额

1）管道直饮水主要用于居民饮用、煮饭烹饪，最高日直饮水定额按表 11-1 采用。

表 11-1　最高日直饮水定额

用水场所	单位	最高日直饮水定额
住宅楼、公寓	L/（人·d）	2.0～2.5
办公楼	L/（人·班）	1.0～2.0
教学楼	L/（人·d）	1.0～2.0
旅馆	L/（床·d）	2.0～3.0
医院	L/（床·d）	2.0～3.0
体育场馆	L/（观众·场）	0.2
会展中心（博物馆、展览馆）	L/（人·d）	0.4
航站楼、火车站、客运站	L/（人·d）	0.2～0.4

注：① 本表中定额仅为饮用水量；

　　② 经济发达地区的居民住宅楼可提高至 4～5L/（人·d）；

　　③ 最高日直饮水定额亦可根据用户要求确定。

2）管道直饮水系统的管道直饮水水嘴额定流量宜为 0.04～0.06L/s，最低工作压力不得小于 0.03MPa。

11.1.3　管道直饮水配水管道的瞬时高峰用水量

瞬时高峰用水量（或流量）是指用水量最集中的某一时段内，在规定的时间间隔内的平均流量。水嘴使用概率是指用水高峰时段，水嘴相邻两次用水期间，从第一次放水开始到第二次放水结束的时间间隔内放水时间所占的比率。

1）居住类及办公类建筑，管道直饮水配水管中的瞬时高峰用水量，应按公式（11-1）计算：

$$q_s = q_0 m \tag{11-1}$$

式中：q_s——计算管段的瞬时高峰用水量（L/s）；

　　　　q_0——直饮水专用水嘴额定流量（L/s），宜为 0.04～0.06L/s；

　　　　m——计算管段上瞬时高峰用水时水嘴使用数量，当计算管段上的水嘴数量 $n \leqslant 24$ 时，m 值按表 11-2 选用；$n > 24$ 时，m 按表 11-3 取值；水嘴同时使用概率按公式（11-2）计算：

$$p = \frac{\alpha Q_d}{1800 n q_0} \tag{11-2}$$

式中：p——水嘴使用概率；

　　　　n——水嘴数量；

　　　　α——经验系数，住宅楼、公寓取 0.22；办公楼、会展中心、航站楼、火车站、客运站取 0.27；教学楼、体育馆取 0.45；旅馆、医院取 0.15；

　　　　Q_d——系统最高日直饮水量（L/d）；

　　　　q_0——水嘴额定流量（L/s），取 0.04～0.06L/s。

表 11-2 计算管段上的水嘴数量 $n \leqslant 24$ 时的 m 值

水嘴数量 n/个	1	2	3~8	9~24
使用数量 m/个	1	2	3	4

表 11-3 计算管段上直饮水水嘴数量 $n>24$ 时的 m 值

n	不同水嘴使用概率$(p)_下$的 m 值																		
	0.010	0.015	0.020	0.025	0.030	0.035	0.040	0.045	0.050	0.055	0.060	0.065	0.070	0.075	0.080	0.085	0.090	0.095	0.10
25	—	—	—	—	—	4	4	4	4	5	5	5	5	5	6	6	6	6	6
50	—	—	4	4	5	5	6	6	6	7	7	7	8	8	9	9	9	10	10	10
75	—	4	5	6	6	7	8	8	9	9	10	10	11	11	12	13	13	14	14
100	4	5	6	7	8	8	9	10	11	11	12	13	13	14	15	16	16	17	18
125	4	6	7	8	9	10	11	12	13	13	14	15	16	17	18	19	20	21
150	5	6	8	9	10	11	12	13	14	15	16	17	18	19	20	21	22	23	24
175	5	7	8	10	11	12	14	15	16	17	18	20	21	22	23	24	25	26	27
200	6	8	9	11	12	14	15	16	18	19	20	22	23	24	25	27	28	29	30
225	6	8	10	12	13	15	16	18	19	21	22	24	25	27	28	29	31	32	34
250	7	9	11	13	14	16	18	19	21	23	24	26	27	29	31	32	34	35	37
275	7	9	12	14	15	17	19	21	23	25	26	28	30	31	33	35	36	38	40
300	8	10	12	14	16	18	21	22	24	25	28	30	32	34	36	37	39	41	43
325	8	11	13	15	18	20	22	24	26	28	30	32	34	36	38	40	42	44	46
350	8	11	14	16	19	21	23	26	28	30	32	34	36	38	40	42	45	47	49
375	9	12	14	17	20	22	24	27	29	32	34	36	38	41	43	45	47	49	52
400	9	12	15	18	21	23	26	28	31	33	36	38	40	43	45	48	50	52	55
425	10	13	16	19	22	24	27	30	32	35	37	40	43	45	48	50	53	55	57
450	10	13	17	20	23	25	28	31	34	37	39	42	45	47	50	53	55	58	60
475	10	14	17	20	24	27	30	33	35	38	41	44	47	50	52	55	58	61	63
500	11	14	18	21	25	28	31	34	37	40	43	46	49	52	55	58	60	63	66

注：用插值法求得 m。

流出节点的管道有 2 个及以上水嘴且使用概率不一致时，可按其中的一个概率值计算，其他概率值不同的管道，其负担的水嘴数量需经过折算再计入节点上游管段负担的水嘴数量之和。折算数量按公式（11-3）计算：

$$n_e = \frac{np}{p_e} \qquad (11\text{-}3)$$

式中： n_e——水嘴折算数量；

p_e——新的计算概率值；

其他参数同上式。

2）体育场馆、会展中心、航站楼、火车站、客运站等类型建筑的瞬时高峰用水量的计算应符合现行国家标准《建筑给水排水设计标准》（GB 50015—2019）的规定。

11.1.4　直饮水系统计算

1）定时循环时，循环流量可按公式（11-4）计算：

$$q_{x} = \frac{V}{T_1}$$ （11-4）

式中：q_x——循环流量（L/h）；

V——循环系统的总容积（L），包括供回水管网和净水水箱容积；

T_1——循环时间（h），不宜超过 4h。

2）供回水管道的设计同建筑给水，供回水管道内水流速度宜符合表 11-4 的规定。

表 11-4　供回水管道内水流速度

管道公称直径/mm	水流速度/（m/s）
≥32	1.0～1.5
<32	0.6～1.0

注：循环回水管道内的流速宜取高限。

3）净水设备产水量可按公式（11-5）计算：

$$Q_{j} = \frac{1.2Q_d}{T_2}$$ （11-5）

式中：Q_j——净水设备产水量（L/h）；

T_2——最高日设计净水设备累计工作时间，可取 10～16h。

4）变频调速供水系统水泵应符合下列规定：

① 水泵设计流量应按公式（11-6）计算：

$$Q_{b} = q_s$$ （11-6）

式中：Q_b——水泵设计流量（L/s）。

② 水泵设计扬程应按公式（11-7）计算：

$$H_{b} = h_0 + Z + \sum h$$ （11-7）

式中：H_b——水泵设计扬程（m）；

h_0——最低工作压力（m）；

Z——最不利水嘴与净水箱（槽）最低水位的几何高差（m）；

$\sum h$——最不利水嘴到净水箱（槽）的管路总水头损失（m），其计算应符合现行国家标准《建筑给水排水设计标准》（GB 50015—2019）的规定。

5）净水箱（槽）有效容积可按公式（11-8）计算：

$$V_{j} = k_j Q_d$$ （11-8）

式中：V_j——净水箱（槽）有效容积（L）；

k_j——容积经验系数，一般取 0.3～0.4。

6）原水调节水箱（槽）容积可按公式（11-9）计算：

$$V_{y} = 0.2Q_d$$ （11-9）

式中：V_y——原水调节水箱（槽）容积（L）。

7）原水水箱（槽）的进水管管径宜按净水设备产水量设计，并应根据反洗要求确定水量。当进水管的供水能力满足预处理的流量和压力要求时，原水水箱（槽）可不设置。

11.1.5　直饮水水处理

建筑与小区管道直饮水系统水处理工艺流程的选择应依据原水水质，经技术经济比较确定。处理后的出水应符合现行行业标准《饮用净水水质标准》（CJ/T 94—2005）的规定。水处理工艺流程一般包括深度处理、预处理和后处理。水处理工艺流程应合理，并应满足处理设备节能、自动化程度高、布置紧凑、管理操作简便、运行安全可靠等要求。

1.　深度净化处理

建筑与小区管道直饮水系统应对原水进行深度净化处理。深度净化处理的方法和工艺应能去除有机污染物（包括"三致"物质和消毒副产物）、重金属、细菌、病毒、其他病原微生物和病原原虫。深度净化处理系统排出的浓水宜回收利用。

深度净化处理应根据处理后的水质标准和原水水质进行选择，对于建筑与小区管道直饮水系统因水量小、水质要求高，通常使用膜处理技术。目前膜处理技术包括超滤、纳滤和反渗透。

（1）超滤（UF）

超滤膜介于微滤与纳滤之间，且三者之间无明显的分界线。一般来说，超滤膜的截留分子量在 $500 \sim 1000000D$，而相应的孔径在 $0.01 \sim 0.1\mu m$ 之间，这时的渗透压很小，可以忽略。因而超滤膜的操作压力较小，一般为 $0.2 \sim 0.4MPa$，主要用于截留去除水中的悬浮物、胶体、微粒、细菌和病毒等大分子物质。因此超滤过程除了物理筛分作用以外，还应考虑这些物质与膜材料之间的相互作用所产生的物化影响。

（2）纳滤（NF）

纳滤膜是 20 世纪 80 年代末发展起来的新型膜技术。纳滤介于反渗透与超滤之间，孔径在 1nm 左右，一般是 $1 \sim 2nm$，截留分子量在 $200 \sim 1000D$。膜材料可采用多种材质，如醋酸纤维素、醋酸—三醋酸纤维素、磺化聚砜、磺化聚醚砜、芳香聚酰胺复合材料和无机材料等，一般膜表面带负电，对氯化钠的截留率小于 90%。

（3）反渗透（RO）

反渗透膜孔径小于 1nm，具有高脱盐率（对 NaCl 去除达 95%～99.9%）和对低分子量有机物的较高去除率，使出水致突活性试验（Ames）呈阴性。目前膜工业上把反渗透过程分成三类：高压反渗透（$5.6 \sim 10.5MPa$，如海水淡化），低压反渗透（$1.4 \sim 4.2MPa$，如苦咸水的脱盐），和超低压反渗透（$0.5 \sim 1.4MPa$，如自来水脱盐）。反渗透膜用作饮用水净化的缺点是将水中有益于健康的无机离子全部去除，工作压力高（能耗大），水的回收率较低。因此，对于反渗透技术，除了海水淡化、苦咸水脱盐和工程需要之外，一般不推荐用于饮水净化。另外反渗透膜出水 pH 值呈弱酸性，不宜使用铜质管材，应优先选用不锈钢等耐腐蚀材料作为管材。

（4）膜清洗

膜污染是指当截留的污染物质没有从膜表面传质回主体液流（进水）中，污染物质在膜面上的沉淀与积累，使水透过膜的阻力增加，妨碍了膜面上的溶解扩散，从而导致膜产水量和水质的下降。同时，由于沉积物占据了水流通道空间，限制了组件中的水流流动，增加了水头损失。膜的污染物可分为六大类：悬浮固体或颗粒、胶体、难溶性盐、金属氧化物、生物污染物、有机污染物。膜污染是造成膜组件运行失常的主要影响因素。

膜的清洗包括物理清洗（如冲洗、反冲洗等）和化学清洗，可根据不同的膜形式及膜污染类型进行系统配套设计。

2. 预处理

预处理是为了减轻后续膜的结垢、堵塞和污染，以保证膜工艺系统的长期稳定运行。因此膜处理前应将原水进行预处理，使其符合膜进水水质的要求，以减轻膜的结垢、堵塞和污染，使膜工艺长期稳定运行。预处理可采用多介质过滤器、活性炭过滤器、精密过滤器、钠离子交换器、微滤、KDF 处理、化学处理或膜过滤等。表 11-5 为反渗透膜和纳滤膜对进水水质的要求。

表 11-5　反渗透膜和纳滤膜对进水水质的要求

项目	卷式醋酸纤维素膜	卷式复合膜	中空纤维聚酰胺膜
SDI15	<4（4）	<4（5）	<3（3）
浊度/NTU	<0.2（1）	<0.2（1）	<0.2（0.5）
铁/（mg/L）	<0.1（0.1）	<0.1（0.1）	<0.1（0.1）
游离氯/（mg/L）	0.2～1（1）	0（0.1）	0（0.1）
水温/℃	25（40）	25（45）	25（40）
操作压力/MPa	2.5～3.0（4.1）	1.3～1.6（4.1）	2.4～2.8（2.8）
pH 值	5～6（6.5）	2～11（11）	4～11（11）

注：括号内为最大值。

3. 后处理

后处理是指膜处理后的保质或水质调整处理。为了保证建筑与小区管道直饮水水质的长期稳定性，通常需要采用一定的方法进行保质，常用方法有：臭氧、紫外线、二氧化氯或氯等。

（1）消毒灭菌

水处理消毒灭菌可采用紫外线、臭氧、二氧化氯、氯、光催化氧化技术等，并应符合下列规定：

1）选用紫外线消毒时，紫外线有效剂量不应低于 40mJ/cm^2。紫外线消毒设备应符合现行国家标准《城镇给排水紫外线消毒设备》（GB/T 19837—2019）的规定。

2）采用臭氧消毒时，管网末梢水中臭氧残留浓度不应小于 0.01mg/L。

3）采用二氧化氯消毒时，管网末梢水中二氧化氯残留浓度不应小于 0.01mg/L。

4）采用氯消毒时，管网末梢水中氯残留浓度不应小于 0.01mg/L。

5）采用光催化氧化技术时，应能产生羟基自由基。

6）消毒方法可组合使用。

7）消毒灭菌设备应安全可靠，投加量精准，并应有报警功能。

（2）水质调整

在一些管道直饮水工程中需要对膜产品水进行水质调整处理，以获得饮水的某些特殊的附加功能（如健康美味、活化等），常用方法有：pH 调节、温度调节、矿化（如麦饭石、木鱼石等）过滤、（电）磁化等。

11.1.6　材质及管道布置敷设

1. 材质

管道直饮水系统所采用的管材、管件、设备、辅助材料应符合国家现行有关标准，卫生性能应符合现行国家标准《生活饮用水输配水设备及防护材料的安全性评价标准》（GB/T 17219—1998）的规定。

饮水管道应选用耐腐蚀、内表面光滑、符合食品级卫生要求的薄壁不锈钢管、薄壁铜管、优质塑料管。室内分户计量水表应采用直饮水水表，宜采用 IC 卡式、远传式等类型的直饮水水表。管道直饮水系统应采用直饮水专用水嘴；系统中宜采用与管道同种材质的管件及附配件。

2. 管道布置与敷设

1）为了防止水滞留在管道接头、阀门等局部不光滑处滋生细菌或集聚微粒，从而产生水质污染，建筑与小区管道直饮水系统设计应有循环管道，同时供回水管网应设计为同程式。

2）不循环的支管长度不宜大于 6m。由于循环系统很难实现支管循环，因此，从立管接至配水嘴的支管管段长度应尽量短，一般不宜超过 6m。

3）建筑与小区管道直饮水系统供水末端为三个及以上水嘴串联供水时，宜采用局部环状管路，双向供水或采用专用循环管配件。

4）直饮水管道不应靠近热源敷设。除敷设在建筑垫层内的管道外均应做隔热保温处理。直饮水管道不得敷设在烟道、风道、电梯井、排水沟、卫生间内，不宜穿越橱窗、壁柜。直埋暗管封闭后，应在墙面或地面标明暗管的位置和走向。室内直饮水管道与热水管上、下平行敷设时，应置于热水管下方。室内明装管道宜在建筑装修后进行。建筑物内埋地敷设的直饮水管道与排水管之间平行埋设时净距不应小于 1m；交叉埋设时净距不应小于 0.15m，且直饮水管应在排水管的上方。建筑物内埋地敷设的直饮水管道埋深不宜小于 300mm。直埋暗管封闭后，应在墙面或地面标明暗管的位置和走向。

3. 阀门等附件

1）配水管网循环立管上端和下端应设阀门，供水管网应设检修阀门。在管网最低端应设排水阀，管道最高处应设排气阀。排气阀处应有滤菌、防尘装置。排水阀和排气阀设置处不得有死水存留现象，排水口应有防污染措施。

2）减压阀组应先组装、试压，在系统试压合格后安装到管道上；可调式减压阀组安装前应进行调压，并调至设计要求压力。

3）水表安装应符合现行国家标准《饮用冷水水表和热水水表 第 2 部分：试验方法》（GB/T 778.2—2018）的规定，外壳距墙壁净距不宜小于 10mm，距上方障碍物不宜小于 150mm。

11.2　开水供应系统

11.2.1　供水方式

开水供应系统有集中制备和分散制备方式。集中制备（图 11-5）是在开水间制备开水，人们用容器取用，适合于机关、学校等建筑，开水间宜靠近锅炉房、食堂等有热源的地方。开水间的服务半径范围一般不宜大于 250m，也可以采用集中制备开水用管道输送到各开水供应点，这种情况下为保证各开水供应点的水温宜采用机械循环方式。开水器可设于底层，采用下行上给的循环方式（图 11-6）。分散制备（图 11-7）是在建筑内每层设开水间，热媒通过管道井送至各开水器，开水器服务半径不宜大于 70m。

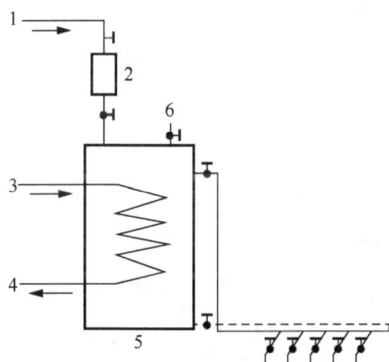

1—给水；2—过滤器；3—蒸汽；
4—冷凝水；5—水加热器；6—安全阀。

图 11-5　集中制备开水

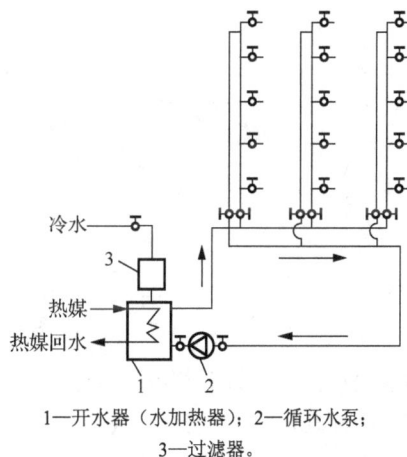

1—开水器（水加热器）；2—循环水泵；
3—过滤器。

图 11-6　管道输送方式

11.2.2　开水器及管道设计要求

开水供应时开水计算温度应按 100℃计算，冷水计算温度应当地自来水的水温。开水器应装设温度计和水位计，开水锅炉应装设温度计，必要时还应装设沸水箱或安全阀。开水器应设通气管，同时其应引至室外。开水器的排水管道不宜采用塑料排水管。

开水间、饮水处理间应设给水管、地漏。开水给水管管径可按设计小时饮水量计算。开水管道应选用许用工作温度大于 100℃的金属管材，配水水嘴宜为旋塞。排水管道应采用金属排水管或耐热塑料排水管。

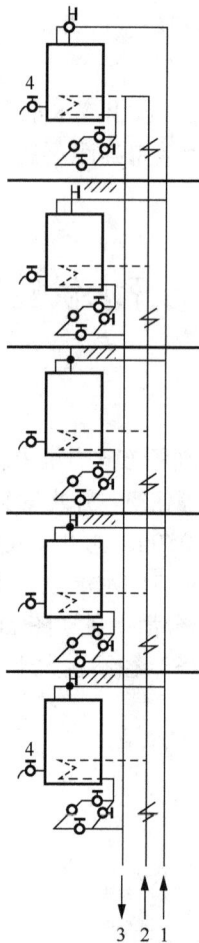

1—给水；2—蒸汽；3—冷凝水；4—开水器。

图 11-7 分散制备开水

【例 11-1】 某办公楼共 5 层，全日循环管道直饮水系统的最高日直饮水量为 1000L，使用时间为 10h，小时变化系数为 5，每层设有 2 个茶水间，每个茶水间设 5 个水嘴，水嘴额定流量 0.04L/s，采用变频调速泵供水，该变频调速泵设计流量应为多少？

【解】

$$n = 2 \times 5 \times 5 = 50 ； \quad p = \frac{\alpha Q_d}{1800 n q_0} = \frac{0.27 \times 1000}{1800 \times 50 \times 0.04} = 0.075$$

查《建筑与小区管道直饮水系统技术规程》（CJJ/T 110—2017）表 6.0.3-2 得到 $m = 9$，则

$$Q_b = q_s = m q_0 = 9 \times 0.04 = 0.36 （L/s）$$

【例 11-2】 某小学教学楼设有管道直饮水系统。该教学楼有 5 层，每层有 6 个班级，每个班级有 30 个学生。每层设计有 10 个管道直饮水水嘴，则该楼管道直饮水系统的净水箱有效容积最小为多少？

【解】

$$Q_d = 1 \times 5 \times 6 \times 30 = 900 （L）$$

根据《建筑与小区管道直饮水系统技术规程》（CJJ/T 110—2017）第 6.0.10 条：

$$V_j = k_j Q_d = 0.3 \times 900 = 270 \text{（L）}$$

本 章 习 题

1. 管道直饮水系统供水方式有哪些，分别适用于什么情况？

2. 管道直饮水系统的管道瞬时高峰用水量怎么确定？

3. 管道直饮水水处理工艺有哪些？

4. 某酒店式公寓楼设置管道直饮水供水系统，每户厨房设 1 个直饮水嘴。公寓楼总户数为 200 户，每户 3 人计，饮水定额为 2 L/（人·d）。则该公寓楼直饮水供水系统最小设计流量应为多少？

5. 某学校教学楼有学生 500 人，饮水定额为 2L/（人·d）。设 2 个电开水器各供 250 人饮水，电开水器每天工作 8h。每个电开水器的产开水量（设计小时饮水量）应为多少？

参 考 文 献

黄家聪，2020. BIM 技术应用基础[M]. 成都：电子科技大学出版社.

李亚峰，唐婧，余海静，等，2019. 建筑消防工程[M]. 2 版. 北京：机械工业出版社.

李亚峰，张克峰，2018. 建筑给水排水工程[M]. 3 版. 北京：机械工业出版社.

全国勘察设计注册工程师公用设备专业管理委员会秘书处，2022. 全国勘察设计注册公用设备工程师给水排水专业执业资格考试教材（第 3 册） 建筑给水排水工程[M]. 北京：中国建筑工业出版社.

王增长，岳秀萍，2021. 建筑给水排水工程[M]. 8 版. 北京：中国建筑工业出版社.

武黎明，王子健，2021. BIM 技术应用[M]. 北京：北京理工大学出版社.

应急管理部消防救援局，2022. 消防安全技术实务[M]. 北京：中国计划出版社.

应急管理部消防救援局，2022. 消防安全技术综合能力[M]. 北京：中国计划出版社.

中国建筑设计研究院有限公司，2019. 建筑给水排水设计手册[M]. 3 版. 北京：中国建筑工业出版社.

中华人民共和国住房和城乡建设部，2017. 建筑与小区管道直饮水系统技术规程：CJJ/T 110—2017 [S]. 北京：中国建筑工业出版社.

中华人民共和国住房和城乡建设部，2017. 游泳池给水排水工程技术规程：CJJ 122—2017[S]. 北京：中国建筑工业出版社.

中华人民共和国住房和城乡建设部，国家市场监督管理总局，2018. 民用建筑太阳能热水系统应用技术标准：GB 50364—2018 [S]. 北京：中国建筑工业出版社.

中华人民共和国住房和城乡建设部，中华人民共和国国家质量监督检验检疫总局，2010. 民用建筑节水设计标准：GB 50555—2010 [S]. 北京：中国建筑工业出版社.

中华人民共和国住房和城乡建设部，中华人民共和国国家质量监督检验检疫总局，2014. 消防给水及消火栓系统技术规范：GB 50974—2014[S]. 北京：中国计划出版社.

中华人民共和国住房和城乡建设部，中华人民共和国国家质量监督检验检疫总局，2015. 水喷雾灭火系统技术规范：GB 50219—2014 [S]. 北京：中国计划出版社.

中华人民共和国住房和城乡建设部，中华人民共和国国家质量监督检验检疫总局，2017. 自动喷水灭火系统设计规范：GB 50084—2017 [S]. 北京：中国计划出版社.

中华人民共和国住房和城乡建设部，中华人民共和国国家质量监督检验检疫总局，2018. 建筑设计防火规范：GB 50016—2014（2018 版）[S]. 北京：中国计划出版社.

中华人民共和国住房和城乡建设部，中华人民共和国国家质量监督检验检疫总局，2018. 建筑中水设计标准：GB 50336—2018[S]. 北京：中国建筑工业出版社.

中华人民共和国住房和城乡建设部，中华人民共和国国家质量监督检验检疫总局，2019. 建筑给水排水设计标准：GB 50015—2019 [S]. 北京：中国计划出版社.

中华人民共和国住房和城乡建设部，中华人民共和国国家质量监督检验检疫总局，2019. 建筑与小区雨水控制及利用工程技术规范：GB 50400—2016 [S]. 北京：中国建筑工业出版社.

中华人民共和国住房和城乡建设部，中华人民共和国国家质量监督检验检疫总局，2019. 气体灭火系统设计规范：GB 50370—2005 [S]. 北京：中国计划出版社.